# MITTHEILUNGEN

der

# Geographischen Gesellschaft in Hamburg

## 1887—88.

Im Auftrage des Vorstandes herausgegeben

von

L. Friederichsen,

erstem Sekretair.

Mit einem Portrait, einer Tafel und fünf Karten.



HAMBURG.

L. Friederichsen & Co.

Land- und Seekartenhandlung,

geographische und nautische Verlagshandlung.

Neuerwall 61.

1889.

# Inhaltsverzeichniss.


| | Seite |
|---|---|
| **Neumayer, G.** Dr.: Gustav Kirchenpauer, Dr. jur. †. Nekrolog ..... | 1— 9 |
| **Brückner, Ed.** Dr.: Die Eiszeit in den Alpen ..................... | 10— 23 |
| **von Rijckevorsel,** Dr.: Sumatra ..................................... | 24— 40 |
| **Friederichsen, L.**: Ueber die Fortschritte der geographischen Forschung während der Jahre 1883—88.................. | 41— 52 |
| **Kubary, J.** und **Krause, R.**: Ein Beitrag zur Kenntniss der Ruk-Inseln (Tafel 1) .................................. | 53— 63 |
| **Graeffe, E.** Dr.: Ueber die Sprache, Sitten und Gebräuche der Samoaner .............................................. | 64— 75 |
| **Lindemann, E.** Dr.: Mittheilungen über Helgoland in topographischer, hygienischer und klimatischer Beziehung (Taf. 2 und 3) | 76— 84 |
| **von Binzer**: Die Ueberschwemmungen an der Unterelbe im Frühjahr 1888 (Tafel 5) ................................ | 85—142 |
| **Stuhlmann, Franz,** Dr.: Bericht über eine Reise durch Usegua und Ungúu (m. Karte Taf. 6) ............................ | 143—175 |
| **Brückner, Ed.** Dr.: Grundwasser und Typhus ..................... | 176—200 |
| **Parkinson, R.**: Beiträge zur Kenntniss des Deutschen Schutzgebietes in der Südsee ........................................ | 201—283 |
| **Lumholtz, Carl**: Unter den Australnegern am Herbert River in Nord-Queensland .......................................... | 284—290 |
| **Precht, Wilh.**: Zur Orientirung über die Nullmeridianfrage ... | 291—294 |
| **Sitzungsberichte 1887 und 1888,** redigirt von H. Michow ............ | 295—324 |
| Mitglieder-Verzeichniss von Ende 1888 ................................ | 325—331 |


## Tafeln.


Portrait Dr. Gustav Kirchenpauer's.

Taf. 1. Karte des Ruk-Atolls (Nördlicher Stiller Ozean).

» 2 Kartenskizze von Helgoland im Jahre 1845 und im Jahre 1887.

» 3. Graphische Veranschaulichung des Alters der Bewohner von Helgoland in den Jahren 1763—1787 und 1863—1887, der monatlichen Temperaturmittel von Luft und Wasser in Helgoland und der grössten Differenz der Maximum- und Minimum-Temperaturen in 41 Orten.

» 4. Plan des Hafens von Parapat (Ostküste von Afrika).

» 5. Karte der Deichbrüche und Strömungen im Ueberschwemmungsgebiete der Elbe im Frühjahre 1888.

» 6. Dr. F. Stuhlmanns Original-Routenkarte durch Usegua und Ungúu (Ostafrika).

Im Texte: Kurventafel für Typhus und Grundwasser .......... Seite 185

» » Grundwasserstände und Flusswasserstände .......... » 189

» » Typhus und Grundwasserstand sowie Elbwasserstand in Hamburg. » 194

E. Bieber, phot.

# Gustav Kirchenpauer, Dr. Jur.

**Bürgermeister der Freien und Hansestadt Hamburg,**
**Präsident der Geographischen Gesellschaft**
**zu Hamburg.**

**†.**

Nachruf, gesprochen in der Geographischen Gesellschaft zu Hamburg
am 31. März 1887.

von

**Dr. G. Neumayer.**

---

Geehrte Mitglieder der Geographischen Gesellschaft, hochgeehrte Gäste! Zum ersten Male seit dem Bestehen der Hamburger Geographischen Gesellschaft ist über dieselbe eine schwere Zeit der Prüfung und der Trauer hereingebrochen. Der Monat März des Jahres 1887 wird in den Annalen unserer Gesellschaft als ein höchst bedeutungsvoller verzeichnet werden müssen. Es waren in demselben zwei ordentliche Sitzungen abzuhalten — und zwar ist dies der erste Fall der Art seit 14 Jahren. — Die erste derselben vom 3. d. M. war die letzte, welche der langjährige Präsident Se. Magnificenz Herr Bürgermeister Kirchenpauer mit der ihm trotz hohen Lebensalters eigenen Frische leitete; die zweite, die heutige, ist in erster Linie dem Andenken des vortrefflichen Mannes geweiht — denn wie Ihnen zur Genüge bekannt geworden ist, rief unseren Präsidenten, wenige Stunden nach der Sitzung am 3 März, mitten in der Schaffensfreude ein sanfter, glücklicher Tod aus diesem Erdenleben. So mitten aus einem hehren Berufe heraus, einem Berufe, der als von dem Verstorbenen in der erhabensten Auffassung gedacht vor unseren geistigen Augen steht, abgerufen zu werden, ist in Wirklichkeit als ein glückliches Loos zu preisen. Aber die Lücke, die durch den Heimgang eines vortrefflichen Menschen gelassen wird, ist um so schwerer zu ersetzen und zu verschmerzen, je grösser die Erhabenheit der beruflichen Erscheinung desselben genannt werden muss. In den Tagesblättern, in den weitesten Kreisen unserer Stadt, in wissenschaftlichen Körperschaften der verschiedensten Richtung, in Versammlungen und bei den öffentlichen Staatsakten wurde diesem Gedanken — auf dass ich es ausspreche — der Unersetzlichkeit unseres edlen Bürgermeisters Kirchenpauer mit einer seltenen und darum erhebend wirkenden Einmüthigkeit ein so beredter Ausdruck gegeben, dass es an dieser Stelle nicht angebracht sein würde, im Allgemeinen darauf zurückzukommen. Wohl aber geziemt es sich, dass bei Gelegenheit unserer ersten ordentlichen Versammlung dem Präsidenten der Geographischen Gesellschaft, der während vierzehn Jahren einer glorreichen Vergangenheit, mit tiefer Einsicht und seltenem Takte die Geschäfte geleitet, Worte zum Gedächtniss gewidmet werden. Der Vorstand, der kaum auf's Neue konstituirt, so plötzlich seines Hauptes beraubt wurde, hat denn auch in seiner Sitzung am 10. d. M. den Beschluss gefasst, die heutige Sitzung mit einer Ansprache zum Gedächtnisse des hingeschiedenen Präsidenten zu eröffnen und hat mich als den stellvertretenden Vorsitzenden mit dem ehrenvollen Auftrage betraut, diesen Beschluss zur Ausführung zu bringen.

Indem ich diesem Auftrage nachkomme, bin ich mir zu wohl der Grösse der mir dadurch gestellten Aufgabe bewusst. Wenn es an und für sich schon schwierig ist, dem Wirken eines Mannes innerhalb einer Gesellschaft während einer so langjährigen Amtsverwaltung gerecht zu werden, so ist dies noch mit ganz besonderen Schwierigkeiten umgeben, wenn es sich darum handelt, dieses Wirken in Beziehung auf die grossartigen geographischen Ereignisse, welche innerhalb der Epoche vom März 1873 bis auf die Gegenwart zu verzeichnen sind, und welche in ihren Einzelheiten zu verfolgen eine der Hauptaufgaben einer geographischen Gesellschaft bildet, zu beleuchten. Aber auch ganz abgesehen davon, ist es eine schwierige Aufgabe, dem Wirken eines Mannes von solcher Bedeutung, von solcher Gründlichkeit der Bildung und solch weitem Blick in vollem Umfange Gerechtigkeit widerfahren zu lassen, doch wird die Erfüllung dieser Pflicht, die wir unserem hingeschiedenen Präsidenten schulden, wesentlich durch die Klarheit der Motive und den hohen Sinn, welche beide den Handlungen desselben im Leben überhaupt und so auch in seinem Verhalten in unserer Gesellschaft ein Gepräge eigener Art verleihen, wesentlich erleichtert und sogar mit von Dankbarkeit durchdrungenem Gefühle gern übernommen. Nirgends wird das edle Bild, das an der Hand der Ereignisse vor uns entwickelt wird, durch den Schleier unbedeutender Gesichtspunkte entstellt oder durch kleinliche Eitelkeit getrübt; zu allen Zeiten und unter den verschiedensten Umständen strahlt uns dasselbe krystallhell entgegen, wie die in steter wissenschaftlicher Arbeit und in Lebenserfahrung gereifte Weisheit des gelehrten Geistes. Es ist ein wahrhaft erhebender Eindruck, welcher sich unserer bemächtigt, wenn wir die während des Präsidiums des Herrn Bürgermeister Kirchenpauer erlebten bedeutsamsten Momente in der Thätigkeit der Geographischen Gesellschaft uns zurückrufen. An der Hand der in unseren »Mittheilungen« enthaltenen Berichte über 126 Sitzungen, von welchen 97 von dem Verewigten geleitet wurden, werden wir in erster Linie von der Ueberzeugung durchdrungen, dass derselbe mit einem tiefwurzelnden Interesse und einer strengen Gewissenhaftigkeit den übernommenen Pflichten oblag. Es erregt dies um so mehr unsere Bewunderung, als unser verstorbener Präsident durch Staatsämter verschiedenster Art in Anspruch genommen und genöthigt war, häufig und auf längere Zeit von Hamburg abwesend zu sein.

Als das erste wichtige geographische Ereigniss, das zu feiern die kaum 18 Monate alte Gesellschaft berufen war, erkennen wir den Empfang der heimkehrenden Oestereich-Ungarischen Polar-Expedition unter Weyprecht und Payer im September 1874. Sowohl die Einholung der mit Ruhm bedeckten Polarfahrer am 22., wie das Festessen in der darauffolgenden Nacht, welches unter dem Vorsitze Kirchenpauers stattfand, wie auch ferner die Festsitzung im Saale der Bürgerschaft am Morgen des 23. desselben Monats werden Allen durch die gehaltvollen, von gründlicher Einsicht und historischer Kenntniss des Vorsitzenden zeugenden Ansprachen in lebhafter Erinnerung bleiben. Ein Jahr später, in der 22. ordentlichen, am 9. September abgehaltenen Sitzung fiel unserem entschlafenen Präsidenten die ehrenvolle Aufgabe zu, den nach sechsjähriger Abwesenheit im Innern Afrikas zur Civilisation und nach Europa heimkehrenden Dr. Nachtigal zu beglückwünschen. Wie fast in allen Ansprachen Kirchenpauer's, so auch in der bei dieser Gelegenheit gehaltenen betonte er neben den hohen idealen Gesichtspunkten, die es bei geographischen Unternehmen zu verfolgen gilt, die tief eingreifenden Interessen des Handels und wies darauf mit Nachdruck hin, wie es namentlich das Verdienst Hamburger Kaufleute sei, dem Handel nach dem Innern des dunkeln Welttheiles Wege gewiesen zu haben. »Die Geschichte des Handels«, sagt er an jener Stelle, »ist die Geschichte der Verbindungen unter den Völkern.« Es dürfte der berühmte, leider nun auch nicht mehr unter den Lebenden weilende Afrikaforscher wohl zu keiner Zeit und bei keiner Gelegenheit in so schlichter, so wahrheitsgetreuer und so lehrreicher Weise gefeiert worden sein, als damals von unserm Vorsitzenden. Das Jahr 1876 brachte uns im Mai die Rückkehr der deutschen Expedition zur wissenschaftlichen Erforschung der Meere unter dem damaligen Kapitän zur See Freiherrn von Schleinitz. Bei dem zu Ehren der Offiziere S. M. Corvette »Gazelle« am 11. Mai veranstalteten Festmahle sagte der Vorsitzende unter Anderm im Toaste auf Se. Maj. den Kaiser: »Es ist hier wiederum einer der stets sich wiederholenden Fälle, wo Wissenschaft und Handel Hand in Hand gehen, wo beider dankende Anerkennung demselben Unternehmen gilt.« Auch hier muthet der weite divinatorische Blick des vortrefflichen Mannes um so mehr an, als wir darin gewissermassen eine Vorahnung der kolonisatorischen Bestrebungen unseres Vaterlandes in der Südsee erblicken und wir heute wissen, dass aus den Untersuchungen der »Gazelle«-Expedition die Möglichkeit der Besitzergreifung eines Theils von Neu-Guinea resultirte. Welche bedeutsame Rolle Kirchenpauer in demselben Jahre als erstem Vorsitzenden der 49. Versammlung Deutscher Naturforscher und Aerzte in unserer Stadt zufiel, welche Sorgfalt und grosse Summe von Arbeit derselbe auf die vorbereitenden Arbeiten zu dieser Versammlung verwandte, darf ich an dieser Stelle, als längst gebührend gewürdigt, unerörtert lassen.

In Folge eines Beschlusses des II. in Rom versammelten Meteorologen-Kongresses trat am 1. Oktober des Jahres 1879 eine internationale Konferenz zur Berathung über die Ausführung der systematischen Polarforschung in Hamburg zusammen. Es wurde so unsere Stadt für geraume Zeit zum Vororte der internationalen Polar-Forschung, während es der Sitz des Exekutiv-Ausschusses der deutschen Polar-Forschung bis zur Zuendeführung des ganzen Unternehmens blieb. Die Geographische Gesellschaft veranstaltete unter dem Vorsitz ihres Präsidenten verschiedene Festlichkeiten, so unter anderen die denkwürdige von den hervorragendsten europäischen Gelehrten auf dem Gebiete meteorologischer und magnetischer Forschung besuchte ordentliche Sitzung vom 2. Oktober. Kirchenpauer leitete jene Versammlung ein, indem er den Unterschied der Polarforschung, wie sie nun in der neuen Aera werden solle, und jener vergangener Zeiten mit der ihm eigenen Klarheit scharf charakterisirte und Hamburg und dessen Geogr. Gesellschaft beglückwünschte, dass es ihnen vergönnt sei, Zeuge der einleitenden Schritte für die neue Aera wissenschaftlicher Durchforschung der Polar-Regionen sein zu können.

Auch bei dem Abgange der deutschen Expeditionen im Systeme der internationalen Polar-Forschung im Juni 1882, veranstaltete die Geogr. Gesellschaft Festlichkeiten, so wie sie die Heimkehrenden im November 1883 in öffentlicher Sitzung begrüsste und sie mit einem Festakte feierte. Herr Bürgermeister Kirchenpauer begrüsste die Expedition am 17. November in einer grösseren öffentlichen Sitzung im Namen der sechs wissenschaftlichen Vereine Hamburgs und beleuchtete in vorzüglicher Weise die Bedeutung des nun zu einem gewissen Abschlusse gebrachten Unternehmens für die wissenschaftlichen Arbeiten derselben.

Unterdessen hatte unter dem ununterbrochenen Vorsitze des Herrn Bürgermeister Kirchenpauer die Geographische Gesellschaft das erste Dezennium ihres Wirkens vollendet. Es wurde beschlossen, dieses für die Gesellschaft wichtige Ereigniss durch eine Fest-Sitzung würdig zu begehen, an welche sich ein Festmahl schloss. Uns Allen, die wir der Feier jenes Tages beiwohnten, wird der Eindruck, den dieselbe hervorrief, unvergesslich sein. Aber es sind zwei Ereignisse, die jener Feier eine ganz besondere Bedeutung verliehen. Vor Allem ist es die Rede des Präsidenten über die geographischen Ereignisse während der letzten 10 Jahre gewesen, welche kraft ihres hohen wissenschaftlichen Gehaltes, der Klarheit ihrer Diction und des Adels der darin niedergelegten Gesinnungen als ein dauerndes Denkmal der Thätigkeit unserer Gesellschaft und der Bedeutung des Redners in dem Schaffen derselben verzeichnet steht; sodann aber überraschte der Vorstand seinen Vorsitzenden mit der Ueberreichung einer auf den Namen desselben lautenden goldenen Medaille, die in Zukunft für hervorragende Leistungen auf dem Gebiete der geographischen Forschung verliehen werden soll. Da mir damals die Ehre zu Theil wurde, die jene Ueberreichung der Kirchenpauer-Medaille an Se. Magnificenz am Schlusse der Festsitzung am 6. März 1883 begleitende Ansprache zu halten, so sei es mir gestattet, jene Stelle auch hier wörtlich wiederzugeben, welche sich über die bei dieser Auszeichnung bestimmend gewesenen Motive ausdrückt. Es heisst in derselben:

»Dem tief empfundenen Danke der Geographischen Gesellschaft für die Hingabe und Umsicht Ausdruck zu geben, womit Sie während des heute abgeschlossenen ersten Jahrzehnts ihres Bestehens den Vorsitz geführt, bin ich als zweiter Vorsitzender beauftragt worden. Die Geographische Gesellschaft ist überzeugt, dass ihr Gedeihen, ihr erfolgreiches Wirken im Interesse geographischer Forschung zu einem guten Theile dem Umstande zuzuschreiben ist, dass sich die Leitung in den Händen eines Mannes befand, der neben seiner hohen staatlichen und gesellschaftlichen Stellung als hervorragender Forscher weit und breit bekannt ist. Dank dieser, von wissenschaftlicher Einsicht getragenen Leitung, konnte sich unsere Gesellschaft an den Bestrebungen auf dem Gebiete der Länder- und Völkerkunde in der, an geographischen Errungenschaften grossartigster Natur überreichen Epoche der letzten zehn Jahre thatkräftigst betheiligen«. Wir Alle, die wir dem Akte der hohen Verehrung beiwohnten, werden nie die freudige Ueberraschung, die sich auf den Zügen dss bescheidenen und gelehrten Mannes damals aussprach, vergessen und empfinden heute, da der Edle nicht mehr unter uns weilt, eine hohe Genugthuung darin, ihm diese Freude, dieses Zeichen der Würdigung hoher Verdienste und aufrichtigster Verehrung damals gewidmet zu haben.

Es sollte Sr. Magnificenz auch noch die Genugthuung werden, die Kirchenpauer-Medaille an einen würdigen Kämpfer auf dem Felde geographischer Forschung verliehen zu sehen. Und hier komme ich auf die bedeutendsten geographischen Leistungen unserer Gesellschaft während der Aera Kirchenpauer's zu sprechen; es sind dies die Reisen Dr. G. A. Fischer's, des verdienstvollen Forschers, der sich mit besonderer Hingabe den Zwecken unserer Gesellschaft widmete und dessen Tod wir, kurz nachdem er in der Sitzung vom 4. November v. J. Bericht über seine letzten, in's Innere Afrikas zur Aufsuchung Dr. Junker's unternommenen Reisen erstattet hatte, beklagen mussten. Die hohen Verdienste Fischer's um die geographische Erforschung Inner-Afrikas und insonderheit um die Geographische Gesellschaft in Hamburg, sowie auch um das Studium der sanitären Verhältnisse und der Krankheits-Erscheinungen innerhalb der Tropenzone, speciell in Ostafrika, veranlassten den Vorstand, der Gesellschaft die Ueberreichung der Kirchenpauer-Medaille an die Verwandten des verstorbenen Dr. Fischer zu beantragen, welchem Antrage Ihre einstimmige Genehmigung zu Theil wurde. Eine der letzten Handlungen des Präsidenten in unserer Mitte war die Verlesung eines Dankschreibens des Vaters des verstorbenen Forschungsreisenden für die empfangene Auszeichnung; es geschah dies in der Sitzung am 3. dieses Monates.

Indem ich den kurz gefassten Rückblick über die während der Kirchenpauer-Aera erzielten Erfolge unserer Geographischen Gesellschaft damit abschliesse, dass ich auf die Abhaltung des V. Deutschen Geographen-Tages in Hamburg im April 1885, dem unser hingeschiedener Präsident als Ehrenvorsitzender vorstand, und auf die damit verknüpfte geographische Ausstellung hinweise, kann ich nicht umhin, in anerkennender Würdigung der bis heute von der Geographischen Gesellschaft herausgegebenen Veröffentlichungen der Verdienste unseres ersten Sekretärs, der zu allen Zeiten dem Verstorbenen mit seinen tüchtigen geographischen Kenntnissen zur Seite stand, zu gedenken. Ich weiss, dass ich durch diese Worte der Anerkennung ganz in dem Sinne unseres hingeschiedenen Präsidenten handele, der bei der Feier am 6. März 1883 unserm Herrn Friederichsen warme Worte des Dankes widmete.

Der Vorstand, der mich ersuchte in seinem Namen und in dem Namen der Gesellschaft diese Gedächtnissworte den Verdiensten unseres Präsidenten zu widmen, genügt nur einer Pflicht, wenn er an dieser Stelle es ausspricht, dass er von der Bedeutung Kirchenpauers als Naturforscher und Mann der strengen Wissenschaft sich zu allen Zeiten durchdrungen fühlte, dass der Vorsitzende in erster Linie durch seinen wissenschaftlich gereiften Blick, gepaart mit einem lebendigen Sinn für die Anwendung geographischer Erkenntniss auf Handel und Schifffahrt in hervorragender Weise berufen war, unsern Bestrebungen eine von Erfolg begleichtete Richtung zu geben. Es giebt sich dies zu erkennen, ebensowohl in den Verhandlungen des Vorstandes und Beirathes, wie auch in jenen der geographischen Gesellschaft in pleno.

Es ist in hohem Grade lehrreich und nutzbringend für das fernere Wirken und Gedeihen der Geographischen Gesellschaft, nun noch im Allgemeinen jene Charakter-Eigenschaften des von uns geschiedenen Präsidenten zu skizziren, die ihn die grossen Erfolge, welche wir in der glücklichen Lage sind zu verzeichnen, erringen liessen.

In dem ganzen Wesen des Bürgermeisters Kirchenpauer ist als Grundzug eine tiefe Durchbildung seines Geistes nach den verschiedensten Wissens-Richtungen zu erkennen; dazu trat in glücklicher Verknüpfung ein vortreffliches Herz für alles Erhabene und Gute und ein seltener Adel der Gesinnung. Was aber diesem bedeutenden Manne einen ganz eigenartigen Reiz im engeren Verkehre, wie im Wirken innerhalb der Gesellschaft verlieh, ist, dass er sich die Ideale der Jugend in seltenem Maasse bis zu einem späten Lebensalter und in hoher Stellung bewahrt hatte. Diese Idealität aber war geläutert und durchleuchtet von einer gründlichen und vielseitigen Erfahrung im Wissens- und Staatsleben. Wer Zeuge der Begeisterung war, mit welcher Bürgermeister Kirchenpauer bei der Grundsteinlegung der Deutschen Seewarte am 15. Juni 1880, jene, die drei üblichen Hammerschläge begleitenden Worte: »Zu Ehren des Reiches! Zur Förderung der Wissenschaft! Zum Nutzen der Schifffahrt!« sprach, musste von der Richtigkeit dessen, was soeben zur Charakterisirung seines Wesens gesagt worden ist, erfüllt werden; jene Worte sind in gewissem Sinne als der Ausdruck der Lebensmaxime des edlen Mannes anzusehen.

Solche Eigenschaften mussten allezeit und allerorten sich die unbedingte Anerkennung, eine wesentliche Vorbedingung zu einem erfolgreichen Wirken an der Spitze einer Gesellschaft, wie die unserige, erringen. Unter den Anerkennungen für wissenschaftliche Bestrebungen, die von Aussen dem Verstorbenen zugingen und in dieser Weise auch dem Wirken unserer Gesellschaft in hohem Maasse zu Gute kamen, darf die Zuerkennung zahlreicher Ehrendiplome von Universitäten, wissenschaftlichen Körperschaften, Gesellschaften und Vereinen aus allen Gauen des Vaterlandes nicht unerwähnt bleiben.

Nach dieser flüchtigen Charakterisirung des Wesens des Bürgermeisters Kirchenpauer, insofern dasselbe auf das Gedeihen der Geographischen Gesellschaft von maassgebendem Einfluss war, ist es nur billig hinzuzufügen, dass die Blüthe derselben zu einem nicht geringen Grade auch dem Umstande zuzuschreiben ist, dass der im Staate hochgestellte, bescheidene und anspruchslose Mann jederzeit bereit war, den Bestrebungen der geographischen Forschung an entscheidender Stelle seinen beredten Mund zu leihen.

Glückliches Ende nach einem solchen Wirken und Leben! So aus der Vollkraft des Schaffens heraus dem unbeugsamen und unerbittlichen Gesetze der Natur zu verfallen, ist beneidenswerth und ein Loos, das solch' gottbegnadetem Menschen wohl zukommt. Wir preisen daher den Vortrefflichen dreimal glücklich, wenn auch erfüllt von der tiefsten Trauer darüber, dass soviel Adel des Herzens und der Gesinnung, soviel herrliches Wissen und Können, so viele milde und doch so nachhaltig wirkende Thatkraft für uns verloren ist und dass uns ein Ersatz nicht werden kann.

Die vielen Zeichen der Theilnahme von Nah und Fern, vom Inlande und von ausserhalb des Deutschen Reiches, wie sie uns in Schreiben und durch Widmung von Lorbeerkränzen in diesem Monate der Trauer zugegangen sind, sprechen in beredter Weise dafür, dass die Würdigung der hohen Verdienste des verstorbenen, ersten bis jetzt einzigen Präsidenten der Geographischen Gesellschaft in Hamburg, wie wir sie empfinden, auch in den weitesten Kreisen mitempfunden wird.

Die Lorbeerkränze, die am 8. d. M. das frische Grab des Entschlafenen deckten, zerfallen, deren Atlasschleifen mit tiefempfundenen Widmungen verbleichen — in uns soll aber die Liebe, der hohe Sinn und die Tugend unseres Bürgermeisters Kirchenpauer fort und fort wirken, auf dass die Geographische Gesellschaft unverrückt die hohen

Ziele, die die weise Hand unseres Präsidenten ihr unaufhörlich vorhielt, stets mit derselben Treue und für alle Zeiten hoch halten möge.

Einst, in den schönen, dem Verstorbenen in der Erinnerung stets theuren, in dem alten Schlosse von Ritzebüttel und an dem zur Forschung anregenden Nordseestrande verlebten Tagen, schrieb unser unvergesslicher Präsident in einer Anwandlung herbstlicher Stimmung die folgenden schönen Worte:

»Die Sterne vom Himmel, die Blätter vom Baum,
Was Körper ist, sinkt und vergeht,
Was über der Zeit ist und über dem Raum —
Der Geist nur, der ew'ge, besteht;
Und legt man den Körper in's fesselnde Grab —
Dem Geiste dann fallen die Fesseln ab!«

So unseres, zur ewigen Ruhe eingegangenen Präsidenten Anschauung von dem Vorgange in der Natur der Menschen, den wir mit dem Worte »Tod« bezeichnen! Sein Geist wird in dankbarer Erinnerung fortleben und frei von allen Fesseln, die jedem menschlichen Thun und jeder Geistesäusserung hienieden anhaften, verklärt und im wahren Sinne segensreich wirken und wird bis in ferne Zukunft reiche Früchte tragen können.

Uns aber, die wir in der Gegenwart leben und berufen sind unter dem Eindrucke des erlittenen, schweren Verlustes weiter zu wirken, uns geziemt es der Trauer und unserer Verehrung für unseren langjährigen Präsidenten einen Ausdruck zu verleihen, aus welchem Gefühle sich die heutige, einfache Trauerkundgebung erklärt.

Ich bitte Sie, sehr geehrte Mitglieder der Geographischen Gesellschaft und hochgeehrte Gäste, zum Zeichen der Trauer, die Sie bewegt und der Verehrung, die wir Sr. Magnificenz dem Herrn Bürgermeister Kirchenpauer zu bewahren geloben, von Ihren Sitzen sich zu erheben.

Der Aufforderung wurde von den Anwesenden Folge gegeben.

# Die Eiszeit in den Alpen.

Von

Dr. Eduard Brückner.

(Vortrag, gehalten in der Geographischen Gesellschaft zu Hamburg am 3. Februar 1887.)

---

Betritt man, von Norden kommend, den Saum des allmählich vom Fuss der Alpen zur Donau sich senkenden Alpenvorlandes, dann erscheint an klaren Sommertagen am Südrand der Hochebene in unabsehbarer Erstreckung von West nach Ost, als eine einheitliche, auf- und abwogende erstarrte Wellenlinie die Kette der Alpen. Silberhell heben sich vom blauen Firmament die schneeigen Spitzen und Hörner ab, während in dunkelere Farbentöne getaucht die tieferen Theile des Gebirges uns entgegentreten; von einer scharfen Linie nach unten gegen das Vegetationsgebiet begrenzt erscheint das Reich des ewigen Schnees. Nähern wir uns dem Fuss der Alpen und dringen wir gar in deren Thäler ein und empor auf ihre Berghöhen, so erkennen wir bald, dass jene untere dunklere, die Vegetationszone keineswegs jene Einheitlichkeit besitzt, die wir aus der Ferne vermutheten. Je mehr wir uns über den Meeresspiegel erheben, desto mehr und mehr treten Obstgärten, tritt der Feldbau zurück, um dem Walde Platz zu machen, endlich ganz zu verschwinden. Allein auch der Charakter des Waldes ändert sich; waren es in der Tiefe Laubhölzer, welche vorwiegend denselben zusammensetzen, so werden je höher wir steigen, desto mehr und mehr die Nadelhölzer, Tannen und Fichten und stellenweise Lärchen vorherrschend, und bei 1400 m Höhe hat das Reich der Buche, des vornehmsten Baumes der Laubwälder der Tiefe, ganz aufgehört. Der Wald lichtet sich allmählich und in 1800 m Höhe, je nach der Örtlichkeit etwas höher oder tiefer, verlässt uns derselbe ganz; wir sind an der oberen Baumgrenze. Nur mehr niedriges Knieholz sowie weiche Polster alpiner Kräuter überziehen weiter oben die Hänge, hier jene üppigen Matten bildend, Alpen oder Almen im Volksmund genannt, welche dem Vieh des Aelplers eine saftige Weide gewähren. Es ist die Region der Alpenkräuter, schlechthin die Alpenregion, die wir betreten haben. Grosse Flächen des nakten Felsgesteins treten zwischen den Matten hervor und schon treffen wir an geschützten, den Sonnenstrahlen schwer zugänglichen Stellen Schneeflecken, als Vorboten der Region des ewigen Schnees, der wir uns nahen und die wir am Nordabhang der Alpen in 2600—2700 m, etwas höher am Südabhang, erreichen. Wir sind im Reich der Gletscher.

Die Aenderung der Vegetation mit zunehmender Höhe, endlich deren völliges Aufhören an der unteren Grenze des ewigen Schnees oder schlechthin der Schneegrenze, ist die Folge des Umstandes, dass mit zunehmender Erhebung über den Meeresspiegel die Temperatur abnimmt. In 1800 m ist die Temperatur, vor allem diejenige des Sommers, der Vegetationsperiode, so tief, dass selbst die genügsame Tanne nicht die zur Erhaltung ihres Lebens erforderliche Wärme empfängt. Die Lage der oberen Baumgrenze ist demnach durch klimatische Verhältnisse, speciell die Temperaturverhältnisse, bestimmt.

Wie die Lage der Baumgrenze, so ist auch diejenige der unteren Grenze des ewigen Schnees, der Schneelinie, durch klimatische Verhältnisse bedingt. Auch sie ist eine Folge der Temperaturabnahme mit der Höhe, welche bewirkt, dass, je höher wir steigen, ein desto grösserer Theil und endlich die ganze Niederschlagsmenge des Jahres als Schnee ausgefällt wird.

Im Januar und Februar hüllt eine einheitliche Schneedecke das Alpengebirge, seinen Fuss und die Ebenen ein, aus denen sich dasselbe erhebt. Im März beginnt die Schneedecke zu schmelzen, die tiefsten Theile des Gebietes, das ganze Alpenvorland wird schneefrei, und je mehr der Frühling und endlich der Sommer sich naht, desto mehr Schnee wird geschmolzen, desto höher und höher rückt die Grenze der Schneedecke im Gebirge aufwärts. Im April ist der Nordfuss des Gebirges bis 900 m Höhe schneefrei geworden, im Juni gar bis 1900 m und im Juli bis 2500 m. Im August ist die Schneedecke der Nordalpen auf die Höhen oberhalb 2600—2700 m beschränkt und auf den tiefer gelegenen Flanken der Berge grünt eine Vegetation, wie wir sie Eingangs zu schildern versuchten. Wenn so die Grenze der Schneedecke vom Februar bis zum August bergaufwärts wandert, so beginnt dieselbe im September, wenn die Temperatur wieder zu sinken anfängt und in der Höhe die Zahl der Niederschläge in Form von Schnee wächst, eine Rückwanderung abwärts, um im Dezember und Januar den Fuss des Gebirges und des Alpenvorlandes wieder zu betreten.[1])

Jene Höhe, in welcher die jährliche Wärmemenge gerade hinreicht die sich jährlich sammelnde Schneemenge zu schmelzen, ist es, wie leicht ersichtlich, wo die Grenze der Schneedecke auf ihrer Wanderung aufwärts im Sommer halt macht und wieder umkehrt. Hier liegt die Grenze der ewigen Schneedecke. Diese Höhe bezeichnet man als die Schneegrenze schlechthin.

---

[1]) Hann Meteorologische Zeitschrift 1887, S. 28.

Es ist aus dieser Definition der Schneegrenze oder Schneelinie ohne weiteres ersichtlich, dass deren Lage nicht, wie diejenige der Baumgrenze, von der Temperatur allein d. h. der gespendeten bei der Schneeschmelzung zur Verwendung kommenden Wärme abhängt, sondern auch von der Menge des zu schmelzenden Schnees. Je grösser bei gleichen Wärmeverhältnissen die Schneemenge ist, desto tiefer steigt die Schneegrenze herab, und je grösser die Wärmemenge, desto mehr rückt sie hinauf. Die Lage der Schneegrenze wird durch das Ineinanderspielen zweier Faktoren bestimmt. Oberhalb der Schneelinie bleibt in jedem Jahr ein ungeschmolzener Schneerest, und es häuft sich jahraus jahrein Schneelage auf Schneelage. Würden nun in der Natur keine Mittel und Wege vorhanden sein, diese Schneemassen auf andere Weise, als durch Schmelzung am Ort zu entfernen, so würde sich allmählich über dem Felsgerüste des eigentlichen Gebirges ein gewaltiges Schneegebirge aufbauen, welches — wenigstens innerhalb sehr weiter Grenzen — fortwährend wachsen müsste. Dass dieses nicht geschieht, danken wir den Gletschern und ihrer Bewegung, welche die Schneemassen aus dem Gebiet des Schneeüberschusses abwärts in das Gebiet des Wärmeüberschusses schaffen und so das Gleichgewicht in der Natur wiederherstellen.

Während man das Gebiet oberhalb der Schneegrenze, wo sich Jahr für Jahr Schneeschicht auf Schneeschicht, ähnlich den Jahresringen eines Baumes, lagert, als das Einzugsgebiet des Gletschers bezeichnet, nennt man den unter der Schneegrenze gelegenen Theil desselben, wo Jahr für Jahr eine bestimmte Schicht weggeschmolzen wird, sein Abschmelzungsgebiet. Da in die unter der Schneegrenze gelegene Region von allen gefallenen Schneemassen nur diejenigen gelangen, welche oberhalb der Schneegrenze nicht geschmolzen werden konnten, so ist es klar, dass der Gletscher dort endigen muss, wo jener Ueberschuss von der auf der Abschmelzungsfläche wirksamen Schmelzung aufgezehrt ist. Es bildet sich ein Gleichgewicht heraus, und der Gletscher gewinnt eine konstante Lage, wenn ebensoviel von oben aus dem Sammelgebiet nachrückt, als an der Gletscherzunge abgeschmolzen wird.

Hat sich derart ein Gleichgewicht hergestellt, so muss jede über mehrere Jahre sich erstreckende Aenderung, sei es des jährlichen Schneefalles, sei es der Temperaturverhältnisse dieses Gleichgewicht stören. Eine Vermehrung des Schneefalls wird im Einzugsgebiet die Schneemasse vergrössern, welche zu ihrer Schmelzung unter die Schneegrenze herabrückt. Für diese Schneemasse aber ist die frühere Abschmelzungsfläche zu klein. Es schmilzt weniger weg, als von oben nachrückt, und die Folge ist, dass dort, wo früher das Gletscherende lag, nunmehr noch ungeschmolzene Eismassen übrig sind, welche weiter thalabwärts rücken. Aehnlich wird eine Verminderung der Temperatur wirken müssen, welche die Schmelzung verkleinert, gleichzeitig aber auch den Schneefall vergrössert, da bei niedriger Temperatur die Regen seltener, die Schneefälle häufiger werden. Eine durch längere Zeit anhaltende Vermehrung des Niederschlages oder eine Verminderung der Temperatur oder beides zugleich muss ein Anwachsen der Gletscher im Gefolge haben. Umgekehrt findet in Folge verringerten Niederschlages und erhöhter Temperatur ein intensiveres Abschmelzen, ein Kleinerwerden der Gletscher statt.

In der That ist in jüngster Zeit nachgewiesen worden, dass jene so intensiven Schwankungen der Gletscher der Alpen, welche das laufende Jahrhundert erlebte, langjährigen Schwankungen der klimatischen Verhältnisse, der Temperatur und des Niederschlages, entsprechen.[1]) Von 1800 etwa bis 1815 waren die Gletscher der Alpen im Anwachsen begriffen, welchem sodann bis 1830 ein Schwinden derselben folgte. Ein erneuter Vorstoss fand 1830 bis 1845 statt und seit letzterem Jahre sind die Gletscher fortwährend geschwunden, wie Jedem, der in diesem Zeitraum Gelegenheit hatte mehrfach die Alpenwelt zu besuchen, wohl bekannt ist. Seit Ende der 70er Jahre jedoch scheint sich wieder ein Vorstoss der Gletscher vorzubereiten. Es ist wohl kein Zufall, dass nachweislich die beiden Zeiträume des Anwachsens regenreich und kühl, die Zeiten des Kleinerwerdens relativ regenarm und warm waren. Auch der nunmehr beginnende erneute Vorstoss, der bereits an zahlreichen Gletschern konstatiert ist, während andere noch im Schwinden begriffen sind, fällt mit einer Steigerung der Niederschläge und einer Abnahme der Temperatur zusammen, die sich aus den meteorologischen Aufzeichnungen ergiebt.

Damit ist der Beweis erbracht, dass uns die Gletscher durch das Studium ihrer Schwankungen ein Mittel in die Hand geben, um auf Aenderungen der Temperatur und der Niederschlagsverhältnisse zu schliessen. Es führte in der That das Studium der Gletscher zur Erkenntniss grossartiger klimatischer Aenderungen, welche unser Erdball, zum Theil nachweislich im Angesicht des Menschen, erlebte — zur Erkenntniss der grossen Eiszeit.

Treten wir an einen grossen Gletscher der Alpen heran, so fallen uns lange Steinwälle auf seinem Rücken auf. Es sind Felstrümmer,

---

[1]) Lang, Zeitschrift für Meteorologie 1885, S. 443.
Forel, Jahrbuch des Schweizer Alpenklubs 1886, S. 358.

welche von den steilen Wänden, die die Ufer des Eisstromes bilden, auf dessen Oberfläche herabstürzten und jetzt von dem langsam sich fortbewegenden Gletscher thalabwärts getragen werden — es sind die sogenannten Oberflächenmoränen.

Suchen wir an günstigen Stellen einzudringen zwischen das Eis und den Felsboden, auf dem es ruht, so finden wir überall, dass die mit dem Boden oder dem Ufer in Berührung tretende Gletschermasse keineswegs aus blankem Eis besteht, sondern ganz durchzogen ist von Schlamm und durchsetzt mit Felsstücken der verschiedensten Grösse, welche im Eis eingefroren, gleichsam wie Edelsteine in ihrer Fassung im Eis gefasst sind — es ist die Grundmoräne, welche keinem Gletscher fehlt. Sie stellt sich uns dar als die mit Schlamm und Gesteintrümmern imprägnierte unterste Eisschicht des Gletschers. Selbst ein Theil des Gletschers, wird sie mit letzterem langsam über den Felsbogen hinweg bewegt.

Betrachten wir die Felsplatten, auf denen die Grundmoräne ruht, so erkennen wir deutlich die Spuren dieser Bewegung in einer Glättung des Gesteins und in gröberen und feineren Streifen, welche von den vorüberziehenden und unter dem Druck der auflastenden Gletschermasse stehenden Felsstücken in den Untergrund eingekratzt sind. Es entsteht der Gletscherschliff und jene eigenthümliche Form des Felsen, welche die Franzosen, dieselben mit dem Rücken einer dichtgedrängten Schafherde vergleichend, roches moutonées genannt haben, ein Ausdruck, der mit »Rundbuckel« verdeutscht wird.

Oberflächenmoränen und Grundmoränen repräsentieren die Formen, unter denen der Gletscher Felsmaterial transportiert, Gletscherschliffe den Effekt dieses Transportes auf den Transportweg. Dort, wo der Gletscher endigt, lässt er naturgemäss das von ihm von weiter oben angeschleppte Material fallen, und es baut sich aus demselben an seinem Ende ein ringförmig sich der Form der Gletscherzunge anschmiegender Wall auf — es ist die Endmoräne.

An einem oder an mehreren Punkten entquillt dem Gletscherende das Schmelzwasser, als mächtiger Gletscherbach, der sich eines Theils des vom Gletscher angesammelten Materials bemächtigt und dasselbe in seinen rauschenden Fluthen weiter schafft, bis er, durch abnehmendes Gefälle erlahmend, gezwungen ist, dasselbe auf dem Thalboden wieder abzulagern — es bildet sich der Gletscherbachschotter.

Schmilzt der Gletscher völlig hinweg, so wäre uns die Konstatierung seiner einstigen Existenz nicht möglich, wenn wir nicht Spuren seiner Thätigkeit in Moränen, Gletscherschliffen und dem

Gletscherbachschotter vor uns hätten, welche mehr oder weniger unberührt geblieben sind.

So sind die grossen Gletscherstände von 1815—20 und 1845—55 durch gewaltige Endmoränen markiert, welche sich, weit vom heutigen Gletscherende entfernt, über das Thal spannen. Gletscherschliffe, Grund- und Oberflächenmoränen, die beim Schmelzen und Kleinerwerden des Gletschers liegen blieben, sind andere Zeichen der noch vor wenigen Jahren hier wirkenden Gletscherthätigkeit.

Entsprechende Ablagerungen sind es, welche uns gestatten auch auf eine weit ältere grosse Ausdehnung der Gletscher zu schliessen und dieselbe im Detail zu verfolgen — sie sind es, welche zur Erkenntniss der grossen Eiszeit in den Alpen, in Nordeuropa, Nordamerika u. s. w. führten.

Heute vermögen wir uns bereits ein mehr oder weniger einheitliches Bild von der alten Vereisung der gesammten Alpen zu entwerfen; Dank sei den Forschungen, welche zuerst in der Schweiz, hierauf in Italien und jüngst auch vor Allem von Penck in Bayern aufgenommen wurden. Es war mir vergönnt, das östlich angrenzende Gebiet der Salzach zu durchforschen und die hier gewonnenen Ergebnisse auf ausgedehnten Exkursionen in der Schweiz zu prüfen und bestätigt zu finden [1]).

Wandern wir vom heutigen Ende des Rhonegletschers das Rhonethal abwärts und dem Genfer See zu, so fällt unser Auge auf gerundete und geschliffene Felsen. Wir entdecken, wenn wir die Gehänge untersuchen, Reste von Moränen in Form mächtiger Ablagerungen oder auch nur einzelner erratischer Blöcke. Wir erreichen den Genfer See, und immer noch begleiten uns die Spuren einstiger Gletscher-Thätigkeit. Weit hinauf sind die den Genfer See umkreisenden Berge der Alpen und des Jura gerundet, und wir vermögen zu erkennen, dass diese runden Formen eine scharfe obere Grenze haben, welche uns auch die obere Grenze oder die Höhe der Oberfläche der Eismassen repräsentirt, die einst, aus dem Rhonethal herausquellend, den Genfer See erfüllten; wir gelangen zu dem überraschenden Resultat, dass die Mächtigkeit oder Dicke der alten Rhonegletscher 1200 m betrug. Vorbei bei der Perte du Rhône und durch das Durchbruchthal der Rhone durch den Jura verfolgen wir die Gletscherspuren und noch immer fehlt uns eine grosse Endmoräne, wie sie einst ohne Zweifel der gigantische Gletscher aufgeworfen haben muss. Erst kurz vor Lyon, weit drinnen in Frankreich, gelangen wir an ein ver-

---

[1]) Ed. Brückner, Die Vergletscherung des Salzachgebietes nebst Beobachtungen über die Eiszeit in der Schweiz. Wien 1886.

zweigtes System von Wällen, die sich bei genauerer Untersuchung als die Endmoränen des alten Rhonegletschers erweisen und sich mehr oder wenig kreisförmig um die Bresche gruppiren, durch welche die Eismassen aus dem Norden in die südostfranzösische Ebene eindrangen [1]).

Als der Rhonegletscher die Endmoränen bei Lyon aufbaute, da zogen Eismassen desselben, welche sich, von Südosten auf den Jura prallend, im Gebiet des Genfer Sees stauten, auch längs des Jura fliessend, nach Nordosten bis Solothurn. Zu jener Zeit füllten Eismassen fast sämmtliche Thäler der Alpen. Es erstreckten sich die Eismassen des Berner Oberlandes bis zur Stätte, auf welcher heute sich die Stadt Bern erhebt. Nordwestlich von Zürich lag das Ende des Reuss- und Linthgletschers. Um das Westende des Bodensees schlingen sich die Moränen des alten Rheingletschers, welcher nach Norden sich gleichfalls weit vorgeschoben hatte und fast das Donauthal erreichte [2]). Aus dem Illerthal, dem Lechthal und Isarthal quollen Eismassen heraus, welche nördlich des Ammersees und des Starnberger Sees ihre Moränenwälle aufschütteten [3]). Bei Rosenheim verliessen die Eismassen des Isarthales, bei Salzburg diejenigen des Salzachthales das Gebirge und legten sich, da kein Hinderniss ihrer Ausbreitung im Wege stand, als regelmässige Zungen auf das Alpenvorland heraus [4]). Waren alle Gletscher, welche wir soeben schilderten, im Stande das Alpenvorland zu erreichen und sich auf demselben auszubreiten, so treffen wir, wenn wir vom Salzachgletscher nach Osten vorschreiten im Gletscher, der die Seen des Salzkammergutes erfüllte und im Schoos der Dachsteingruppe wurzelte, den ersten Eisstrom, welcher das Gebirge nicht verlassen hat, sondern unmittelbar an dessen Fuss ausging. Sein östlicher Nachbar, der Gletscher des Ennsthales erreichte nicht einmal den Saum des Alpenvorlandes, sondern endigte 35 km von demselben entfernt mitten im Gebirge [5]).

Wie im Norden, so treffen wir auch im Süden des Alpengebirges eine mächtige Gletscherentfaltung in der Eiszeit. Eismassen stiegen die Thäler der Dora Riparia und Dora Baltea herab, erfüllten das ganze Thalsystem des Tessin, die Region der oberitalienischen Seen.

---

[1]) Falsan, Esquisse géologique du terrain erratique et des anciens glaciers de la région centrale du bassin du Rhône. Lyon, 1883.

[2]) Penck, Leopoldina 1885.

[3]) Penck, Vergletscherung der deutschen Alpen. Leipzig, 1882.

[4]) Brückner, a. a. O.

[5]) Böhm, Die alten Gletscher der Enns und Steyr. Jahrbuch der k. k. geol. Reichsanstalt zu Wien, 1885.

Selbst im Piave- und Tiagliamento-Thal flossen Eisströme der oberitalienischen Tiefebene zu.

Eigenthümlich genug war in der Eiszeit das Aussehen des Alpengebirges; vergleichen kann man dasselbe nur etwa mit dem Anblicke des auch heute noch unter einer eisigen Gletscherlast begrabenen Grönland. Die Zungen der Gletscher, welche sich grösstentheils auf das Vorland herauslegten, blockirten den Fuss des Gebirges und nur an wenigen Stellen war es möglich, denselben zu erreichen. Die Eismassen erfüllten hoch hinauf die Thäler, so dass nur die höchsten Theile der nördlichen Alpen inselförmig aus denselben hervorragten. Ein Meer von Eis erfüllte das Thalnetz des Gebirges. Die Neigung der Gletscheroberfläche war hierbei durchweg so gering, dass zum Beispiel ohne Mühe ein Eisenbahnzug den Salzach-Gletscher von seinem Ende im Alpenvorland an bis hinauf zu den höchsten Höhen der Tauern hatte empor fahren können.

Diesen gewaltigen Gletschern entströmten nicht minder gewaltige Gletscherbäche, welche das von den Eismassen aus dem Gebirge angeschleppte Material zum Theil ergriffen und über das weite Alpenvorland ausbreiteten. So sehen wir überall ausserhalb der Endmoränenwälle weite Ebenen, zusammengesetzt aus Gletscherbachschotter, sich ausdehnen.

Unwillkürlich drängt sich uns ein Vergleich des eiszeitlichen Gletscherphänomens mit dem heutigen auf, und mit Befriedigung nimmt der nach der Ursache jener gewaltigen Vereisung spähende Forscher wahr, dass die Gletscher der Eiszeit nur eine Potenzirung der heutigen Gletscher darstellen. Wo wir heute die gewaltigsten Schnee- und Eismassen treffen, im Rhone- und Rheingebiet, da entsprangen auch die gewaltigsten Gletscher der Eiszeit. Wie nach Osten zu mit der Erhebung des Gebirges auch die Entfaltung der heutigen Gletscher abnimmt, so vermögen wir auch für die Eiszeit eine Abnahme der Vergletscherung zu konstatiren: im Gegensatz zu den Gletschern der westlichen und mittleren Alpen, betraten die Gletscher des Traun- und Ennsgebietes das Vorland nicht mehr.

Auch der Gegensatz von Nord und Süd, der heute die Gletscherentfaltung kennzeichnet, tritt in der Eiszeit klar zu Tage. Die heute schwächer vergletscherte Südseite der Alpen wies auch zur Eiszeit nicht jene mächtige Eisentfaltung auf, wie die Nordseite, wenn auch die Vergletscherung auch hier noch immer gigantische Dimensionen besass. Es zeigt sich allgemein, dass, wo wir heute die grössten Gletscher treffen, auch zur Eiszeit am weitesten die Eismassen sich ausdehnten, während dort, wo heute Gletscher fehlen, zur Eiszeit nur kleine entwickelt waren. So sehen wir uns zu dem Schluss gedrängt, dass die eiszeitliche Vereisung nur eine graduelle Steigerung der heutigen war — ein Schluss, der keineswegs ohne Bedeutung ist, müssen wir doch aus demselben weiter folgern, das zur Eiszeit dieselben Gegensätze der Erhebung, dieselben Gegensätze des Klimas bestanden, welche heute die Entfaltung der Gletscher in den Alpen bedingen.

Das Dasein der Gletscher ist an die Region des ewigen Schnees geknüpft und nur diejenigen Höhen vermögen Gletscher zu erzeugen, welche über die Schneegrenze emporragen. Wenn in der Eiszeit die Gletscher alle weit ausgedehnter waren als heute, wenn damals Berge, welche heute keinem Gletscher als Ausgangspunkt dienen, Gletscher trugen, so geht hieraus ohne weiteres hervor, dass die Schneegrenze erheblich tiefer lag als in der Gegenwart. In der That zeigt das Studium der Erscheinungen, dass in der Eiszeit die Schneegrenze am Nordabhang der Alpen etwa bei 1200 m sich befand, d. h. volle 1300 m tiefer als heute an derselben Stelle. Dieselbe Differenz ergiebt sich im allgemeinen für die Alpen und wir müssen sagen: die gewaltige eiszeitliche Vergletscherung der Alpen hat ihre Ursache darin, dass zu jener Zeit die Schneelinie 1300 m tiefer lag als heute.

Neben der Schneegrenze haben wir noch eine andere, nicht minder wichtige klimatische Linie im Gebirge kennen gelernt — die obere Baumgrenze, und unwillkürlich drängt sich uns die Frage auf: wie weit hatte sich die Baumgrenze abwärts verschoben, als die Schneegrenze in der Eiszeit in den nördlichen Alpen bei 1200 m Höhe lag? Paläontologische und pflanzengeographische Forschungen haben übereinstimmend die Antwort auf diese Frage erbracht. Das ganze, weite Gebiet zwischen den Gletschern der Alpen und den skandinavischen Eismassen, welche in der Eiszeit die Ostsee überschritten hatten und ganz Norddeutschland bis zu den deutschen Mittelgebirgen bedeckten, war von einer baumlosen Flora besiedelt. Der Wald war geschwunden, die nördliche Grenze des geschlossenen Waldes weit südlich und in tiefere Gegenden gedrängt. Es war auch die Baumgrenze gleich der Schneegrenze in der Eiszeit tief abwärts verschoben.[1])

Es ist die Eiszeit mit der Gegenwart verglichen charakterisirt durch eine Depression der Schneegrenze und der Baumgrenze um etwa 1300 m. Da die Lage jener beiden Linien, wie wir eingangs anführten, von klimatischen Faktoren abhängt, so ergiebt sich, dass das Klima

---

[1]) Penck in Schriften des Vereins zur Verbreitung naturwissenschaftlicher Kenntnisse. Wien, 1885.

der Eiszeit ein anderes war, als das heutige. Dieselben klimatischen Ursachen, welche die in historischer Zeit stattgefundenen Schwankungen der Gletscher veranlassten — Aenderungen der Temperatur- oder der Niederschlagsverhältnisse oder beider zugleich — müssen unbedingt auch zur Erklärung der eiszeitlichen Gletscherentwickelung herbeigezogen werden. Es erscheint das Klima der Eiszeit als kühl und feucht im Vergleich mit dem Klima der Gegenwart.

Wir lernen eine Schwankung des Klimas in der jüngsten geologischen Vergangenheit kennen, ein Kälterwerden desselben, das die Gletscher gigantisch anwachsen machte, und sodann ein Wärmerwerden, welches die Gletscher schmelzen liess, bis sie ihre heutigen Dimensionen erreichten. War in dieser Weise eine Schwankung des Klimas nachgewiesen, so ergab sich sofort die Frage, ob nicht vielleicht deren mehrere unser Erdball erlebt hat. So zog der Nachweis einer Eiszeit, sofort die Frage nach einer Wiederholung derselben nach sich. Und in der That sind gegenwärtig 2 Zeiten grosser Gletscherentfaltung, 2 Eiszeiten erwiesen und allgemein angenommen. Zuerst wurde die Lehre von der Wiederholung der Eiszeit in der Schweiz ausgesprochen, nachher von Penck für das bayrische Alpengebirge vertreten; allein Penck glaubte aus mancherlei Funden noch auf die Existenz einer dritten, ältesten Vereisung schliessen zu müssen, und auch ich wurde bei meinen Untersuchungen im Salzachgebiet zur Annahme dreier Eiszeiten geführt. So haben denn die Alpen sicher 2, wahrscheinlich 3 Perioden der Gletscherentfaltung erlebt, 3 verschiedene Eiszeiten.

Drei Mal rückte die Baumgrenze und die Schneegrenze in Folge klimatischer Aenderungen aus ihrer hohen Lage in die Tiefe, hierdurch die Gletscher zu weitem Vordringen in das Alpenvorland veranlassend; 3mal traten sie ihre Wanderung rückwärts und bergaufwärts wieder an, die Gletscher zum Rückzug zwingend. Es erreichte die mittlere Vereisung etwas grössere Dimensionen, als ich sie vorhin von der letzten schilderte. So war, um nur ein Beispiel zu nehmen, in der älteren Eiszeit das ganze Schweizeralpenvorland bis an den Jura mit Eis erfüllt, während in der letzten die nördlichen schweizer Gletscher im Alpenvorland endigten, den nordwestlichen Theil desselben eisfrei lassend.

Lange Zeit streitig war die Frage, wie weit in den Interglazialzeiten, den Zeiträumen, welche die Eiszeiten von einander trennten, die Gletscher zurückgegangen sind, ob z. B. in der letzten Interglazialzeit, welche sich zwischen die letzte und die vorletzte Vergletscherung einschaltete, die Gletscher so kleine Dimensionen annahmen, wie sie sie heute besitzen. Mit andern Worten heisst das: war das Klima in den beiden Interglazialzeiten so warm wie das gegenwärtige oder kühler? Die neusten Beobachtungen haben die erste Anschauung zur Thatsache erhoben. Man vermochte im Juragebiet und im Salzachgebiet den Rückzug der vorletzten Vergletcherung bis tief in das Herz des Gebirges zurückzuverfolgen und hierdurch darzuthun, dass die Eismassen in der Interglazialzeit auf die Bergeshöhen beschränkt waren. Hoch oben auf den Gehängen des Innthales wuchs eine Vegetation, welche in ihrem Charakter völlig der heute an Ort und Stelle wachsenden entspricht und mithin uns zu dem Schluss drängt, dass das Klima irgend wann in der Interglazialzeit nicht kälter war als das heutige. Dieser Schluss wird bestätigt durch das Auftreten eines eigenthümlichen Gebildes, des Lösses, dessen Entstehung in die Interglazialzeit zu verlegen sein dürfte.

Betrachten wir eine frisch angebrochene Kiesgrube, so erkennen wir, dass der Sand und Kies nicht unmittelbar die Landoberfläche bildet. Seine obersten Schichten sind stark verwittert und braungefärbt im Gegensatz zu dem unveränderten Sand in der Tiefe. Diese oberste braune Verwitterungsschicht entstand durch die zersetzende Wirkung des in den Boden eindringenden Regenwassers und der Vegetation, welche die Landoberfläche besiedelte. Als eine ähnliche Bildung erscheint der Löss, ein gelber, mächtiger, poröser, kalkhaltiger Lehm. Die neue Theorie, welche zwar noch nicht allgemein durchgedrungen ist, welche jedoch Tag für Tag sich mehr Anhänger erwirbt, sieht in ihm eine, unter Mitwirkung von Staubmassen in trockenem Klima, etwa gleich demjenigen der russischen Steppen, gebildete Bodenart. Hiermit steht völlig im Einklang, dass der thüringische Löss mehrfach die Ueberreste von Steppenthieren birgt, die demnach einst während der Lössbildung Mitteleuropa bevölkerten. Es sprechen diese Funde, wie auch die Beschaffenheit des Lösses dafür, dass während der Bildungszeit des letzteren ein kontinentales Klima in Mitteleuropa geherrscht hat [1]). Es entstand nun die Frage, wann Mitteleuropa diese Kontinentalperiode erlebte, ob vor den Eiszeiten, ob in den Interglazialzeiten oder gar nach der letzten Eiszeit. Man war bisher geneigt diese Kontinentalperiode Mitteleuropas erst an den Schluss der letzten Eiszeit zu verlegen, so dass demnach die Gegenwart von der letzten Eiszeit durch eine Steppenperiode getrennt gewesen wäre [2]). Wäre dem so, so müssten wir den Löss auf den Ablagerungen aller 3 Eiszeiten gleichmässig antreffen. Penck erkannte zuerst, dass dieses keineswegs der Fall ist, dass vielmehr der Löss nie auf den Ab-

[1]) Vgl. Tietze über Nehring, Verh. der k. k. geolog. Reichsanstalt zu Wien, 1877 S. 341; ferner v. Richthofen, ebenda 1878 S. 282.

[2]) Nehring, Tageblatt der Naturforscherversammlung zu Magdeburg 1884.

lagerungen der jüngsten Eiszeit auftritt. Er schloss hieraus, dass der Löss sich vor Beginn der letzten Eiszeit fertig gebildet hatte und, als nun abermals die Gletscher das Alpenvorland betraten, auf dem Löss die Moränen der letzten Eiszeit abgelagert wurden und ihn verdeckten. Es müsste sich dann an irgend einer Stelle nachweisen lassen, dass der Löss wirklich unter den Moränen liegt. Einen solchen Nachweis vermochte Penck nicht zu erbringen, und es wurde seine Ansicht lebhaft bekämpft. Da gelang es mir, im Salzachgebiet auf einer Fläche von 6 qkm vier solcher Stellen zu finden und zu zeigen, dass thatsächlich der Löss unter den jüngsten Moränen liegt. Damit war der strikte Beweis seiner Entstehung in der Interglazialzeit geliefert.

Gestützt auf diese Verhältnisse lässt sich aussprechen: der Löss entstand in der Interglazialzeit, und die letztere erscheint daher als eine Zeit kontinentalen Klimas. Was von der letzten Interglazialzeit gilt, dürfte voraussichtlich auch für die erste Interglazialzeit gelten — wir müssen auch sie als eine Steppenperiode auffassen.

Die jüngste geologische Vergangenheit hat sich keineswegs so einfach abgespielt, wie man einst annehmen zu dürfen glaubte. Auf die warme Tertiärzeit folgt eine erste Kälteperiode, die erste Eiszeit; veranlasst durch das Abwärtssinken der Schneegrenze rückten die Gletscher weit vor und aus dem Gebirge heraus; es verschob sich die Alpenvegetation auf das Alpenvorland und die Mittelgebirge Deutschlands. Ein Steigen der Temperatur und eine Abnahme der Niederschläge liess die Gletscher wieder schwinden und sich auf die Höhen der Berge zurückziehen. An Stelle des maritimen Klimas der Eiszeit trat ein kontinentales Steppenklima ein. Und wiederum rückten die Gletscher vor und erreichten Dimensionen, welche hinter denen der ersten Eiszeit mindestens nicht zurückstanden. Dieser Eiszeit folgte eine zweite Steppenperiode, während welcher sich Löss in Mitteleuropa ablagerte. Endlich am Schluss der zweiten Periode kontinentalen Klimas begannen die Gletscher zum dritten Mal vorzustossen und erreichten in der dritten Eiszeit fast die Dimensionen der zweiten grössten Vergletscherung. Heute sind die Eismassen wieder geschwunden; sie verliessen zuerst das Alpenvorland, dann die Hauptthäler der Alpen und verhüllen nur noch die gewaltigsten Erhebungen derselben. Im Alpenvorland erreichte die Eiszeit zuerst ihr Ende und begann die Postglazialzeit; später erst wurden die Alpenthäler eisfrei und traten in die Postglazialzeit ein, und in den heutigen Firngebieten der Alpen hat die Postglazialzeit überhaupt noch nicht begonnen.

Ueberblicken wir die wechselnden Geschicke der Alpen in der jüngsten geologischen Vergangenheit, welche dieselben mit dem Norden Europas und Amerikas theilten, so erwacht in uns die Frage: wird die Eiszeit wiederkehren? Werden zum vierten Mal die Gletscher von ihrem Gebirgsthron abwärts steigen, das ganze Schweizergebiet mit seinen blühenden Städten, den Südsaum des deutschen Alpenvorlandes bedecken, den Menschen und seine Kultur verdrängen? Werden sich hier auf dem Hamburger Boden, der wie ganz Norddeutschland von den skandinavischen Gletschermassen einst betreten wurde, in der Zukunft wieder Eismassen emporthürmen? Wir vermögen es nicht zu sagen; der Entscheid der Frage ist jener Zeit vorbehalten, welche uns über die erste Ursache der gewaltigen Klimaschwankungen aufklären wird. Sicher aber droht die Eiszeit, wenn überhaupt, so doch in unendlicher Ferne. Wir können zwar nicht in Jahren angeben, wie lange jede der drei Eiszeiten und jede der zwei Steppenperioden zwischen denselben sowie die Postglazialzeit d. h. die seit der letzten Eiszeit verflossene Periode dauerten. Allein doch vermag man für die relative Dauer der Postglazialzeit nicht unwesentliche Anhaltspunkte zu finden.[1])

Als die Gletscher am Schluss der ersten Eiszeit sich zurückzogen, hinterliessen sie auf dem Alpenvorland ausgedehnte Ablagerungen der Gletscherbäche, die von den Alpenflüssen überrieselt wurden. In der ersten Interglazialzeit nun zerstörten die Flüsse einen Theil dieser Ablagerungen, sie wuschen sich tiefe Thäler in dieselben ein und leisteten vor Beginn der zweiten Eiszeit eine bedeutende Spühlarbeit. Als die zweite Eiszeit wich, da bearbeiteten in gleicher Weise die Flüsse die Ablagerungen der zweiten Vergletscherung und ihrer Gletscherbäche, und wiederum müssen wir staunen über die Grösse ihrer Arbeitsleistung. Als nun auch die dritte Vergletscherung schwand, da nahmen zum dritten Mal die Flüsse ihre Spühlarbeit auf, welche sie heute noch fortsetzen. Allein deren Betrag ist noch ein geringer und sehr viel kleiner als die Arbeit, die in der ersten oder in der zweiten Interglazialzeit gethan wurde. Nimmt man, was in diesem Fall grosse Wahrscheinlichkeit für sich hat, an, dass gleiche Arbeitsleistungen in gleichen Zeiträumen entstanden, so werden wir zu dem Schluss gedrängt: es ist die Postglazialzeit weit kürzer als jede der zwei Interglazialzeiten. Der Zeitraum, der seit dem Schluss der letzten Eiszeit verstrich, ist weit kürzer als derjenige zwischen der ersten und zweiten oder der zweiten und dritten Eiszeit. Dieses Ergebniss spricht für die Möglichkeit einer Wiederkehr der Eiszeit.

---

[1]) Brückner a. a. O.

Allein wenn wir eine Wiederkehr der Eiszeit annehmen wollen, müssen wir auch an eine Wiederkehr des Kontinentalklimas glauben und ein solches hat seit Schluss der letzten Eiszeit noch nicht geherrscht. Wenn wirklich einst eine neue Vergletscherung Europa überziehen sollte, so muss dasselbe erst noch eine Steppenperiode erleben. Das Klima der Gegenwart müsste trockener und trockener, endlich ein kontinentales Steppenklima werden, um erst dann sich allmählich abzukühlen und eine neue Eiszeit heraufzubeschwören. Ein solches Trockenwerden des Klimas ist nun in historischer Zeit noch nicht sicher nachgewiesen, wenn auch Anzeichen vorhanden sind, welche als Beweise gedeutet werden. Dieser Umstand gewährt uns eine grosse Beruhigung; die Klimaänderungen vollziehen sich ausserordentlich langsam und wenn je eine Eiszeit wiederkehrt, so geschieht dies doch gewiss erst nach Zehntausenden, vielleicht gar nach Hunderttausenden von Jahren. Ob sie wiederkehrt — wir wissen es nicht.

# Sumatra.

Von
Dr. van Rijckevorsel.

(Vortrag, gehalten in der Geographischen Gesellschaft zu Hamburg am 6. Januar 1887.)

---

Wenn ein Fremder den vielleicht allzugrossen Muth hat, hier aufzutreten, wird er wohl am besten thun, zuerst für diese Thatsache um Entschuldigung zu bitten. Ich gestehe ganz offen, dass es mich etwas kalt überlief, als die höchst ehrenvolle Aufforderung an mich herantrat, mit meinem mangelhaften Deutsch die Ohren eines an das Beste so sehr gewöhnten Publikums vielleicht nur zu unangenehm zu berühren. Aber gerade dieses intelligente Publikum gab mir auch wieder Muth, denn es wird, wenn es mir gelingt, aus meinen Erinnerungen Etwas des Erzählenswerthen heraus zu fischen, die Weise zu entschuldigen wissen, wie es gesagt wird. Es sei mir also vor allen Dingen erlaubt, Ihre gütige Nachsicht zu erbitten, wenn allzu krasse Verstösse gegen die schöne deutsche Sprache von dieser Rednerbühne gehört werden möchten.

Die Aufforderung lautete, ich sollte von Sumatra reden. Es war mir angenehm, dass die Auswahl für mich von Anderen getroffen wurde, sie wäre mir sonst zu schwer gewesen; denn da ich ganz Ost-Indien durchstreift, keine grössere Insel unbetreten gelassen, hunderte von den kleineren besucht habe, wo die Eine noch schöner ist, als die Andere, wie sollte ich da eine Wahl treffen? Aber auch so war sie noch schwierig genug. Sumatra ist eine sehr grosse und recht langgestreckte Insel. Es wäre daher eine etwas lange Rede nur allzu passend. Haben Sie aber keine Sorge, ich weiss zu gut, dass langweilig das Derivatum von lang ist.

Erwarten Sie daher auch keinen Ueberblick über die ganze Insel, denn solcher würde viel zu sehr an Vogelperspektive erinnern. Eine Insel, beinahe einem Festlande gleich an Ausdehnung, von vielen verschiedenen Völkern bewohnt, die weiter von einander abstehen, als Slaven von Germanen oder Lateinern, würde sich in der zugemessenen

Zeit nur ganz summarisch behandeln lassen. Welche Distanz trennt nicht den schon so höchst civilisirten Eingeborenen von Palembang von dem noch ab und zu Menschenfleisch geniessenden Batah!

Ich bitte Sie also nur einen kleinen Theil von Sumatra mit mir zu durchwandern. Ich wünsche Sie auf der südlichen Hälfte quer durch das Land zu führen, von Benkoelen nach Palembang, womit aber gar nicht gesagt sein soll, dass ein kühner Abstecher Sie nicht dann und wann zu Gedankensprüngen nöthigen wird.

Es war im September 1876, als ich mit meinem, leider auch seitdem schon dem schrecklichen Sumpffieber als Opfer gefallenen Assistenten zu Benkoelen ans Land stieg. Ich darf vielleicht erwähnen, dass dieser Ort an der Westküste von Sumatra liegt, nicht ganz weit von dem südlichen Ende entfernt, an der Stelle, wo die Insel am breitesten ist. So ganz einfach war aber die Reise bis dahin nicht, denn als ich von Batavia aus den Residenten telegraphisch um einige Auskünfte bat, bekam ich die Antwort: Bringen Sie Betten mit, Esswaaren, Wein, Wasserfilter, Kochgeschirr, Pferde und Sattel, sonst Nichts. Der letzte Zusatz erschien etwas ironisch, ich hatte aber in der Folge alle Ursache darüber gar nicht ungehalten zu sein. In vier Tagen, während welcher noch just ein Fest die braune Welt in Gährung versetzte, kaufte ich das Erforderliche in Batavia ein, wenngleich mit einiger Anstrengung. Aber man findet dort zu Lande immer hülfreiche Leute, und durch die kräftige Vermittelung eines Javanischen Edelmannes war ich in kurzer Zeit der glückliche Besitzer von drei schönen Pferden; auch gewann ich beim Whist am selben Abend einen noch neuen englischen Sattel, der später in Atjeh wieder verschenkt wurde, um Kriegsdienste zu leisten, und zwei andere wurden angekauft. Mein getreuer Ali trieb einen Pferdeknecht auf, der des dichterischen Namens Sajoran sich erfreute, was Gemüse heisst, und am Nachmittage, während ich für Küche und Keller Einkäufe machte, wurde alles schon auf einen Frachtdampfer geladen. Wer auf Sumatra reisen will, hat nicht nur das betreffende Billet am Schalter zu lösen, es kommt sonst noch Einiges in Erwägung!

Als wir die nicht in gutem Rufe stehende Rhede erreichten, war die See glücklicherweise ruhig; fast zu gleicher Zeit mit uns wurden die Pferde an's Land geschafft; sie bekundeten ihr Wohlbefinden damit, dass sie sich gleich im hohen Grase zu wälzen anfingen.

Den Ort Benkoelen werde ich Ihnen nicht beschreiben; es kann sich heut zu Tage in Europa schon Jeder denken, wie ein Indo-Europäisches Städtchen von bescheidenen Dimensionen aussieht. Unser Hôtel war der Club; dort hatten wir die Herren der guten Gesellschaft bald kennen gelernt, aber leider ebenso bald auch die Gunst der Damen verscherzt. Bekanntlich können Uhren das heisse Klima auf die Dauer nicht vertragen. In Folge dessen wird die Zeit, wie die höchste Behörde eines Ortes sie für richtig hält, meist auf's Gerathewohl durch Schlagen auf einer Glocke stündlich oder halbstündlich angezeigt und so tagtäglich Ludwig XIV illustrirt, dem auf die Frage: »Was ist die Uhr?« geantwortet wurde: »Was Majestät geruhen werden zu befehlen.« Mir fiel demgemäss fast überall die Aufgabe zu, Sonne und Zeit einmal mit meinen Chronometern zu reguliren. In Benkoelen fand ich die Ortszeit um nicht weniger als 29 Minuten falsch. Sie wurde berichtigt, und als wir mit den Herren im Club zusammen sassen, schickte eine Hausfrau nach der anderen, um ihren Herren und Gebietern melden zu lassen, dass die Suppe kalt werde. Eine Dame liess sogar höchst naiv hinzufügen, der Abendschuss sei noch immer nicht gefallen. Ich fürchte sehr, dass an jenem Abend sämmtliche Herren kalte Suppe, mit einem vorwurfsvollen Blick gewürzt, gegessen haben, denn die armen Hausfrauen mussten denken, dass die veränderte Zeit nur eine Erfindung der beiden Fremden sei, um die Freuden des Clubs in die Länge zu ziehen.

Die Sonne liess sich in Benkoelen leichter in Ordnung bringen als unser Gepäck. Alles was in Java, wo die Träger je nach Bedürfniss zu drei oder vier ein Stück Gepäck tragen, in Kisten gestaut war, musste auf Sumatra, wo jeder seine eigene Bürde und diese am liebsten nicht zu gross in einem Korbe, der auf dem Kopf ruht, trägt, umgepackt werden. Und als endlich die Leute zusammengetrieben waren, und die Reise eines Morgens anfangen sollte, ging noch lange nicht Alles so ganz glatt ab. Das Gepäck musste noch erst gleichmässig unter die Leute vertheilt werden, ein um so mühseligeres Geschäft, als die Ansichten der Träger über die ihnen aufzubürdende Last sehr verschieden waren von den meinigen. Der Eine hatte bereits einen ganz leichten Gegenstand erfasst, der Andere glaubte sogar mit zwei mir geschenkten Lanzen genügend belastet zu sein, Beide waren auf und davon. Im Galopp ritt ich den Ausreissern nach und schickte sie zurück. Eine halbe Stunde lang musste ich mich dann mit den Leuten herumstreiten, die alle nicht mehr tragen zu können vorgaben und schliesslich gelang es dann doch kurz nach acht Uhr die Karawane aus dem gastfreien Benkoelen fortziehen zu sehen.

Mein Assistent und ich waren zu Pferde. Letztere zeigten wenig Lust zum Galoppiren, wenn sie sich im Uebrigen auch gut genug bewährten. In diesen heissen Gegenden reitet man im Schritt oder im

Galopp; der Trab ist auf die Dauer zu ermüdend. Sehr beliebt bei den Eingeborenen sind übrigens diejenigen Pferde, welche im Dreischlag gehen. In Süd-Amerika fand ich dasselbe, und ich kann versichern, dass diese abscheuliche Gangart wirklich für längere Reisen sehr bequem ist.

Ich hatte vierzig mit Gepäck beladene Träger und drei Bedienten, welch' letztere abwechselnd das dritte Pferd benutzten. Den dritten Bedienten, ein eben aus dem Gefängniss entlassener Mörder, ein eifriger, anständiger Junge, der natürlich recht bald den Beinamen »braver Mörder« bekam, hatte ich in Benkoelen engagirt. Auf einen ganz kleinen Mord kommt es in Indien nicht an, geschehen ja doch die Morde meistens nur aus Eifersucht und hat das Leben eines Menschen bei weniger civilisirten Völkern so wenig Werth, dass es noch lange nicht die grösste Sünde ist, es zu rauben. Einen wegen Diebstahls Verurtheilten würde Niemand zum Diener nehmen, aber mehrfach habe ich Familien getroffen, deren Kindermädchen einen Mord auf dem braunen Gewissen hatte, ohne dass die meist gewissenhafte Mutter einen unruhigen Schlaf gehabt hätte.

Die erste ziemlich lange Tagesreise bis nach Taba-Penandjoeng wurde durch ein Frühstück in einer Kampong in zwei Hälften getheilt. Kampong ist der malaische Name für Dorf. Die Pferde fanden hier herrliches Gras, denn es war schon Regenzeit, was wir in diesem vorzüglichen Regenlande leider schon am ersten Tage erfahren sollten. Aber es wurde auch recht bald wieder sonnig.

Der erste Theil des Weges im Tieflande war nicht schön und wurde nur erheitert durch ziemlich viele, hier und überall recht nette Kampongs. Die Häuser stehen in gerader Linie neben einander um einen gemeinschaftlichen Platz, der gut und sauber gehalten, mit einer Reitbahn die meiste Aehnlichkeit hat.

Taba-Penandjoeng liegt schon am Fusse des Barisan-Gebirges, von wo ab die Landschaft allmählich schöner wird. Hohen Wald, einen breiten Bach, der zwischen dem dunklen Laub seinen Silberstreifen tief unten im Thale zieht, und tropische Sonne genossen wir doch schon am ersten Tage. Aber der schönste Theil kam später, nachdem wir einige Tage lang in Taba-Penandjoeng observirt hatten und nun das Gebirge wirklich überschritten und in die Residentie Palembang gelangten. Sehr hoch ist hier die Gebirgskette nicht, aber es ist immerhin derselbe riesige Rücken, der die ganze grosse Insel in einförmigem Zuge von der nördlichsten Spitze bis zum südlichsten Ende durchzieht, ohne auch nur eine bedeutende Einsenkung zu zeigen. Er hat auch hier denselben sonderbaren Charakter, den ich später in dem Gebirgslande von Padang näher kennen lernen sollte. Es würde vielleicht Mühe kosten, auf der ganzen Erdoberfläche ein zweites Gebirgsmassiv zu finden, das so toll durch einander geworfen, so systemlos, so gehirnver wirrend aussieht, wie jenes. Es laufen die Flüsse manchmal gerade auf das Gebirge zu, um auf einmal wieder rechts um kehrt zu machen. Es hat schon ein bedeutender Geologe gesagt, dass wohl kaum von einem zweiten Gebirge die Entstehungsweise so schwer zu deuten sein wird. Mir will es nicht unmöglich erscheinen. Die ursprüngliche älteste Kette ist wohl ein ziemlich geradliniger Höhenzug mit ganz gewöhnlichen Ausläufern senkrecht zur Hauptrichtung gewesen. Später kamen unberufen Vulkane hinzu, denn unsere Erde scheint gerade diese Gegend ganz speciell zu ihrem Lieblingsventil auserkoren zu haben. Wer über solche Mächte zu verfügen hat, wie ein Vulkan in der ganzen Kraft seiner ersten Jugend, der kümmert sich sehr wenig um ein Gebirge, und wenn es auch noch so regelrecht und ordnungsgemäss aufgebaut ist. Und dass die Vulkane hier keine Spielzeuge sind, hat der zur selben Gruppe gehörende Krakatahoe bewiesen. Wer auf einen Schlag 40,000 Menschen verschlingt, hat mehr zu bedeuten, als ein ganzes Volk von Menschenfressern! So brach ein Vulkan hier, ein anderer dort hervor, links oder rechts vom Kamme, wo er eben Lust hatte, und zerstörte auf einmal die Symmetrie.

Vergegenwärtigen wir uns was geschehen muss, wenn sich ein Koloss wie z. B. der Merapi mitten in einem Thale erhebt, in welchem ein bedeutender Fluss strömt. Es muss sich dann das Wasser früh oder spät einen Weg brechen quer durch die Gebirgsrippen, die bis dahin sein Bett begrenzten, jetzt aber selbst durcheinander gewürfelt sind. So entstanden die meist abenteuerlichen Thäler, tiefe Einschnitte von quadratischem Profil, meilenweit quer durch's Land gezogen, senkrecht oft zu dem, was gerade da die Gebirgsrichtung ist; eine Schlucht, wo ein Berg eigentlich sein sollte. Zu welchen wunderbaren landschaftlichen Schönheiten eine solche Zügellosigkeit der Natur Anlass giebt, wenn wieder Alles mit der üppigsten tropischen Vegetation überwuchert wird, lässt sich kaum sagen. Man marschirt in einer ziemlich ebenen Gegend, auf einmal steht man, ohne irgend Etwas zu vermuthen, am Rande eines Abgrundes; der übrige Theil der Landschaft liegt einige hundert Fuss tiefer, senkrecht unter des Wanderers Füssen. Gerade gegenüber ist wieder eine solche schroffe Wand, und so weit wie der Blick reicht, schlängelt sich diese schauerliche Kluft durch das Hügelland. Die Thalsohle einer anderen ebenso unerwarteten Schlucht ist so schmal, dass das durchströmende Flüsschen sie beinahe ganz ausfüllt; bei jeder neuen Krümmung stösst man buchstäblich an die Wand und muss den Fluss durchwaten, um auf der anderen Seite wieder ein kleines Dreieck Land zu finden, wie man eben eins verlassen hat. In nicht ganz einer Stunde muss man elf Mal durch das Wasser.

So grossartig, wie das eben beschriebene, ist das Gebirge zwischen Benkoelen und Palembang nicht, immerhin steigt das Terrain und sind die Rückblicke über den schmalen Landstrich Benkoelen hinweg in den Ocean hinein, der wie ein blauer Nebel den Horizont bildet, herrlich. Und auch hier steht mancher Berg allein, ohne irgend welchen Zusammenhang mit der Kette, und es hat mancher, der Alles abrundenden Waldbekleidung zum Trotze, noch Formen, die zackig und wüst genug sind. Wenn die Aussicht begrenzt wird von solch' einer Erhebung oder von einem der Riesenbäume, wovon schon ein einziger einen Hügel vorstellt, wird die Reise zum höchsten Genusse.

Der östliche Abhang bietet weniger überraschende Blicke, aber zum Theil ist die Waldung noch viel dichter; man schreitet auf guten öffentlichen Wegen zwischen zwei undurchdringlichen grünen Wänden hindurch.

Man sieht wenig Menschen, Affen um so mehr; letztere laufen ruhig über den Weg und sehen den Wanderer ganz impertinent an, bis man ganz nahe ist, dann verschwinden sie in den höchsten Bäumen.

Der erste Ort, wo wir einige Tage zubrachten, war Kepahiang; er liegt noch ziemlich hoch, so dass die Tagestemperatur eine sehr angenehme war. Die Abende waren aber kalt, feucht, frostig und unangenehm. Europäische Gemüse und Kartoffeln gedeihen hier sehr gut.

Im nächsten Ort gab es keine Europäer; wir wohnten in der Pasangrahan, i. e. ein Haus, welches die Regierung oder die Bevölkerung auf allen bedeutenden Strassen für Reisende unterhält. Es besteht aus einer Veranda, ein Paar Zimmern mit den üblichen Bambuswänden und dem allernöthigsten Hausgeräth; der müde Reisende ist recht dankbar es zu finden, zumal wenn er, wie ich am folgenden Orte, in der Nacht ankommt, und durch das nervöse Zucken der Pferde auf die Anwesenheit von Tiger schliessen muss. Diese Gegend ist noch überreich an Tiger, und zwar hat hier der grosse Königstiger die Ueberhand, im Gegensatz zu Java, wo der Panther weit häufiger vorkommt. Bei Tage ist keine Gefahr, aber sobald die Sonne untergegangen ist, lauern sie überall, und wir dankten es auch nur den vom langen Wege ermüdeten Pferden, dass wir uns zu dieser Stunde noch gerade auf einem mit dem hohen Alang-Alang Grase bestandenen Felde, dem Lieblings-Aufenthalt der Tiger, befanden.

Am folgenden Morgen fanden wir überall Spuren von Elephahten, die offenbar noch kurz vorher und in bedeutender Menge dagewesen waren. Rechts und links sahen wir die Tunnel, welche diese Riesen in den Wald bohren. Ziemlich dicke Stämme fanden wir wie mit einer Säge abgeschnitten; ein Elephant passirt den Urwald, wie unsereins ein Grasfeld. Oft sind die jungen Elephanten den Menschen am gefährlichsten, indem sie zum Amusement schwere Aeste weit von sich schleudern. Sonst sind bekanntlich nur die ganz alten Elephanten gefährlich; von der Gesellschaft ausgestossen, werden sie vor Hunger bösartig. Zum Transport werden die Elephanten hier nicht benutzt; die Regierung hat gefunden, dass der theure Unterhalt und das was sie an den Strassen ruiniren, einen zu starken Schadenposten bildet.

Die uns nunmehr in grösserer Anzahl begegnenden Menschen waren stämmige, gut ausgewachsene, aber nicht gerade schöne Leute. Die Meisten redeten uns ganz gemüthlich an. Die erste Frage ist stets: »Woher?« Es ist so ungefähr die malaische Uebersetzung unseres: »Was machen Sie?« und eine Antwort ist ebenso wenig dort wie bei uns nothwendig. Hier auf Sumatra hat aber die Frage ihre Bedeutung. Den Landesgesetzen nach ist nämlich ein ganzes Dorf verantwortlich für alle Uebelthaten, die im Bereiche des Dorfes vorkommen. Wird ein Fremder bestohlen, so ersetzt die Bevölkerung, wenn sie den Dieb nicht nachzuweisen vermag und ihm das Gestohlene nicht wieder abnehmen kann, selbst wenn der Dieb ein Fremder war, den Verlust. Somit hat jeder Ansässige ein Interresse daran zu wissen, wer der Fremde ist und woher er kommt.

Die Weiterreise nach Tebing-Tinggi war herrlich, wenn sie auch unter einem furchtbaren Regen angetreten wurde. Das Gebirge sinkt zum Hügelland hinab, aber es schlängelt sich der Weg neben einem breiten schnellströmenden Fluss, der einmal unmittelbar neben ihm, ein anderes Mal tief unten, bald ruhig und stattlich, dann wieder brausend, kochend, schäumend und brechend, der Mittelpunkt der grünen mit herrlichen Waldungen besetzten Landschaft ist.

Tebing-Tinggi ist ein nicht ganz unbedeutender Ort, denn als Centrum der noch nicht sehr lange unterworfenen Gebirgslande, hat er ziemlich viele Beamte und eine mittelstarke Garnison.

Es ist merkwürdig, wie sich die tapfere und mannhafte Bevölkerung Sumatras in so kurzer Zeit so vollkommen in die fremde Herrschaft gefunden hat. Der Hauptgrund mag wohl der sein, dass sie es unter ihren eigenen Herrschern so herzlich schlecht hatte. In einem der von mir durchzogenen Distrikte sind auf Bitten der Bevölkerung die höchsten braunen Behörden bei Seite geschafft worden, und regiert der Controleur daselbst wie ein wahrer konstitutioneller Monarch. In anderen Gegenden hat man ihm ganz aus freien Stücken die Aufsicht gegeben in Sachen, die ihn sonst gar nichts angehen würden; er, nicht der braune Bürgermeister, ist manchmal der Hüter der Dorfkasse.

Den Schlussakt des viertägigen Aufenthaltes in Tebing-Tinggi bildete der Verkauf unserer drei Pferde und zwei Sattel; da Pferde hier selten sind, so war der Erlös hinreichend, um sämmtliche Transportkosten (Dampfbootreise einbegriffen) zu decken. Ich hatte mir die Benutzung der Pferde für die nächsten beiden Tagereisen vorbehalten. Merkwürdiger Weise ist das im nördlichen Sumatra heimische kleine tapfere Batahpferd, das an Schönheit wohl das erste der Welt ist, hier nicht zu haben.

Das Gepäck wurde hier auf Karren geladen, so dass die Karawane weit weniger stattlich aussah. Die erste Etappe war glücklicherweise kurz, denn die Hitze war aussergewöhnlich und kein Schatten, kein Wasser, kein Wald, kein Baum zu finden, nichts als eine endlose Wüste von hässlichem Bambus. Ich muss hier zur Ehre des Geschlechtes Bambus einschalten, dass ein kräftiger, bis 80 Fuss Höhe erreichender Bambus-Stamm zu dem Schönsten gehören kann, was das Pflanzenreich zu bieten vermag. Der hier wachsende Bambus war aber nichts weniger als schön; er bildete nur gerade Wände von dürren Stämmen; von den herrlichen, sonst dornartigen und gleich Spinnengewebe durchsichtigen Blättern war keine Spur vorhanden.

Eine zweite Tagesreise auf dem nicht gerade interessanten Wege führte uns zu der herrlichen Aussicht aus der gastfreien Wohnung des Controleurs A. in Moeara-Bliti. Moeara bedeutet Mündung, und ist es auch gerade vor dem besagten Hause, dass sich die Bliti in die Klingi ergiesst. So sieht man unter dem dichten Laubdach eines riesigen Waringins, der vor der Thüre steht, hindurch drei Flussarme, breit und stattlich zwischen den hohen Ufern dahinfliessen. Diese sind üppig bewachsen, und an dem gegenüberliegenden Flussufer schlängelt sich durch das ewige Grün ein rother Saumpfad in die Höhe.

Eines Morgens kamen auf Bitten des Controleurs einige junge Damen, um für uns zu tanzen. Tanzen ist auf Sumatra eine unumgängliche Ceremonie bei allen Feierlichkeiten. Sobald ein höherer Beamter einen Ort besucht, wird getanzt; und auch sonst kostet es wenig Mühe, die jungen Mädchen dazu zu veranlassen. Nur selten sind junge Männer mit im Spiele; in jedem Distrikt haben die Tänze ihren eigenen Charakter, wie sie überhaupt in dem Archipel sehr verschiedener Art sind. Mit den Tänzen im Archipel, wie mit der einheimischen Musik steht es ebenso, wie bei uns mit Vielem, was mit dem Theater verwandt ist; man muss sie erstens in ihrer eigenthümlichen Umgebung geniessen und dann nur in der höchsten Vollkommenheit, deren sie fähig sind. Palmen und eine tropische Sonne gehören unumgänglich dazu. Wer in Batavia oder auf irgend einer Landstrasse die gewöhnlichen Dirnen hat tanzen sehen, begleitet von ein Paar schlecht gespielten Instrumenten, dem kann nur eine Anwandlung von Gleichgültigkeit gekommen sein, wer aber die bildschönen, in aller Vollkommenheit geschulten Tänzerinen des Kaisers von Soerakarta gesehen hat, der wird ein ganz anderes Urtheil fällen.

In Moeara-Bliti, wo der Fluss einigermassen schiffbar wird, liess ich mir ein Floss bauen, um auf demselben die Reise bis nach Palembang fortzusetzen. Das Floss ganz aus Bambus gefertigt, glich einem schwimmenden Häuschen mit einer Veranda. In letzterer war gerade Platz für einen Tisch und drei Stühle. Hinter der Veranda waren zwei kleine Schlafzimmer und zwei kleine Kabinette, von denen eins als Badezimmer diente. Betten, Tisch, Stühle alles war aus Bambus, das Dach aus Palmenblättern gefertigt. Rings herum war ein Gang für die Ruderer. Hintenan kam noch ein kleines Floss, ganz wie das unsrige gebaut, mit Küche, Speisekammer und Bedienten-Wohnung.

So liessen wir uns in ungefähr drei Wochen vom Flusse nach Palembang bringen, wovon aber nicht die Hälfte wirklich Reisetage waren, denn wir hatten ja unsere Beobachtungen zu machen. Ich hatte Anfangs 10, später 6 Ruderer. Es ist auf der sehr schnell strömenden Klingi keine leichte Aufgabe, das ungeschickte Fahrzeug vom Ufer und von den Felsen und Baumstämmen, die das Fahrwasser zu einer nicht ungefährlichen Heerstrasse machen, frei zu halten, denn dass Floss würde im Falle eines Schiffbruchs bei der grossen Geschwindigkeit des Stromes sehr bald zerstört sein. Ein Kahn leistete Dienste als Aviso und war bestimmt, die Ruderer wieder zurück zu bringen. Als wir später in die breitere Moesi einliefen, ging die Reise langsamer, aber ohne die geringste Gefahr. Landschaftlich schöner ist die Fahrt auf der Klingi mit den dicht bewaldeten Ufern, wo eine gute Sorte Bambus mit seinen wehenden Büscheln die Waldriesen ablöst. Unannehmlichkeiten blieben nicht aus. Das Böseste von allen waren die Agas, an anderen Orten Meroetoes genannt, die zur wahren Qual werden können; Schwärme, ganze Heerschaaren von sehr, sehr kleinen Fliegen, als würde eine Pfefferbüchse in der Luft geleert. Sehen kann man die grausamen Thierchen kaum, aber überall kriechen sie hinein und hindurch und stechen noch viel ärger, als die eigentlichen Mosquitos. Die Folgen verspürt man mehrere Tage. Am ganzen Körper mit kleinen schmerzhaften Wunden versehen, kamen wir in Palembang an. Es wird wohl Jeder, der den Oberlauf Indischer Flüsse besucht hat, von dieser Qual mitzusprechen wissen! Es verzehren diese blutgierigen Räuber weit mehr Menschenblut, als sämmtliche sogenannte Raubthiere zusammen.

So lange wir in den mehr wilden Gegenden waren, hörten wir allabendlich in allen Richtungen das Pipen der Tiger. Gewöhnlich meint man, dass ein Tiger brülle; im Käfig brüllt er auch, aber seine gewöhnliche Sprache ist ein Pipen. Es gab hier ungeheuer viele Schlangen. Eines Morgens musste ich, um mein Instrument aufstellen zu können, zwei Stück wegtragen lassen. Es waren schöne Thiere, blau mit silbernem Bauch, Kopf und Schwanz von dem schönsten Scharlach, schön, aber grauenerregend, beinahe fünf Fuss lang.

Der einzige Ort, wo wir während der Flussreise Weisse trafen und eigentlich nur einen, nämlich den Controleur, war Sekajoe. Hier blieben wir drei Tage, um etwas auszuruhen von dem fortwährenden Observiren. Um unseren Besuch zu feiern, wurde natürlich wieder getanzt. Mehr als 20 Mädchen, worunter einige recht hübsche, sassen in einer geraden Linie und alle waren mit der höchsten Pracht gekleidet. Hier sah ich zum ersten Mal die kostbaren Goldgewebe, derenwegen Palembang mit Fug und Recht berühmt ist, wirklich tragen. Man hat kaum einen Begriff von der geschmackvollen, reichen Wirkung dieser schweren und doch so weichen Stoffe. Es wird aber mit asiatischer Prunksucht übertrieben; manche der Mädchen hatten zwei oder drei Stück an, worin sie sich allerdings zierlich zu drapiren wissen. Dann noch goldene Zierrathen am Kopf, an der Brust und an den Armen. Eine konnte den bis an den Ellbogen mit den glatten goldenen Spangen beladenen Arm kaum heben. Da die Bewegungen hierdurch beeinträchtigt werden, und die jungen Damen auch immer nur einzeln tanzten, während die anderen am Boden kauerten, wurde uns schliesslich die Sache ziemlich langweilig; die Kleidung war aber höchst interessant. Bei solcher Gelegenheit erscheinen sämmtliche unverheirathete Mädchen des Dorfes; aber wer nicht reich genug gekleidet ist oder nicht gut genug tanzt, bleibt sitzen.

Dergleichen Feste werden abgehalten in der Balé-Balé, einem offenen Gebäude, mitten im Dorfe, das vollkommen die Rolle eines Rathhauses spielt. Von der Bevölkerung erbaut und unterhalten, ist es in einigen Distrikten gut gearbeitet und mit Schnitzereien verziert. Es dient zu Versammlungen, zu Wahlen, zu allem, was die Gemeinde angeht; auch dient es Reisenden zur Wohnung. Diese stehen auf diese Weise zu gleicher Zeit unter Aufsicht, was bei der früher erwähnten »kollektiven Verantwortlichkeit« seinen Nutzen hat.

Tiger hörten wir von nun an nicht mehr; Mosquitos traten an Stelle der Agas.

Die Palembanger sind im schroffen Gegensatz zu ihren Nachbarn in Benkoelen ein tüchtiges, arbeitsames Volk. Die Kapok-Kultur ist sehr gut eingerichtet, ebenso im Gebirge die Gewinnung des herrlichen Ranau-Tabaks, welche von der Bevölkerung ganz auf eigene Faust getrieben wird.

Leider ist die Bevölkerung Sumatras sehr dünn; sie vermehrt sich in den meisten Gegenden nur sehr langsam, gerade im Gegensatz zu Java, wo unter der Holländischen Herrschaft die Seelenzahl in kolossalem Wachsthum begriffen ist. Der Grund liegt einmal darin, dass unter den dortigen Malaien der Kaufpreis einer Ehefrau meistens sehr hoch ist, so dass oft recht viele Männer, ganz gegen die mohammedanischen Sitten, unverheirathet sind, dann aber auch in dem verzwickten Erbrecht, wonach nicht die Kinder von den Eltern erben, sondern die Schwesterkinder. Weitere Gründe müssen hier unerwähnt bleiben.

Bis nach der Hauptstadt nahmen wir nur noch in einem Orte längeren Aufenthalt und zwar weil die Sonne mit grosser Ausdauer hinter Wolken versteckt blieb und unsere astronomischen Beobachtungen behinderte. Ich fürchte, dass dieses meinem Ansehen bei den Eingeborenen, welche von einer mir eigenen überirdischen Macht fest überzeugt waren, sehr geschadet hat. In den Gebirgsgegenden gab man mir den Titel eines Erdbeben-Residenten, welcher Titel einerseits in dem Aberglauben seine Erklärung findet, dass ich die Erde zu erschüttern im Stande sei, andererseits dass ich in meiner Berufsbranche der höchste sei und demgemäss wie jede holländische höchste Provincial-Behörde »Resident« genannt zu werden verdiene. Der Aberglaube von Gewalt über Himmel und Erde ging so weit, dass ein Bürgermeister den Controleur befragte, ob es denn wahr sei, dass nach meinem Besuche ein Erdbeben stattfinden werde, er wolle dann noch rasch ein Fest geben, um es abzuwenden.

Dass es mein Beruf war, die Sonne in Ordnung zu bringen, stand ein für alle Mal in ganz Indien fest; denn da während meines mehrjährigen Aufenthaltes in Indien gerade die Monsume nicht so regelmässig wie sonst verliefen, lag es ja auf der Hand, dass die väterliche Regierung mich mit einer Revision der Sonne beauftragt hatte. — Meine Instrumente waren natürlich der Gegenstand steter Bewunderung.

Einen Begriff vom Telescop hatten die Palembanger; es musste ihnen Jemand gesagt haben, dass dasselbe alles auf den Kopf stelle, denn in gewissen Distrikten nahmen die Weiber regelmässig, sobald das Telescop in der Richtung zu ihnen eingestellt wurde, die Röcke steif zusammen.

Schon früh am Morgen kamen wir in der Hauptstadt Palembang an. Der Resident war verreist, und wir konnten erst nach einigen Tagen zu ihm ziehen, wozu er uns schon längst brieflich eingeladen hatte. Da das Hôtel ziemlich weit von dem Ort wo ich observiren wollte, entfernt war, blieben wir ruhig auf unserem Floss. Wir speisten aber im Hôtel und mietheten zum Hin- und Herziehen eine Equipage d. h. ein Bidar oder Ruderboot, denn es bewegt sich dort Alles auf dem Flusse; die Strassen sind Nebensache. Es ist eigenthümlich, wenn man in eine Stadt einzieht, sein eigenes Haus fertig mitzubringen. In Palembang wundert dies Niemanden, denn ein bedeutender Theil der Häuser steht auf Flössen. Früher wohnten auch die meisten Europäer so, jetzt wohnen sie grösstentheils am Lande.

Die Stadt Palembang, die auf Flössen treibende und feststehende, ist endlos. Auf den Karten aus der ersten Hälfte unseres Jahrhunderts liegt die Mündung des Nebenflusses Ogan in westlicher Richtung noch in beträchtlicher Entfernung von der Stadt, jetzt liegt sie in der Stadt.

Die vielen Chinesischen Häuser mit ihren bunten Farben, tragen nicht unwesentlich zu dem freundlichen Charakter der Stadt bei. Die Residenz, ein schönes hohes Gebäude, hat, über den grossen Park hinweg, die Aussicht auf den mächtigen Strom; nicht weit davon liegt die Citadelle, ein gewaltiger Steinklumpen, der früher den jetzt verjagten Sultanen zur Wohnung diente, und ein wenig rückwärts liegt die Moschee, eine der vielen »schönsten« Moscheen, die Indien hat, bei welcher Schönheit man aber ja nicht an Aja Sofia, oder die Moschee von Omar denken soll!

Wer einige Zeit in Palembang ist, wird sich über das Emporwachsen der Stadt nicht wundern. Im schönsten Gegensatz zu anderen Stammesverwandten sind die Palembanger selbst fleissig, energisch und sparsam, auch sind hier von Alters her sehr viele Chinesen, die hier, mehr als wie sonst irgendwo, ihre eigenen Künste treiben. So können die feineren Lackwaaren aus Palembang den echt Chinesischen zur Seite gestellt werden. Die prächtige Lage macht die Stadt auch von selbst zu einem bedeutenden Handelsplatze. Die Bewegung auf dem Flusse und auf den vielen kleineren Gewässern, die als Seitenstrassen dienen, ist in der That grossartig. So mag der Canal Grande in der guten Zeit Venedigs ausgesehen haben! Ein Spaziergang auf dem Markt verringert den guten Eindruck keineswegs. Aus den Erträgen des Marktgeldes hat man geräumige steinerne Hallen errichtet, die gut rein gehalten werden. Manche Stadt in Europa könnte Palembang wegen seines Marktplatzes beneiden. Nebenan, da, wo vor wenigen Jahren noch ein böser Sumpf mit einigen elenden Hütten war, steht eine Reihe von eleganten Chinesischen Wohnungen.

Lange hielten wir uns auch hier nicht auf. Unsere Flösse wurden öffentlich versteigert und erzielten ebenfalls einen guten Preis. Es wächst nämlich das schöne dicke Bambus nicht nahe am Meeresufer sondern nur hoch am Flusse; es hat also hier wo so viele Häuser auf demselben schwimmen müssen, einen bedeutenden Werth. Recht interessant ist es, zu sehen, wie geschickt die Eingeborenen ein altes, morsch gewordenes Rohr unter einem Hause wegzuschaffen und durch ein neues zu ersetzen wissen. Dass dazu ungeheuere Uebung im Tauchen gehört, ist selbstredend, aber Rudern, Schwimmen, Tauchen können diese Menschen schon, ehe sie noch das Gehen erlernt haben.

Mit einem kleinen Dampfer, der mir von der Regierung geliehen wurde, fuhren wir dann noch den Ogan-Fluss hinauf, bis nahe an die Berge, wo dieser seinen Ursprung hat. In Batoe-Radja, schickten wir ihn wieder zurück, um die Rückreise in einer Bidar zu unternehmen. Es war eine sehr schöne Reise, wenn auch der romantische Theil des Flusses erst weiter flussaufwärts anfängt. Es sind aber die Ufer beiderseits bepflanzt, grösstentheils mit Obstbäumen. Auch ist die Gegend dicht bevölkert, und die arbeitsamen Leute sind entschieden reich. Wir sahen denn auch verschiedene grosse Dörfer, weit aus einander gebaut und recht sauber gehalten. Von den grösseren Häusern sind manche recht geschmackvoll verziert.

Die Anordnung dieser Häuser ist fast immer dieselbe. Stets auf Pfählen vier bis sechs Schuh über den Boden gebaut, sind sie aus gutem Holz gefertigt, meistens mit Pfannen gedeckt, oft ganz mit kupfernen Nägeln zusammengefügt und oft reich geschnitzt. Es dient die vordere Gallerie als Salon, die hintere als Frauengemach. Die letztere ist ganz geschlossen; als Verschluss dient vorne nur ein fein gearbeitetes Holzgitter, das über Tag entfernt oder aufgeklappt wird. Der mittlere, grössere Theil des Hauses liegt eine Stufe höher, und ist nach der vorderen Gallerie zu offen. Hier stehen die Möbel, hier werden in geschnitzten und vergoldeten Schränken die Kostbarkeiten aufbewahrt, und hier liegen auch Kaufwaaren. An einer Seite dieses Raumes oder an beiden, ist eine Kammer abgetrennt, die wieder um eine Stufe höher liegt; diese ist für den Hausherrn bestimmt und etwa auch für vornehme Gäste, während die jungen

Leute und die Bedienten in der Gallerie schlafen. Nicht nur ist die Kammer, dem Range des Bewohners gemäss, mehr oder weniger erhöht, sondern die für das Haupt der Familie bestimmte, ist auch nach aussen hin am reichsten mit Schnitzwerk versehen. An den vornehmen Häusern sind auch andere Theile des Baues, hauptsächlich die Front geschnitzt, doch ist dieses stets in Feinheit und in Farbe der Ausstattung dieses einen Zimmers untergeordnet, so dass der Plan des ganzen Hauses klar und deutlich darliegt. Geschmackvoll und prunkvoll ist diese Schnitzarbeit immer. Sie zeigt schwungvolle, stilvolle Linien, wenn auch in fremdartiger Auffassung, und ist nie überladen; wenn auch Gold und Farben noch so fleissig angewandt sind, das dunkelbraune Holz bietet dem Auge immer wieder Ruhepunkte. Die Palembanger sind wirklich Meister in der Ornamentik, was auch ihre Gewebe zur Genüge beweisen. Rings um das Haus herum geht noch eine offene Gallerie, die das Haus allerdings kühl, aber auch dunkel macht.

Die Malaien Sumatras haben entschieden ihren eigenthümlichen Charakter, der von dem der Javanen verschieden ist, wenn auch ihre Kultur von Java stammt. Hauptsächlich durch Freiheitssinn und Selbstregierung unterscheiden sie sich vortheilhaft von ihnen. Sämmtliche Behörden werden von der Bevölkerung gewählt und von den an der Spitze stehenden Holländischen Beamten nur bestätigt. Diesen Behörden sehen ihre Untergebenen nicht wenig auf die Finger; sie werden oft genug verklagt, und manche haben eigentlich nur die Macht, den Willen des Volkes auszuführen, der sich deutlich genug kundgiebt; die stürmischen Versammlungen, denen ich bisweilen beiwohnte, bezeugen dasselbe. Die Sumatraner sagen gerade heraus, was sie meinen, was der mehr in sich selbst verschlossene Javane nicht thut. Es ist sonderbar, dass ein so freier Geist sich gerade hier entwickelt hat, wo noch vor fünfzig Jahren ein gar nicht sanftmüthiger Despot unbeschränkt haushielt, und wo seitdem die Holländische Regierung strammer in die Zügel gefasst hat, als an einigen anderen Stellen.

Natürlich haben die Sumatraner auch Schattenseiten. Sind sie eifrig und sparsam, so sind sie auch geizig und eigennützig; sind sie frei und offen, so sind sie auch schwierig im Umgange und bisweilen geradezu impertinent. Sie sind regierbar, aber sie wollen überzeugt werden, dass es vernünftig ist, was man von ihnen verlangt.

Bei den Charakterzügen, die ich nannte, bei dem Reichthum, den die Leute hier besitzen, kann man sich nicht wundern, dass Prozesse gar nicht selten sind. Manche haben geradezu eine

Leidenschaft dafür. Ich lernte einen Mann kennen, der eine Reise antrat, die ihm wenigstens zehn Gulden kostete, um in einer Sache von einem Gulden Gerechtigkeit zu finden.

Diese Gerichtssitzungen, wo allerdings der Holländische Controleur den Vorsitz führt, aber nur die Eingeborenen selbst beschliessen, sind gar nicht leicht zu führen; der Vorsitzende muss die Parteien durch Ueberzeugung nur dahin bringen, wohin er sie haben will. Es werden in denselben Sitzungen auch die administrativen Angelegenheiten behandelt, insofern sie in die Haushaltung der Bewohner eingreifen: Parlament und Gerichtshof.

In dem Orte Doeren, ca. 30 km nordöstlich von Batoe-Radja hatten wir wieder einige Male das Vergnügen, dem Tanzen zusehen zu können; hier war aber die Art des Tanzens ganz verschieden von der, wie wir sie in den Gebirgsgegenden gesehen hatten. Die Tänzerinnen blieben fest am Platze stehen, nur wurden die Zehen und Finger, höchstens auch die Beine und Arme etwas verrenkt. Auffallend reich an Gold war die Kleidung der Tänzerinnen, so reich, dass es kaum mehr geschmackvoll genannt werden kann. Manches Mädchen war unter Goldgeweben wie begraben. Eine Art Krone, von den Reicheren getragen, aus hohen Spitzen, von schön getriebenem Gold oder Silber bestehend, stand den Trägerinnen nicht schlecht. Aber viele fügen wieder horizontal umgebogene Theile hinzu, die den Kopf einem Stachelschwein ähnlich machen. Und über Alles hinaus ragen noch feine Metalldrähte, woran kleine goldene Plättchen hängen, welche blitzen und klappern und über die pechschwarzen Haare einen Schleier von edlen Metallen bilden. Um den Hals trugen sie eine Schnur von Glasperlen, woran vier bis fünf goldene Platten von ausgedehnter Herzform hingen, die die ganze Brust wie mit einem Panzer bedeckten; dazu eine endlose Zahl Armbänder von schwerem Golde, aber überaus zierlich getrieben. Wie schon erwähnt, hat jeder Distrikt hierin seine eigene Mode.

Ganz eigenthümlich sind im genannten Orte die goldenen Klauen, womit sich die Mädchen die sonst fein geformten Finger entstellen. Wie Tigernägel, aber mit den Spitzen in die Höhe gerichtet, werden sie gleich einem Fingerhut auf die Finger geschoben und helfen wieder mit, die Bewegungen schwer und ungelenk zu machen.

Ich bitte um Entschuldigung, dass ich so oft vom Tanzen rede, aber in Palembang ist dies eine Hauptsache, und für den Reisenden ist es die beste Gelegenheit seine Beobachtungen zu machen und Fragen zu stellen; es macht den Leuten selbst so viel Vergnügen, dass sie sich mehr wie sonst geben so wie sie sind; sie vergessen beinahe, dass Weisse zugegen sind.

Die weitere Reise war nicht so bequem wie die Flossreise, weil wir nicht gut an Bord des engen Bootes schlafen konnten. So mussten wir oft mit der allzu luftigen Balé-Balé fürlieb nehmen, während auch die Zubereitung des Mittagsmahls oft schwierig genug war. Zudem wurden wir sowohl von Mosquitos als von Agas schwer heimgesucht; denn hier im Tieflande, aber noch weit von dem Meere entfernt, hausen beide neben einander, was sonst gewöhnlich nicht der Fall ist. Die Reise dauerte aber nicht mehr lange und nach wenigen Tagen kehrten wir nach der schönen Hauptstadt zurück, von wo uns alsbald das Dampfboot anderen Gestaden zuführte.

So habe ich mir erlaubt, Sie mit zu nehmen, eigentlich nur auf einer einzigen Reise quer durch die Insel. Aber für einen Ueberblick möchte dieses wohl das Beste sein. Sumatra ist von Nord nach Süd ziemlich so, wie ich es hier schilderte. Eine mächtige Gebirgskette durchzieht die Insel der ganzen Länge nach; sie fällt nach Westen zu ziemlich steil ab; nur stellenweise entfernt sich das Meeresufer, lässt dann aber immer Gebirgsland oder wenigstens Hügelland zwischen sich und der Centralkette. Im Osten bildet die Insel ein üppiges, wenn auch theilweise sumpfiges, ungesundes Tiefland. Dieses ist von verschiedenen Flüssen durchfurcht, die bis tief in das Land hinein für kleinere Dampfschiffe vollkommen schiffbar sind. Wenn die Insel auch spärlich bevölkert ist, so sind die Bewohner doch meistens stramme Leute, die manche Tugend haben. Denn ist auch der Eingeborene in Benkoelen faul und der von den Lampongs wenig zuverlässig, so finden doch die Palembanger ihresgleichen unter der Bevölkerung des Hochlandes von Padang. Und andere Völker, die Batahs, die Leute von Atjeh, wenn auch dem Europäer gegenwärtig noch sehr feindlich gesonnen, sind stark, tapfer, ausdauernd und energisch.

Ein solches Land hat eine Zukunft, nur muss man nicht von der nächsten Zukunft übertriebene Erwartungen hegen. Es ist der Abstand noch zu gross zwischen dem Europäer und dem noch fast kannibalischen Batah oder dem fanatisch mohammedanischen Atjeher; es werden noch Jahrhunderte friedlicher Berührung nöthig sein, bis das Zusammenwohnen beider Rassen Grosses wirken kann. Nur ganz langsam wird der civilisirende Einfluss um sich greifen, aber es werden noch ungeheure Schätze für unsere Urenkel dort zu heben sein.

Schon hat sich der Unternehmungsgeist des schönen Landes von verschiedenen Seiten bemächtigt, schon sind Eisenbahnen, wenn auch in bescheidenem Maassstabe von der Küste bis in's Innere gebaut,

**schon stehen die Telegraphenstangen im Urwalde und Sklaverei und Menschenfresserei sind ausgerottet. Wenn das alles auch noch nicht Tageslicht ist, so ist doch die Dämmerung entschieden hereingebrochen und die Sonne wird vorwärts schreiten auf ihrer Bahn. Auch das herrliche Sumatra wird einst sich seiner Herrlichkeit bewusst werden.**

# Ueber die Fortschritte der geographischen Forschung während der Jahre 1883—88.

Vortrag, gehalten bei der 15jährigen Stiftungsfeier der Geographischen Gesellschaft in Hamburg am 1. März 1888

von

L. Friederichsen.

---

Hochgeehrte Damen und Herren! Der Herr Präsident hat mir den ehrenvollen Auftrag ertheilt, Ihnen heute über die bemerkenswerthesten Ereignisse in unserm Vereinsleben und auf dem Gesammtgebiete der Erd- und Völkerkunde während der verflossenen 5 Jahre zu berichten. Die ungewohnte Stunde, in welcher dies zu geschehen hat, gebietet mir, möglichst kurz und bündig zu sein.

Indem ich an meine Aufgabe herantrete, gereicht es mir zur grossen Freude, konstatiren zu können, dass sich unsere Mitgliederzahl trotz der auffallend grossen Zahl von Todesfällen (47), worunter sich leider unser allverehrter langjähriger Präsident, Herr Bürgermeister Dr. G. Kirchenpauer und die Ehren- und korrespondirenden Mitglieder Prof. Ferdinand von Hochstetter, Dr. Gustav Nachtigal, Eduard Robert Flegel und unser noch im Tode mit Verleihung der goldenen »Kirchenpauer Medaille« geehrter Reisende Dr. Gustav Adolph Fischer befinden, von 400 im Jahre 1883 auf 505 gestiegen ist.

Wie unsere Statuten in erster Linie vorschreiben, haben wir in allmonatlichen Versammlungen Vorträge und kleinere Mittheilungen entgegengenommen. In 41 ordentlichen Sitzungen, zu denen sich noch eine ausserordentliche Sitzung zu Ehren der Rückkehr Dr. Fischers und der Mitglieder der internationalen Circumpolar-Stationen am 17. November 1883 gesellte, haben wir neben reicher Belehrung auch die Freude gehabt, eine grosse Zahl der bekanntesten Entdeckungsreisenden und Forscher persönlich kennen zu lernen, so Dr. Zintgraff, Dr. Hettner, Lieutenant Hans Müller, Weisser, Dr. Pechuël-Loesche,

Lieutenant Kund, Dr. van Rijckevorsel, Hartert, Prof. Naumann, Hugo Zöller, Paul Reichard, Dr. Carl Lumholtz, Dr. Kükenthal u. A.

Als ein hervorragendes Ereigniss in unserm Vereinsleben muss auch der Ostern 1885 hier abgehaltene 5. Deutsche Geographentag bezeichnet werden, der durch die zahlreiche Betheiligung berühmter Gelehrten von nah und fern, durch die auf ihm verhandelten zeitgemässen Fragen und durch die mit ihm verknüpft gewesene geographische Ausstellung, allen Betheiligten noch lebhaft im Gedächtniss sein wird.

Unsere freundschaftlichen Beziehungen zu anderen wissenschaftlichen Gesellschaften haben sich ständig gemehrt und zu einer wesentlichen Bereicherung unserer, nunmehr im Einverständniss mit der Handelskammer in eigenen Räumen der Commerzbibliothek aufgestellten Bibliothek geführt. — An Publikationen sind wiederum 3 stattliche Bände mit werthvollen Original-Abhandlungen und Originalkarten herausgegeben worden, von denen Fachmänner ersten Ranges sagen, dass sie sich durch besonderen Reichthum und Werth ihres Inhalts auszeichnen und eine hervorragende Stelle in unserer geographischen Zeitschriften-Litteratur einnehmen.

An materieller Unterstützung geographischer Entdeckungsreisen und selbständiger Ausrüstung wissenschaftlicher Expeditionen haben wir, dank sparsamer Haushaltung und Opferwilligkeit unserer Mitglieder, ein verhältnissmässig hervorragendes Resultat zu registriren. So fällt in erster Linie die glückliche Durchführung und von reichen wissenschaftlichen Ergebnissen begleitet gewesene Fischer'sche Expedition in das Massai-Land in die Geschichte des verflossenen Lustrums. Es darf hier nicht unausgesprochen bleiben, dass das, was uns seiner Zeit für die Erforschung Ostafrikas speciell begeisterte, nämlich die Ueberzeugung, dass das aequatoriale Ostafrika hinsichtlich der Handels- und wissenschaftlichen Bestrebungen recht eigentlich eine deutsche Domäne sei, sich in überraschender Weise durch die Besitznahme Ost-Aequatorial-Afrikas seitens Deutschlands verwirklicht hat. Es muss uns demnach eine besondere Befriedigung gewähren, dass gerade unser Entdeckungsreisender Dr. Fischer die zuverlässigsten Arbeiten über die Länder der deutschen Interessensphäre in Ostafrika, über die südlichen Gallaländer, Witu und das Gebiet der Massai geliefert hat und diese in unseren Mittheilungen zum Nutzen und Frommen wissenschaftlicher und kolonialer Bestrebungen der Oeffentlichkeit übergeben worden sind.

Nicht minder wichtig erschien Ihrem Vorstande authentische Mittheilungen über ein Land zu erhalten, welches 1883 auf die Tages-

Ordnung deutscher überseeischer Bestrebungen gestellt war, ich meine Paraguay. Die pekuniäre Unterstützung, welche unsere Gesellschaft zu diesem Zwecke Herrn Dr. Hugo Toeppen 1884 gewährt und die die im Jahrgang 1884 unserer Mittheilungen publicirte eingehende Reisebeschreibung und Abhandlung über Paraguay im Hinblick auf deutsche Kolonisations-Bestrebungen zur Folge gehabt hat, findet ungetheilte Anerkennung.

Aber auch unser jüngster Entdeckungsreisender Herr Dr. Sievers hat dem Vertrauen auf seine Leistungsfähigkeit vollauf, ja vielleicht mehr denn zu erwarten stand, entsprochen. Herrn Dr. Sievers, der sich die Erforschung der Venezolanischen Cordillere in den Jahren 1884—85 zur Aufgabe gestellt hatte und zu diesem Zwecke pekuniär von unserer Gesellschaft unterstützt worden war, verdanken wir ausserordentlich werthvolle geographisch-statistische und geognostische Berichte, und die auf Basis seines Beobachtungs-Materials bearbeitete und in unseren Mittheilungen jüngst publicirte Karte der Venezolanischen Cordillere wird, ich darf dies zum Ruhme unserer Gesellschaft hervorheben, von hervorragender Stelle als eine grundlegende Arbeit für südamerikanische Kartographie bezeichnet. So dürfen wir auch in diesem Falle sagen, dass wir glücklich waren in der Wahl desjenigen, dem wir unsere letzten disponiblen Mittel für eine selbständige wissenschaftliche Expedition zur Verfügung stellen konnten.

Soviel über unsere eigenen Leistungen, die allerdings verstummen müssen gegenüber denjenigen, von denen ich jetzt bei einem Rundgange um die Erde in grossen Zügen zu reden haben werde. Ja, nur in ganz grossen Zügen ist es möglich, ein Bild zu geben von dem, was von anderer Seite auf dem Gebiete der Länder- und Völkerkunde an glänzenden Thaten und Fortschritten im Laufe der letzten fünf Jahre geschehen ist. Wo sollte ich anfangen, wo aufhören, wollte ich Ihnen auch nur andeutungsweise rekapituliren, was seitens der verschiedenen europäischen und aussereuropäischen Staaten im Systeme der internationalen Polarforschung geleistet, was auf den Kongressen der internationalen Gradmessungs-Kommission sei es zu Gunsten eines einheitlichen Anfangs-Meridians und einer einheitlichen Zeit, sei es zur Förderung der getreuen Abbildung unserer Erde berathen, was für Anstrengungen aller Orten seit dem 27. August 1883 gemacht worden sind, um dem Geheimniss der mit dem Ausbruch des Krakatau verknüpft und über die ganze Erde verbreitet gewesenen wunderbaren Lichterscheinungen nachzuspüren. Es genüge daher hier mit Befriedigung hervorzuheben, dass auch an diesen internationalen Forschungen in erster Linie Mitbürger unserer Stadt und Mitglieder unserer Gesellschaft, die Herren Geh. Rath Dr. Neumayer, Direktor Rümker und Prof. Kiessling Theil genommen haben.

An diese Arbeiten seien angereiht die Bestrebungen auf dem Gebiete der Oceanographie und maritimen Meteorologie. Die Deutsche Seewarte in Hamburg hat durch eigene Beobachtungen und Verarbeitung des ihr immer zahlreicher zufliessenden Materials in Gestalt verschiedener meteorologisch-nautischer Werke und Segelhandbücher den ersten Rang unter gleichen Instituten zu behaupten gewusst. Durch sie wurde und wird das Hydrographische Amt in Berlin und die Deutsche Meteorologische Gesellschaft reichlich mit Beobachtungsmaterial versehen, von ihr profitiren unsere Rheder und Navigateure hinsichtlich der zu erreichenden grösstmöglichen Sicherheit in der Ausführung ihres schweren Berufes, durch sie ist eine seltene Pflanzstätte für die Ausbildung junger Meteorologen, Physiker, Geographen und Reisenden geschaffen.

Was vor 15 Jahren, zur Zeit der Gründung unserer Gesellschaft, noch als frommer Wunsch galt: deutsche See-Karten und deutsche Segelanweisungen über unsere heimischen Gewässer zu besitzen, ist zur That geworden und dank dem Eifer der Kaiserlichen Admiralität sind deutsche Kriegsschiffe nicht mehr, wie dies 1870 noch bei Ausbruch des deutsch-französischen Krieges der Fall war, darauf angewiesen, sich mit dänischen Seekarten zur Orientirung in deutschen Gewässern zu versorgen.

Auch die Kieler Kommission für die Erforschung der deutschen Meere setzt ihre Beobachtungen fort und hat jüngst in einem weiteren stattlichen Bande werthvolle zoogeographische Abhandlungen zur weiteren Kenntniss gelangen lassen. Von geradezu epochemachender Bedeutung auf dem Gebiete der Oceanographie, wegen der dabei angewendeten neuen Methode, erscheinen uns die unter Leitung des Direktors des meteorologischen Instituts in Christiania, des Herrn Prof. Mohn, gemachten Untersuchungen über die Strömungen des europäischen Nordmeeres, wie solche in einem unserer Bibliothek gütigst vom Verfasser zugestellten Bande verzeichnet sind. Aber als nicht minderwerthig haben wir der Arbeiten auswärtiger Warten zu gedenken des Meteorologischen Instituts in Utrecht, des Meteorological Council und des Hydrographic Department in London, des Hydrographic Office und des Naval-Observatory in Washington, des italienischen Hydrographischen Amtes etc., welche durch Aussendung ihrer Kriegsschiffe, des »Albatros« in den Golf von Mexico, der »Entreprise« in das Karibische Meer und an die Küsten Südamerikas, des »Vettor Pisani« in den

Pacifischen-, des »Flying Fish« in den Indischen-, des »Talisman« in den Nord-, der »Hirondelle« und »Romanche« in den Südatlantischen Ocean zur Bereicherung unserer submarinen Kenntnisse beigetragen haben, und die letzterwähnte »Romanche« durch Konstatirung einer Tiefe von 7370 m im Atlantischen Ocean unter ca. 19° westlicher Länge und 0° Breite eine wesentliche Verschiebung der bisherigen atlantischen Tiefenlinien veranlasst hat. Und welche Fülle des wichtigsten Materials für wissenschaftliche Zwecke, Handel und Schifffahrt liefern die seit 3 Jahren allmonatlich von dem Hydrographic Office in Washington herausgegebenen Pilot Charts of the North Atlantic Ocean und die von der Deutschen Seewarte und dem Königlich Dänischen Meteorologischen Institut herausgegebenen synoptischen Wetterkarten! Alle diese Arbeiten basiren auf dem Wunsche, das Gesetzmässige in der Bewegung von Luft und Wasser immermehr zu ergründen und den praktischen Zwecken der Menschheit nutzbar zu machen. Dazu gesellen sich die Bestrebungen der Ingenieure, dem sich täglich steigernden Verkehr der Völker unter einander durch Schaffung künstlicher Wasserstrassen Vorschub zu leisten. Wenn der Frieden in Europa aufrecht erhalten bleibt, werden wir bei der nächsten Stiftungsfeier im Jahre 1893 des Nord-Ostseekanals als einer neuen frequentirten, des Kanals durch die Landenge von Corinth als einer neuen sekundären, der projektirten Verbindung Bordeaux-Marseille und des Dons mit der Wolga vielleicht als neuer im Bau begriffener Wasserstrassen zu gedenken haben. Ob dann auch über den, wie es neuerdings scheint gesicherten Nicaragua Schiffahrts-Kanal und mit Befriedigung über die Fortschritte des Panama-Kanals wird berichtet werden können? Wir wollen es hoffen und den Wunsch an dieser Stelle nicht unausgesprochen lassen, dass der drohende finanzielle Ruin der Panama-Kanalbau-Gesellschaft der Welt erspart bleiben möge.

Während auf der einen Seite Anstrengungen gemacht werden, Wasserstrassen zu schaffen, geht man andererseits mit dem Gedanken um, solche zu entfernen, um weiteren festen Boden für wirthschaftliche Unternehmungen zu gewinnen. Das reiche Holland mit seinen vielen künstlichen und natürlichen Wasserwegen lässt den Gedanken nämlich nicht fallen, die mächtige Zuyder-See durch Dämme einzuschliessen und sich durch Austrocknung derselben um eine ansehnliche Provinz zu bereichern.

An allen Enden der civilisirten Welt tritt die Frage der Verwendung überschüssiger Arbeitskräfte gebieterisch an die Regierungen heran. Auch unsere Reichsregierung hat sich dem Drängen der Nation nicht verschliessen können und eine Kolonialpolitik inauguriren müssen, die die Besitznahme weiter Länderstrecken in Afrika, auf Neu-Guinea und in der Südsee zur Folge gehabt hat. Wenn es auch nicht zu den Aufgaben einer wissenschaftlichen Gesellschaft wie der unsrigen gehört, Kolonialpolitik zu treiben, so können wir doch nicht umhin, freudigen Herzens dem zuzustimmen, was unsere Reichsregierung in diesem Sinne bereits gethan hat und zu verfolgen gedenkt. Ihren und anderer europäischen Regierungen kolonialpolitischen Bestrebungen verdankt die Geographie in erster Linie ein rasches Aufschliessen des dunklen Erdtheils. In geradezu rapider Weise ist in den letzten 5 Jahren unsere Kenntniss von Afrika bereichert worden. Was zur Zeit der Kongo-Konferenz in Berlin 1884—85 als Material für eine zweckentsprechende Begrenzung des Kongostaates und der an ihn grenzenden Territorien dienen, was zur Bezeichnung einer Freihandelsgrenze innerhalb Central-Afrikas benutzt werden konnte, ist längst von exakteren Forschungen überholt worden. Während noch vor 5 Jahren die Durchquerung Afrikas von Westen nach Osten seitens Stanleys und Camerons als unwiederholt gebliebene Heldenthaten gepriesen werden mussten, haben wir heute zu konstatiren, dass der Sendling der Wiener Geographischen Gesellschaft Dr. O. Lenz, der Schwede Gleerup, die Portugiesen Capello und Ivens und unser Landsmann Lieutenannt Wissmann sogar zweimal ein gleiches Werk vollführte. Die immensen Fortschritte in der Erforschung Afrikas, sei es im Norden oder Süden, im Westen oder Osten näher zu skizziren, die Namen derjenigen zu nennen, denen wir solche verdanken, kann heute meine Aufgabe nicht sein; ein Blick auf die kürzlich in zweiter Auflage von der berühmten Perthes'schen Anstalt in Gotha herausgegebenen 12 blättrigen Habenicht'schen Specialkarte von Afrika oder auf die dem jüngst erschienenen Wissmann'schen Reisewerke beigefügten Karten Central-Afrikas vor Abgang der Wissmann'schen ersten Expedition 1883 und nach Rückkehr derselben 1887 zeigt diese Fortschritte in der eklatantesten Weise. Tausende von Meilen lange, unter dem Kollectivnamen Kwa in den Kongo sich ergiessende und dort über 120 Fuss tiefe Wasserstrassen, sind auf Basis der Munificenz Sr. Majestät des Königs der Belgier durch deutsche Forscher als natürliche Träger und Vermittler europäischer Civilisation und europäischen Handels der Dunkelheit entrissen worden. Und doch kann ich nicht umhin, unter den vielen vortrefflichen Forschern auf afrikanischem Boden zwei Männer, Dr. Wilhelm Junker und Henry Stanley herauszugreifen und ihre Verdienste speciell zu betonen. Junker, der treue Gefährte des bewundernswerthen Gouverneurs der ägyptischen Aequatorial-Provinz Emin Bey's, der Gegenstand so langer banger Befürchtungen, ist nach Europa zurückgekehrt und schickt sich an, seine langjährigen Forschungen im oberen Nilgebiete der Oeffentlichkeit zu übergeben. Seine bisherigen Arbeiten berechtigen zu dem Ausspruch, dass wir in den nahe bevorstehenden Publikationen ein »Standard Work« zu erwarten haben werden. Und Henry Stanley, der verdiente, weniger von wissenschaftlichen als von handelspolitischen und philantropischen Ideen getragene Mann, ist von Neuem hinausgezogen in Gebiete, die sich der Segnungen europäischer Civilisation bisher mit Macht verschlossen gehalten haben. Unter der Parole »Emin Bey Hülfe und Entsatz zu bringen« nicht mit ägyptischem, auch nicht mit belgischem, wohl aber reichlich mit englischem und schottischem Gelde unterstützt, ist er gen Wadelai aufgebrochen. Seitdem er die Falls Station am Kongo und das Lager am Aruwimi verlassen, fehlen authentische Nachrichten über den Verlauf seiner Expedition. Dass er an der Spitze seiner Sansibariten und diese mit ihm im Kampfe mit Eingeborenen zu Grunde gegangen, ist um deswillen unwahrscheinlich, weil uns darüber dann sicher auf irgend einem Wege Nachrichten zugekommen sein würden. Wahrscheinlicher bleibt mir, dass Stanley die Etappen hinter sich absichtlich abgebrochen hat, um weitere Ziele als man allgemein annehmen zu müssen glaubt, vielleicht im Sinne englischer kolonialpolitischer Bestrebungen, zu verfolgen. Sei dem, wie ihm wolle, ob Stanley mit oder ohne Emin Bey, ob er mit oder ohne die in der ägyptischen Aequatorial-Provinz seit Jahren von Emin Bey aufgespeicherten Elfenbeinschätze, ob er an den Nil, an den Kongo, an den Niger oder an die Ostküste Afrikas mit oder ohne Sympathien für Deutsch-Ost-Afrika zurückkehren wird, unsere Sympathien, wie diejenigen der ganzen civilisirten Welt, folgen ihm auf Schritt und Tritt und werden seiner unvergleichlichen Thatkraft, wie seinen Verdiensten um die Erschliessung Central-Afrikas für alle Zeiten gesichert bleiben.

Wenn in Afrika mehr oder weniger alle civilisirten Nationen an der Aufschliessung interessirt sind, so sind es in Asien der Natur der Sache nach wesentlich zwei Nationen, welche instinktiv eine Ausdehnung ihrer politischen und wirthschaftlichen Machtsphäre erstreben und in dem Begehren nach Befestigung ihrer Herrschaft für Herstellung besserer Verbindungen, Anlegung von Strassen und Eisenbahnen, geodätischen Aufnahmen, Untersuchungen und Forschungen aller Art, Staunenswerthes leisten und während der letzten 5 Jahre geleistet haben, ich meine Russland und England. So sind in Folge des englisch-russischen Grenzkonfliktes die Bassins des Amu-Darja und Heri-Rud, sowie die von den Flüssen Murghab und Kuschka bewässerten weiten

Landstriche, im Ganzen circa 120000 englische Quadratmeilen, genauer bekannt geworden. Ein treffliches Bild Central-Asiens, sowohl was die politische Gestaltung als die physikalische Geographie anlangt, hat am 3. December 1885 Herr Joh. Sieveking uns in einem Vortrage entrollt und es wäre vermessen, wollte ich dem damals in erschöpfender und kritischer Weise Gesagten und in den Mittheilungen unserer Gesellschaft Abgedruckten, heute noch viel hinzufügen. Es möge genügen, die Vollendung der in wirthschaftlicher und kultureller Hinsicht so immens wichtigen transkaspischen Eisenbahn bis Samarkand anzudeuten, auf Przewalsky's neuen Reisen von Kiachta durch die Wüste Gobi nach Alaschan an die Quellen des Jangtse und Hoangho, auf seinen Aufenthalt am Lob-noor 1884/85 und seine Durchquerung der Wüsten bis Chotan und seines Zuges von dort über Aksu und seiner Rückkehr auf russisches Gebiet über den Tien-schan, ferner auf die von dem Punditen Lama 1885/86 in Süd-Tibet ausgeführten grossen Entdeckungsreisen hinzuweisen und die Namen Gustav Radde, Carey, Stewart, Capus, Bouvalot, Hallet, Gedeonow, Potanin, Abbé Desgodins und Krishna als verdiente Forscher zu nennen und letzteren als denjenigen zu kennzeichnen, welcher im Anschluss an die Przewalsky'schen Reisen während 4 Jahren Tibet und die Mongolei explorirte und die lange bestrittene Identität des Brahmaputra und Sanpo nachgewiesen zu haben vermeint. Dies vielumstrittene Problem endlich zu einem Abschluss zu bringen, wetteifern auch englische Officiere, welche seit Annexion Burmas durch die englische Regierung dort mit Vermessungen beschäftigt sind. — Als eine Errungenschaft neuester Forschung auf asiatischem Gebiete bleibt zu erwähnen, dass die berühmte Oxusfrage durch die Konstatirung der Nichtexistenz des alten Oxusbettes in den südlich von Khiwa gelegenen Wüsten seitens des Russen Lescar, als abgethan zu betrachten ist.

Was das trotz Abbé Larrieus gegentheiliger Behauptung nach wie vor von der berühmten chinesischen Mauer umgebene Chinesische Reich anlangt, so ist mit einiger Genugthuung zu erwähnen, dass endlich die Koncession zum Bau einer grossen Eisenbahn von Peking nach Shanghai ertheilt worden sein soll (?). — In wie weit die im September vorigen Jahres eingetretene Katastrophe der Ueberschwemmung des Hoangho nachtheilig auf die wirthschaftlichen Verhältnisse des Landes wirken und für die Geographie von Interesse sein wird, entzieht sich wegen mangelnder zuverlässiger Nachrichten vorerst unserer Betrachtung. Als sehr charakteristisch aber hinsichtlich der sich, wenn auch langsam, so doch konstant vollziehenden Annäherung Chinas an europäische Verhältnisse, mag der Ausspruch

Sieveking's hier Wiederholung finden, dass wir heuer bereits nach Verlauf von 4—5 Monaten Kunde von dem neuen Flussbett des Hoangho erhalten haben, während bei der vorletzten Katastrophe des Hoangho, etwa um 1853, sechs volle Jahre vergehen konnten, ehe den Europäern Nachricht davon ward. Wenn es gilt, auch auf chinesischem Gebiete wissenschaftliche Entdeckungsreisende namhaft zu machen, so mögen die siebenjährigen Reisen Fritsche's, des früheren Direktors des Observatoriums zu Peking, an den Unterläufen des Hoangho, Pei-ho, Lau-ho und in der Umgebung des Pechili- und Liautung-Golfes, durch die Manschurei bis an den Baikal-See, als von bedeutenden Resultaten für die Geographie begleitet, hervorgehoben sein.

Corea, welches sich für europäische Einflüsse in den letzten Jahren immer empfänglicher gezeigt hat, ist mehrfach von Süden nach Norden, so neuerdings von dem Engländer Carles, aber vor Allem von unserm Mitgliede Dr. Carl Gottsche erforscht worden.

Das herrliche Japan fährt fort sich selber mit Hülfe europäischer Gelehrten und Techniker zu erschliessen und hat dem internationalen Bestreben nach einheitlicher Zeit und Gradtheilung durch offizielle Einführung des Meridians von Greenwich seit dem 1. Januar 1888 Rechnung getragen.

Um mich nicht zu sehr in Details zu verlieren, übergehe ich was der französische Feldzug in Tonking und was die kolonialpolitischen Bestrebungen Englands auf Borneo etc. an wissenschaftlichen Resultaten geschaffen haben und wende mich nun nach Australien. Viel hervorragend Neues ist von dem Festlande Australien nicht zu melden und doch verschwinden auf unseren Karten die weissen Flächen der unbekannten Gebiete zusehends. Nachdem der Kontinent nunmehr nach allen Richtungen durchquert ist, kann man wohl sagen, dass man über den Werth des gesammten Territoriums für wirthschaftliche Zwecke so ziemlich unterrichtet ist. Am wenigsten bekannt ist bis jetzt der östliche Theil West- und der daran grenzende Theil Süd-Australiens, sowie das Arnhem-Land und die York-Halbinsel, zusammen immerhin das ansehnliche Gebiet von circa 750000 englischen Quadratmeilen umfassend. Dass diese, den Schilderungen der Reisenden Giles, Forrest und Warburton entgegen, doch weite und wohl bewässerte und bewohnbare Weideflächen in sich bergen, wird angenommen. Auf den nördlichen Theil West-Australiens, auf den Kimberley-Distrikt, weist der Erforscher Stockdale 1884 hin, als auf ein Land der glänzendsten Zukunft, wenn gleich die Goldausbeute daselbst nicht den Erwartungen entsprochen hat. Die mit so vielen Hoffnungen ausgerüstete Lindsay'sche Expedition, welche im November 1885 Adelaide verliess, um den Lauf des im Innern Australiens entspringenden Fincke-Fluss zu verfolgen und seinem vermutheten Zusammenhange mit dem Lake Eyre, sowie dem in jenen Gegenden verschollenen Ludwig Leichhardt nachzuspüren, ist leider was letzteren anlangt, resultatlos verlaufen. Erfreulichen Fortgang nimmt aber Australien sowohl hinsichtlich seiner wirthschaftlichen Entwickelung als auch der wissenschaftlichen Thätigkeit. Was uns speciell interessirt, ist die Gründung einer Geographischen Gesellschaft für Australasien in Sydney, der die Entsendung mehrerer Expeditionen nach dem britischen Neu-Guinea und nicht zum geringsten Theil auch die erneute Anregung einer antarktischen Expedition zu danken ist. Wenn letztere trotz warmer Fürsprache seitens deutscher und englischer wissenschaftlichen Kreise wiederum ad kalendas graecas vertagt wurde, so darf dies lediglich als in der Finanzfrage begründet betrachtet werden, denn die Ablehnung einer Subvention seitens des englichen Ministeriums ist motivirt worden mit der mangelnden Ueberzeugung sachverständiger Kreise von dem zu erhoffenden Vortheil für antarktische Fischerei und vorwiegend mit dem für die geplanten wissenschaftlichen Forschungen viel zu gering erschienenen Kostenanschlage von £ 10 000.

Während vor 5 Jahren von dieser Stelle berichtet werden konnte, dass die Inseln der Südsee hauptsächlich der Gegenstand ethnologischer Forschungen gewesen, hat sich hier während des verflossenen Lustrums als Resultat kolonialpolitischer Bestrebungen eine grossartige Periode der Entdeckungen und politischen Neugestaltungen abgespielt. Wie in Afrika so ist in der Südsee der herrenlose Besitz unter europäische Mächte vertheilt worden. Die Details dieser Verträge sind noch zu frisch in Aller Gedächtniss, als dass eine Rekapitulation hier am Platze sein könnte. Der Deutschland zugefallene Besitz auf Neu-Guinea, im Bismarck-Archipel, Salomon- und Marschall-Inseln hat eine grosse Fülle der bemerkenswerthesten Entdeckungen zur Folge gehabt, unter denen wir nur die Exploration der gesammten Küsten des Kaiser Wilhelms-Landes durch Dr. Otto Finsch und Capitain Dallmann, die Vermessungen der verschiedenen in der Südsee stationirt gewesenen deutschen Kriegsschiffe ebendaselbst und im Bismarck-Archipel, sowie die bisherigen Resultate der von der Neu-Guinea-Compagnie ausgesandten Expedition unter Führung des Assistenten der Hamburger Sternwarte, des Herrn Dr. Schrader, andeuten und die Hoffnungen daran knüpfen wollen, dass die Südsee sich immermehr als ein lukratives Feld deutschen Unternehmungsgeistes erweisen möchte.

In den Vereinigten Staaten von Nord-Amerika pulsirt auf allen Gebieten der Forschungen und Entdeckungen ein Leben, wie wir es reger auf dem europäischen Kontinente nicht kennen. Schon aus diesem Grunde verbietet es sich, mit wenigen Worten die charakteristischen Momente hervorheben zu wollen. Ich beschränke mich auf den Hinweis der in Alaska gemachten Entdeckungen mächtiger Flüsse und Gebirge durch Lieutenant Schwatka und der Entdeckung angeblich sehr reichhaltiger Goldminen daselbst, welche die Entsendung einer Expedition zur Erforschung des Grenzgebiets zwischen Alaska und dem nordwestlichen Theile des britischen Nord-Amerika unter Führung des Geologen Dawson nothwendig gemacht hat.

Auch in Süd-Amerika ist ein erfreulicher Fortschritt zu konstatiren. Die Argentinische Republik ist es zumal, welche Staunenswerthes in der Erforschung ihres eigenen Landes geleistet hat. Reiche Hoffnungen knüpfen sich an die neu entdeckten üppigen Gefilde Nordwest-Patagoniens und an den Mineralreichthum der Cordillere. Nicht minder vielversprechend für den Aufschwung Argentiniens erscheinen die zahllosen projektirten und im Bau begriffenen Eisenbahnen; sie stempeln das Land zu dem vielversprechendsten ganz Süd-Amerikas.

Weniger thatenreich hat sich das grosse Kaiserreich Brasilien erwiesen und was von dort an geographischen Ereignissen zu melden ist, haben Fremde, so die Deutschen Gebrüder von den Steinen und Dr. Clauss durch ihre resultatreiche Xingú-Expedition, so Richard Payer durch seine dreijährigen Reisen im Quellgebiet des Amazonas vollführt.

Am Anfang meiner Rede habe ich bereits unseres respektive Dr. Sievers' Antheil an der Erforschung der Venezolanischen Cordillere gedacht; ich fühle mich verpflichtet, dem bereits Gesagten noch mit Nachdruck hinzuzufügen, dass die Priorität einer eingehenden Untersuchung des von Alexander von Humboldt angeregten, aber bisher unerforscht gebliebenen alten Seebodens des Valencia- oder Tacarigua-See's, sowie seiner Verbindung mit dem nördlichen Quellgebiete des Orinoco Herrn Dr. Sievers durch Publikation seiner Resultate in dem Jahrgange 1884 unserer Mittheilungen gesichert ist und nicht, wie dies in den letzten Wochen durch Tagesblätter und Zeitschriften verbreitet worden, dem vor Kurzem aus Venezuela zurückgekehrten Herrn von Hesse-Wartegg gebührt.

Es erübrigt noch auf die interessanten Chaffanyon'schen Reisen am oberen Orinoco im Gebiete der bisher ungekannten Guaraunos, Ariguas und Yaruros hinzuweisen und damit meinen selbstverständlich nur lückenhaften Rückblick auf die hervorragenden geographischen Ereignisse der letzten fünf Jahre zu schliessen. Indem ich dies thue, darf ich freudigen Herzens hervorheben, dass wir überall deutschem

Forschungsgeiste begegnet sind. Es ist kürzlich bei Uebernahme des Präsidiums der Berliner Gesellschaft für Erdkunde von Herrn Prof. von Richthofen gesagt worden, dass sich das dritte Zeitalter der Entdeckungen, das seinen Charakterzug in der Erschliessung des Inneren der Kontinente gefunden habe, seinem Ende nahe und die Aufhellung der ehemals dunkeln Gebiete im Wesentlichen erfüllt sei. Es ist daran die Befürchtung geknüpft worden, dass die Arbeit der geographischen Gesellschaften nüchtener werden und eine Krisis an dieselben herantreten drohe. Ich befürchte dies nicht; auch glaube ich nicht, dass mit dem Aufhören sogenannter berühmter Afrika-Reisenden der Pulsschlag der geographischen Gesellschaften träger werden wird, im Gegentheil geht meine Ansicht und Hoffnung dahin, dass die Verarbeitung und Specialisirung der in grossen Zügen gewonnenen Resultate des dritten Zeitalters der Entdeckungen in Zukunft erst recht belebend auf alle die Kreise wirken wird, welche Nutzen für Handel, Wandel and Wissenschaft aus dem Errungenen zu ziehen verstehen. Wir werden in ein ruhigeres Fahrwasser geleitet werden und exacte Forschung, die nicht immer gegen die Zeitströmung aufzukommen vermochte, wird in ihre alten Rechte wieder eingesetzt werden. Unter dieser Perspektive und in dem Wunsche eines kräftigen Zusammenwirkens aller Nationen auf dem weiten Gebiete der geographischen Forschung, treten wir das neue Lustrum unseres Vereinslebens an.

# Ein Beitrag zur Kenntniss der Ruk-Inseln

nach den Berichten von **J. Kubary**, bearbeitet von Dr. **Rudolf Krause**.

(Hierzu Tafel I)*).

Die Ruk-Inseln bilden durch die Anzahl der einzelnen Eilande und durch den Umfang der dieselben umgebenden Lagunen und Riffe die grösste Gruppe des Carolinen-Archipels.

Die in der Lagune befindlichen Inseln sind plutonischen Ursprungs, zusammengesetzt aus massigen Basalten mit untergeordnetem Vorkommen von Konglomeraten und Tuffen. Die Inseln sind meistens nur von geringem Umfange von länglicher und unregelmässiger Form und durchgehends hoch. Sie bestehen aus einem felsigen Kern, welcher die Gestalt eines Kegels oder einer Kuppel oder die einer längeren Kette von solchen annimmt und mehr oder weniger reichlich von einem aus zersetzten Basalten entstandenen Thonboden bedeckt wird. Die Höhe der einzelnen Inseln variirt von 30 bis 400 Meter, die Länge übersteigt kaum 5 Seemeilen, die Breite beträgt 2—3 Seemeilen.

An dem Fuss dieses felsigen Kernes findet sich ein mehr oder weniger steiler, meist schmaler Abhang, welcher aus einem von verwittertem Basalte entstandenen, stark mit Schutt und grösserem Gerölle vermischten Thonboden gebildet wird. Dieser grenzt entweder unmittelbar an die See oder er wird durch einen äusseren durch die See aufgeworfenen Sandgürtel umgeben. Zwischen diesem letzteren und dem Abhange bildet sich dann eine sumpfige Niederung, die an den Rändern von Mangrove-Wäldern umsäumt und manchmal gänzlich ausgefüllt sind, so dass sie, durch das von dem felsigen Lande abfliessende Regenwasser gespeist, von der See durch den Strandgürtel abgesperrt, den Eingeborenen gute Tarofelder liefert. Der Abhang und der Strandgürtel sind die einzigen Stellen, wo der Eingeborene einige Kultur des Landes versuchen kann. Bei dem geringen Umfange der Inseln und dem starken Abfall der Abhänge giebt es

*) Das Hydrographische Amt der Kaiserlichen Admiralität hat uns die Benutzung dieser in den Annalen der Hydrographie 1886 zuerst publicirten Karte gütigst gestattet.

kaum Bäche und fliessende Gewässer, sowie auch keine Quellen. Das Wasser sammelt sich in den Felsenspalten stellenweise, wo es aber nie lange frisch bleibt. Bei einem längeren Ausbleiben des Regens trocknet vorerst alles Wasser aus und es tritt eine allgemeine Dürre ein, deren Folge das zeitweilige Absterben der ziemlich armen Vegetation ist. Der dadurch eingetretenen Hungersnoth fallen alsdann stets einige Eingeborene zum Opfer. Trotzdem ist der Boden sehr fruchtbar und die Vegetation braucht blos eine einigermaassen gute Regenszeit, um in überraschender Geschwindigkeit sich zu ersetzen. Wir finden dann ausser der Kokosnuss, der Brodfrucht und dem Pandanus noch zwei Arten Barringtonia, zwei Arten Carophyllum, Ficus prolixa, Thespesia populnea etc. Der Boden des Sandgürtels ist bedeckt am Wasser mit der Ipomea maritima, mit verschiedenen Grasarten und einer wild wachsenden Gurke, die auf allen Inseln vom Strande bis zu den höchsten Gipfeln vorkommt und deren runde bis 3 Centimeter lange Früchte mit zahlreichem Saamen gefüllt von den Eingeborenen gegessen werden. Diese Kunur oder Lipu genannte Frucht ist auf den anderen hohen Gruppen der Carolinen nicht bekannt.

Die von den Eingeborenen bewohnten Abhänge haben über einer Decke von Gras und spärlichen Farrenkräutern stellenweise einen dichten Bestand von Brotfrucht, zwischen welcher Kokosnuss, der Sasafrasbaum und die Andivanuss sich eingestreut finden.

Wo sich nun Stellen einigermaassen zum Anbau eignen, wo zwischen den hervorragenden Felsblöcken sich ein Stückchen ebenen weichen Bodens vorfindet, da legt der Insulaner seine Plantagen an, die aus der Gelbwurzpflanze, dem Landtaro, etlichen Musaarten und dem Zuckerrohr bestehen. In letzteren Zeiten kamen noch dazu Wassermelonen und Kürbis.

Mehr gegen die Gipfel der Inseln verschwindet der krautartige Unterbusch und der Boden wird stellenweise mit Gras bedeckt oder ist von den Regengüssen glatt abgewaschen. Die höchsten Spitzen der Inseln werden manchmal zeitweilig bewohnt z. B. in Kriegen, und der Boden allerorts zeigt Spuren früherer Häuser und Küchenabfälle. Die Insel Fefan hat auf ihrer nördlichen Hälfte, wo sie ihre grösste Höhe in dem Irun und Tuguczap-Kegeln erreicht, einen kleinen Landstrich, der mit wirklichem tropischen Urwald bestanden ist. Derselbe besteht hauptsächlich aus guttiferen Formen, dem Amerit- und dem Aciapar-Baume.

Was nun das Klima anbetrifft, so ist die Temperatur der Rukinseln sehr hoch und die Luft trotz der umgebenden See sehr trocken. In den Monaten von Juni bis Oktober stieg das Thermometer jeden

Tag gegen 2—3 p. m. auf 32° C. (im Schatten). In der Nacht fiel das Thermometer auf 26° C., so dass die tägliche Schwankung kaum 6° betrug. Der Luftdruck erwies sich als ein sehr gleichmässiger, das Aneroid stand während der ganzen Zeit des Aufenthaltes durchschnittlich auf 776 mm mit geringen täglichen Schwankungen. Die äussersten Stände bewegten sich zwischen 775—779 mm. Irgend welche Wetterveränderung, starke Winde, Gewitter mit Donnerrollen, welches zweimal zur Beobachtung kam, übte keinen Einfluss auf den Aneroidstand aus.

Der vorherrschende Wind zwischen November und Mai ist der nordöstliche und östliche, welcher von Mai bis Oktober durch westliche Winde oder Windstillen ersetzt wird; indessen werden hierbei auch grosse Unregelmässigkeiten beobachtet. Erdbeben, »Ligobub fanu« genannt, kommen auch vor.

Alle hohen Inseln im Innern der Lagune sind von einem durchgängig sehr schmalen Saumriff umgeben. Dasselbe erreicht selten eine Breite von 200 Meter und wird auf verschiedenen Stellen der Inseln so schmal und tief, dass man kaum seine Anwesenheit merkt. Sämtliche Saumriffe der hohen Inseln sind bei Ebbe trocken; die angrenzende Lagune jedoch steil abfallend und tief. Die gewöhnliche Tiefe am Rande ist 10 Faden. Die Lagune selbst bietet überall zwischen den Inseln ein tiefes und sicheres Fahrwasser. Ihre grösste Tiefe scheint 30 Faden nicht zu übersteigen und der Boden besteht aus Korallensand; deshalb können die Schiffe überall leicht ankern, da die See hier höchst selten hoch geht. Geschütztere Lagen finden die Schiffe bei östlichen Winden auf den Westseiten der Inseln, wo auch überall ein geschützter Ankergrund vorhanden ist in geringer Entfernung vom Riffe. Bei starken westlichen Winden würde die geschützteste Stelle bei der kleinen Insel Eten, dicht am Südufer der Insel Toloas gelegen, zu suchen sein.

Wenn wir nach dieser allgemeinen physischen Schilderung der Ruk-Inseln zur Betrachtung der einzelnen Inseln übergehen, so finden sich in der Gruppe 15 hohe und bewohnte Inseln. Die Namen sind folgende: 1. Tsis, 2. Fefan, 3. Uman, 4. Eten, 5 Toloas, 6. Uola, 7. Falo, 8. Tadiu, 9. Parano, 10. Eoian, 11. Eot, 12. Udot, 13. Rumurum, 14. Falabegets, 15. Ton oder Faituk (auch Tol genannt). Im Norden der Gruppe findet sich die einzige Riffinsel Pis, welche eine ständige Bevölkerung hat, sodass also im Ganzen 16 bevölkerte Inseln angenommen werden können.

1. Tsis ist eine kleine, gegen eine Seemeile lange, kaum 1/4 Seemeile breite, auf der südlichen Hälfte circa 46 m hohe felsige, auf der

Nordseite von einem sumpfigen Anschwemmungsstrich gebildete Insel, die beinahe gänzlich mit Kulturpflanzen bedeckt ist, ohne jedoch dem Nahrungsbedarf der Bewohner zu genügen. Dieselbe befindet sich im Besitz der Stämme Men Ipue und Coporero und bildet zwei unabhängig von einander bestehende Staaten, welche zusammen 61 kampffähige Männer stellen. Die beiden Hauptplätze befinden sich auf der Ostseite der Insel, wo das südlich gelegene Uliwa die Residenz des Men Ipue-Häuptlings ist, während das mehr nördlich gelegene Feydobocz den Coporeros gehört. Ausser diesen herrschenden Stämmen sind hier auch Angehörige anderer Stämme vertreten, welche durch Krieg aus der Heimath vertrieben, hier freundlich aufgenommen wurden und sich niedergelassen haben. Die gesammte Bevölkerung mag sich auf 180 Seelen belaufen.[1])

Zu Tsis gehört die kleine auf dem südlichen Riff befindliche Insel Faleu oder Fáneu. Dieselbe ist unbewohnt und wird blos des Fischfanges wegen besucht; sie kann aber auch als Landmarke dienen für die die Gruppe von Süden ansegelnden Schiffe, welche die auf der östlichen Seite der Insel gelegene Passage benutzen wollen.

2. Fefan liegt eine Seemeile entfernt vom Nordende von Tsis und bildet eine gegen 4 Seemeilen lange, 1½--2 Seemeilen breite Insel, deren Längsrichtung einen vom Süden gegen den Westen krummen Bogen beschreibt und die dem entsprechend ein westliches konkaves Ufer und eine in der oberen Hälfte scharf gebrochene und gegen Osten vortretende Küste aufweist. Längs der Riffe der Insel zieht sich eine Kette von basaltischen steilen Hügeln hin. Iron, der nördlichste Pik ist circa 300 m hoch, der zunächst südliche Tuguczap ungefähr 240 m und sind beide mit Waldvegetation bedeckt. Der die Insel umgebende Saumriff ist an dem Südende 150 Meter breit. Das Wasser ausserhalb des Riffes ist überall 10—15 Faden tief und blos an der Südwestecke befindet sich eine kleine Bucht in dem Riffe, in welcher Boote und kleinere Schiffe einen allmählich flacher werdenden Ankergrund finden. Im Nordwesten der Insel, durch einen sehr schmalen

[1]) Die Schätzung der Bevölkerung einer Insel ist sehr schwierig zu unternehmen, weil man zwischen Staatsangehörigen und augenblicklich Vorhandenen unterscheiden muss. Zu den Ersteren gehören alle dem Stamm angehörigen Männer, von denen die verheiratheten sich meist ausserhalb des Landes bei ihren Frauen befinden, wie es die Sitte verlangt. Ferner gehören hierher alle Frauen des Stammes, mit den nicht staatsangehörigen, aber sich im Stamme aufhaltenden fremden Stämmen angehörigen Männern und deren Nachkommenschaft. Auf der Insel Tsis ist dies Verhältniss sehr verwickelt, weil eine Anzahl Fremder die politische Staatsangehörigkeit erhielt, welche, ohne eigentliches Oberhaupthaupt zu besitzen, innerhalb des eingeborenen Stammes mehrere andere Stämme bildeten. Derartige Unregelmässigkeiten finden sich auf den meisten Inseln.

aber tiefen Kanal abgetrennt, findet sich eine bei Ebbe trocken werdende Korallenbank. Hier herrscht meist ein starker westlicher Strom.

Die Insel zerfällt in drei grössere Theile, dem südlichen Nuk, dem nördlichen Fogan und dem östlichen Japejec. Jeder dieser Theile besteht aus mehreren von einander unabhängigen Staaten, welche durch verschiedene Stämme gebildet werden.

Der südliche Theil Nuk besteht aus:

a. Sopore, welches im Besitz des Men Ipue ist, deren Häuptling sich in dem auf der Mitte des südlichen Ufers befindlichen Sapulion aufhält. Sopore kann kaum 30 kampffähige Männer aufweisen, daher das Land seinen Einfluss verloren hatte, bis die Ankunft eines verlaufenen Weissen, der sich dem Nativeleben ganz anpasste, die gesunkene Bedeutung des Landes emporhob. Sobald die Natives den Weissen mit einer Flinte unter sich hatten, fingen sie den alten Streit mit Japejec um das fruchtbare Upen wieder an. Da aber bei dem ausgebrochenen Kriege die Flinte des Weissen nicht losgehen wollte, wurden sie mit Schande zurückgetrieben, 7 leicht Verwundete mit sich bringend. Als im nächsten Kriege das Feuergewehr besser im Stande war und zwei Feinde niedergestreckt waren, genügte dies, um ganz Japejec in die Flucht zu schlagen. In Wirklichkeit verliess auch die ganze Bevölkerung die Insel Fefan und siedelte nach Toloas über.

b. Copo oder Sopo ist im Besitz der Coporero's, welcher Stamm nur 20 kampffähige Männer besitzt; er ist durch Heirathen an seinen östlichen Nachbar angelehnt. Der Häuptling, falls nicht auf Param bei seiner Frau lebend, hält sich an der südwestlichen Ecke von Fefan gelegenem Hauptplatze Copo auf.

c. Kuku erstreckt sich nördlich vom vorigen und ist im Besitz des Men Ipue. Das Land ist arm an Nahrung, kann aber im Kriege 40 Mann stellen.

Zu Nuk gehört noch Meceigu im Besitz des Uitä-Stammes nördlich von Kuku, welches keinen Häuptling hat. Es stellt 20 Krieger.

Das nördliche Fogan befindet sich im Besitz der Stämme Men Uitä, Men Copu, Men Coporero, Men Confu und stellt 120 Krieger.

Das östlich gelegene Japejec besteht aus 5 Staaten, welchen die Stämme Sor und Men Ipue angehören und liefert 160 Krieger.

Ganz Fefan zählt also etwas über 1000 Einwohner mit 390 kampffähigen Männern.

3. Die Insel Uman befindet sich südöstlich von Fefan in einer Entfernung von ca. 1½ Seemeilen und bildet einen massigen Felsengrat,

der sich von NW nach SO hinzieht und dessen höchster Gipfel Uroras heisst (258,6 Meter Höhe). Die ganze Oberfläche der Insel, die aus ziemlich steilen aber nichtsdestoweniger sehr fruchtbaren Abhängen besteht, ist mit Brotfrucht und Kokospalmen besetzt, unter denen die Wohnungen der Eingebornen sich vertheilen. Auf den höheren Stellen kommt das einheimische Zuckerrohr gut fort, ebenso Wassermelonen und Taback.

Die Insel befindet sich hauptsächlich im Besitz des Stammes Fecilim, welcher unter mehreren Häuptlingen unabhängige Staaten bildet. Die Gesammtbevölkerung wird auf 450 Seelen mit 144 Kriegern geschätzt.

Die auf dem südöstlichen Riff gelegenen Koralleninseln sind gut erhoben und mit einer reichen Vegetation bestanden, die bei geringer Fürsorge der Eingebornen einen bedeutenden Ertrag an Brotfrucht und Kokosnüssen liefern und jedenfalls Uman vor der Gefahr einer Hungersnoth bewahren können.

4. Eten ist eine kleine circa 45 m hohe Insel von kaum 1½ Seemeilen Strandumfang und von einer massigen Kuppelgestalt. Die Insel liegt nicht gemeinschaftlich mit Toloas auf einer Riffbank, sondern hat ein eigenes Saumriff. Auf der Westseite ist das sandige Ufer von einer einen Faden tiefen See bespült und der die Insel von Toloas abtrennende Kanal ist durchgehends 10—20 Faden tief und bietet dem Schiffer bei gutem Winde eine sichere Durchfahrt.

Die kleine Insel hat eine schwache Bevölkerung, die kaum genügende Nahrung auf derselben aufzutreiben weiss. Der herrschende Stamm ist Cobu mit dem Men Uitä vermischt, welche gegen 10 Krieger aufstellen. Die circa 30 Seelen starke Bevölkerung lebt in etlichen Häusern auf der Hügelspitze zusammen.

5. Toloas ist eine abgerundete dreieckige gegen den Osten in zwei schmale Ausläufer getheilte Insel von circa 2½ Seemeilen Länge von Osten nach Westen sich erstreckend und von ca. 2 Seemeilen Breite. Der nördliche Theil der Insel, auf welcher der Name Toloas ausschliesslich angewendet wird, besteht aus zwei durch eine sattelförmige Vertiefung getrennten Bergen. Auf Toloas befinden sich 11 selbstständige Staaten, welche aus dem Stamme Fecilim, Swo, Uina, Massala bestehen und eine Gesammtbevölkerung von 900 Seelen mit 230 Kriegern repräsentiren.

Das Toloas umgebende Riff ist durchgehends schmal und von dem Riff der Insel Eten durch einen tiefen Kanal getrennt. Die im

Osten der Lagune gelegenen Inseln Onnä und Fanamu, wie auch die auf dem Gürtelriff gelegenen Aranemipen, gehören zu Erin.

6. Uola ist die nördlichst gelegene hohe Insel der Gruppe und liegt 2 Seemeilen nördlich von Toloas. Dieselbe besteht ähnlich den andern Inseln aus einem mittleren nach dem NO verlaufenden Bergkamm, der durch mehrere Sattel in einzelne Berge getheilt wird.

Es bestehen auf der Insel bei einer Gesammtbevölkerung von circa 3000 Einwohnern 14 selbstständige Staaten, welche 1420 Krieger stellen. Sie werden gebildet von den Stämmen Spegec, Uitä, Massala, Sor, Azan, Sopuk, Nukelap, Copunepiy.

7. Fälo, kleine felsige Insel im Norden, von Uola 2 Seemeilen entfernt, hat 150 Seelen zu den Stämmen Moz und Massala gehörend.

8. Tadiu ist die südlichste der beiden im Westen von Fefan zunächst gelegenen Inseln von über einer Meile Länge, aber geringer Breite und einer Höhe von 30—40 Meter. Dieselbe ist unbewohnt.

9. Param von ähnlicher Gestalt wie die vorige. Die beiden letzten Inseln haben einen flachen Saumstrich und sandigen schönen Strand. Es bestehen 4 Staaten, welche im Besitz der Stämme Soufa und Men Ipue sind, 80 Krieger stellen und eine Bevölkerung von 300 Seelen haben.

10. Eoian, eine kleine kaum erhobene Insel, eine Meile westlich von der vorigen. Dieselbe ist im Besitz der Men Uitäs und stellt 10 kampffähige Männer, was auf 30 Seelen der Bevölkerung schliesst.

11. Eot ist ein einzelner massiger Felsenhügel gegen 120 m hoch, der nordwestlich 3 Seemeilen entfernt von der vorigen Insel liegt. Der beide Inseln trennende Kanal ist mit Korallenbänken angefüllt und seicht. Die Insel ist im Besitze des Stammes Sou Effen, welcher aus 60 Seelen mit 20 Kriegern besteht.

12. Udot bildet eine im Norden eingeknickte Kette von massigen Felsenkuppeln, 9 an der Zahl, die in der Mitte am höchsten, gegen Osten und Westen niedriger werden und beinahe überall mit der steilen Wand in die See abfallen. Meistens sind die einzelnen Kegel mit einer dünnen Vegetation, die überall den nackten Felsen durchscheinen lässt, bedeckt, und blos auf einigen Stellen im Süden und Norden befinden sich aufgeschwemmte Säume, wo die Kulturpflanzen angebaut und die Canoehäuser der Stämme angelegt werden können. Der westliche Arm von Udot besteht aus 3 aneinanderstossenden Hügeln, von denen der mittlere »Uitonnap« gegen 300 m hoch wird und die Gestalt eines spitzen auf der nördlichen Seite steileren Kegels hat. Der östliche Arm besteht aus einer Kette steiler gegen

Osten niedriger werdender Felsen, auf welchen sehr sparsam zerstreute einzelne Hütten von Eingeborenen vorkommen.

Es befinden sich 9 Staaten auf der Insel, welche von folgenden Stämmen gebildet werden: 1 Men Fenau, 2 Sou Efferie, 3 Men Capero, 4 Manikatamak. Alle zusammen können 200 kampffähige Männer stellen, was einer Bevölkerung von circa 600 Seelen entspricht.

13. Rumurum ist die nordwestlichste der basaltischen Inseln, 3 Seemeilen NW von Udot gelegen. Es ist eine längliche, sehr mässig erhobene Insel, auf deren sandigem Strande sich die Wohnsitze befinden. Die hier vertretenen Stämme sind: Poreka, Arau, Uitä und Puon, von denen der erste sich zur grössten Geltung gebracht hat. Alle zusammen stellen 70 Krieger, was auf 200 Seelen Bevölkerung deutet.

Im Westen von Rumurum befinden sich zwei kleine Inselchen Kuli und Faleasicz in einer Entfernung von 1½—2 Seemeilen, die den Einwohnern als Stationen beim Fischfang dienen.

14. Falabegets ist eine kleine am nördlichen Ende bis 120 m hohe, gegen SO abfallende längliche Insel, deren westliche Seite von einer angeschwemmten Niederung gebildet ist. Die Insel war unbevölkert und blos zeitweilig von einigen Familien der nah gelegenen Insel Ton besucht. In letzterer Zeit scheint sich aber eine beständigere Bevölkerung niedergelassen zu haben. Namagu am nördlichen Ufer gelegen, ist der Hauptplatz; die Wohnungen befinden sich auf dem Rücken des die Insel bildenden Felsenkammes.

15. Ton oder Tol, auf dem Platze selbst gewöhnlich Faituk genannt, ist eigentlich ein Complex aus dreien dicht aneinander gedrängten Inseln, die von einander durch sehr schmale blos bei Hochwasser passirbare und theilweise mit Mangroven angefüllte Kanäle abgetrennt werden. Sämmtliche 3 Theile bestehen aus ausgezogenen steilen in einzelnen Kuppen sich abgliedernden Felsenkämmen, an deren Fuss sich schmale Anschwemmungssäume anlegen. Der östliche Theil der Insel ist ein von NNW nach SSO sich hinziehender langer, in der Mitte schmaler nach dem Süden aber sich beträchtlich erweiternder Felsenkamm mit beinahe immer steileren westlichen und östlichen Abhängen, von denen jeder einzelne von den Eingeborenen benannt wird. Im nördlichen Drittel lehnt sich im Osten an diesen Kamm eine, mit demselben nur durch einen sehr schmalen Felsengrat verbundene Halbinsel, die den Namen Amazan trägt. Dieselbe ist von dem südwestlich sich hinziehenden Hauptlande durch einen schmalen aber tiefen (12—20 Faden) Einlass der See oder Lebunom-Bucht abgetrennt. Amazan ist ein ziemlich gleichmässig bis 100 m erhobenes Felsenplateau mit überall steil

abfallenden Wänden. Der nördliche Theil des Hauptlandes bis zu der Vereinigungsstelle mit Amazan heisst Faup. Südlich davon liegt ein Theil, welcher Fale samon heisst und besteht aus den Hügeln Utugulo und Tukianu.

Die südwestliche Insel heisst Polle und besteht aus einer in mehreren Hügeln gegliederten Felsenkette, die ihre grösste Höhe in dem Neirorom in ca. 150 m erreicht. Die nördlich gelegene Felsenkette ist von einem reichlichen Sandaufwurf umsäumt. Zwischen den beiden Ketten ist eine sumpfige Niederung eingeschlossen, in der sich der von einem seichten mit Mangrove ausgefüllten Kanal umgebene Ulap-Hügel befindet.

Im Osten ist Polle von Fale samon durch die Lamuittul-Bucht getrennt; dieselbe hat durchgehends sehr flache, ein Landen von Böten blos bei Hochwasser möglichmachende Saumriffe, ausserhalb welchen überall gleich tiefes Wasser vorhanden ist.

Die nordwestliche Insel heisst Pata und stellt einen massigen auf dem Rücken mehr gleichmässig gewölbten Felsencomplex dar, welches von einem schmalen Sandstrand umgeben wird.

Ausserdem gehört zu Faituk noch die kleine im Westen gelegene Onamue-Insel, sowie die beiden in Südosten gelegenen Fouruk und Fenmoz und eine Reihe kleiner flacher Inseln des südlichen Riffes.

Die Gesteinsmassen der Faituk-Inseln treten aus dem spärlich an dem Fusse angesammelten Boden mit sehr geringer Vegetation hervor und die Wege der Eingeborenen sind meist steile und beschwerliche Pfade, die zu den auf den Hügeln befindlichen Häusern der Einwohner führen, welche immer auf Krieg gefasst sind.

1. Auf Faituk bestehen 18 Staaten aus verschiedenen Stämmen gebildet, in welchen die Men Uitäs die Oberleitung haben; ausser ihnen kommen dort noch folgende Stämme vor: Men Azan, Men Sor, Men Fecilim. Die Bevölkerung besteht aus circa 1968 Seelen mit 656 kampffähigen Männern.
2. Faup ist im Besitze der Fecilims die hier 70 Mann stark sind und der Men Uitä die 100 Krieger aufstellen.
3. Polle besteht aus 4 Staaten, die im Besitze der Men Poreka, der Men Coporero, der Men Azan sich befinden; die Gesammtbevölkerung beträgt circa 400 Seelen mit 120 Kriegern.
4. Pata hat 4 Staaten im Besitz der Men Azan, Men Uitä, Men Massala, Men Capunepiy, welche 150 Krieger stellen, was einer Bevölkerung von 450 Seelen entspricht.

Mithin beträgt die Einwohnerzahl der ganzen Insel Ton oder Faituk ungefähr 3350.

16. Pis ist die einzige Koralleninsel, die eine ständige Bevölkerung aufweist. Dieselbe befindet sich auf dem nördlichen Gürtelriffe und ist von dem Verkehr mit den übrigen Inseln ziemlich ausgeschlossen. Die Oberherrschaft führt hier den Namen Men Moz. Die Insel ist sehr stark bevölkert und hat gegen 300 Krieger, was einer Einwohnerzahl von 900—1000 Menschen entspricht.

Zu Pis gehören noch die kleinen auf dem Gürtelriff befindlichen Inseln im Osten und Westen.

Im Südosten der Ruk-Lagune liegt die durch ein tiefes Fahrwasser von der Ruk-Lagune getrennte Falipii- oder Royalist-Lagune. Die 4 zu derselben gehörigen Inseln (Falipii, Fananuk, Fanaik und Ypis) sind früher bewohnt gewesen, wie aus den angetroffenen Wurzelstumpfen von Kokospalmen hervorgeht; jetzt wird diese Lagune nur des Fischfanges wegen besucht. Sie, sowie sämtliche ebenfalls unbewohnten Inseln des südöstlichen Riffs der Ruk-Lagune werden von den Bewohnern der Insel Uman als Eigenthum beansprucht.

Nach den bisher gegebenen Notizen beläuft sich also die Gesamtbevölkerung der Ruk-Gruppe auf 12000 Seelen, welche sich auf 39 verschiedene Stämme vertheilen und 73 von einander unabhängige Staaten bilden, die gegen 4000 Krieger aufstellen. Somit ist die Ruk-Gruppe die bestbevölkertste der Carolinen.

Die Ruk-Insulaner haben wirkliche Seefahrten nach den benachbarten niedrigen Inseln längst aufgegeben, denn den Haupthandelsartikel Ruks, die von den Carolinern so sehr geschätzte Gelbwurz, holen sich diese selber. Die im Austausch für die Gelbwurz gegebenen Gegenstände, Kokoszwirn-Matten, Segel etc., werden auf Ruk selbst gemacht, bilden somit keine genügende Veranlassung für die Ruker, ihre Nachbaren aufzusuchen.

Was nun die Fauna der Ruk-Inseln betrifft, so findet man von Mammalien einen Pteropus Kerandrenii, eine Art Emballanura sp. und eine Mut sp.; ferner einen Hund und eine Katze, von denen letzteren die Tradition erzählt, dass sie bereits zu einer Zeit von aussen eingeführt worden sind, bevor Weisse die Insel besuchten. Der Ruk'sche Hund erreicht nur eine mässige Grösse, hat eine zugespitzte Schnautze, lange herabhängende Ohren, einen buschigen langen Schwanz bei einer dichten, ziemlich langen und weichen Haarbedeckung und vermag laut zu bellen. Die Katze unterscheidet sich in Nichts von unserer Hauskatze. Die Vogelwelt der Ruk-Inseln hat sich unerwartet arm erwiesen. Als eigenthümlich der Gruppe ist der Monarches rugensis anzusehen, ausserdem finden sich noch Collocahia sp., Endynamis tahitiensis,

Mytomela rubratra und Zosterops Semperi Hartl. etc. Im Ganzen etwa 28 Arten.

Was die übrige Landfauna anbetrifft, die Reptilien und Lepidopteren, so stimmt sie ganz mit derjenigen von Ponapé überein. Dasselbe ist von der Fischfauna zu berichten, nur dass dieselbe auf den Saumriffen der hohen Inseln sehr arm ist und die Ausbeute der stundenlang auf denselben mit Handnetzen emsig herumsuchenden Frauen sich gewöhnlich auf eine geringe Anzahl der gemeinsten und kleinsten Arten beschränkt. Das regste Fischleben herrscht dagegen an dem Gürtelriffe und den unbewohnten Korallenriffen, wo die Seefauna viel reicher zu sein scheint. Besonders ist die Fallipii-Lagune sehr fischreich, denn es wurden dort in 10 Tagen über 100 Arten gefangen. Crustaceen und Echinodermen entsprechen ebenfalls den Funden von den übrigen Carolinen, nur wurde eine grosse Spatangus Art, welche auf Ponapé fehlt, in den Sandbänken gefunden.

Was die Polypen anbetrifft, so sind sowohl der Saum wie die erhobenen Gürtelriffe tot. An dem Rande kommen blos gewöhnliche Madrepora, Millepora, Pocillopora, Ceriatopora und Porites-Arten vor; die tieferen Theile der Gürtelriffe scheinen das ganze Korallenleben auf sich vereinigt zu haben.

An Conchylien bieten die Ruk-Inseln ebenfalls nichts Bemerkenswerthes dar. Wie auf allen nachbarlichen Inseln sind die Aussenriffe und der Strand der Riffinseln mit toten, gewöhnlich von Pagurus-Arten besetzten Schaalen bedeckt; ausserdem gemeine Cypraen und von besseren Arten die Testudinaria, Argus und Aurora. Diese tiefer lebenden Arten können nur in einer gewissen Jahreszeit, wo die durch heftige Stürme bewegte See dieselben auf das Riff schleudert, gefunden werden und sind solche Stellen immer meilenweit von den bewohnten Inseln entfernt und derenwegen unternehmen die Eingeborenen keine Seereise.

# Ueber die Sprache, Sitten und Gebräuche der Samoaner.

Von Dr. Ed. Graeffe.

Die nachstehenden Schilderungen der Einwohner der Samoa-Inseln, welche ich während eines elfjährigen Aufenthaltes auf den Samoa-Inseln im Dienste des Herrn J. C. Godeffroy in Hamburg sammelte, waren bestimmt, als Fortsetzung der Monographie der Samoa-Inseln im Journal des Museum Godeffroy zu erscheinen. Mit dem Aufhören dieser Publikation über die Südseeinseln lagen dieselben längere Zeit als Manuscript vor. Eine kürzere Abfassung desselben, wie sie für eine Zeitschrift geboten erschien, möge hier diese Monographie der Schifferinseln vervollständigen.

G.

## I. Sprache, Sagen und Religion der Samoaner.

Die Polynesier sind bekanntlich malayischer Abstammung und sprechen Dialekte dieser Sprache, die von Insel zu Insel wechseln. Die Samoaner sprechen unter den Polynesiern die weichste vokalreichste Sprache. Vergleicht man die Wörterverzeichnisse der verschiedenen Inseln des Mollukenarchipels, so findet man einzelne Worte der Samoasprache bald auf dieser bald auf jener Insel noch erhalten.

Es möchte diese Thatsache darauf hinweisen, dass zur Zeit der Auswanderung der Malayen nach den Südseeinseln ihre Sprache einheitlicher war und sich erst später in verschiedene Inseldialekte theilte, während die Samoaner die Ursprache beibehielten.

Das Alphabet der Samoasprache umfasst 14 Buchstaben, die Vokale a—e—i—o—u, die Konsonanten f—g—l—m—n—p—s—t—v. Das »g« ist stets nasal d. h. wird wie »ng« ausgesprochen. Der Aufbau der Sprache ist einfach. Die Beugungen der Zeit-, Haupt- und Nebenwörter geschehen ohne Veränderung derselben durch Vorsetzung von Für- und Vorwörtern und der Artikel.

So z. B. konjugirt sich das Zeitwort »pule« regieren in der Gegenwart wie der Zukunft folgendermaassen:

| | |
|---|---|
| Ou te pule | ich regiere oder werde regieren |
| E pule oë | du regierst etc. |
| E pule o ia | er regiert |
| Tatou te pule | wir regieren |
| Tou te pule | ihr regieret |
| Latou te pule | Sie regieren. |

Das Hauptwort »alii« Häuptling, Herr, deklinirt sich:

| | |
|---|---|
| Im Nominativ | O le alii |
| » Genitiv | O le alii |
| » Dativ | Ma le alii |
| » Accusativ | I le alii |
| » Ablativ | E auch i le alii |
| » Vokativ | Le alii e. |

Der Wortschatz der Samoasprache ist nicht unbeträchtlich und wird noch vermehrt durch die auffallende Thatsache, dass für die Häuptlinge und angesehenen Personen eine besondere Sprache existirt, eine Ceremonien-Sprache.

Die Samoaner hatten keine Schriftsprache, bis ihnen die englischen Missionare eine solche gaben und zugleich die Bibel und kleinere Belehrungsschriften in derselben drucken liessen. Wie bei allen Völkern auf niedriger Kulturstufe erfahren wir von den Begebenheiten aus früheren Zeiten nur durch die mündliche Tradition, meist in Sagenform. Ein Theil dieser Sagen ist in Erzählungsform von Generation zu Generation gewandert, ein anderer bildet gewissermaassen den Text zu den nationalen Gesängen, welche stets die Tänze begleiten. Eines der ältesten dieser Samoagesänge, welche stets von Tanzbewegungen, Klatschen der Hände, Trommelschlägen begleitet sind, behandelt eine geschichtliche Ueberlieferung der Kriege mit den benachbarten Einwohnern der Tonga-Gruppe, welche jedenfalls vor einigen Jahrhunderten stattgefunden haben müssen, doch ist ein genaues Datum nicht mehr sicher festzustellen. Um einen Begriff des Baues der Samoasprache zu geben, gebe ich diesen Gesang in seinem Urtexte und in freier Uebersetzung wieder:

O le tala i le taua o Toga ma Samoa.

Na mafua lena pese o le taua o Samoa ma Toga, tau tau lea Samoa; ma Toga tulia Samoa faatasi i Aleipata, toe itiiti sopo le eleele o Samoa. Ona faapea ai lea o le filifiliga a Toga. ma le toilalo o Samoa o lea ni o tatou faiva a fai? Ona fai atu lea le manao o Samoa a oi ai le uso e toalua o Iga ma Fata, o Tama na na maua o le gafa o le ufi-sa o sa Malietoa; aua sa oge tele Samoa o lea o le utuaiga a Leatiogie ona maua lea o oga ufi e fitu ma le ato momo, ona tago atu lea o le lima o Feepo i le ava a Leatiogie ua valu le tua, ona fanau ai lea o tama o Iga ma Fata-Ona potopoto lea o Samoa ma Toga i Aleipata ona fai mai lea le alii Toga poo sea le mea a fai poo tagatia poo Teaga poo Tulinga sia ona fai atu lea o tama tuu na faiva e tele oe lelei ona tatou poula, ona toloai lea le poula na talai, ese le tala o Toga ma lo latou tupu ese le tala o Samoa e na o le au uso na taua. Ona fai lea le togafiti ave uatogi tetele malolosi e lua suesue io lalo o fala i le magalafu ave i ai i le afiafi ona potopoto lea le poula fai mai a Toga, e muamua le siva a Samoa fai atu a Samoa muamua Toga, fefinau ai faapea ona iu lea siva faiaina Samoa ona ta muamua lea le siva a Samoa o le pese a fai ma togafiti e fasi ai Toga au a e le iloa e Toga le upu Samoa o lea faa agatonu ai fitafita usu le pese:

**Matamata me! matamata me**
**Au au ifo ou vaë**
**Tagotago ifo ou lima**
**Ja tele se ta ia Toga.**

ona oo ifo lea o lima i le mea e i ai ia uatogi i pola ae tapisa Toga e le iloa le uiga o le pese a o lea fasia ona faasaga atu lea i laau fasi loa lea o Toga. Ona tulia lea o Toga fasia-tulia i lenei itu ma lela itu fasi tele oe na le uso e taua. Ona fai lea o mavaega a le uso o lea taitasi o la itu. Inga lea itu Fata lela itu a ta papai i le Mulifanua i le Fata aua le sosopo i le itu o le Fatu ona mavae atu lea, ua i le alia le alii o Toga o Salaifeii, na i le sami Toga ona maua atu lea e le uso le ava a le Alii o Talaifeii ona tuu ifo lea ia Talaifeii e le uso le faletua o le Alii-ona faimai lea e le manao i le toatele o Toga sala fasi pea ma fa Samoa na na o lau ava. Ja lou faletua lena Talaifeii o maua o Toga ma Fata tali mai ia ›Ja se ua faafetai na malie tau malietoa-a ona tuu mavaenga nei ou te le toe mavae mai i se ali uli folau‹ o mavaega na e le toe mafai ai ona sii mai se taua a Toga i Samoa nei.

## Die Gesangserzählung oder Sangessage von dem Kriege zwischen Samoa und Tonga.

Es stammt dieser Gesang von dem Kriege zwischen Samoa und Tonga her. Samoa kämpfte lange mit diesem und einst trieben die Tonganer die Samoaner nach Aleipata hinunter, und bis auf einen kleinen Rest war alles Land von Samoa in ihre Hände übergegangen.

Nachdem der Frieden erklärt worden war, forderten die Samoaner eines Tages die Tonganer auf mit ihnen Spiele zu machen, um ihnen zu zeigen, dass sie nicht in allem geschlagen wurden und um zu sehen, ob die Sieger den Tabu, oder das Verbot öffentlicher Versammlungen zurücknehmen würden. Unter den Samoanern waren die Brüder Inga und Fata, diese beiden waren verbunden mit der Sage des heiligen Yams des Malietoa oder königlichen Familie Samoas (in der That bekam durch dieselben die königliche Familie den Titel Malietoa, wie wir in der Sage sehen werden). Einst war eine grosse Hungersnoth in Samoa und ein Häuptling Namens Leationgie ging in die Wälder um wilde Yams als Nahrung zu graben und fand 7 grosse Yamswurzeln und füllte einen Korb mit schmälern Yamsstücken (ufi), welche er alle nach Haus brachte und in einem Winkel bei seiner Frau liess. Ein Gott Namens Feepo kam hinein und hörend, dass Leationgie's Weib Kinder wünschte, rieb er sie am Rücken und sie gebar dann Zwillingssöhne, welche sie Inga und Fata nannte. Diese beiden wuchsen zu sehr tapfern jungen Burschen auf und hofften alle Samoaner von ihnen die Befreiung aus dem Joche der Tonganer. Der Tongakönig fragte die beiden Brüder, welche Spiele sie machen wollten, ob Tagatia (Speerwerfen) oder Teanga (das Spiel Orangen rückwärts zu werfen, um zu sehen, wer auf diese Weise am weitesten wirft), oder endlich Tulinga (Wettlaufen); aber alle diese Spiele wurden verworfen und eine grosse Tanzpartie vorgeschlagen, was von den Tonganern angenommen wurde. Es wurden daher alle zusammengerufen. Die Tonganer sollten an einem Ende des Versammlungshauses (Fale tele), die Samoaner am andern tanzen und sie wollten sehen wer am besten tanzen würde. Mit Einbruch der Nacht, in welcher der »poula« oder Nachttanz stattfinden sollte, hatten die Brüder unter den Matten nahe dem Feuerplatz zwei grosse starke Keulen versteckt. Zur bestimmten Zeit strömten die Leute herbei, denn es war für den Sieger wie für den Besiegten eine ungemein wichtige Sache das Äusserste zu versuchen, um einer dem anderen zuvorzukommen. Alles Volk der Insel war versammelt. Die Tonganer forderten die Samoaner auf, zuerst zu tanzen; die Samoaner wünschten, dass die Tonganer beginnen sollten, aber sie wurden niedergestimmt und hatten zu beginnen. Demgemäss begann der Gesang; aber die Tonganer verstanden die Samoasprache nicht, und die Brüder hatten einen Gesang komponirt, um ihr Volk zur Rache zu entflammen. Der Text lautete:

| | |
|---|---|
| »Schau jeder schau jeder | Matamata me! matamata me |
| Auf seine Füsse hernieder, | Au au ifo ou vaë |
| Haltet herunter die Hände, | Tagotago ifo ou lima |
| Schlaget mächtig auf die Tonganer.« | Ja tele se ta ia Toga! |

In der Zeit, in welcher dieser Gesang drei oder viermal wiederholt worden war, hatten die Samoaner alle den Sinn desselben verstanden und tanzten wie wüthend. Die Tonganer applaudirten laut und die Brüder auf- und niederspringend hielten einen Augenblick still, packten die verborgenen Keulen und stürzten sich auf die Tongakrieger, und alle Samoaner folgten dem Beispiel. Die Tonganer überrascht, waren leicht in die Flucht geschlagen. Ein grosses Gemetzel folgte und die Tonganer flohen den beiden Küsten Upolu's entlang. Ein Bruder verfolgte sie auf der einen Seite, der zweite auf der anderen und sie gaben sich das Wort am anderen Ende der Insel zusammen zu kommen. So brachen sie auf nach den Klippen Mulifanua's. Auf dem Wege dahin wurde die Lieblingsfrau des Tongakönigs, mit Namen »Talaifeii«, welche mit einigen Begleitern zu ihren Doppelcanoes geflohen war, gefangen genommen. Die Brüder gaben dem Tongakönige seine Frau zurück und dieser gerührt von ihrer Güte, ihm seine geliebte Frau ohne weitere Bedingungen wieder zuzustellen, sagte zu ihnen: »Inga und Tata! es schmerzt mich nicht, besiegt zu sein, noch schmerzt mich der Verlust meines Volkes, nur an meine Frau dachte ich. Habt meinen Dank für euren Edelmuth! Ihr seid tapfer im Kriege (malie tau) und edelmüthig (im Kriege) malie toa. (Von diesem Ausspruch des Tongakönigs soll der erbliche Häuptlingsname Malietoa herstammen.) Malietoa! ich verlasse euch nun mit dem Versprechen, dass ich nach Samoa niemals wieder in kriegerischer, höchstens in friedlicher Absicht zurückkehren werde. Stets sei Friede zwischen uns!« Aus diesen Gründen unternahm Tonga nie wieder einen Krieg mit Samoa. —

Diese Sage hat einen historischen Kern, denn noch jetzt werden in Savai breite Strassen, die den Küsten entlang führen, als »ala i toga«, Tongastrassen, bezeichnet und sollen während der Occupation der Samoainseln durch die Freundschaftsinsulaner angelegt worden sein. Auffallend ist in dieser Gesangessage der Akt ritterlichen Edelmuthes, den man bei einem Volke auf dieser niedrigen Kulturstufe nicht vermuthen würde.

Dass die Samoaner in ihrem Gemüthsleben auch weichere, fast sentimentale Seiten aufweisen, beweist ferner die alte Sage der Entstehung des Kratersees Lano-to auf Upolu. Nach derselben soll ein Häuptling aus Schmerz über den Verlust seines im Kampfe gefallenen Bruders sich in die Wälder zurückgezogen haben, wo er über den Rand eines tiefen Kraterschlundes sich beugend, so lange Thränen vergoss, bis sich der See gebildet hatte. Dieser See Lano-to liegt auf der Höhe des Gebirgszuges, den man von Apia nach Siumu an der

Südküste wandernd, überschreitet und ist ein umfangreicher kreisrunder mit Wasser gefüllter Krater der vielen erloschenen Vulkane dieser Inseln.

Durch eine weitere Gruppe von Sagen werden wir in die religiösen Anschauungen der Samoaner eingeführt. Bemerkenswerth ist hier vor allem, dass die Idee eines höchsten Gottes bei den Samoanern nicht allein, sondern auch bei allen Polynesiern zu finden ist und zwar unter derselben Benennung. Dieser Gott Tagaloa (Tangaloa auszusprechen) ist der Schöpfer der Welten, die er bald mit der Fischangel aus der Tiefe des Meeres emporzieht, bald durch seine geflügelte Tochter Sina entdecken und bevölkern lässt. Zuerst wuchsen Schlingpflanzen auf diesen neu entstandenen Welten, dann wurden Würmer daraus und endlich aus diesen Menschen; eine Art roher Transmutationslehre! —

In zweiter Reihe standen die zu Göttern personificirten Naturkräfte. Die vulkanischen Erscheinungen wurden dem Gotte Mafuie zugeschrieben. Der Fruchtbarkeit des Bodens, dem Wachsthum der Gewächse stand »Le Sa« vor. »Moso« und »Sepo« waren Götter der Vernichtung und der Rache u. s. f.

Durch die Sage von »Mafuie« und Tiitii dem zu einem Gotte erhobenen Sohne des Talaga erfahren wir, dass die Samoaner auch eine Art Prometheus verehrten. Die Sage hierüber lautet folgendermaassen:

Vor alten Zeiten wurde alle Nahrung roh gegessen und war kein Feuer auf dem Lande, wo die Menschen wohnten. Mafuie, der Gott der Erdbeben, welcher unter dem Lande Samoa's wohnt, hatte allein Feuer. Talaga, ein Liebling des Gottes Mafuie, war der einzige Mensch, welcher wusste was Feuer war. Mafuie erlaubte ihm auch eine Pflanzung in seinem unterirdischen Reiche anzulegen. Den Weg zu letzterem hielt er vor seinen Mitmenschen geheim. Eines Tages folgte ihm jedoch sein Sohn Tiitii und sah ihn vor einer Felswand stille stehen und rufen: »Felsen öffne dich! ich bin Talaga und komme um in meiner Pflanzung, dem Geschenke Mafuie's, zu arbeiten. Alsbald öffnete sich der Felsen und Talaga verschwand in demselben. Der Sohn trat nun auch an die Felswand und indem er dieselbe Beschwörungsformel aussprach, kam er dahin, wo sein Vater in seiner Pflanzung arbeitete. Der Vater erschrak über die Anwesenheit seines Sohnes und flüsterte ihm ins Ohr: »Spreche nicht laut, um den Gott nicht zu stören, denn wenn derselbe wüsste, dass du hier an dem Ort bist, wo nur mir, seinem Liebling, erlaubt ist zu weilen, würde sein Zorn erregt werden. Indem der Vater dies sprach, sah der Sohn den Rauch des ewigen Feuers aufsteigen, »Was ist das« fragte Tiitii.

»Das ewig brennende Feuer Mafuie's« antwortete der Vater. »Ich muss davon haben!« rief der Sohn aus. »Berühre ja nicht das Feuer Mafuie's, sonst würde er böse,« flüsterte Talaga, dem die Keckheit und Unehrerbietigkeit seines Sohnes Sorge machte. Der Sohn aber antwortete hochmüthig: »Wo ist denn dieser Mafuie! dass ich ihn und seinen Zorn fürchten soll.« Der Vater zitterte, indem er des mächtigen Gottes Mafuie gedachte und wisperte wiederum ganz ehrerbietig: »Mafuie ist der Gott deines Vaters Talaga! den Menschen, welcher ihm missfällt, den verzehrt er! Tiitii, berühre nicht das ewige Feuer Mafuie's des Gottes deines Vaters!« Der Sohn bekümmerte sich aber wenig um die Worte seines Vaters, sondern eilte singend zu dem Ort, wo er den Rauch aufsteigen sah. »Wer bist du?« fragte ihn der Gott, als er sich näherte. »Ich bin Tiitii, der Sohn von Talaga und komme um Feuer zu holen!« Mafuie blickte ihn starr an und antwortete barsch »Nimm es!«. Tiitii nahm das Feuer und brachte es seinem Vater. Sie bereiteten nun zusammen einen Heerd nach Samoa-Art, und bereiteten Taro-Wurzeln, um sie auf demselben zu kochen. Als das Holz auf dem Heerde verbrannt und die Steine heiss waren, legten sie die Wurzeln auf dieselben. Tiitii war hiermit sehr zufrieden, aber der Vater zitterte, wenn er des ewigen Feuers Mafuie's gedachte. Als sie so beim Heerde standen, dessen Kücheninhalt soweit gediehen war, um mit Blättern bedeckt zu werden, flogen auf einmal die Steine auseinander und die Gluth erlosch. »Mafuie ist zornig! Sagte ich dir nicht, Tiitii, dass er es werden würde,« sprach der vor Schrecken zitternde Vater. »Tiitii fürchtet nicht Mafuie,« antwortete trotzig der Sohn, indem er wegging den Gott aufzusuchen, den er nun folgendermaassen anredete: »Warum hat Mafuie die Steine unseres Heerdes zerstört und das Feuer ausgelöscht?!« Der Gott konnte die Unverschämtheit dieser Frage nicht ertragen und schwur sofortige Rache. In aufwallendem Zorne fiel der Gott über Tiitii her. Sie rangen zusammen. Tiitii packte den rechteu Arm des Gottes und mit vollem Kraftaufwand brach er denselben ab. Sie rangen weiter. Tiitii ergriff nun den anderen Arm. Da rief der Gott aus: »Tiitii! du bist Sieger! Lasse mir diesen Arm, damit ich noch Samoa in die Höhe halten kann und du sollst hundert Weiber haben!« »Tiitii braucht keine Weiber!« antwortete der Sohn von Talaga. »Wenn du meinen Arm verschonst, mit dem ich Samoa emporzuhalten habe, so sollst du Feuer haben deine Nahrung zu kochen.« »So ist es recht, das Feuer soll mir gehören!« rief Tiitii. »Da du meinen Arm verschont hast, womit ich Samoa emporhalten kann, wirst du Feuer finden im Holze, welches wächst!« Dies waren die letzten Worte des Gottes Mafuie zu Tiitii dem Sohne Talaga's. Der Sohn kam nun zu seinem Vater und sie kehrten zusammen nach den Wohnungen der Menschen zurück, das Feuer Mafuie's mit sich tragend. Seit diesem Tage verstehen die Samoaner Feuer zu erhalten, indem sie zwei Holzarten zusammenreiben. —

In dieser interessanten Sage möchte der abgebrochene Arm Mafuie's, des Vulkangottes eine Anspielung auf die halberloschenen vulkanischen Kräfte der Samoagruppe bedeuten. Dass aber ein Gott von einem Menschen (wenn auch später zum Gotte erhoben) derartig bezwungen wird, spricht für eine gewisse Geringschätzung der Macht ihrer Götter, wie sie auch wirklich bei den Samoanern im Gegensatz zu anderen Polynesierstämmen vorhanden war. Ausser diesen Hauptgöttern, die Naturkräfte personificirend, wurden von den Samoanern noch eine Unzahl kleinerer Gottheiten Aitu's verehrt und gefürchtet. Sie hatten Hausgötter (penaten), Distriktsgötter, Wald- und Haingötter. Die meisten dieser Götter wurden in Gestalt von Vögeln, Fischen etc. verehrt und waren alsdann diese Thiere heilig und durften nicht verzehrt werden. Wie bei den römischen Auguren wurde der Flug des Vogels, oder die Erscheinung des Fisches, der den Gott eines bestimmten Distriktes vorstellte, bei Kriegsunternehmungen beobachtet und aus der Richtung der Angriff oder die Rückkehr beschlossen. Besondere Bilder der Götter und Tempel zur Verehrung derselben haben die Samoaner meines Wissens nicht besessen, sie hatten zwar Priester, aber jeder Familienvater, jeder Häuptling fungirte ebenfalls als Priester in seinem Hause. Es wurden mir zwar auf einer Exkursion in das Gebirge auf Upolu Reste eines Steinkreises gezeigt, welchen die Eingeborenen mit religiösen Gebräuchen in Verbindung setzten und durch eine Sage dem Gotte »Le Fee« zuschreiben. Dieses »Le fale o Le fee« liegt circa 6 Seemeilen von Apia im Innern der Insel Upolu und sah ich dort in wildester Einsamkeit, auf einem freien Plateau, das einmal bebaut und bewohnt war, eine Anzahl niedriger Basaltsäulen im Kreise aufgepflanzt, wie die Pfosten einer Samoahütte. Im Centrum dieses Kreises befinden sich zwei etwas höhere Säulen, von denen eine bereits umgefallen und zerbrochen ist. Wenige Schritte hinter diesem Platze bricht am Fusse eines kleinen Hügels Basalt in schönen Säulen zu Tage, welcher offenbar das Material zu dem »Le fale o Le Fee« geliefert hat. Die ganzen Reste sind unbedeutend und könnte ein Mann an einem Tage aufstellen, sie möchten indess doch von einem uralten Steinkultus der Samoaner herrühren. Die Sage zu diesem »Le fale o Le Fee« scheint ebenfalls darauf hinzuweisen, dass ein alter Kultus von einem neueren verdrängt wurde. Die Sage berichtet folgendermaasen:

Vor alten Tagen nahm ein mächtiger Gott die Gestalt und den

Namen »O Le Fee« an. Er wohnte bald am Lande bald im Meere, aber sein Lieblingsaufenthalt war das Gebirge zwischen Apia an der Nordseite und Siumu an der Südseite Upolus. Hier hielt der Gott seine vielen Weiber, hier streifte er durch die Wälder, plauderte mit anderen Göttern, hielt seine Feste und ergab sich allen Vergnügungen eines grossen Gottes. Sein Weg zum Meer ging durch den Fluss Sigago und sein Gefolge war ein Schwarm untergeordneter Götter, welche auf seinen Wink zitternd und bebend gehorchten. Seine Ausflüge waren von Donnerschlägen begleitet, welche mächtig an den Bergen wiederhallten und von Regengüssen, die die Luft kühlten. Wenn er an den Fluss trat, floss dieser schneller und stürzte mit donnerndem Geräusche über die Wasserfälle. Die Erde bebte längs seiner Ufer, und die Bäume senkten ihre hohen Wipfel, wenn er vorbeiging. Le Fee wollte den Gehorsam und die Treue seiner unterthänigen Götter prüfen und der Welt seine Gewalt zeigen, indem er ein steinernes Haus bauen liess, bei welchem weder der Schall der Axt, noch das Getöse von Stimmen gehört werden sollte. Einigen seiner unterthänigen Götter befahl er Korallenblöcke vom Meere zu den Bergen hinaufzutragen und das Haus damit zu pflastern. Anderen befahl er Steine von dem Hügel zu brechen für die Pfosten und Querbalken des Hauses. Weder Gesang noch Gespräch wurde vernommen, lautlos schritt das Werk vorwärts. Die Arbeit war hart und anstrengend. Le Fee sass auf einer Steinsäule und überwachte die Arbeit. Dort trank er seinen Cava und gefiel sich in seinem Uebermuthe. Er glaubte sich selbst der mächtigste der Götter, unbesiegbar in seiner Kraft, unübertroffen in seiner Schlauheit und Grösse! — Plötzlich stand mitten unter den Arbeitern ein fremder Gott, welcher sich als Gegner von Le Fee bekannte und ihn zum Kampfe herausforderte. Indem er die unterthänigen Götter gegen den Hochmuth Le Fee's aufstachelte, versprach er Ihnen, sie von ihrem Unterdrücker zu befreien! »Folgt mir für immer, denn wenn ihr oder eure Nachkommen mich verlassen würdet, hörtet ihr auf zu existiren«; dies war die Bedingung, welche er rasch daran knüpfte. Le Fee erhob sich stolz von seinem Sitze und schob das Cavabecken zur Seite. Die beiden Götter fochten in heissem Kampfe. Le Fee fällt! Er liegt am Boden besiegt! Hinweg zum tiefen Meere weit über die brandenden Riffe hinaus floh Le Fee, von wo er gedemüthigt und beschämt, arm und machtlos, wie er geworden, nie mehr zurückkehrte. Das Haus von Le Fee blieb unvollendet, wie es jetzt noch zu sehen ist. —

Dem Gedanken der Unsterblichkeit der Seele entsprach bei den Samoanern die Schöpfung einer Unterwelt, wohin die Geister der Abgeschiedenen gelangten. Diese Unterwelt »Pulotu« lag nach der Legende im Westen der Insel Savai unter dem Meere, und stellten sich die Samoaner denselben als ein blumiges Paradies vor, wo alles vereinigt war, was ihre Phantasie als wünschenswerth sich erdenken konnte. Bei den Tonganern war derselbe Paradiesglaube, nur dass dort der »Bulotu« allein den Häuptlingen reservirt war, die allein unsterblich waren. Ob in älterer Zeit in Samoa dieser Glaube auch existirte, scheint mir wahrscheinlich. — Zum Götterkultus gehörten ausser Gebeten noch die Darbringung von Opfern. Dieselben bestanden in Speisen und Getränken, wobei von letzteren namentlich der Cavatrank eine grosse Rolle spielte. Wurden den Distriktsgöttern Opfer gebracht, so mussten alle Bewohner desselben Speise und Getränke in Menge herbeischaffen. Dieselben dienten nach der feierlichen Aufstellung zu grossen Schmausereien, an denen die ganze Bevölkerung theilnehmen durfte und die sich oft über mehrere Tage erstreckten. Ob auch Menschenopfer in früherer Zeit gebracht wurden, ist durch die Eingeborenen nicht mehr zu erfahren, da dieselben wohl schon lange ausser Gebrauch gekommen waren. Bei Ausgrabung von Pfosten eines alten Häuptlingshauses in Apia wurden aber unter denselben Menschenschädel gefunden, was darauf hindeutet, dass zur Zeit dieses Hausbaues möglicherweise Sklaven geopfert wurden. —

Der Götterkultus war übrigens schon vor Ankunft der Missionäre stark gesunken, daher diese einen günstigen Boden für die Verbreitung der christlichen Lehre vorfanden. Der erste Pionier derselben J. Williams kam 1830 mit einer Anzahl eingeborener Missionäre der Hervey-Inseln in einem selbstverfertigten Segelschiff von dort nach Samoa und erwarb sich rasch Anhänger, sodass die Missionsgesellschaft bald eine grössere Anzahl englischer Missionäre dorthin entsenden konnte. Hierzu kamen in späteren Jahren noch methodistische Missionen und die Gründung von französisch-katholischen Missionen. In den Jahren von 1850 bis 1855 hatten die Samoaner bereits alle den heidnischen Glauben öffentlich abgelegt und bekannten sich zur christlichen Religion. Die Mission der englischen Hauptkirche blieb die bedeutendste. Ihr Hauptstandort ist in dem Orte Malua auf Upolu, wo auf einem grösseren Landstücke die zur Mission gehörigen Gebäulichkeiten, darunter eine Schule für eingeborene Prediger und Lehrer und eine Buchdruckerpresse sich befinden. Ausserdem hat eine Anzahl Missionäre (circa zehn) ihre Sitze an den Hauptorten der einzelnen Inseln der Gruppe. Die Kirchen sind einfache länglich-ovale Hütten im Style der eingeborenen Wohnungen, nur die katholische Mission hat zum Gottesdienst Gebäulichkeiten aufgeführt, die dem Begriffe einer Kirche mehr entsprechen. Eine grosse litterarische Arbeit war die Uebersetzung der ganzen Bibel in die Samoasprache, an welcher Arbeit eine Anzahl Missionäre, darunter auch ein deutscher Theologe, Namens Schmidt, theilnahm. Diese Uebersetzung wurde in London gedruckt und brachte der Verkauf dieser Bibeln der Missionsgesellschaft eine namhafte Summe ein, die von den Eingeborenen Samoas zusammengebracht wurde. Ausser dieser Bibelübersetzung wurden eine Anzahl kleinere Abhandlungen geographischen und naturhistorischen Inhalts, Wörterbücher etc. von der Mission herausgegeben, um dem Unterrichte zu dienen. Diese Schriften wurden in Malua von Eingeborenen gedruckt. Durch den Unterricht, welchen die Mission durch ihre Schüler auf der Gruppe verbreiteten, lernten die meisten jüngeren Leute das Schreiben und Lesen ihrer Muttersprache. Die Mission errang ferner eine gewisse Autorität bei den Häuptlingen und wirkte dadurch auf ihr politisches Leben; namentlich wurden die häufigen blutigen Distriktsstreitigkeiten bedeutend verringert, ruhten sogar eine Reihe von Jahren gänzlich, bis sie am Ende der sechziger Jahre durch eine Thronfolgestreitigkeit zwischen Onkel und Sohn Malietoa, Häuptlinge vom Distrikte Tuamasaga neu emporbrachen. Dieses Mal konnte die Autorität der englischen Mission keine Einigung erzielen, da die Missionäre gegen alte Sitte des Landes die Regierungsfolge des Sohnes des verstorbenen Malietoa, Malietoa Laupepa, begünstigten, weil er in der Mission auferzogen war. Das Bestreben der Missionen im Allgemeinen, sich politischen Einfluss bei ihren Neophyten zu sichern, ist begreiflich, war sogar angezeigt, um sich zu halten, solange keine fremden Mächte sie dauernd schützen konnten. Dasselbe wird aber misslich, wenn die Einwanderung fremder Kaufleute und Kolonien überhand genommen, der Einfluss und die Interessen derselben zur Erscheinung kommen. Die Missionen sehen sich in diesen Fällen in ihrer Unabhängigkeit und Herrschaft gefährdet, wollen auch die Freiheit und das Wohlergehen des von ihnen geleiteten Volkes beschützen und gerathen auf diese Weise in Widerspruch mit der Fremdenkolonie. Es ist daher nicht zu wundern, dass die Missionen die Einwanderung nicht zur Mission gehörender Fremde ungern sehen, indem namentlich auf den Südsee-Inseln die Eingeborenen durch leichtsinnigen Verkauf ihrer Ländereien nach und nach zurückgedrängt und durch neu auftretende Seuchen decimirt werden, wodurch die Früchte ihrer jahrelangen Arbeit verloren gehen. Die Mission ist aber in diesem Falle der einzige wohlmeinende Rathgeber der bekehrten Eingeborenen, der sie im Kampfe um das Dasein gegen eine ihnen durch Kultur überlegene Nation zu schützen sucht.

Meist tritt zum Schutze der Interessen ihrer Bürger in diesem Stadium der Angelegenheit die weltliche Herrschaft der fremden Macht auf den Schauplatz und sollte diese das begonnene Werk der Missionen weiterführen, das heisst die Eingeborenen durch Leitung und Unterricht auf eine höhere Kulturstufe zu bringen suchen. In den Samoainseln, von denen jetzt die Rede sein soll, möchte vielleicht eine einheimische Regierung unter der Leitung von Männern eines Kulturstaates die Eingeborenen eher zu einer gedeihlichen Fortentwicklung bringen.

Zum Schlusse meiner Schilderung der Missionen in Samoa darf ich nicht unerwähnt lassen, dass die verschiedenartigen, nicht einheitlich zusammenwirkenden Missionen, wie die der englischen Hauptkirche, der Methodisten, der katholischen Kirche und sogar der Mormonenapostel nachtheilig auf die religiöse Erziehung der Eingeborenen und auf die Autorität der Missionen gewirkt haben. Der Samoaner ist in religiösen Sachen leichtfertig und äusserlich geworden. Oefters hatte ich Gelegenheit zu beobachten, dass einer derselben wegen irgend eines Interesses seinen Glauben wechselte, z. B. Katholik wurde, um ein katholisches Mädchen zu heirathen, dann später wieder zur protestantischen Mission zurückkehrte, um seine Frau los zu werden, d. h. sich scheiden zu lassen, um eine andere zu heirathen u. s. w.

(Fortsetzung folgt.)

# Mittheilungen über Helgoland in topographischer, hygienischer und klimatischer Beziehung.

Von
Dr. med. E. Lindemann,
Badearzt auf Helgoland.

(Hierzu Tafel 2 und 3).

---

Helgoland, die kleine britische Nordseeinsel, liegt unter 54° 11′ nördlicher Breite und 7° 53′ östlicher Länge von Greenwich.

Die Insel besteht aus einem fast senkrecht aus der See sich erhebenden braunrothen Felsen, dem Oberlande, welches 28 bis 56 m hoch ist und einem sandigen Vorlande, dem Unterlande, mit welchem es durch eine 180 Stufen zählende bequeme Treppe und neuerdings durch einen Aufzug verbunden ist. Die Grösse der Insel beträgt 0,6 qkm, die grösste Länge der Nordwestseite 1600 m, die grösste Breite ca. ½ Kilometer. Der Felsen gehört dem tiefsten Gliede der Triasformation, wahrscheinlich dem bunten Sandstein an. Die Schichten fallen von der Nordwestseite zur Südostseite in einem Winkel von 10—15° ab. Nach Prof. Wiebel's eingehenden Untersuchungen vor 50 Jahren ist der Felsen als ein Erhebungscentrum im Nordseebecken aufzufassen und hat die Insel niemals im Sinne der Sage mit dem Festlande zusammengehangen, wenigstens nicht in historischer Zeit.

Im Osten der Insel erhebt sich, 1875 m von ihr entfernt, die langgestreckte schmale Düne, welche bei Ebbe 320 m breit und 2200 m lang ist und annähernd dieselbe Längsrichtung besitzt, wie die Insel, nämlich von SO nach NW. In der Fortsetzung der Düne nach Norden und mit ihr verbunden liegen die bei tiefer Ebbe aus dem Meere emporragenden Klippen, welche den sich nahenden Schiffen zwar Gefahr bringen, der Insel selbst aber grossen Schutz gewähren, indem sie als ein natürlicher Wogenbrecher den Hauptanprall der Wellen von der Insel fern halten. Die Klippen zeigen genau dasselbe Streichen und Fallen der Schichten, wie der Felsen, und so ist es unabweisbar, dass beide ehemals zusammengehangen haben. Da diese den Felsen rings umgebenden Klippen, wie erwähnt, den Wogenandrang von Helgoland fern halten, so hat, wie Wiebel genauer ausgeführt hat, die zerstörende Kraft der Wellen auch nur zum Theil Schuld an dem allmählichen Untergang des Felsens; an der Westseite, von welcher die Wellen mit starker Gewalt daherbrausen, freilich noch mehr, als an der Ostseite. Hauptsächlich sind es aber die wässerigen Niederschläge in Gemeinschaft mit dem Wechsel der Temperatur und die zerstörende Kraft des Frostes, welche die Zerbröckelung des Gesteins und die Ablösung von den Abhängen bedingen. Diese Ursachen wirken aber besonders auf der Ostseite, weil wegen des Fallens der Schichten und der Neigung des Oberlandes nach NO das niederfallende Wasser hierhersickert. Da auf der Ostseite sich Kartoffelfelder befinden, so liefern die Angaben über die allmähliche Verkleinerung dieser auch einen Anhalt für den Untergang des Felsens an dieser Seite. So soll von einem vor ca. 80 Jahren noch 10 m breiten Kartoffelfeld nichts, von einem einst 35 m breiten Feld nur noch 3 m vorhanden sein. Auf alten Karten, sowie auf der Geerz'schen historischen Karte von Dithmarschen, Eiderstedt etc. ist auch ein alter Kirchhof auf der Ostseite des Oberlandes verzeichnet, welcher später an den jetzigen Platz verlegt werden musste. Aus diesem alten Kirchhof sollen die religiösen Denkmünzen herstammen, welche unter der Klippe auf der Ostseite von Zeit zu Zeit gefunden und, wie man berichtet, nach heidnischer Sitte den alten Friesen einst mit in's Grab gelegt wurden.

Die erwähnten Umstände, besonders die Richtung der Schichten, bedingen nun das verschiedene Aussehen der Ost- und Westseite, welches darin besteht, dass der Fels auf der Ostseite meist steil abfällt und wir hier kahle Felswände vor uns haben, auf der Westseite dagegen ein imposantes, mannigfaltiges Bild der Zerklüftung darbietet mit Buchten, Felsthoren, sowie einzelnen Pfeilern, die sich vom Mutterfelsen losgelöst haben. Unter den letzteren ist der Mönch, der Predigerstuhl und das Nathurn den Fremden hinlänglich bekannt. Nach dem Gesagten hängt die Zerstörung des Felsens von verschiedenen Ursachen ab und geht daher sehr unregelmässig vor sich, so dass es nur einen relativen Werth hat, nach Vergleichsmessungen, wie Wiebel sie 1845 auf der Westseite vorgenommen, den Destructionscoefficienten der Insel auszurechnen. Ich habe diese Messungen, welche sich hauptsächlich auf die Entfernung einzelner Felsen der Westseite vom Mutterfelsen beziehen, wiederholt und, wie aus den nachstehenden Zahlen hervorgeht, das annähernd übereinstimmende Resultat erhalten, dass der Felsen an dieser Stelle in den verflossenen 40 Jahren ca. 1½—2 m d. i. 5 cm pro Jahr abgenommen hat.

Die Vergleichsmessungen ergaben in den Jahren 1845 und 1887:

1) Kleinste Entfernung von

1. der Wand des Südhorns und Ingelskark .. ca. 19.6 ... 22 m
2. Ingelskark und Prädtstuhl ............. » 16.4 ... 19.5 »
3. Prädtstuhl und Ingels Ofen ............ » 7.1 ... 10 »
4. Hoyshorn und dem Abhang ............ » 25.7 ... 30 »
5. Grote Kark (noch vorhandener Sockel) und dem Abhang .......................... » 30.2 ... 32 »

Kleinster Umfang von

Hoyshorn .............................. » 26.4 ... 18 »

Da indess, wie schon erwähnt, die Zerstörung des Felsens sehr ungleichmässig und an manchen Stellen sehr viel schneller vor sich geht (wie aus den rapiden Einstürzen von Felsthoren bei Mörmers- und Nathurn Gatt ersichtlich), so ist man wohl kaum berechtigt aus den Zahlendifferenzen einen einigermassen sichern Schluss auf das zukünftige Bestehen der Insel zu ziehen, zumal sie sich auf einen noch zu kurzen Zeitraum erstrecken. Immerhin dürften sie bei etwaigen späteren Vergleichsmessungen Berücksichtigung verdienen. Aus der beigefügten Skizze auf Tafel 2 (einer Vergleichskarte zwischen der Wiebel'schen 1845 und einer neueren Karte), in welcher das schwarz ausgefüllte den in 42 Jahren untergegangenen Fels bedeuten soll, ergiebt sich die Thatsache, dass in dem betreffenden Zeitraum 9 Felspfeiler (stacks) und 2 Felsthore (gatts) untergegangen und letztere in Felspfeiler verwandelt sind.

Noch im 17. Jahrhundert war das Unterland mit der Düne durch einen Steinwall (de Waal genannt) verbunden, so dass dadurch je ein nach Norden und Süden geöffneter halbkreisförmiger Hafen gebildet wurde. An der Stelle des alten Norderhafens sollen einst, wie aus der Geerz'schen Karte hervorgeht, schöne Wiesen und Weiden gestanden haben. An der Verbindungsstelle des Steinwalls mit der Düne lag die Wittklipp, ein weisser Gypsfelsen, der im 16. Jahrhundert noch so hoch wie der rothe Felsen war und damals, wie ein natürlicher Wogenbrecher, die Düne und den verbindenden Steinwall gegen den Anprall der Wellen schützte. Den allmählichen Untergang der Wittklipp haben, abgesehen von den brandenden Wogen, leider auch die Insulaner einst verschuldet, indem sie Stück für Stück von dem Felsen abtrugen und verkauften. Der Rest der Wittklipp wurde 1711 von einer hohen Fluth bei NWWind umgeworfen und fortgeschwemmt. Jetzt erinnert nur noch eine bei tiefer Ebbe aus dem Meere hervorragende

Klippe an den einstigen hohen Felsen. Nach seinem Fall konnte der schmale Steinwall den andringenden Wogen nicht lange mehr widerstehen und ein Jahrzehnt nachher trat die für Helgoland verhängnissvollste Katastrophe ein, indem bei hoher Fluth und starkem Sturm am Weihnachtsabend 1720 der Steinwall durchbrach und so die Düne für ewige Zeit vom Mutterlande getrennt wurde. Nach dem Durchbruch wurden die Geröllmassen des Steinwalles von den andringenden Wogen leicht fortgeschwemmt und zwar grösstentheils an's Unterland und an die Düne. Doch war der dadurch verursachte Zuwachs der Düne im Süden nur gering gegen den starken Verlust derselben in anderen Richtungen, besonders im Norden, wo sie, ihrer starken Vormauern gegen die Nordweststürme beraubt, in der Folge erheblich abnahm. Erst in den letzten Jahren, in denen an schönen Wintertagen insgesamt von den Helgoländern für den Schutz der Düne durch Hügelaufwerfen und Buschpflanzen gearbeitet wird, scheint die Düne neben einer durch die Meeresströmung bedingten Gestaltveränderung auch wirklich eine Zunahme zu erfahren. Für das Mutterland hatte der Durchbruch des Steinwalls zunächst die Wirkung, dass das Unterland, gegen welches die Geröllmassen angetrieben wurden, sich allmählich bedeutend vergrösserte, so dass neue Häuserreihen am Strande entstehen konnten. So hat sich denn der Felsen und das einst so grosse Vorland bis auf die anfangs gegebenen Grössenverhältnisse verkleinert.

Um den Gesundheitszustand der Bewohner in jetziger und früherer Zeit mit einander zu vergleichen, habe ich einen Einblick in die amtlichen Sterberegister gethan und daraus eine Sterbestatistik der letzten 25 Jahre und derselben im vorigen Jahrhundert 1863—87, 1763—1787 aufgestellt.

Ein Blick auf die Zusammensetzung dieser Zahlen lehrt uns, dass der Gesundheitszustand ein viel günstigerer geworden ist. Denn in den 25 Jahren des vorigen Jahrhunderts betrug die Sterbezahl bei annähernd gleicher Einwohnerzahl von ca. 2000 im Durchschnitt pro Jahr 50 gegen 39 in diesem Jahrhundert (ca. $2\frac{1}{2}$—2 % der Bevölkerung) siehe Tafel III Fig. 1. Das Durchschnittsalter war im vorigen Jahrhundert, Säuglinge mitgerechnet, 29 gegen 49 in diesem. Dieser so grosse Unterschied tritt besonders hervor, wenn wir die Sterblichkeit der Säuglinge und Greise mit einander vergleichen. Während im vorigen Jahrhundert die Zahl der im Alter von unter 1 Jahr Verstorbenen in jedem Jahre sich höher stellte, als die Zahl der im Alter von über 70 Jahr Verstorbenen (14 : 5 pro Jahr), war das Verhältniss in diesem Jahre geradezu umgekehrt, so dass pro Jahr durchschnittlich 5 unter 1 Jahr gegen 14 über 70 starben. Die Frauen erreichten ein höheres

Alter, als die Männer, im vorigen Jahrhundert um 9, in diesem um 8 Jahr.

Eine Erklärung für diese im vorigen Jahrhundert so viel ungünstigeren Verhältnisse finden wir zunächst in dem damals noch häufigen Auftreten von schweren Epidemien, namentlich der Blattern, welche seit der 1798 eingeführten Impfung viel seltener geworden sind. Im Anfang dieses Jahrhunderts sind noch einige schwere Epidemien hier vorgekommen, u. a. die Cholera, doch in den letzten Decennien immer spärlicher und seltener aufgetreten. In den verflossenen 3½ Jahren habe ich, als einziger Arzt auf Helgoland, noch keine schwere Epidemie, ja noch keinen Fall von Scharlach, Masern und Diphteritis beobachtet. Eine weitere Erklärung giebt uns die grössere Zahl von Unglücksfällen zur See, 37 im vorigen Jahrhundert gegen 23 in den letzten 25 Jahren. Im letzten Jahrzehnt sind nur 3 verunglückt. Der früher schlechtere Bau der Schiffe, das oft lange Ausbleiben derselben ist neben vielen andern Momenten Grund dafür gewesen. Sodann muss die schlechtere Ernährungsweise im vorigen Jahrhundert, wie sie die Abgeschlossenheit vom Festlande und der geringe Verkehr mit sich brachte, in Betracht gezogen werden. In welch' ungenügender Weise man sich früher behelfen musste, zeigt, um nur ein Beispiel zu erwähnen, die Beschaffenheit des Trinkwassers im Winter. Ausgemauerte Cisternen zum Auffangen des Regenwassers gab es damals noch nicht oder nur wenig. So trug man aus der Sapskuhle das Eis in Säcken nach Hause, legte es auf den Boden und trank dann das geschmolzene Wasser. Schliesslich muss auch daran gedacht werden, dass die ärztliche Thätigkeit in ungenügender Weise von Laien ausgeübt wurde, denn erst seit 1825 (Anfang der Badezeit) besass Helgoland eine Apotheke und einen Arzt. In diesem Jahrhundert sind die erwähnten Uebelstände mehr und mehr beseitigt, und so finden wir denn auch, dass das Durchschnittsalter ein immer günstigeres geworden ist, so im vorigen Jahrzehnt die hohe Ziffer von 53½ Jahr erreichte; 25 mehr als im vorigen Jahrhundert; 20 mehr, als durchschnittlich auf dem Festlande.

Wie gross die genannten Uebelstände im vorigen Jahrhundert waren, können wir ermessen, wenn wir bedenken, dass der Heilfaktor der reinen sauerstoffreichen Luft, welcher den günstigen Gesundheitszustand jetzt wohl hauptsächlich bedingt, schon damals zur Geltung kam. Während früher die Erfrischung am Meeresstrande zum grossen Theile als Wirkung des Ozons aufgefasst wurde, haben neuere Forscher den sanitären Werth des Ozons vollständig angezweifelt. Doch sind die Akten über diese Frage noch nicht geschlossen und so lange scheinen mir Ozonmessungen nach der wenn auch unvollkommenen doch bisher üblichen Methode nicht ganz werthlos zu sein. Vom 1. Dezember 1887 bis zum 1. Mai 1888 habe ich solche Ozonbestimmungen (Aufhängen von Jodkalipapierstreifen, welche sich im Freien durch Anwesenheit von Ozon blau färben) 3 mal täglich, Morgens 8, Mittags 2, Abends 8 Uhr vorgenommen. In letzter Zeit wurde die Untersuchung daneben noch mit dem von Wurster angegebenen Tetramethylparaphenylendiaminpapier ausgeführt, welches auf Ozon noch empfindsamer reagirt. Mit einer Farbenscala liess sich die schwächere oder stärkere Blaufärbung vergleichen und so eine niedrige oder hohe Zahl notiren. Ein Vergleich mit den aus andern Orten im Reichsanzeiger publicirten Ozonmessungen ergab für Helgoland weitaus die höchsten Zahlen. Im Einzelnen lehrten die Untersuchungen, dass, wie überall, bei starkem Wind das Papier sich sehr stark, bei Windstille sehr schwach, manchmal garnicht färbte.

Ausserdem habe ich die helgoländer Luft auf ihren Salzgehalt untersucht. Diese Untersuchungen wurden in einem ca. 200 Schritt vom Strande entfernten Garten des Unterlandes in folgender Weise vorgenommen. Zur Ansaugung der Luft liess ich aus einem grossen (360 Liter Wasser enthaltenden) Fasse die Flüssigkeit langsam herausfliessen, sodass die Luft durch eine mit dem obern Spundloche verbundene Glasröhre, einem Liebig'schen Kugelapparat, der mit Höllensteinlösung gefüllt war, hindurchstreichen musste. Trotzdem 700 Liter Luft so, Bläschen für Bläschen die Lösung passirten, trat keine Trübung derselben ein und scheint sich somit die von Apotheker Schelenz und Dr. Knuth auf Grund ähnlicher Versuche ausgesprochene Behauptung zu bestätigen, dass die allgemein verbreitete Ansicht von der stark salzhaltigen Seeluft irrthümlich sei. Allerdings führt der Schaum der brandenden Wogen mechanisch der Luft salzhaltige Beimengungen zu. Wie weit vom Strande entfernt sich diese nachweisen lassen und bemerkbar machen, hängt natürlich von Stärke und Richtung des Windes ab. So wurde mir die Thatsache mitgetheilt, dass bei Sturm die Fenster des ca. 60 m hoch gelegenen Leuchthurms sich mit Salztheilchen belegen und das Brunnenwasser dann stark salzhaltig schmeckt. Schon unter gewöhnlichen Verhältnissen ist das zum Trinken benutzte Regenwasser salzhaltig. Eine Analyse desselben ergab für's Oberland und Unterland die gleichen Mengen Kochsalzlösung, nämlich 0,17 Gramm pro Liter, ca. 2 mal soviel wie im Regenwasser auf dem Festlande. Salpetersäure wurde nicht, Ammoniak nur in sehr minimalen Mengen darin gefunden.

Nächst der Luftzusammensetzung bestimmt das Klima d. h.

die Gesamtheit der meteorologischen Erscheinungen eines Ortes die gesundheitliche Lage desselben. Helgoland spielt in dieser Beziehung eine grosse Rolle, weil es wegen seiner weit in's Nordseebecken vorgeschobenen und insularen Lage als Repräsentant des Seeklimas gelten kann. Die Unterschiede vom Landklima sind hier besonders ausgeprägt und treten hauptsächlich bei den Temperaturverhältnissen zu Tage. Bekanntlich wird das Meer in geringerem Maasse und langsamer von der Sonne erwärmt, als das Festland; es lässt aber auch langsamer durch Strahlung die Wärme wieder verschwinden. Die starke Wolkenbildung über dem Wasser beeinträchtigt, der freie Himmel des Kontinents begünstigt die Ausstrahlung der Wärme in den Weltenraum. Daher an der See der kühle Sommer, der warme Herbst, die geringe Abkühlung in der Nacht. Also im Gegensatz zum ungleichmässigen, grossen Schwankungen ausgesetzten Kontinentalklima das gleichmässige Seeklima. Um diese Thatsachen, so weit sie das Klima von Helgoland betreffen, im Vergleich mit andern Orten genauer zu erläutern und mit Zahlen zu belegen, habe ich für Helgoland und 40 Städte Deutschlands aus dem amtlichen Quellenwerk der meteorologischen Beobachtungen nebst andern Momenten auch die monatlichen Temperaturmittel ausgezogen und zusammengestellt. Von 30 Orten, unter denen Helgoland, standen mir Beobachtungen für 10 gleiche Jahre 1877—1886 zur Verfügung. Von 11 Orten waren nur für 5–9 Jahre Beobachtungen veröffentlicht. Das Seeklima ist vertreten durch:

I. Orte, an und in der Nähe der Nordsee:
Helgoland, Borkum, Sylt, Wilhelmshaven, Otterndorf, Husum, Glückstadt, Oldenburg, Hamburg.

II. Orte, an und in der Nähe der Ostsee:
Hadersleben, Apenrade, Kiel, Neustadt, Putbus, Swinemünde, Hela, Memel, Tilsit, Lübeck.

Das Kontinentalklima ist vertreten durch folgende Beobachtungsstationen aus den verschiedensten Himmelsrichtungen Deutschlands:
Cleve, Köln, Aachen, Trier, Birkenfeld, Wiesbaden, Langenschwalbach, Göttingen, Friedrichsroda, Langensalza, Rudolfstadt, Frankenhausen, Halle, Hechingen, Hohenzollern, Münster, Darmstadt, Berlin, Grünberg i. S., Ratibor, Beuthen, Landeck.

Eine Gegenüberstellung der Mittelwerthe lehrt nun, dass Helgoland in den Sommermonaten Juni, Juli, August mit wenig Ausnahmen die niedrigste Durchschnittstemperatur besitzt, nämlich 15,3 ° C.

Ein Vergleich mit Temperaturtabellen von 26 Höhenorten der Schweiz zeigte, dass die niedrige Sommertemperatur Helgolands der eines Schweizer Kurorts von ca. 6—700 m Höhe gleichkommt.

Im Spätherbst ist dies Verhältniss umgekehrt, so dass die für Oktober, November, Dezember im Mittel für 10 Jahre ausgerechnete Temperatur Helgolands 6,7 ° C. von keiner der 40 Städte erreicht wird.

Sylt ist im Spätherbst um 1°, Hamburg um 2°, die Ostseebäder um 2–3° durchschnittlich kälter, als Helgoland. Vergleichen wir die absoluten Temperaturen, so ergiebt sich für Helgoland (wo die Kälte nie über — 10° betrug) die geringste Temperaturschwankung als Zeichen des gleichmässigen Klimas, siehe Tafel III Fig. 3. Eine Folge des gleichmässigen Klimas ist es auch, dass in Helgoland die Feige und Maulbeere im Freien zur Reife kommt, und die Rose oft noch im Dezember blüht.

Um, was die Luftwärme betrifft, auch englische Plätze Helgoland gegenüberstellen zu können, habe ich in der Meteorologischen Central-Station in London für die genannten 10 Jahre (1877—1886) die monatlichen Temperatur-Mittel von folgenden Städten aus den jährlichen Beobachtungsjournalen ausgezogen und zusammengestellt:

London, Oxford, Cambridge, Liverpool, Hull, Carlisle, Brighton, Ventnor, Plymouth, Tor Quay, Guernsey.

Die Gegenüberstellung ergiebt, dass in den Monaten Januar bis Mai (incl.) die Lufttemperatur in den englischen Orten durchweg höher ist, als in Helgoland (in den letztgenannten 5 Küstenplätzen sogar um 3 ° C. im Januar und Februar), im Juni bis September der Temperatur Helgolands im Ganzen aber gleichkommt. Im Spätherbst ist die Lufttemperatur der 6 erstgenannten nördlicher gelegenen englischen Städte (London — Carlisle) im Oktober um ca. 1 ° C. geringer als die Helgolands, im November und Dezember gleich derselben. Die südlicheren Städte (Brighton — Guernsey) sind in diesen Monaten (besonders im November und Dezember) wärmer als Helgoland.

Die für dasselbe Decennium zusammengestellte Meerestemperatur Helgolands lässt die relativ hohe Wärme des Wassers im Spätherbst erkennen, welches im Oktober noch wärmer ist, als im Juni, durchschnittlich 13–14° C., siehe Tafel III Fig. 2. — Einigermassen widerstandsfähige Personen, denen überhaupt kalte Seebäder dienlich sind, könnten also recht gut zur Kräftigung ihrer Gesundheit bis Mitte und Ende Oktober kalt baden, wie mich ausserdem verschiedene Beispiele im vorigen Jahre lehrten.

Aus den Temperaturtabellen ging hervor, dass Helgoland im Spätherbst (Oktober, November, Dezember), verglichen mit zahlreichen, wahrscheinlich sämtlichen Städten Deutschlands der wärmste Ort ist, dessen hohe Spätherbsttemperatur mit der Bozens, Merans, Montreux auf einer Stufe steht, wie Tabellen aus Hann's Klimatologie beweisen. Es erübrigt noch, der andern meteorologischen Eigenschaften, wie Luftbewegung und Feuchtigkeit zu gedenken.

Während der Westwind, wie bekannt, Feuchtigkeit und Wärme bringt, und daher dem Menschen meist nicht schädlich ist, wirkt der kalte trockene Ostwind, zumal wenn er stark auftritt, reizend auf die Schleimhäute und vermag so bei nicht widerstandsfähigen Personen Katarrhe zu bewirken. Im Spätherbst tritt hier nun nach angestellten Berechnungen der Ostwind seltener auf, als der Westwind, und wird auch wegen des immerhin hohen Feuchtigkeitsgrades im Herbst nicht so unangenehm empfunden, wie im Frühjahr, in welchem deshalb auch Erkrankungen erheblich häufiger sind, als in dem meist sehr gesunden Herbst. Was die Feuchtigkeit anlangt, so ist sie allerdings im Herbst sehr gross, besonders wenn man die gefallene Regenmenge mit verrechnet, während die Nebel im Frühjahr und Dezember vorherrschen, im Oktober und Dezember nur selten auftreten.

In anderen Nordseeplätzen, aus denen Beobachtungen vorlagen (Borkum, Sylt), ähneln die meteorologischen Erscheinungen denen Helgolands, doch sind die Hauptmerkmale des Seeklimas in ihnen minder ausgeprägt, so z. B. ist der Spätherbst derselben um ca. 1 ° C. kälter, als derjenige Helgolands.

Im Ganzen aber lassen die klimatischen Ergebnisse das günstige Spätherbstklima der Nordseebäder, besonders Helgolands erkennen.

Druck von Ackermann & Wulff in Hamburg.

Die

# Ueberschwemmungen an der Unterelbe

## im Frühjahr 1888.

Auf Grund örtlicher Ermittelungen dargestellt

von

**von Binzer.**

Mit einer Karte.

**HAMBURG:**

**L. Friederichsen & Co.**

**1889.**

# Inhaltsverzeichniss.

Seite

**Einleitung** ........ 89

**Die Eisversetzungen von Geesthacht—Lauenburg und von Brackede–Bleckede** 93

**Die Deichbrüche an der Lenzer Wische** ........ 99

Dömitz ........ 109

**Die Deichbrüche an der Dannenberger Marsch** ........ 116

Broda ........ 118

**Die Deichbrüche von Popelau und Darchau** ........ 122

Die Teldau ........ 124

**Zerstörung der Eisstopfungen von Barförde, Brackede, Bleckede und Strachau** 127

**Natur und Bekämpfung der Eisstopfungen, Eisschiffe, Baggerungen** ........ 133

**Deichpflege. Deichgefälle. Deichschutz. Binnendeiche** ........ 137

**Erhöhte Wohnplätze. Gebäude. Mobilmachungsplan. Wasserzeichen** ........ 139

# Einleitung.

Ein Blick auf die Strömungskarte des Niederungsgebietes zwischen Lenzen und Boizenburg lässt uns sofort erkennen, dass hier nichts Geringeres vor sich gegangen ist, als eine Wiedereroberung des uralten Strombettes der Elbe durch das Wasser, welches man im Laufe von Jahrhunderten in ein verhältnissmässig schmales Bett eingeengt hat.

Die Grenzen des ursprünglichen Flussgebietes sind deutlich durch die Bodenerhebungen und Höhenzüge erkennbar, welche zum Theil noch gegenwärtig die Ufer des Flusses ausmachen, zum Theil aber die demselben abgerungenen Gebiete einrahmen. Während die alten Flussufer bei Lenzen etwa 4000 Meter von einander getrennt liegen und hier also ein verhältnissmässig enges Eingangsthor bilden, entfernen sie sich weiter unterhalb mehr und bis zu etwa zwei geographischen Meilen von einander, aber die weite Niederung zwischen denselben ist durch zwei langgestreckte Höhenzüge unterbrochen, welche ehedem Inseln waren, nämlich durch die schmale Dünenkette zwischen Polz und Klein Schmölen, welche bei der vorjährigen Ueberschwemmung wiederum wie im Jahre 1805, eine so merkwürdige Rolle gespielt hat, und durch die grosse Carrenziener Forst, welche sich von Tripkau bis nach Dellien erstreckt und in einer Länge von etwa 2½ geographischen Meilen das Niederungsgebiet nördlich der Elbe in zwei Abschnitte zerlegt.

Der Einfluss, den die wahrscheinlich schon vor dem elften Jahrhundert in Angriff genommenen Eindeichungsarbeiten, durch welche die allmähliche Trockenlegung des alten Strombettes und die Zurückdrängung der Flussufer bewirkt wurde, auf den Lauf der Nebenflüsse der Elbe gehabt haben, ist natürlich ein tief eingreifender gewesen.

Die Löcknitz, welche vor Zeiten bei Gadow, etwa 1½ Meilen östlich von Lenzen, in die Elbe eingefallen ist, hat seitdem ihren nordsüdlichen Lauf bis nach Bernheide verlängert, dann aber, da sie durch vorgelegte Deiche von ersterer abgeschnitten worden ist, hat sie sich westlich gewendet und ein neues Flussbett geschaffen, welches in ohngefährer Richtung der Elbe, bis zum Fährhause zwischen Gaarz und Dömitz, die Niederung durchzieht und dort erst in die Elbe einmündet.

Die alte Elde, welche bei Moor, nordwestlich von Lenzen, in die Elbe einfiel, mündet gegenwärtig unweit Seedorf in die Löcknitz, und dies mag der Grund sein, dass letztere von dort ab auf den Karten zuweilen Elde genannt wird.

Die neue Elde, welche bei Dömitz in die Elbe einmündet, ist eigentlich ein Kanal, welcher unweit Eldena aus der alten Elde abzweigt. Bei den vorjährigen Ueberschwemmungen hat sie eine recht verhängnissvolle Rolle gespielt.

Die Rögnitz, welche in ältester Zeit, nach kurzem Laufe, in der Nähe von Woosmer in die Elbe geflossen ist, hat in Folge der Zurückdrängung dieser letzteren, gleich der Löcknitz, sich ein neues Flussbett bahnen müssen und durchzieht jetzt, in der Länge von etwa drei geographischen Meilen, die Niederung nördlich der grossen Carrenziener Forst, bis zu ihrer Einmündung in die Sude.

Dieselbe Rolle spielt, südlich der genannten Forst, die Krainke, welche unweit der ehemaligen Havekenburg — jetzt Försterei —, sehr nahe dem Flussbette der Rögnitz, in dem alten Strombette der Elbe ihren Anfang nimmt, südwestlich nach Tripkau läuft und über Neuhaus und nördlich um die Teldau herum, nach einem Laufe von beinahe 4 geographischen Meilen, umweit Timkenberg, in die Sude einmündet.

Die Sude selbst, welche früher bei Brömsenberg oder bei Quassel ausmündete, fällt jetzt erst bei Gothmann in die Elbe, und die Schaale, welche vormals bei Gülze oder schon bei Zahrensdorf in die Elbe einfiel, fällt jetzt in die Verlängerung der Sude ein, deren Nebenfluss sie also geworden ist.

Die Hochfluth im Frühjahr v. J. hatte alle diese Flüsse, soweit sie ihren Lauf im Niederungsgebiete haben, sämmtlich unter Wasser gesetzt, und die Elbe hatte die Alleinherrschaft über ihr vorgeschichtliches Gebiet zurückgewonnen. Und gleichwie hier, so hatte sie auch linksseitig die ganze Dannenberger Marsch von Langendorf bis Hitzacker wiedererobert, den untern Lauf der Jeetzel verdeckt und uns deren alte Mündung bei Liepe gezeigt.

Vergebens wird man bemüht sein, die Wasser der Elbe derartig im Zaum zu halten, dass sie nicht ab und zu in das ihr ursprünglich eigene Gebiet wieder eindringen; immer einmal wieder, wenn auch hoffentlich in langen Zwischenräumen, wird das weite 143 300 qkm umfassende Quellengebiet der Elbe, zu welchem etwa fünfzig grössere und kleinere Flüsse, unter ersteren die Saale mit der Unstrut, die Mulde, die Moldau und die Havel mit der Spree gehören, so gewaltige Wassermassen zu Thal senden, dass das verhältnissmässige enge Strombett der unteren Elbe sie nicht zu fassen vermag, sondern gezwungen ist, einen Theil an die zu ihr gehörigen Niederungen abzugeben. Zur Zeit der Schneeschmelze setzen sich oft ungeheure Wassermassen beinahe gleichzeitig in allen hochbelegenen Gebieten in Bewegung, und wenn dann etwa im unteren Strombette gewaltige Eismassen den Abfluss hemmen, dann ist die Gefahr des Austretens stets in die nächste Nähe gerückt, und, unter Verhältnissen wie sie im vorigen Frühjahre vorhanden waren, so gut wie unabwendbar.

Selten vereinigt sich eine solche Fülle ungünstiger Umstände wie im vorigen Jahre. Die Elbe war bereits vor Weihnachten 1887 bei einem so niedrigen Wasserstande wie er zur Herbstzeit nur sehr selten vorkommt, mit Treibeis gegangen, und die Folge war gewesen, dass sich an den Stellen, wo durch Anhäufung von Sandmassen das Fahrwasser stark eingeengt war, binnen kurzer Zeit Eisstopfungen gebildet hatten, die den raschen Abfluss des Wassers beeinträchtigten. Die Witterung war und blieb vorherrschend kalt, aber von Zeit zu Zeit trat doch Thauwetter ein und brachte wiederholt Treibeis stromabwärts, durch welches dann die bereits bestehenden Eisanhäufungen vermehrt und neue zusammengeschoben wurden. Während des ganzen Winters trat keine so lange Thauperiode ein, dass diese Eisanhäufungen sich hätten auflösen können, und als man im März mit Grund auf den Eintritt milderen Wetters hoffen konnte, thaute es zwar heftig in den Tagen vom 6. bis 12., aber am 13. fing es an der Unterelbe wieder stark an zu frieren, während weiter oberhalb das Thauwetter Bestand behielt, und die Schneemassen im Gebirge sich ungewöhnlich schnell auflösten. Und als darauf die ersten bedeutenden Wasser- und Treibeismassen durch das Eingangsthor bei Lenzen eindrangen, trat zu gleicher Zeit heftiges und anhaltendes Schneewetter ein. Die Schneemassen mischten sich unter das Treibeis und wo sie ins offene Wasser fielen, sättigten sie dieses letztere bis zu mehr als Metertiefe mit Schneeschlamm und förderten, indem sie die Fortbewegung des Eises hemmten, die Anhäufungen von Eismassen im Strombette, gaben zu Eisversetzungen Anlass, die der Schnee dann bis zur beinahe vollständigen Undurchlässigkeit verkittete, und so konnte es schliesslich nicht anders kommen als wie es gekommen ist, — die Deiche liefen über und brachen.

Ob das Unglück theilweise oder ganz hätte abgewendet werden können, ist eine Frage, die sich schwer oder eigentlich garnicht beantworten lässt und darauf kommt es jetzt auch weniger an, wohl aber darauf, dass die Erfahrungen des vorigen Frühjahrs nicht unbenutzt bleiben und nicht in Vergessenheit gerathen, sondern zum Nutzen der Niederungsbewohner in deren Erinnerung bleiben.

Unter diesem Gesichtspunkte habe ich nun im Folgenden die Ereignisse der vorigen Winters- und Frühjahrszeit bis in ihre Einzelnheiten dargestellt.

Lauenburg a. d. Elbe
im Frühjahr 1889.

**C. A. L. von Binzer.**

## Die Eisversetzungen von Geesthacht—Lauenburg und von Brackede—Bleckede.

Bereits während des Sommers 1887 war, wie gesagt, der Wasserstand der Elbe, insbesondere der Unterelbe, ein ganz ausserordentlich niedriger gewesen. Der grösste Theil des Strombettes zwischen Lenzen und Geesthacht lag zu Tage und die Fahrrinne war so schmal und wasserarm geworden, dass selbst die wenig Tiefe erfordernden Dampfschiffe sich kaum noch durchwinden, und die grösseren Elbkähne höchstens noch halbe Ladung einnehmen konnten. Die vielfach gewundene Fahrrinne, der man durch Anbringung von Buhnen zwar eine vermehrte Tiefe, nicht aber die erwünschte grade Richtung hat geben können, war durch Sandanhäufungen und Sandbänke an vielen Stellen beengt, so dass hin und wieder, wie z. B. bei Artlenburg und bei Geesthacht, zwei Dampfschiffe sich nicht mehr begegnen durften und es mit vielen Schwierigkeiten verbunden war, lange Schleppzüge durch diese Stellen durchzubringen.

Auch der Herbst brachte keine Aenderung, da die sehnlichst erwarteten Herbstregen ausblieben, und als gegen Weihnachten plötzlich Frostwetter eintrat, ging die Unterelbe alsbald mit Treibeis und war binnen wenigen Tagen zugefroren. Doch war es gelungen, dieselbe von Geesthacht abwärts, bis wohin Ebbe und Fluth sich noch geltend machen, offen zu halten, so dass die Schiffahrt auf dieser Strecke ihren Fortgang behalten konnte, während sie nach oberhalb aufhörte und nicht vor dem 30. März wieder eröffnet werden konnte.

Am 1. Januar war die ganze Strecke von Tangermünde bis Geesthacht mit stehendem Eise bedeckt. Das vom 7. bis 11. Januar herrschende Thauwetter verursachte, dass die Eisdecke, zunächst bei Magdeburg, dann bei Tangermünde und endlich auch bei Lauenburg, ins Treiben gerieth, aber bei Geesthacht blieb die Elbe verschlossen. Bedeutende Eismassen trieben seit jenen Tagen an, und bis zum 24. Januar ging die Elbe bei Lauenburg täglich mit Treibeis.

Vom 24. bis 29. Januar war sie dort eisfrei, dann fror sie zu, stand indessen nur bis zum 31. Januar und begann dann wieder zu treiben. Fortwährend wurden nun Treibeismassen bei Lauenburg vorbei nach unterwärts geführt, und erst am 11. Februar kam das Eis wieder zum Stehen. Dann schwankte es einige Tage zwischen Eisgang und Eisstand hin und her, bis es endlich am 15. Februar definitiv zum Stehen kam und sich nun bis zum 26. März, einige unbedeutende Schwankungen abgerechnet, nicht mehr rührte. Die ganze etwa 2 geographische Meilen lange Strecke von der Elbbrücke bei Lauenburg bis nach Geesthacht, bildete ein einziges wildes Eisfeld, mit einigen wenigen offenen Stellen von geringfügiger Ausdehnung. Die ganzen ungeheuren Eismassen, welche von Weihnachten 1887 bis zum 12. Februar 1888 fast täglich bei Lauenburg vorbeigetrieben waren, hatten sich im Elbbette unterhalb Lauenburg festgeschoben, hatten die Fahrrinne gefüllt, das Vorland und die Werder bedeckt und sich stellenweise zu mehr als mannshohen Eisbergen aufgethürmt. Wie immer bei lebhaftem Eisgang hatten sich auch jetzt die nachkommenden Schollen unter das bereits stehende Eis untergeschoben, und auf diese Weise war allmählich eine ganze Reihe von massigen Eisstopfungen entstanden, welche, wie sich späterhin zeigte, zum Theil eine Stärke von 6 Meter und darüber erreicht hatten und fest auf dem Grunde aufsassen.

Die unterste Eisversetzung stand bei Geesthacht, wo indessen der Hafen frei geblieben war, die nächste bei Krümmel, eine dritte bei Tespe und die folgenden bei Artlenburg, Glüsing und beim Kuhgrunde nahe unterhalb Lauenburg.

Der Abfluss des Wassers war dadurch bedeutend erschwert, und an den wenigen offenen Stellen verrieth die überaus heftige, theils der Stromrichtung folgende, theils seitwärts abgelenkte Strömung, dass es nur sehr enge Kanäle sein konnten, welche dem Wasser noch den Durchgang verstatteten. Dass das Flussbett dessenungeachtet nicht erheblich anschwoll, hatte seinen Grund darin, dass alle kleineren Zuflüsse in Folge des anhaltenden Frostes versiegt waren, und dass auch die Delvenau (Stecknitz) nur geringe Wassermengen zuführte endlich war es seit Ende Februar nicht ohne Einfluss, dass sich oberhalb Lauenburg, bei der Brackeder-Boizenburger Fährstelle, eine Eisstopfung gebildet hatte, welche den Abfluss des Wassers nach unterhalb beschränkte, dasselbe dagegen rückwärts in die Sude hineindrängte, in Folge dessen denn auch die Nebenflüsse dieser letzteren anschwollen. Bei Lauenburg stieg das Wasser erheblich erst in den Tagen vom 7. bis 12. März, nachdem Thauwetter eingetreten war.

Die gedachte Eisstopfung bei Brackede war auch insofern für Lauenburg günstig, als nun keine grösseren Eismassen mehr dorthin gelangen konnten; was von Zeit zu Zeit noch antrieb, beschränkte sich auf das Wenige, was sich unterhalb Brackede etwa noch ablöste, und wenn zwar die Elbe, in Folge der strengen Kälte im Februar, wo sie am 21. Februar 12° C. erreichte, oberhalb der Lauenburger

Eisenbahnbrücke zufror, so entstanden doch vorläufig an dieser Stelle weitere Eisstopfungen nicht, da die Menge des herankommenden Eises nicht bedeutend genug war.

Es ist vielfach darüber gestritten worden, ob die soeben erwähnte Brackeder Eisstopfung eine Folge der Geesthacht-Lauenburger Eisversetzungen gewesen, oder ob sie sich, unbeeinflusst durch diese, selbstständig gebildet habe. Am wahrscheinlichsten erscheint letzteres, denn selbst noch über die Tage hinaus, an welchen sich das Eis bei Brackede gesetzt hatte, kam immer noch soviel Treibeis, als sich dort oder bei Boizenburg loszulösen vermochte, bis nach Lauenburg den Strom herab, Beweis genug, dass ein Rückstau dort nicht empfunden worden ist. Aller Wahrscheinlichkeit nach haben, bei Brackede so gut wie bereits früher bei Geesthacht, die im Strombette vorhandenen Sandanhäufungen, welche die Fahrrinne einengen, zur Anlandung treibender Eisschollen Anlass gegeben, an welche sich dann fernere Eismassen angelehnt und endlich das Strombett verstopft haben. Nachdem dies dann geschehen war, häuften sich die Eismassen rasch, denn bei Magdeburg sowohl als bei Tangermünde hatte sich das Eis am 23. Februar in Bewegung gesetzt und war dann, ohne auf Hindernisse zu stossen, bis unterhalb Bleckede getrieben. Hier hatte es nicht nur das Strombett, sondern auch die weitausgedehnten Werder bei Brackede und Radegast, dann die Vorländer unter und oberhalb Gothmann, bei Wendisch-Bleckede, zwischen Heisterbusch und Bleckede, vor Bleckede und bei Alt-Wendischthum mit ungeheuren Eismassen angefüllt und hatte verschiedene, bis auf den Grund anstehende, Eisstopfungen gebildet, in ganz ähnlicher Weise wie dies früher zwischen Geesthacht und Lauenburg geschehen war.

Von nun an wurde ein allmähliches Steigen des Wassers in der Elbe, auch oberhalb Lauenburg, wahrgenommen, und nachgerade musste sich die Frage aufdrängen, ob nicht irgend welche Maassregeln oder Vorkehrungen zu treffen seien zur Abwehr von Deichgefahren, welche jeden Tag in furchtbarer Gestalt auftreten konnten. Zumal die mit so ungeheuren Eismassen angefüllte Strecke Lauenburg-Geesthacht musste zu den ernstesten Erwägungen Veranlassung geben, und zwar nicht nur um der Gefährdung der unmittelbar an dieselbe angrenzenden Niederungen willen, sondern auch insofern, als die dortigen Eisanhäufungen ein Hinderniss darstellten für ein eventuell selbstständiges Vorgehen der oberhalb Boizenburg bedrohten Niederungsbewohner, denn selbstredend konnten diese an eine gewaltsame Durchbrechung der dortigen Eisstopfungen nicht denken, wenn nicht zuvor unterhalb freie Bahn geschaffen worden war.

Behördlicherseits wurde daher Ende Februar eine Versammlung der Deichinteressenten des Landes Lüneburg nach Hohnsdorf berufen, bei der auch die Beamten und Aufseher zu erscheinen hatten, um deren Ansichten über das Maass der vorhandenen Gefahr zu vernehmen und nöthigenfalls Anordnungen zur Beseitigung oder Abwehr derselben zu treffen. Trotz der entgegenstehenden Ansichten der Techniker bestanden die Deichinteressenten darauf, dass den Deichen des Landes Lüneburg keine erhebliche Gefahr drohe und dass eine gewaltsame Durchbrechung des Eises von Geesthacht aufwärts, behufs Schaffung einer Abflussrinne, nicht als dringend anzusehen sei; wenn eine solche Maassregel im Interesse der weiter oberhalb belegenen Niederungen etwa erforderlich sei, so müssten diese, oder der Staat, auch die entstehenden Kosten übernehmen.

Hier trat also der Nachtheil recht offenkundig zu Tage, dass die Räumung des Strombettes von Eis, behufs Beseitigung von Deichgefahren, nicht zu den Obliegenheiten der Strombauverwaltung gehörte, und dass diese also über die zu einer solchen Maassregel erforderlichen Geldmittel nicht zu verfügen hatte. Sie würde unbedenklich damals sofort zur Offenlegung des Stromgebietes geschritten sein, nun aber hatte sie nicht das Recht in Händen, gegen den Willen der Deichinteressenten Arbeiten ausführen zu lassen, deren Kosten diese letzteren hätten tragen müssen, solange nicht seitens der Provinzialbehörde »gemeine (d. h. öffentliche) Gefahr« proklamirt worden war. Diese zu proklamiren durfte dieselbe wohl Anstand nehmen, wenn die Deichinteressenten sowie auch die Mehrzahl der zu Rathe gezogenen Anwohner der Ansicht waren, dass bei etwa eintretender milder Witterung, welche doch der Jahreszeit entsprechend jeden Tag eintreten konnte, das Eis zwischen Geesthacht und Lauenburg in wenigen Tagen hinreichend gelockert sein würde, um in kürzester Zeit abzutreiben, wobei sie sich auf frühere Erfahrungen beriefen.

In der That schien es als ob die Vertreter dieser Ansicht Recht behalten sollten, denn bereits am 7. März stieg die Temperatur plötzlich von — 5,5 ° C. am Morgen des 6. März, auf + 3 ° und erhob sich am 9. März sogar bis zu 9 °, wobei es zugleich heftig regnete. Das Eis auf der Elbe begann dann auch sogleich mit überraschender Schnelligkeit zu schwinden; die zahlreich bis zu zweifacher Mannshöhe aufgethürmten Eisschollen zerflossen, und es schien als ob die Elbe nach zwei bis drei Tagen eisfrei sein würde. Aber ebenso plötzlich wie am 6. März, schlug das Wetter am 11. März Abends um; das Thermometer sank auf 0 ° und bis zum Abend des 13. war die Kälte bereits auf — 4,5 ° gestiegen, erreichte am 18. März sogar — 7 ° und hielt sich auf dieser Höhe bis zum 22. März.

Selbstverständlich machte die wiedereintretende Kälte dem Schmelzen des Eises in der Elbe ein plötzliches Ende, vermochte aber doch nicht die von allen Seiten zuströmenden Schneewasser zu bannen, und ein allgemeines Steigen des Wassers in der Elbe war die nothwendige Folge. Immerhin waren die auf diese Weise der Unterelbe zugeführten Wassermassen nicht sehr bedeutend, aber weiter oberhalb stand die Sache schlimmer. Denn dort, im gebirgigen Quellengebiet der Elbe, war es Thauwetter geblieben, und ungeheure Wassermassen flossen zur Unterelbe hinab.

Eine derartige unglückliche Wendung war bei den Erwägungen über das Maass der drohenden Gefahr, nicht mit in Rechnung gezogen worden, nunmehr aber trat die Unabwendbarkeit der letzteren mit furchtbarer Wahrscheinlichkeit auf. Denn man durfte kaum noch hoffen, dass das Strombett von Lauenburg bis Geesthacht so rechtzeitig werde offen gelegt werden können, dass es die von oberhalb anrückenden Wasser- und Eismassen aufnehmen und weiter führen konnte, ohne dass an irgend einer Stelle eine Stockung eintrat, noch viel weniger konnte man darauf rechnen, zu rechter Zeit an die Eisstopfungen oberhalb Brackede zu gelangen und auch diese zu beseitigen. Indessen wurde nun nicht länger gezögert. Auf direkte Anordnung des Ministeriums war eine Abtheilung Pioniere unter dem Befehl eines Hauptmanns und zweier Lieutenants nach Geesthacht beordert worden, um die dortige Eisversetzung zu sprengen und am 13. März begann dieselbe auch schon mit der Arbeit. Es galt zunächst eine Abflussrinne zu schaffen, welche den doppelten Zweck erfüllte, das oberhalb belegene Strombett zu entlasten, und nach unterhalb soviel Wasser zuzuführen, dass man die Eisversetzungen mit Schiffen angreifen konnte, was bis jetzt, wegen des niedrigen Wasserstandes bei Geesthacht, nicht möglich gewesen war.

Im Verein mit einer Anzahl Arbeiter aus der benachbarten Elbniederung wurde, unter Mitwirkung der Strombauverwaltung zu Lauenburg, bei Geesthacht der Anfang gemacht, aber erst nach fast eintägiger Anstrengung gelang es, die dortige Eisstopfung in dem Maasse zu durchbrechen, dass das Wasser freieren Durchlauf gewann. Von der Gewalt des Druckes, den dasselbe auf die mehr als sechs Meter hoch aufgeschichtete Eiswand ausgeübt hatte, gab die Heftigkeit Zeugniss, mit welcher beim ersten Aufsprudeln des befreiten Wassers die Eisschollen emporschnellten, und ihre dunkele Färbung verrieth, dass die Eismassen sich fest auf den Grund des Flussbettes gelagert, ja in demselben sich so zu sagen eingesogen hatten. Natürlich konnte unter so schwierigen Verhältnissen die Arbeit nur langsam von Statten gehen, aber sie versprach doch Erfolg.

Die Stromaufseher hatten die Richtung der Fahrrinne abzustecken, worauf zunächst eine schmale Rinne mit der Axt gehauen wurde; sodann wurde zu beiden Seiten das Eis, wo es nicht zu tief anstand, durchgesägt. Die Pioniere brachen in Abständen von 4 bis 6 Meter Löcher in dasselbe, senkten an Stangen befestigte Blechbüchsen, die mit einer Pulverladung gefüllt waren, in dieselben hinein, worauf sie mittelst einer Zündschnur zum Explodiren gebracht wurden. Nachdem der Vorrath an Blechbüchsen erschöpft war, wurden Flaschen und endlich Sardinentönnchen verwandt, welche letztere sich am besten bewährten. Versuche mit Dynamit hatten nicht die erwartete Wirkung.

Nach erfolgter Explosion hob sich das Eis wellenförmig, zerbarst und wurde mittelst langer Stangen stromabwärts geschoben. Die Rinne wurde auf eine Breite von 30 bis 40 Meter erweitert und, soweit möglich, auf die offenen Stellen gerichtet.

Diese Arbeit bot mehr Schwierigkeiten als man erwartet haben mochte. Dazu stieg die Kälte bis über 8 und 9 ° C., und am 15. März trat Schneewetter ein, das sich in den Tagen vom 18. bis 20. März zu einem Schneesturm von furchtbarer Heftigkeit erhob und bis zum 23. März anhielt. Trotzdem hielten die Pioniere und eine Anzahl Civilarbeiter wacker aus und schafften täglich etwa 500 bis 800 Meter, so dass sie am 24. März bis etwa nach Tespe vorgedrungen waren. Dann aber trat Thauwetter ein und die Arbeit musste, wegen der rasch zunehmenden Unsicherheit der Eisdecke, welche bereits an verschiedenen Stellen zu bersten begann, aufgegeben werden. Aber es war gelungen die untersten Eisversetzungen zu brechen und den Schiffen die Bahnen zu öffnen, welche zum Zwecke des Eisbrechens in Hamburg gechartert worden waren und schon seit einigen Tagen am Zerstörungswerke Theil genommen hatten. Durch die gemeinschaftliche Arbeit war die Eisdecke im Allgemeinen derartig erschüttert, dass sie auf der ganzen Strecke bis nach Artlenburg kurze Bewegungen zu machen begann, und da nun auch die gesteigerte Temperatur die Eismassen mürber gemacht hatte, so lösten sie sich unterhalb Artlenburg am 25. März ab und trieben, sofern sie nicht auf den Sandbänken aufsassen, stromabwärts, und am folgenden Tage brach auch die schwere Eisstopfung bei Artlenburg, wobei sie alles was oberhalb im Strome stand, nach sich zog; nur bei Lauenburg blieb unterhalb der Eisenbahnbrücke noch eine nicht bedeutende Eisfläche stehen, wurde aber durch einige wohlangebrachte Sprengschüsse gleichfalls ins Treiben gebracht. Nach mehr als drei Monaten war endlich das Fahrwasser von Lauenburg abwärts wieder frei, und gegen Abend liefen die fünf kleinen hamburgischen Dampfschiffe, welche so thätigen Antheil an der Zerstörung der Eisbollwerke genommen hatten, in den Hafen von Lauenburg ein.

Die Gefahr, welche der Elbniederung des Landes Lüneburg gedroht hatte, schien endgültig beseitigt; dass sie noch einmal in höchst bedenkliche Nähe gerückt werden sollte, ahnte an dem Abend Niemand. Bevor ich indessen zur Schilderung derselben übergehe, wende ich mich den Ereignissen zu, welche sich inzwischen weiter oberhalb zugetragen hatten, und zwar weil die soeben erwähnte Gefahr in engem Zusammenhang mit denselben stand, oder vielmehr das Resultat derselben war.

## Die Deichbrüche an der Lenzer Wische und bei Dömitz.

Die Eisstopfungen, welche sich gegen Ende des Monats Februar von der Boizenburg-Brackeder Fährstelle aufwärts gebildet, die Mündung der Sude fast ganz verstopft und alles von oberhalb kommende Treibeis in sich aufgenommen hatten, stellten noch in den letzten Märztagen eine weitausgedehnte Eisfläche, eine winterliche, wirre Einöde von ergreifender Wildheit dar, die sich bis über Bleckede hinaus erstreckte. Von da ab war die Elbe, wenn sie auch öfters Eisgang gehabt hatte, offen geblieben und noch am 13. März hatten zwei Schleppdampfschiffe sieben beladene Elbkähne bis nach Hitzacker gebracht, waren aber, als von oberhalb gewaltige Eismassen antrieben, schleunigst wieder umgekehrt, während die Kähne bei Hitzacker vor Anker gingen. Der Wasserstand war in den Tagen noch keineswegs hoch. Dann aber verursachten die von der Schneeschmelze in den oberen Quellengebieten herrührenden Wassermassen eine Anschwellung. Am 15. März war das Wasser bei Wittenberge von 1,97 Meter auf 3,56 Meter gestiegen und am 18. März hatte es daselbst eine Höhe von 6,10 Meter erreicht. Alsbald passirte diese, von schwerem Treibeise begleitete, Fluthwelle Lenzen, und zu gleicher Zeit trat Schneewetter ein, das in den Tagen des 18. bis 20. März in furchtbare Schneestürme ausartete und bis zum 22. März mit wenig Unterbrechungen anhielt. Die grossen Schneemassen, welche sich im Wasser fortbewegten, hemmten dessen Lauf und besonders auch die Bewegungen des Treibeises, und letzteres begann sich hier und da zu grossen Massen zusammenzuballen, an den Sandbänken und Ufern anzulanden, das Strombett an verschiedenen Stellen einzuengen und endlich zu verstopfen. Da der Schneeschlamm die Eisanhäufungen dicht verkittete, so schwoll der Fluss oberhalb derselben rasch an, und am 18. März sahen die Bewohner der Lenzer Wische bereits mit ziemlicher Gewissheit voraus, dass binnen kürzester Frist die Deiche überlaufen würden. Dass es dabei ohne Deichbrüche nicht abgehen würde, darüber konnte man nicht im Zweifel sein.

Mit mehr Ruhe als die Bewohner der Lenzer Wische, konnten die Bewohner der gegenüber liegenden Ortschaften, deren Deiche um einiges höher sind, dem Wachsen des Wassers zusehen, und in der That sind sie nur an ganz einzelnen Stellen in die Lage gekommen, ihre Deiche gegen Ueberlauf vertheidigen zu müssen, und zwar bei Langendorf, der dortigen Ziegelei gegenüber, und in Pretzetze, bei dem dortigen am Deich belegenen Gasthause. Es gelang den Bewohnern, die Gefahr an beiden Stellen abzuwehren; aber härter als hier war der Kampf beim Dorfe Grippel, wo dem Deich ein Frontbruch drohte. Derselbe, an sich nicht stark, war an einer Stelle, zur Gewinnung einer Auffahrt, durch einen Abstich noch mehr geschwächt worden, und an dieser Stelle hatte das Wasser unter dem starken Druck des ungewöhnlich hohen Standes begonnen, den Deich zu durchdringen, so dass die Gefahr eines Frontbruches in die allernächste Nähe gerückt war.

Es ist falsch, wenn mehrfach behauptet worden ist, dass an dieser Stelle die Wurzeln eines abgestorbenen oder abgehauenen Baumes zu Röhrenbildungen im Innern des Deichkörpers Veranlassung gegeben hätten, und dass diese Röhren es gewesen seien, durch welche das Wasser zuerst seinen Weg genommen habe. Allerdings ist hier vor mehreren Jahren ein Baum abgehauen worden, welcher unmittelbar auf der Böschung des Deiches gestanden hat, aber die in dem Deichkörper verbliebenen Wurzeln waren keineswegs abgestorben, sondern hatten sich, wie dies bei Stockausschlag treibenden Bäumen nichts seltenes ist, so frisch erhalten, dass sie nach geschehener Aufgrabung des Deichs im vorigen Frühjahr, also nach ihrer Blosslegung, alsbald Ausschlagreiser trieben; mithin haben sie in diesem Falle auch nicht Veranlassung zu Röhrenbildung gegeben, was für jeden, der mit dem Verhalten der Baumwurzeln im Boden vertraut ist, keines Beweises bedarf. Dass derartige Röhrenbildungen durch abgestorbene Wurzeln verursacht werden können, ist zuzugeben, sowie auch, dass sie dem Deiche gefährlich werden können, wenn dieser an sich zu schwach ist. Die zahlreichen kleinen und zum Theil stark ausgewaschenen Röhren, welche bei der Aufgrabung des Deichkörpers zum Vorschein gekommen waren, schienen, wenigstens zum Theil, von Maulwürfen herzurühren, woraus indessen nicht ohne weiteres gefolgert werden darf, dass die Maulwürfe den Deichen unbedingt gefährlich seien; sie werden dies in der That nur dort, wo der Deichkörper nicht massig genug ist. Der Maulwurf dringt stets nur bis zu einer gewissen, nicht bedeutenden Tiefe unter die Oberfläche hinab, und wo also der Deich massig ist, werden die Gänge demselben nicht gefährlich. Wäre dies der Fall, dann müssten die Deiche längs der ganzen Elbe bei hohem Wasserstande das Wasser wie durch ein einziges Sieb durchlassen, denn überall sind die Maulwürfe so stark in demselben vertreten, dass bei jeder Hochfluth viele tausende derselben ertrinken, so auch im vorigen Frühjahr.

Der Deich bei Grippel hat lediglich weil er zu schwach war, dem Druck des fast bis zu der Krone gestiegenen Wassers nicht Stand halten können, und hat demselben den Durchlauf verstattet, wobei wegen des Zustandes in dem der Deich sich befand, die Maulwurfsgänge allerdings wohl eine gefährliche Rolle gespielt haben mögen. In richtiger Erkenntniss dieser Sachlage hat man denn auch die gefährdete Deichstrecke, nebst einigen andern gleichfalls leicht gebauten Strecken, durch Anschüttungen erheblich verstärkt.

Während die Bewohner der linkselbischen Niederung ihre Deichstrecke also erfolgreich vertheidigen konnten, waren die Bewohner der Lenzer Wische, wenigstens zwischen Klein Wootz und Dömitz in weniger glücklicher Lage. Ihre Deiche sind niedriger als die gegenüberliegenden rechtselbischen, und während diese noch Bord hatten, liefen die ersteren bereits über. Die Deichlinie von Mödlich blieb indessen verschont, weil die Stauung nicht so weit hinaufreichte.

Immerhin ertrugen die Deiche den Ueberlauf zunächst recht gut, obwohl wegen Mangels an Material, besonders aber an Arbeitskräften, nur wenig aufgedeicht werden konnte. Es war günstig, dass die Deiche hartgefroren waren, und einigen Schutz gewährte auch der hoch liegende Schnee, welcher vielfach sogar als Aufdeichungsmaterial sehr gute Dienste leistete. Den besten Schutz haben aber die Bäume vor und auf den Deichen geboten, indem sie dem andringenden Eise gewehrt und den Strom gemildert haben. Von vielen Seiten wird die Nützlichkeit des Baumwuchses auf den Deichen selbst nicht anerkannt, ja derselbe wird sogar für schädlich gehalten. Aber es ist Thatsache, dass auf der ganzen Strecke von Klein Wootz bis Gaarz und ebenso an der Dannenberger Marsch nicht ein einziger Deichbruch da stattgefunden hat, wo der Deich mit Bäumen bewachsen war, oder wo aussendeichisch Baumgruppen vorhanden waren, welche das Aufsteigen des Eises auf den Deich verhindern konnten. Wo Deichbrüche eingetreten sind, da hat es entweder auf dem Vorlande oder auf dem Deiche selbst an Bäumen gefehlt. Doch soll damit nicht gesagt sein, dass überall wo letztere fehlen, bei jedem Ueberlauf Deichbrüche eintreten müssen; vielmehr haben auf sehr langen Strecken auch die kahlen Deiche dem überfallenden Wasser gut widerstanden, aber die Erfahrung lehrt doch, dass die Gefahr eine weit grössere ist an den Stellen, wo es an schützenden Bäumen mangelt.

Die Niederungsbewohner an der Elbe wissen auch den Werth des Baumwuchses vor und auf den Deichen sehr wohl zu würdigen, und in lebendiger Erinnerung ist ihnen der Schutz gegen Wind und Wetter, den die Bäume in den furchtbaren Tagen und Nächten des 20. bis 24. März Menschen und Thieren, die auf die Deiche geflüchtet und dort einstweilen zu bleiben genöthigt waren, gewährt haben, während andere die Leiden nicht lebhaft genug schildern können, welche sie in gleicher Lage, aber auf den kahlen, jedes Schutzes entbehrenden Deichkörpern zu ertragen gehabt haben.

Trotz aller Vortheile welche der Baumwuchs den Deichen bringt, soll nicht bestritten werden, dass derselbe ihnen auch gefährlich werden kann, z. B. wenn sehr alte Bäume mit unverhältnissmässig stark entwickeltem und eine bedeutende Fläche einnehmendem Wurzelsystem, bei etwaigem Umbruch der Deichböschung eine weitklaffende Wunde beibringen; aber solche Fälle gehören zu den Ausnahmen und können bei reger Aufmerksamkeit verhütet werden. Das Jahr 1888 hat an der Elbe nichts derartiges aufzuweisen.

Bis zum 20. März früh hatten die Deiche an der Lenzer Wische den Ueberlauf noch ertragen und es schien fast als ob keine Deichbrüche stattfinden würden. Aber inzwischen war für die an der Löknitz belegenen Dörfer Breetz und Seedorf grosse Wassersnoth von einer Seite eingetreten, von welcher man sie garnicht erwartet hatte.

Vor der Eisenbahnbrücke bei Dömitz hatte sich nämlich bereits am 18. März das Eis gesetzt und hatte sich, verstärkt durch fortwährend zugeführte Treibeismassen, allmählich zu einer bedeutenden Anhäufung gesammelt, welche dann durch Schneeschlamm verdichtet und so zu sagen verkittet, den Durchgang des Wassers erschwerte und endlich in dem Grade hinderte, dass dasselbe zurückstaute und sich in die nahe belegene Mündung der Löknitz hineindrängte und zwar mit solcher Heftigkeit, dass sich am 19. März Vormittags beim dortigen Fährhause das wunderbare Schauspiel eines rückläufigen Stromes darbot, der sich wie aus einer soeben geöffneten Schleuse stromaufwärts ergoss und zunächst die weiten Wiesenflächen zu beiden Seiten der Löknitz überschwemmte. Die Menge des sich hierher ergiessenden Wassers war eine so grosse und der Druck ein so gewaltiger, dass die Strömung bereits in der Nacht vom 19. auf den 20. März die resp. eine und anderthalb Meilen von der Löknitz-Mündung entfernt belegenen Dörfer Breetz und Seedorf erreichte und zwar mit der Heftigkeit eines reissenden Gebirgsflusses. Doch trat das Wasser noch nicht über den sogenannten Achterdeich, welcher den Lenzer Polder gegen Norden abschliesst, brauste aber bis über Lenzen flussaufwärts, setzte einen Theil der Stadt unter Wasser, drang in den Rudover See ein und zerstörte die dortige Eisenbahnbrücke. Niemand hatte daran gedacht, dass auf diesem Wege eine Gefahr heranrücken könnte, und so wurde namentlich das Dorf Seedorf, dessen Bewohner garnicht vorbereitet waren, ausserordentlich hart betroffen. Sie sahen plötzlich den Weg nach dem höher belegenen Schlosse Eldenburg und nach den dahinter belegenen Anhöhen, durch Wasser, Eis und Schneeschlamm versperrt; ihre Böte waren grösstentheils in der Löknitz eingefroren und waren, nachdem man sie in der Eile losgeeist hatte, im Schneeschlamm kaum und stellenweise garnicht fortzubewegen, und so kam es, dass Menschen und Vieh sich nur unter unsäglichen Mühen und Gefahren am 20. März Morgens zu retten vermochten; doch waren 75 Kühe, eine Anzahl Pferde und viele Schweine und Schafe ertrunken, und selbst ein Menschenleben war zu beklagen. Um die Schrecken der Nacht zu vermehren, war in einem Hause auch noch Feuer ausgebrochen, jedoch blieb der Brand ohne erhebliche Folgen, da er nur die eine Hälfte des Hauses zerstörte und dann von selbst erlosch.

Die bedeutenden Wassermassen, welche aus der Elbe die Löcknitz hinauf abflossen, hatten doch dem Anschwellen der ersteren kein Ziel setzen können, vielmehr stieg dieselbe fortwährend, und es war nun mit Sicherheit vorauszusehen, dass sie sich in Deichbrüchen Luft machen würde. In der That entstand der erste Bruch am 20. März Vormittags in dem sogenannten Neuen Deich, zwischen Gaarz und Baarz, in unmittelbarer Nähe des ersteren Ortes, nachdem der Deich bereits seit dem 19. März Vormittags Ueberlauf gehabt hatte.

Etwa eine Stunde später brach dann, kaum 800 Meter stromaufwärts, der Deich an einer baumfreien Stelle im Dorfe Baarz, wahrscheinlich in Folge des heftig nach dem ersten Bruche hindrängenden Wassers, welches gewaltige Eismassen mit sich führte, und gegen 1 Uhr Nachmittags brach das gleichfalls von schwerem Eise begleitete Wasser in Besandten durch den Deich.

Fast genau um dieselbe Zeit entstand ganz in der Nähe des

Pfarrhauses von Kietz ein vierter Bruch; derselbe stand indessen in keinerlei Beziehungen zu den vorigen Brüchen, sondern war einer während der Nacht vom 19. auf den 20. März unterhalb des Pfarrhauses entstandenen Eisstopfung zu verdanken. Nunmehr füllte sich der bis dahin nur noch vom Ueberlaufswasser heimgesuchte Wischer Polder so rasch, dass das Wasser über den sogenannten Achterdeich übertrat und denselben an zwei Stellen brach; zu gleicher Zeit brach auch der Südwendedeich von innen heraus, unmittelbar beim Dorfe Baarz.

Durch diese Brüche waren nun die sämmtlichen bis jetzt noch verschont gebliebenen Dörfer der Lenzer Wische unter Wasser gesetzt worden, und als nun am folgenden Tage, am 21. März, Vormittags 11 Uhr, noch der Bruch bei Klein Wootz hinzukam, da hatte die Wassersnoth eine Höhe erreicht, wie sie selbst das Schreckensjahr 1805 nicht gebracht hatte. Ein am 22. März noch hinzutretender Bruch im Elbdeiche bei Besandten liess noch weitere Wassermassen in die Niederung einfliessen, doch war um die Zeit, wie wir weiterhin sehen werden, schon ein Abflussweg für die Wassermassen der Wische offen geworden.

Es ist sehr bemerkenswerth, dass die beiden Brüche in Kietz und in Unbesandten an denselben Stellen stattgefunden haben, wie im Jahre 1805 — was übrigens auch für die drei Hauptbrüche in der Dannenberger Marsch gilt —, und ebenso bemerkenswerth ist die bereits erwähnte Thatsache, dass die Brüche sämmtlich an baumfreien Stellen eingetreten sind.

Weder an den Bruchstellen von Baarz, noch an denjenigen von Besandten, Kietz und Klein Wootz, waren auf dem Vorlande oder auf den Deichen selbst Bäume vorhanden, um dem Wasser oder dem Eise zu wehren.

Bei Kietz giebt man, und zum Theil mit Grund, der Einbuchtung, welche der Deich daselbst hatte, die Schuld an dem dortigen Bruche, und man hat daher den neuen Deich grade gelegt, aber es ist die Frage, ob er trotzdem bei schwerem Eisgange wird Stand halten können. Es gehört nämlich diese Deichlage zu den gefährlichsten längs der ganzen Wische. Das von Klein Wootz bis nach Unbesandten sich hinziehende etwa 4000 Meter lange und stellenweise sehr breite Vorland, ist nämlich auf seiner halben unteren Länge völlig baumlos, und die Strömung des Flusses an dieser Stelle bedingt, dass selbst schon bei schwachem Eisgange die Eismassen sich alsbald und so zu sagen mit Vorliebe auf das Vorland drängen, bis an den Fuss der Deiche vorrücken und an denselben in die Höhe steigen. An eine Abwehr ist hier nicht zu denken, und so bleibt auch selbst nach der erwähnten wesentlichen Verbesserung, die Lage immer noch eine sehr gefährdete. Aehnlich verhält es sich mit der nahe belegenen Bruchstelle von Unbesandten. Hier scheinen übrigens einige auf dem Vorlande stehende Bäume ungünstig gewirkt zu haben; dieselben stellen nämlich eine in fast senkrechter Linie zum Deiche, nach dem Flussbette gerichtete, Reihe dar und folglich ein Hinderniss, an welchem sich das Eis zunächst festschiebt, worauf dann die nachfolgenden Schollen, wenigstens zum Theil, auf und gegen den Deich getrieben werden. Auf diese Weise ist, so weit zu ermitteln gewesen, der Bruch wirklich eingeleitet worden. Wenn diese Baumreihe also entfernt wird, so ist dagegen nicht nur nichts zu erinnern, sondern es darf dies ohne Weiteres befürwortet werden.

Besser geschützt als Unbesandten und das untere Ende von Kietz, ist das obere Ende dieses letzteren Dorfes, obwohl es gleichfalls an dem soeben erwähnten Vorlande liegt, denn auf dieser Strecke ist letzteres mit Bäumen bestockt, welche das Eis von dem Deiche abhalten.

Bereits habe ich hervorgehoben, dass die mit Bäumen bestockten Deiche dem Eise sowohl als dem Wasser, selbst unter sonst ungünstigen Verhältnissen, den besten Widerstand geleistet haben, was sich u. A. in Besandten gezeigt hat. Auf den mit Bäumen bewachsenen Deichstrecken haben die Kappen selbst an solchen Stellen Stand gehalten, wo sie Einsenkungen hatten, wie z. B. vor dem Lamprecht'schen Kruge zu Besandten. Hier haben die Baumwurzeln einer bereits eingetretenen Ausspülung ein Ziel gesetzt, wie denn zu gleicher Zeit einige auf dem Deiche vorhandene Bäume, das etwas zurückliegende Haus vor dem Eise geschützt haben, das sich bereits auf die Deichkappe gedrängt hatte und die es auf jeden Fall überschritten haben würde, wenn nicht die Bäume dasselbe zurückgehalten hätten. Ohne die Baumwurzeln würde hier ein Kappenbruch eingetreten sein, und ohne die Bäume wäre das Haus unbedingt fortgerissen worden. Dennoch sind dieselben im Laufe des Sommers entfernt worden.

Gleich gute Dienste haben die Bäume an verschiedenen anderen Stellen geleistet. Bei dem Gute Kietz haben die Baumwurzeln an zwei Stellen der Abspülung des Deiches ein Ziel gesetzt, und die Pfarre Kietz wäre durch das über die vorliegende Deichkappe vordringende Eis unfehlbar zerstört worden, wenn nicht der binnendeichisch vorhandene Baumwuchs, worunter zwei ziemlich starke Akazien, dasselbe abgehalten hätte; mit äusserster Spannung haben die Bewohner dem Kampfe des Eises mit den Bäumen zugesehen; hielten dieselben nicht

Stand, dann waren sie unrettbar dem Tode verfallen, denn an ein Entkommen war nach keiner Seite hin zu denken.

Dass der Baumwuchs den Bewohnern, sammt ihrem zum grossen Theil auf die Deiche geflüchteten Vieh, einen wohlthuenden Schutz gegen Sturm und Schnee während der Schreckenstage gewährt haben, ist bereits gesagt worden, aber die Bäume erleichterten auch die Aufdeichung, indem sie Stützpunkte darboten für Wagenleitern, Stangen, Buschwerk und andere Gegenstände, welche zur Festlegung des Aufdeichungsmaterials dienen konnten, und noch am 24. März haben die Pioniere in Besandten an mehreren Stellen dem Ueberlauf des Wassers ein Ende gemacht, indem sie Bäume fällten und dieselben deichlängs warfen, um für das Aufdeichungsmaterial einen Halt zu gewinnen. Endlich dienten die Bäume dazu, um die Pferde und das Rindvieh anzubinden, kurz, dieselben sind in den Tagen der Noth und Gefahr den Bewohnern der Dörfer von grossem Nutzen gewesen.

Gute Dienste haben auch Hecken, Stackete und ähnliche Einfriedigungen, welche auf den Deichen vorhanden waren, geleistet und zwar gleichfalls als Anlehnungspunkte für das Aufdeichungsmaterial sowohl als zum Anbinden des Viehs.

Die am 20. und 21. März eingetretenen Deichbrüche hatten nun selbstverständlich den Wasserstand auf der weiten, bereits durch den Rückstau der Löcknitz überschwemmten Fläche noch mehr erhöht, hatten den Dörfern Breetz und Seedorf neue Noth gebracht und die Niederungen um und bei Lenzen höher anschwellen lassen, zugleich aber auch die vom Elbdeiche und dem Achter- und Südwende-Deich eingefassten Dörfer, nebst dem Gute Kietz, so tief unter Wasser gesetzt, dass nur ganz einzelne erhöhte Plätze trocken geblieben waren und die Bewohner sich auf die Bodenräume oder auf die Deiche hatten flüchten müssen; auch das Vieh, soweit es nicht in den Häusern selbst hochgebracht worden war, wurde, solange die Deiche noch erreichbar waren, dort aufgetrieben.

Die Schrecken der ohnehin verzweifelten Lage wurden noch vermehrt durch den in jenen Tagen herrschenden Schneesturm, und so erklärt es sich leicht, dass eine sehr grosse Anzahl Menschen ihre Häuser, in denen sie vor Kälte und Nässe zu verkommen drohten und deren Einsturz sie befürchteten, verliessen, als die beiden Magdeburger Dampfschiffe »Königin Luise« und »Graf Moltke«, ungeachtet des starken Eisganges in der Elbe, die Fahrt bis zu den Elbdeichen gewagt hatten, um die nothleidenden Menschen von dort abzuholen.

Zum Glück für die in den Dörfern Zurückgebliebenen und das in den Häusern, Ställen und Scheunen hochgebrachte oder auf die Deiche getriebene Vieh war noch am Abend des 21. März dem ferneren Steigen des Wassers eine Grenze gesetzt, und zwar indem sich dasselbe durch die, zwischen Polz und Kl. Schmölen sich hinziehende, bewaldete Düne die Wege bahnte und sich nun nordwärts über die Ebene ergoss. Zunächst lief das Wasser unweit Polz über, dann aber bahnte es sich einen Weg durch das sogenannte Gross Schmölener Brack, eine alte Bruchstelle vom Jahre 1805, welche durch einen schwachen Damm gegen die Lenzer Wische abgeschlossen war. Vom 21. März Morgens früh waren hier die Bauern von Gr. Schmölen beschäftigt, den alten Damm zu erhöhen und zu verstärken, aber gegen 6 Uhr Abends wurde ihnen die Kunde von dem soeben erwähnten Uebertritt des Wassers zwischen dort und Polz gebracht, zugleich mit der Nachricht, dass der jenseits der Düne belegene Eisenbahndamm bereits vom Wasser durchbrochen sei und dass sich letzteres über die Felder nach Gross Schmölen bewege. In der begründeten Befürchtung, von ihrem Dorfe abgeschnitten zu werden, verliessen die Arbeiter den Damm und fanden bei ihrer Ankunft im Dorfe einen Theil desselben bereits unter Wasser.

Der im Stiche gelassene Damm aber brach um etwa 9 Uhr Abends in Folge von Ueberlauf durch, und nun stürzte das Wasser mit furchtbarer Gewalt durch das Brack und warf auf seinem Wege alles Zunächstliegende vor sich nieder. Der unmittelbar hinter der Düne belegene Eisenbahndamm hielt den Strom eine kleine Zeit auf, so dass er sich westlich wandte, um, mit Schnee und Eisschollen vermischt, längs des Bahnkörpers in etwa halber Manneshöhe fortzustürmen. Auf dem halben Wege nach dem Dömitzer Bahnhofe platzte er mit einem von dorther kommenden anderen Strome zusammen, welcher seinen Weg zwischen dem Dömitzer Kirchhofe und der Ziegelei gefunden hatte, und beide vereint hatten dann sofort den Eisenbahndamm an drei Stellen durchbrochen und ergossen sich nun über die Warff-Wiesen östlich der Elde. Inzwischen war aber auch der Eisenbahndamm am Gr. Schmölener Brack der Strömung gewichen und bis auf den Grund weggefegt worden, und das Wasser strömte nun mit furchtbarer Gewalt auf Gr. Schmölen zu, ungeheure Sandmassen mit sich fortreissend und sich über die Feldmarken der Dörfer Gross Schmölen, Verklas, Kaliss und Neu-Kaliss ausbreitend, wobei auch die Dorfslagen unter Wasser geriethen.

Das Bild, welches die Bruchstelle im alten Gr. Schmölener Brack kurz nach dem Durchbruche des Wassers darbot, war ein in hohem

Grade interessantes. Von der Gewalt des Wassers waren hohe Hügel gespalten und fortgerissen, die auf denselben stehenden Kiefern lagen entwurzelt und zum Theil zerbrochen wirr durcheinander, eine Strasse von durchschnittlich 150 Meter Breite und von 500 Meter Länge war durch die Düne gebrochen, und durch die weite Kluft flossen fortwährend ungeheure Wassermengen ab; ein jenseits stehendes Wärterhaus stand etwa 3 Meter tief in der Fluth, und soweit das Auge reichte, sah es nur ungeheure Wasserflächen vor sich.

Erwägt man, dass diese und die übrigens bei weitem geringere Bruchstelle bei der Dömitzer Ziegelei, die einzigen Abzugswege für das weite Lenzener Becken waren, da der Abfluss nach der Elbe durch die Eisstopfung an der Dömitzer Eisenbahnbrücke absolut behindert war, während ununterbrochen grosse Wassermassen durch die sechs Bruchstellen an der Wische zuflossen, so kann man sich eine ungefähre Vorstellung von der Heftigkeit der Strömung im Gr. Schmölener Brack machen; man wird aber auch leicht begreifen, dass ohne diesen Abzugsweg die Fluth in der Lenzer Wische bis zu einer Höhe hätte ansteigen müssen, dass kaum noch ein einziges Haus eine Zufluchtsstätte hätte bieten können, und es ist daher die Frage wohl der ernsthaftesten Erwägung werth, was bei etwaigem Wiedereintritt einer ähnlichen Katastrophe geschehen wird und was geschehen kann, wenn der nunmehr verstärkte und bedeutend erhöhte Querdamm im Gr. Schmölener Brack dem Hochwasser Stand hält, dasselbe also an dieser Stelle keinen Ausweg mehr findet. Liegen dann die Verhältnisse im Uebrigen so, wie sie im vorigen Frühjahr gelegen haben, dann wird zunächst der Wasserstand in der Wische bedeutend höher sein, als er es jetzt war, und möglicherweise bricht dann der Eisenbahndamm unweit der Dömitzer Eisenbahnbrücke, und eine furchtbare Strömung trifft dann die Stadt Dömitz.

Es liegt nicht in meiner Absicht hier diesen Gegenstand weiter zu verfolgen, aber ich habe auf eine neue Gefahr aufmerksam machen wollen, welcher man s. Z. möglicherweise entgegenzutreten haben wird.

Der Schrecken, von denen die Bewohner von Gr. Schmölen ergriffen wurden, als die Kunde von dem Ansturm des Wassers zu ihnen drang, musste noch vermehrt werden durch die Dunkelheit und das wilde Schneetreiben, das noch fortwährend anhielt. Niemand war im Stande sich eine Vorstellung davon zu machen, wie hoch das Wasser steigen und wie gross also die Gefahr sein würde, von der man bedroht wurde. Alles kam darauf an, ob die Deiche der Elde zwischen Findshier (eigentlich: Findenwirunshier) und der Dömitzer-Schleuse Stand halten und eine weitere Stauung veranlassen oder ob sie weichen und dem Wasser einen Ausweg gestatten würden. Schon der nächste Morgen brachte darüber tröstliche Gewissheit, denn das Wasser hatte nicht sobald die Eldedeiche erreicht, als es auch schon über dieselben, wie über ein Wehr, hinwegfiel und an mehreren Stellen Kappenbrüche verursachte, unter denen der Bruch in der Nähe der Dömitzer Elde-Schleuse einer der folgenschwersten wurde, indem er den Bruch des unmittelbar anstossenden, sogenannten Roggenfelder Deichs sogleich nach sich zog. In Folge des Ueberlaufs und der gedachten Brüche aber konnte, wenn auch nicht unmittelbar, so doch in den nächsten Tagen, den Dörfern Gr. Schmölen, Kaliss und Neu-Kaliss Erleichterung zu Theil werden, und ein ferneres Steigen des Wassers war ausgeschlossen; freilich wurde nun die Wassersnoth in andere Ortschaften und besonders nach Dömitz getragen.

## Die Stadt Dömitz

war bereits am 19. März von Wasser heimgesucht worden, indem an diesem Tage die Elbe über den Aussendeich stieg, jedoch war die Ueberfluthung nicht so sehr bedenklich; auch fiel das Wasser bereits am folgenden Tage um ein Geringes, was die Einwohner zu dem Glauben veranlasste, dass weiter unterhalb ein Durchbruch stattgefunden oder eine Eisstopfung sich gelöst habe. Weder das Eine noch das Andere war indessen der Fall, sondern das Fallen des Wassers war, wie sich bald ergab, eine Folge der am 20. März Vormittags durch Schneeschlamm und vermehrte Eispackung eingetretenen völligen Verstopfung der bis dahin noch bis zu gewissem Grade durchlässigen Joche der Eisenbahnbrücke.

Der zuvor erwähnte Bruch des Roggenfelder Deichs in der Nähe der unteren Eldeschleuse liess sofort ungeheure Wassermassen, zunächst in den nördlich um Dömitz sich herumziehenden Eldearm abstürzen; aber aufgehalten durch die schweren Schneemassen, welche sich im Strombett desselben angehäuft hatten, wandte sich der überstürzte Strom rückwärts, und das Wasser floss grösstentheils durch die Bruchöffnung des Roggenfelder Deichs wieder aufwärts, theils überfluthete es die Chaussée zwischen Dömitz und der Schleuse, verursachte eine tiefe Auskolkung, welche mehrere Gärten verschlang, und floss dann mit solcher Heftigkeit durch den zweiten, östlichen, direkt nach der Elbe gerichteten Eldearm ab, dass die über den letzteren führende, auf massiven Pfeilern ruhende Brücke, vollständig unterspült wurde und zusammenbrach; aber die Wassermassen fanden auf diesen Wegen immer noch keine genügende Ableitung, sondern drangen, zum Entsetzen der Einwohner, in heftiger Strömung von Norden in Dömitz ein. Nun erreichte die Noth hier allerdings eine sehr bedenkliche Höhe. Schornsteine stürzten ein, die unteren Wände zahlreicher Fachwerksgebäude wurden fortgerissen, die Fundamente massiver Gebäude unterspült, so dass einige Mauern einstürzten, und der Schaden, der an dem Hausrath in den Häusern angerichtet wurde, war ein sehr bedeutender. Doch stieg die Fluth nicht höher, als dass die Einwohner sich selbst und ihr Vieh in den oberen Räumen der Gebäude in Sicherheit bringen konnten und einige Stellen, wie z. B. die Kirche nebst ihrer nächsten Umgebung, und eine Reihe Häuser unweit des Elbdeiches, wurden von der Fluth nicht erreicht. Dagegen hatte dieselbe das am Westende der Stadt belegene Fort überschwemmt. Die Verbindung nach dem Bahnhof war durch den Einsturz der Brücke abgeschnitten, die Chaussée nach Heiddorf stand unter Wasser, die Elbe war unpraktikabel, und so war ein Verkehr nach keiner Seite mehr möglich. Ein Glück für die Stadt war es, dass der Eisenbahndamm zwischen der Brücke und der Chaussée nicht brach; wäre dies geschehen, dann würde Dömitz wahrscheinlich vollständig zerstört worden sein.

Obwohl nun zwar fortwährend grosse Wassermassen über die nördlich von Dömitz belegene weite Ebene abflossen, so hielt sich doch das Wasser vorläufig auf seiner Höhe. Selbst als am 21. März bei Landsatz und am zweiten Tage am Wulfsahl, schräg gegenüber Dömitz, Deichbrüche eintraten, war die Wirkung noch eine geringe, denn der Zufluss von der Elde glich den Abgang wieder aus, und das Strombett der Elbe war durch Eisversetzungen bei Damnatz und weiter unterhalb bei Strachau, verstopft worden; später werde ich hierauf noch zurückkommen.

Gleich Dömitz war auch der Bahnhof seit dem 22. März von allem Verkehr abgeschnitten und ringsum von Wasser umgeben; die Stationsgebäude und Güterschuppen blieben indessen verschont und gewährten zahlreichen dorthin geflüchteten Menschen eine Zuflucht. Bis zum 24. März hielt dieser Zustand an; erst von da ab fing das Wasser dort und auch in Dömitz an zu fallen.

Während sich diese Ereignisse in Dömitz abspielten, hatte die am 22. März über die Eldedeiche sich fortwälzende Fluth, die Dörfer Heiddorf und Heidhof erreicht und auch hier um so grösseren Schrecken verbreitet, als sie den Leuten völlig unerwartet kam und sie keine Vorstellung davon hatten, wie hoch das Wasser möglicher Weise würde ansteigen können. Wären sie mit den Niveauverhältnissen ihrer Dörfer und der umgebenden Fluren einigermaassen vertraut gewesen, so würde die Beunruhigung eine weit geringere gewesen sein, denn man hätte dann wissen können, dass das Wasser über eine gewisse Höhe hinaus nicht anschwellen konnte, und man hätte diejenigen Höfe oder Bodenerhebungen, welche von der Fluth nicht erreicht werden oder doch nur einen geringen Wasserstand haben konnten, als Zufluchtsstätten benutzen können.

Für etwaige künftige Ereignisse wäre es in hohem Grade erwünscht, wenn von Amts wegen die Anbringung von Wassermarken angeordnet werden möchte, welche den höchsten Wasserstand vom Frühjahr 1888 an jedem Hause bezeichnen, nicht etwa nur zur Erinnerung an ein denkwürdiges Ereigniss an sich, sondern zur Orientirung bei etwa wiedereintretenden Hochwasserfluthen.

Bemerkenswerth ist es, dass das Dorf Woosmer, welches seiner Lage nach von der Fluth hätte erreicht werden müssen, dennoch von derselben verschont blieb, was lediglich dem hohen Schnee zu verdanken war. Das Wasser war bereits auf dem von Heidhof nach Woosmer führenden Wege im Vordringen begriffen, als die im Bereich des Waldes besonders hoch liegenden Schneemassen, den Strom hemmten und seine Ablenkung nach den etwas niedriger belegenen westlichen Partien bewirkten.

Das erste feste Hinderniss, auf welches die nach Westen vordringenden Wassermassen stiessen, war der in der Heidhöfer Forst, nördlich von Wendisch-Wehningen, vorhandene sogenannte Wendisch-Wehninger Schafdamm, ein starker, theils im freien Felde, theils im Walde belegener Damm, der im Jahre 1834 auf Anordnung der Grossherzoglich Mecklenburgischen Behörde hier aufgeworfen worden ist und zwar auf Anhalten des damaligen Besitzers des adeligen Gutes Junker-Wehningen, von Bülow. Gut und Dorf Junker-Wehningen hatten nämlich seit undenklichen Zeiten in dem längs der Mecklenburgisch-Preussischen Grenze sich hinziehenden sogenannten alten Schafdamm, der auch heute noch vorhanden ist, eine Schutzwehr gegen etwa von der Elde herkommendes Hochwasser besessen und dieselbe auch für genügend erachtet. Als aber dann in den Jahren 1832 bis 1836 die alten Eldedeiche auf ihre jetzige Höhe gebracht und bei Dömitz eine neue Schleuse erbaut wurde, reichte der alte Schafdamm nicht mehr aus, um bei etwaiger Ueberfluthung der soeben genannten Deiche, das nach Junker-Wehningen drängende Wasser abzuhalten, und aus diesem Grunde wurde 1834 der neue Schafdamm aufgeworfen, dessen Krone gleiche Höhe mit den Eldedeichen hat oder haben soll. Aber der Damm hat den gehegten Erwartungen nun doch nicht entsprochen.

Nachdem er eine kurze Zeit dem Drucke des anschwellenden Wassers widerstanden, brach derselbe am südlichen Ende, in der Nähe des Wendisch-Wehninger Kreuzweges, durch, und nun stürzte sich die entfesselte Fluth mit grosser Gewalt auf den alten Schafdamm. Ein Theil des Wassers brach an der Stelle in den Wehninger Wald ein, wo die kurze Junker-Wehninger-Chaussée den alten Schafdamm trifft und strömte längs derselben auf Junker-Wehningen zu, ein anderer Theil warf sich rechts, folgte dem auf der mecklenburgischen Seite längs dem Schafdamm sich hinziehenden Wege und vereinigte sich mit dem breiten Strom, der aus dem Heidhofer Walde kommend nach der Junker-Wehninger Feldmark abfloss.

Die Wassermassen, welche die soeben erwähnte Chaussée hinabstürzten, haben sich vor einem Einschnitte, den dieselbe nahe vor Junker-Wehningen macht, getheilt; der grössere Antheil wandte sich links nach der Elbe, während der geringere Antheil der Chaussée bis zum Dorfe hinab folgte.

Es ist wahrscheinlich, dass diese Theilung und Ablenkung des mit grosser Gewalt vordringenden Stromes, durch Schneemassen verursacht worden ist, welche sich in dem soeben erwähnten Einschnitte gehäuft haben mussten, denn auf andere Weise ist dieselbe nicht erklärlich; das Wasser muss sich vor dem Einschnitte gestaut haben und da es sich durch den Schnee nicht sogleich seinen Weg bahnen konnte, so wurde es seitwärts gegen die Sandberge gedrängt, die es dann alsbald durchbrach und seinen Weg nach der Elbe nahm. Die Spuren die das Wasser hier hinterlassen hat, geben Zeugniss von der furchtbaren Gewalt, mit der dasselbe Alles vor sich her niedergeworfen und zerrissen hat. Bereits oberhalb hatte es die Seitengräben der Chaussée tief aufgewühlt und zu beiden Seiten bedeutende Sandmassen in den Kiefernbestand hineingeschleudert, aber ihren Höhepunkt erreichte doch die Zerstörung erst an der Stelle, wo der Strom sich einen Weg durch die Sandberge brach; diese letzteren sind weit umher zerrissen, bis zu Tiefen von sechs bis sieben Meter ausgekolkt; die alten Kiefern, mit denen sie bestanden waren, sind entwurzelt und durcheinander geworfen, zum Theil abgebrochen oder zerschmettert, kurz eine Verwüstung ist hier angerichtet, welche das höchste Staunen erwecken muss und die fast noch ärger ist, als in dem oben beschriebenen Gr. Schmölener Brack. Zuletzt hat sich der Strom in die Elbe ergossen und dabei sehr bedeutende Sandmassen mitgerissen, welche sich meterhoch auf den Wiesen abgelagert haben.

Bemerkenswerth ist die Zähigkeit, mit welcher die Steinschlagdecke des chaussirten Weges der Gewalt des Stromes Widerstand geleistet hat; dieselbe ist auf der ganzen Strecke fast völlig unversehrt geblieben, und wenn zwar jede Spur von Sand zwischen den Steinbrocken fortgewaschen worden ist, so ist doch die Schüttung, selbst an den Stellen, wo sie unterspült worden war, nicht zerstört und zerrissen oder auch nur gespalten worden, sondern hat sich, wo der Sandkörper, auf welchem sie ruhte, fortgespült war, einfach gesenkt und ohne zu bersten, gleich einer weichen Decke, dem Boden wieder angeschmiegt.

Die gleiche Widerstandsfähigkeit hat die Steinschlagdecke der von Dömitz nach der Schleuse führenden Chaussée gezeigt, indem sie trotz des heftigen Stromes der über derselben hingegangen ist, an keiner Stelle aufgerissen worden ist.

Es unterliegt keinem Zweifel und liegt in der Natur der Sache, dass nichts geeigneter sein kann, eine Deichkappe vor Abspülungen zu bewahren, als Steinschlag. Das Mittel ist nicht gebräuchlich und auf jeden Fall ist es kostspielig, aber wenn man dereinst zu der Ueberzeugung gekommen sein wird, dass man überall, wo es Deiche giebt, immer mit Deichbrüchen zu rechnen hat, und dass man in sehr vielen Fällen hauptsächlich darauf hingewiesen sein wird, die Deiche so herzustellen, dass sie selbst tagelangen Ueberlauf aushalten können, dann wird die Befestigung der Deichkronen durch Steinschlag oder durch schweren Kies, als eines der besten Mittel gegen Kappenbrüche, hervorgesucht werden.

Während nun also ein Theil des von der Elde herkommenden Wassers seinen Ausweg bei Junker-Wehningen nach der Elbe zu fand, drang der übrige Theil weiter nördlich vor, aber auch hier scheint der Schnee dem Vorrücken wesentliche Hindernisse bereitet zu haben, wenigstens an der Stelle, wo das Wasser über den alten Schafdamm weg auf die westlich desselben belegene Junker-Wehninger Feldmark übertrat. Diese Stelle ist auf der Karte durch schlangenförmig gewundene Pfeile bezeichnet. Hier hat sich das Wasser offenbar eine Zeit lang aufgehalten und ein Becken gebildet; tief ausgespülte, später abgelaufene Bassins bezeichnen die Stelle, wo es gestanden oder vielmehr strudelnd gekreist hat, und kein anderer Grund ist für diesen Aufenthalt ausfindig zu machen, als eine durch vorausgeschobene Schneemassen verursachte Absperrung, welche indessen schliesslich dem steigenden Wasserdrucke hat weichen müssen. Für einen solchen Hergang sprechen nicht nur die erwähnten, durch das Wasser geschaffenen Bassins, deren Tiefe etwa 1 bis 1½ Meter beträgt, und die nur haben entstehen können, wenn das Wasser hier einige Zeit zurückgehalten wurde, sondern auch die Zeit, welche das letztere gebraucht hat, um von dem Schafdamm von 1834, bis nach Junker-Wehningen zu kommen, und die in der That um fast eine Stunde gegen die Zeit differirt, welche das längs der Chaussée abgeflossene Wasser bis dorthin gebraucht hat, und endlich die grosse Heftigkeit, mit welcher dieses Wasser schliesslich weiter gestürzt ist. In zwei Strömen hat sich dasselbe, von den Bassins aus, nach Junker-Wehningen selbst und über die Feldmark des Dorfes ergossen. Der eine Strom ist einem links und südwestlich nach dem Dorfe zu führenden Wege gefolgt, hat denselben tief aufgerissen, zu beiden Seiten eine Anzahl Bäume unterspült und durcheinander geworfen; der andere hat eine westliche Richtung eingeschlagen und einen zu beiden Seiten von einem Holzbestande eingefassten Streifen freien Landes in einen tiefen, noch im vorigen Herbst mit Wasser gefüllten Kanal umgewandelt und sich dann über die Felder ergossen, die er auf weite Strecken mit Sand bedeckt hat. Darauf sind die wieder vereinigten Wassermassen gegen Tripkau und Bohnenburg nach den Niederungen abgeflossen.

Zu derselben Zeit, in welcher das Wasser auf diesen durch den alten Schafdamm abgegrenzten Fluren seine Zerstörungen anrichtete, hat sich ein bedeutend ruhiger fliessender Strom nördlich dieses Dammes nach Schlonsberge und Havekenburg abgezweigt und ist trotz der grösseren Entfernung, die er bis dorthin zurückzulegen hatte, dennoch früher angelangt, als der südliche Strom beim Dorfe Junker-Wehningen, ein Beweis mehr, dass letzterer durch besondere Zwischenfälle aufgehalten worden ist.

Ich habe diese Vorgänge etwas ausführlicher behandelt, einerseits wegen der durch dieselben verursachten Umgestaltungen im Terrain, andrerseits aber wegen der wichtigen, tief eingreifenden Rolle, welche aller Wahrscheinlichkeit nach die Schneemassen dabei gespielt haben. Ist dieselbe an dieser Stelle zwar nicht durch Augenzeugen beglaubigt, so hat man doch an andern Orten, wie z. B. beim Gute Kietz, beobachten können, dass das Wasser durch hohe Schneewälle in seinem Laufe aufgehalten worden ist, bis es sich endlich mit Gewalt Bahn gebrochen hat.

Von nun an bewegen sich die Fluthen in ruhigerem Tempo und wenden sich, in zwei Arme getheilt, den westlich von Junker-Wehningen belegenen weiten Niederungen des alten Stromgebietes der Elbe zu. Sie theilen sich in einen nördlichen und einen südlichen Arm an der zwischen Tripkau und Havekenburg vorgeschobenen Spitze der grossen Carrenziener Forst, einem bewaldeten Höhenzuge, dessen bereits Erwähnung geschehen ist. Der nördlich abgezweigte

Arm überfluthete das Niederungsgebiet der Rögnitz, der südliche das Niederungsgebiet der Krainke. Wo diese beiden Flüsse in geringer Entfernung von einander in die Sude fallen, beginnt das Niederungsgebiet dieser letzteren.

Zunächst folgen wir dem vordringenden Wasser längs der Rögnitz. Da dieselbe von Havekenburg bis etwa Jessenitz gegenüber von ziemlich hohen Deichen eingefasst ist, so wurde die Fluth durch den linksseitigen Deich von deren Flussbette abgehalten, überschwemmte aber das Dorf Laave, trat in den Gutitzer Wald ein, setzte Grünenjäger unter Wasser und warf sich, am Ende der Rögnitz-Deiche angelangt, nunmehr nordwärts über den Fluss und entsandte einen Theil des Wassers rückwärts in die bis dahin verschont gebliebenen, niedrig belegenen Gebiete von Jessenitz, Volzrade, Benz und Vielank; der übrige Theil aber verfolgte seinen Weg in der Richtung zur Sude, ging über dieselbe hinweg nach Langenheide und drang bis an den Eisenbahndamm nach Brahlstorf vor, wandte sich dann westlich nach Besitz, wo es sich an dem dortigen sogenannten Schafdamm aufstaute, floss bei Blücher in den unteren Lauf der Schaale und Sude und drang bis an das Elbbett vor, bis wohin es am 24. März Morgens angelangt war.

Zu gleicher Zeit mit dem nördlich der grossen Carrenziener Forst abfliessenden Wasser, bewegte sich auch der bei Tripkau südlich abgezweigte Strom durch die Niederung zwischen der Elbe und dem Carrenziener Höhenzuge nach der Mündung der Sude; da er bereits in der Nähe der Havekenburg und bei Tripkau sich in die Krainke ergoss, so eilten seine Wasser denjenigen des nördlichen Zweiges etwas voraus, wie er denn auch grössere Wassermengen mit sich führte. Schon am Abend des 23. März war bei Niendorf ein Steigen der Krainke wahrnehmbar, aber etwas langsamer drang das Wasser auf den zwischen dieser und der Elbe belegenen Fluren vor; doch stand es bereits am 23. März Abends über $^1/_3$ Meter hoch in der Gegend von Neuhaus und floss südlich der Teldau bis zur sogenannten Bleckeder Schleuse, wo es sich etwas aufzustauen begann, um sich dann rückläufig gegen Niendorf zu wenden. Da die Sude mit Eis bedeckt und an ihrer Mündung durch das Elbeeis verstopft war, so fanden die fortwährend von oberhalb zuströmenden Wassermassen keinen rechten Abfluss, und es war vorauszusehen, dass die Niederung sich noch weiter mit Wasser anfüllen würde, aber von einer erheblichen Gefahr konnte vorläufig doch kaum die Rede sein. Da aber brach am 24. März der Elbdeich zuerst bei Popelau und gleich darauf bei Darchau, und nun brach das Unglück über die Teldau und über das Gebiet der unteren Sude und Schaale herein.

Bevor wir indessen diese Ereignisse weiter verfolgen, ist es nothwendig, die Deichbrüche von Landsatz und am Wulfsahl mit ihren Folgen und die Eis- und Wasserverhältnisse daselbst zu betrachten, da sie nicht ohne Einfluss auf die Brüche bei Popelau und Darchau gewesen sind.

## Die Deichbrüche der Dannenberger Marsch. Breda.

Der bereits bekannten Eisstopfung an der Dömitzer Eisenbahnbrücke hatte sich in der Nacht vom 20. auf den 21. März, weiter unterhalb bei Strachau, eine zweite hinzugesellt, und der Schnee hatte dieselbe, gleich den oberen Eisstopfungen, fast bis zur Undurchlässigkeit verdichtet. In Folge dessen war das Wasser der Elbe oberhalb Strachau rasch gestiegen und hatte den Deich unter- und oberhalb Jasebeck überlaufen. Die Eismassen, welche langsam die Elbe hinabtrieben, waren grösstentheils auf die Werder und das Vorland gedrängt worden, hatten sich auf den Buhnen festgesetzt, eine Anzahl Bäume umgedrückt und sich in grossen Mengen, überall zerstreut, angehäuft, hatten aber einstweilen die Deiche noch nicht beschädigt. Dann aber war gegen Abend des 21. März der Strom, von Strachau aus, linksseitig rückläufig geworden und hatte an einer baumfreien Stelle nahe unterhalb Landsatz schwere Eisschollen auf den Deich geschoben. Dieselben hatten die Deichkappe beschädigt, das nachströmende Wasser hatte diese letztere am 21. März, Abends etwa um 9 Uhr, vollends zerstört und war mit ungeheurer Gewalt in's Land hineingebrochen. Auch hier, gleichwie an mehreren Stellen an der Lenzer Wische, lag der Bruch an derselben Stelle wie im Jahre 1805.

Die Bewohner von Landsatz hatten in der Voraussicht des Unglücks die gewöhnlichen Vorsichtsmaassregeln getroffen und ihr Vieh grösstentheils nach dem höher gelegenen Quickborn getrieben, wohin ihnen die Bewohner von Barnitz und Damnatz alsbald folgten. Trotz des bedeutenden Abflusses durch die mehr als 100 Meter breite Bruchstelle, fiel doch das Wasser in der Elbe wegen des starken Zuflusses von der Elde und von dem bei Junker-Wehningen entstandenen Seitenstrom fast garnicht. Dessenungeachtet befürchteten die Einwohner von Damnatz keinen weiteren Bruch. Dann aber, als am 23. März Vormittags bedeutende Eismassen von der Dömitzer Eisenbahnbrücke abgetrieben waren und nun auch die schon im Strombette vorhandenen Eismassen in lebhaftere Bewegung geriethen, ballte sich ein Theil derselben gleich unterhalb Damnatz zusammen und häufte sich zwischen dem dortigen Flügeldeich und den gegenüberliegenden ansteigenden Ufern der Brodaer Anhöhe zu einer schweren Eisstopfung an, welche gleichfalls durch Schneeschlamm verkittet, nun auch an dieser Stelle den Abfluss des Wassers hemmte. Die ungeheuren Eismassen, welche sich im Strombette bewegten, wurden zum Theil gegen den Damnatzer Deich gedrängt und hätten denselben unfehlbar umgerissen, wenn nicht die auf den Vorländereien stehenden Bäume und Baumgruppen das Eis aufgehalten hätten. Mit welcher vernichtenden Gewalt die Eismassen hier vorgedrungen sind, davon gaben noch im Herbst v. J. die gewaltigen Eichen Zeugniss, welche nebst einer Anzahl geringerer Bäume von dem gegen die Deiche anrückenden Eise geworfen worden waren; an einer Stelle waren einige Bäume gegen die Deichböschung gedrückt worden, hatten aber das vordringende Eis zum Stehen gebracht, und ein auf einer vorspringenden Ecke ausserdeichisch belegenes Haus war vor dem Untergange lediglich durch die in dem Garten vorhandenen Bäume bewahrt worden. Einige derselben, welche das Eis umgelegt hatte, sind mit vieler Mühe wieder aufgerichtet, durch Ketten in ihrer aufrechten Stellung erhalten und wieder ins Wachsthum gebracht worden. Wenn man den Schauplatz dieser Kämpfe — denn so darf man die Vorgänge an dieser Stelle wohl nennen — aufmerksam betrachtet, so ist man keinen Augenblick darüber im Zweifel, dass der Deich von Damnatz ohne die schützenden Bäume dem Eise etwa mitten vor dem Dorfe hätte unterliegen müssen. Die Gefahr für das letztere stieg übrigens, trotz der geschilderten Abwehr, fortwährend. Das Wasser begann an einer Stelle im Dorfe überzulaufen, und die Eisstopfung am Flügeldeich hemmte den Abfluss in dem Maasse, dass das Wasser, gleichwie am Tage zuvor bei Landsatz, rückläufig wurde, wobei es bedeutende Treibeismassen stromaufwärts führte, welche sich dann zum Theil gegen die vorspringenden Deiche am Wulfsahl schoben. Nun wurde es den Bewohnern von Damnatz klar, dass an irgend einer Stelle auch hier ein Deichbruch stattfinden müsse, und um 11 Uhr Abends am 23. März brach in der That der Deich am Wulfsahl, zugleich aber auch der Flügeldeich vor Damnatz. Sofort fiel das Wasser merklich und das Dorf hatte einen direkten Bruch nicht mehr zu fürchten.

Der Bruch am Wulfsahl hat sich in höchst bemerkenswerther Weise vollzogen. Der rückläufige Strom hat schwere Eismassen auf den Deich geschoben, welche dann zunächst an derjenigen Stelle einen Kappenbruch verursachten, wo schon im Jahre 1805 ein Bruch stattgefunden hatte, und unmittelbar darauf erfolgte in nächster Nähe ein zweiter Bruch. Zwischen beiden zusammen 370 Meter messenden Oeffnungen, war ein kurzes Stück von dem Deiche stehen geblieben, offenbar geschützt durch ein kleines Kiefernwäldchen, welches noch heute vorhanden ist und den Stoss von dieser Stelle abgehalten hat.

Während der Tage nun, an welchen Damnatz in Gefahr schwebte, war auch die kleine Ortschaft Broda, schräge gegenüber Wulfsahl am rechten Elbufer, von der fortwährend wachsenden Fluth ernstlich bedroht worden. Dieselbe liegt auf einer Bodenerhebung oberhalb Wendisch-Wehningen, welche dereinst eine Elbinsel gewesen zu sein scheint und die gegenwärtig durch einen Deich gegen den Andrang des Wassers bei Hochfluth geschützt wird. Vor etwa 15 Jahren hat man diesen Deich, dem Dorfe Damnatz gegenüber, verlängert, um die Ueberfluthung der weiter abwärts belegenen Bodenpartien des Terrainabschnittes zu verhindern, welcher dort gleiche Höhe mit den Vorländern zwischen Damnatz und Wulfsahl hat, und welcher bis zur Errichtung der neuen Deichverlängerung bei Hochfluthen, sowohl dem Wasser als dem Treibeise, die Wege offen liess.

Die Elbe macht hier einen sehr starken Bogen, während der natürliche Lauf die gerade Linie von Broda nach Wendisch-Wehningen nehmen würde, und in der That hat das Wasser sich diesen Weg schon wiederholt gewaltsam geöffnet, so auch im vorigen Frühjahre.

Seit dem 19. März war das Wasser am Brodaer Deiche fortwährend gestiegen und hatte am 21. März Abends eine so bedeutende Höhe erreicht, dass der Schutzdeich überzulaufen drohte; mit grosser Anstrengung wurde das Wasser von den Häusern abgehalten, aber in der Nacht des 22. März floss es dennoch über den Deich, zwischen den letzteren und dem Hohen Ufer, und binnen kürzester Zeit hatte es die Deichkappe fortgerissen und stürzte mit furchtbarer Gewalt nach Wendisch-Wehningen; ein Fallen des Wassers war indessen nicht bemerkbar. Als aber dann in der folgenden Nacht die erwähnten Brüche bei Wulfsahl und im Flügeldeich bei Damnatz eingetreten waren, da fiel das Wasser zusehends, und die geängstigten Bewohner durften sich endlich der Ruhe hingeben. Aber sie waren von jeder Verbindung mit dem Festlande abgeschnitten.

Man hat den zerstörten Deich von Broda wieder hergestellt, wobei er allerdings eine etwas veränderte Richtung bekommen hat. Ob er künftigen Hochfluthen gewachsen sein wird, ist äusserst fraglich, und es wäre vielleicht besser, der Elbe hier ihren natürlichen Lauf zu lassen, wie es denn auch rathsam sein möchte, den Deich nach der anderen Seite hin, bis auf eine zum unmittelbaren Schutz der Häuser dienende geringe Länge, abzutragen. Es unterliegt keinem

Zweifel, dass die vor etwa 15 Jahren neu hinzugekommene Deichstrecke den Abfluss des Wassers und den Abgang des Eises erheblich erschwert und also bei jeder Hochfluth die Spannung vermehrt, dadurch aber, abgesehen von der Gefahr welche sie dem Dorfe Damnatz bringt, auch Broda selbst ernstlich gefährdet.

Um die Lage, in welche bei Elbbrüchen die Dannenberger Marsch versetzt wird, gehörig würdigen zu können, ist es nothwendig, sich die Lage ihrer Deiche zu vergegenwärtigen.

Von dem hohen Ufer bei Langendorf beginnend, begleitet der Deich den Elbstrom vorüber Brandleben, Kaltenhof, Claasenhof, Hirtenhaus (auf der Generalstabskarte irrthümlich Fährhaus genannt), Damnatz, Barnitz, Landsatz und Jasebeck bis zu den Sandbergen nördlich von Penkefitz; wo diese Sandberge aufhören, setzt sich dann der Deich wieder in südlicher Richtung fort, beschreibt einen weiten Bogen um Predöhl und geht bis nahe an Dannenberg heran; dann passirt er Nebenstedt und Splietau und endet an der Stelle, wo die Dannenberg-Brandlebener Chaussée in den Forstort Seybruch eintritt. Von dort bis nach Langendorf lehnt sich die Marsch an die Anhöhen von Quickborn, Cacherin und Langendorf an. Mithin stellt die Dannenberger Marsch ein von Deichen und Anhöhen ringsum eingeschlossenes weites Bassin dar, aus welchem der Abfluss von Wasser nur nach der Jeetzel hin möglich ist, und zwar bei regelmässigen Zuständen durch die für diesen Zweck vorhandenen Schleusen, im Falle massenhaften Zustroms in Folge von Deichbrüchen an der Elbe aber mittelst Ueberlaufs über den Deich südlich von Predöhl, welcher von dort ab eigentlich als Jeetzeldeich auftritt, oder nach Durchbrechung desselben.

Bei der vorjährigen Hochfluth hatte das Wasser nun die ganze Dannenberger Marsch angefüllt und war am Tage nach dem Deichbruch bei Landsatz um 4 Uhr Morgens über den Eisenbahndamm gelaufen. Die Durchstechung des Jeetzeldeiches war also auf jeden Fall nothwendig. Unglücklicherweise versuchte man dieselbe, dem Rathe der Einwohner von Predöhl und Penkefitz entgegen, in der Nähe des erstgenannten Dorfes, an der ungünstigsten Stelle die man überhaupt wählen konnte. Denn einmal war der Deich hier sehr hoch, so dass es eines tief einschneidenden Durchstichs bedurfte und sodann bestand derselbe an dieser Stelle aus zähem Lehm, der so hart gefroren war, dass man nur mittelst der Spitzhake in denselben einzudringen vermochte, und es zeigte sich denn auch bald, dass es nothwendig sei, einen anderen Angriffspunkt zu wählen; aber die Zeit war ungenutzt verstrichen, und das Wasser hatte sich inzwischen selbst einen Ausweg gebahnt und zwar an einer so unglücklichen Stelle östlich der Eisenbahn, dass es nun direkt auf Dannenberg losstürmte. Etwa um 11 Uhr Abends am 22. März, also ziemlich genau vierundzwanzig Stunden nach dem Deichbruch bei Landsatz, überlief das Wasser unweit des Stahlhut'schen Gasthofes an der Chaussée den Deich zwischen dort und Nebenstedt, brach denselben und dann folgten einige kleinere Brüche dieseits und jenseits des Dorfes Splietau. Das Wasser ergoss sich nun in die Niederungen oberhalb Dannenberg, überfüllte das Jeetzelbett und setzte die ganze Stadt unter Wasser, letzterer um so mehr Schaden bringend, als es mit heftiger Strömung durch dieselbe hindurchfloss. Weiter stürmend unterspülte es die Eisenbahnbrücke bei Seerau, brachte dieselbe zum Einsturz und schnitt dadurch die Verbindung mit dem Bahnhof Hitzacker ab. Den unter Wasser gesetzten Dörfern der Marsch brachte dieser Bruch nur geringe Verlöschung, dann aber brach am 23. März Morgens um 9 Uhr auch der Deich nördlich der Eisenbahn, an der Stelle wo die Schleuse belegen ist, und nun floss das Wasser zur Jeetzel ab, auf dem Wege, den man ihm am Tage zuvor hätte öffnen sollen und auf dem es keinen bedeutenden Schaden hätte anrichten können; wäre dies rechtzeitig geschehen, dann wäre höchstwahrscheinlich der Deichbruch bei Stahlhut's Gasthof garnicht eingetreten und Dannenberg wäre lediglich von dem Rückstauwasser der Jeetzel, nicht aber unmittelbar von der Fluth betroffen worden.

Es war ein grosses Glück, dass der neue Bruch bereits da war, als der Deich bei Wulfsahl über den Haufen geworfen wurde, denn ohne diese 160 Meter breite Oeffnung hätten die Dörfer Penkefitz, Predöhl, Dambeck, Seedorf, Gümse und Breese noch weit mehr Wassersnoth gehabt als sie schliesslich hatten, und die ohnehin gross genug war. Zahlreiche Häuser standen weit über Mannshöhe unter Wasser und selbst gewaltige Eisschollen wurden weit ins Land hinein getrieben und erreichten u. a. das Dorf Seedorf.

Durch die zahlreichen Bruchstellen zog nun das Wasser allmählich zur Jeetzel und nach Hitzacker ab, setzte hier allerdings einige Strassen unter Wasser, konnte aber der Stadt nicht sehr gefährlich werden, und zwar weil nur einige Partien derselben niedriger liegen als die Deiche des gegenüber belegenen Elbufers. Doch hat die Jeetzelbrücke in grosser Gefahr geschwebt fortgerissen zu werden. Selbstverständlich hat es wochenlang gewährt bis die Dannenberger Marsch wieder wasserfrei war, und sehr umfangreich sind die Arbeiten gewesen, welche zur Abräumung der über weite Flächen ausgebreiteten Sandmassen nöthig waren.

Zur möglichsten Abwendung neuer Deichbrüche hat man die Deiche sowohl bei Landsatz als auch am Wulfsahl verlegt, so dass sie in Zukunft nicht so gefährliche Angriffspunkte bieten. Ob sie in ihrer neuen Gestalt Stand halten werden, muss die Zeit lehren.

Der Druck nun, welchen die durch die Jeetzelmündung bei Hitzacker zur Elbe abfliessenden Wassermassen auf das Elbfahrwasser ausübten, bewirkten bereits am Abend des 23. März die Lostrennung eines Theils des vor Hitzacker stehenden weitausgedehnten Eisfeldes; dasselbe trieb abwärts, wobei es vier von den bereits erwähnten Elbkähnen mit sich fortnahm, aber bei Bitter kam es bald darauf wieder zum Stehen. Als aber dann während der Nacht das von den aufgelösten Eisversetzungen bei Damnatz und Strachau herrührende Eis bei Hitzacker vorbei stromabwärts trieb, da schob es auch die erste Eisfläche wieder weiter, und die das Strombett hinunter treibenden Eisschollen waren so massenhaft, dass schon am Morgen des 24. März eine schwere Eisstopfung unterhalb Popelau entstand, an einer Stelle, wo in Folge von Sandablagerungen das Strombett ziemlich flach und die Fahrrinne schmal geworden war. In Popelau und Darchau scheint man von dieser Eisstopfung keine Kunde gehabt zu haben, denn obwohl das Wasser der Elbe gegen Abend fortwährend gestiegen war, so hatte man sich doch keinerlei ernsten Besorgnissen hingegeben, da man der Stärke der Deiche vertraute und diese noch am Abend, etwa um 9 Uhr, ziemlich viel Bord hatten.

Das von oberhalb abwärts treibende Eis hatte nun auf seinem Wege bis hierher, vielfach die Deiche bedroht und dieselben auch hie und da, wenn auch nicht erheblich, beschädigt. Wohl am meisten waren sie bei Prilipp gefährdet gewesen und zwar durch schwere Schollen Kerneis, welche aus dem sogenannten Prilipper Hacken, einem langgestreckten Bassin am Fusse des Elbdeiches, durch Wasser und Treibeis emporgehoben und gegen den letzteren gedrängt worden waren; sie würden denselben wahrscheinlich durchschnitten oder abgeschält haben, wenn man nicht eine genügende Anzahl jener starken, glatt bearbeiteten Stangen oder Sparren zur Hand gehabt hätte, welche bei Eisgang auf den Böschungen ausgelegt werden, um das Eis zum Aufsteigen zu bringen, wonach es dann, sobald es sich bis zu einer gewissen Höhe über der Krone emporgehoben hat, vorne zu brechen und auf diese Weise sich selbst den Weg zu verlegen pflegt. Sehr starkes Kerneis bricht indessen zuweilen nicht so bald, wie Darchau zu seinem Schaden hat erfahren müssen. Bei Prilipp hatte indessen die geschilderte Vorkehrung den gewünschten Erfolg gehabt, und weiter abwärts bei Privelak und Pommau, sowie an einigen andern Stellen, hatten die auf dem Vorlande, an den Rändern der Werder und am Fusse des Deiches vorhandenen Bäume, ähnlich wie bei Damnatz und stellenweise bei Landsatz, die Deiche geschützt. Noch jetzt sieht man auf der ganzen Linie von Damnatz bis Pommau und noch weiter abwärts die Spuren des Eisganges an den Bäumen, welche vielfach schief gedrückt, hin und wieder gebrochen, oder an Stamm und Rinde mehr oder weniger beschädigt worden sind, die dahinter liegenden Deiche aber vor Schaden bewahrt haben.

## Die Deichbrüche von Popelau und Darchau. Die Teldau.

Aus der Sicherheit, in welcher sich die Bewohner von Popelau und Darchau gewiegt hatten, sollten sie noch vor Mitternacht des 24. März in schrecklicher Weise aufgestört werden, indem nämlich etwa um 11 Uhr Abends die Düne, welche bei Popelau die Stelle des Deiches seit undenklichen Zeiten vertreten hat, dem Drucke des Hochwassers nicht mehr Stand hielt, sondern allmählich zu weichen begann und binnen sehr kurzer Zeit, so zu sagen in's Land hineingeschoben wurde, so dass sie nicht etwa einen Kappenbruch, sondern einen Frontbruch erlitt, der einzige der an der Unterelbe im vorigen Frühjahr vorgekommen ist. Es ist nicht unwahrscheinlich, dass die Düne von einer starken Kerneisscholle, welche zwischen den vorliegenden Buhnen entstanden sein mag und durch die Düne hindurchgetrieben worden ist, gebrochen wurde, wenigstens lässt sich der Bruch, da ein Ueberlauf nicht stattgefunden hatte, auf keine andere Weise erklären. Ein derartiges Hindurchtreiben von Eisschollen ist keineswegs unerhört. Ganz in der Nähe und zwar oberhalb Darchau, an einer Stelle wo die Deichböschung mit schweren Granitsteinen gepflastert ist, hat sich am Tage des Darchauer Deichbruches eine gewaltige Scholle durch den Deich durchgeschoben, so dass sie mit ihrer Spitze an der Binnenseite zu Tage kam, und hat sogar einen schweren Granitstein vor sich hergeschoben, so dass dieser gleichfalls an der Binnenseite des Deiches herausgedrückt wurde; doch ist die Scholle im Deichkörper stecken geblieben und hat daher keinen Bruch veranlasst. Ganz derselbe Vorgang ist an derselben Stelle, wie Augenzeugen berichten, bereits bei der Hochfluth von 1855 vorgekommen, und ein ähnliches Ereigniss, nur in weit grösserem Maasstabe, kam in demselben Jahre bei Fliegenberg weiter unterhalb an der Elbe vor.

Der gewaltige Strom, welcher sich durch den Popelauer Bruch ins Land hineinwälzte, zog, wie dies naturgemäss in allen ähnlichen Fällen geschieht, die Wasser- und Eismassen aus dem Flussbette mit furchtbarer Gewalt nach sich. Die von unterhalb nachschiessende Strömung riss weitere Theile der Düne ab und brachte die auf derselben stehende Windmühle, nebst der Hälfte des zu derselben gehörigen Wohnhauses zum Einsturz, wobei sie die Trümmer der ersteren mehrere hundert Schritte weit ins Land hineinwarf. Die von oberhalb nachdrängenden Wassermassen aber wurden für Darchau verhängnissvoll, indem sie nämlich sehr bedeutende Eismassen mitbrachten, die sie dann gegen den Deich drängten und über die Kappe hinwegschoben, wobei letztere abgeschält und das auf dem Deich stehende, massiv erbaute zweistöckige Fährhaus, das zugleich Gasthaus war, so vollständig weggefegt wurde, dass nur einige wenige Fundamentsteine zurückblieben. Das nachstürzende Wasser riss den Deich unmittelbar darauf ganz fort, so dass also ein zweiter bedeutender Bruch entstand, und mit furchtbarer Gewalt stürzten Wasser und Eis sich nunmehr auf das Dorf Darchau.

Die über den Deich vorgedrungenen Eismassen, deren Spitze aus Kerneis bestand, wollten auch selbst dann noch nicht in Trümmer fallen, als sie das Fährhaus bereits fortgerissen hatten, stoppten also auch nicht, sondern setzten ihren Weg fort und würden auch das kleine, gegenwärtig noch vorhandene, Nebenhaus des Geweses, in welches sich die Bewohner geflüchtet hatten, umgerissen haben, wenn es nicht durch zwei Akazienbäume und einige dort aufgestapelte Gegenstände schliesslich doch noch aufgehalten und seitwärts abgewiesen worden wären; aber sie zerstörten weiter abwärts, im Verein mit der Strömung, die nächstbelegenen übrigen Wohnhäuser, Ställe und Scheunen, sieben an der Zahl, und brachten neun Menschen und einer Anzahl Vieh den Tod.

Man hat den Bewohnern von Popelau und besonders von Darchau den Vorwurf zu grosser Sorglosigkeit gemacht, aber derselbe trifft sie doch nicht in vollem Maasse mit Recht, denn sie konnten in der That einen Frontbruch in der Düne bei Popelau nicht voraussehen und ohne diesen wäre der Darchauer Bruch wahrscheinlich garnicht eingetreten.

Der neue vom Darchauer Fährhause bis zum Mühlengebäude nunmehr beinahe gerade gelegte, vorzüglich gebaute Deich, wird aller Wahrscheinlichkeit nach sowohl dem Andrange des Wassers als des Eises gewachsen sein.

Die gewaltigen Wasser- und Eismassen, welche sich durch die beiden Bruchstellen ins Land hinein ergossen, wandten sich zum Theil östlich in das Gebiet zwischen Krainke und Elbe, zum Theil aber stürmten sie nach Neuhaus längs der Chaussée, überall etwa in Brusthöhe die Spuren des mitfortgerissenen Eises an der Rinde der Bäume hinterlassend, worauf sie sich fächerförmig über die ganze Gegend, bis an den fernen Eisenbahndamm Brahlstorf-Boizenburg und bis hinab zum Ausflusse der Sude in die Elbe, ausbreiteten.

Zunächst folgen wir dem Wasser nach der zum Grossherzogthum Mecklenburg-Schwerin gehörigen Teldau.

## Die Teldau,

ringsum von Deichen umgeben, gehört zu den fruchtbarsten, aber auch wegen ihrer überaus niedrigen Lage zu den am häufigsten vom Wasser heimgesuchten Partien der ganzen Elbniederung. Ihre westlichen und nördlichen Deiche, welche den Hochwassern der Sude und Krainke zu wehren bestimmt sind, haben ziemlich dieselbe Höhe wie der Elbedeich, dessen Fortsetzung sie sind, aber die südlichen und östlichen Deiche sind erheblich niedriger, weshalb sie denn bei jedem in der Nähe eintretenden Elbedeichbruche, überfluthet zu werden pflegen, was denn auch im vorigen Frühjahr geschehen ist. Es war nicht das von der Lenzer Wische herabkommende Wasser, welches über die Teldaudeiche hinwegtrat, sondern erst durch die Wassermassen, welche sich durch die Brüche von Popelau und Darchau ins Land hinein ergossen, wurden sie überfluthet.

Etwas aufgehalten durch die über die ganze Gegend ausgebreiteten Schneemassen, gelangte das Wasser aus den gedachten Brüchen erst am 25. März Morgens 4 Uhr bis an die südliche Deichlinie der Teldau, aber es trat alsbald über dieselbe hinweg. Das ganze Bassin füllte sich rasch, und das Wasser stieg im Laufe des Tages, so hoch, dass die Deiche an der Sude und Krainke von innen heraus überliefen.

So empfindlich die Bewohner, welche ihre Wohnplätze im Innern des Teldau-Bodens haben, auch von der Fluth betroffen wurden, so konnten sie derselben doch mit mehr Gelassenheit zusehen, als derjenige Theil der Bevölkerung, welcher auf den Deichen wohnt, denn die ersteren hatten zwar den Eintritt des Wassers in ihre Gebäude, nicht aber die Strömung zu fürchten, welche sobald das Wasser über die Deiche läuft, alles fortzureissen droht, was auf denselben vorhanden ist. Eine derartige Strömung traf insbesondere das auf der nördlichen

Deichlinie stehende Dorf Soltow und das Fährhaus bei Timkenberg, gegenüber Besitz. Das Wasser ergoss sich mit Heftigkeit über die Deiche, fiel in die Sude und Krainke, und nur mit der grössten Anstrengung konnten die auf dem ersteren stehenden Häuser gehalten werden. Die Deiche brachen sogar an verschiedenen Stellen und zwar zumeist in der Nähe der Gebäude durch, welches letztere sich daraus erklärt, dass die Deichkappe in der Nähe der Gebäude gewöhnlich etwas niedriger ist, als in einiger Entfernung von denselben, was zur Folge hat, dass die Stromgeschwindigkeit neben den Häusern eine vergrösserte ist; so war es auch hier, und einige Häuser standen daher zwischen zwei Brüchen. Auffälligerweise war der Schaden doch nicht so bedeutend, wie man zu erwarten berechtigt war, und kein einziges Haus ist fortgerissen worden. Die Insassen hatten zwar, wegen der Ungewissheit ihrer in der That furchtbaren Lage, ihre Wohnungen grösstentheils verlassen, nachdem sie alles mögliche gethan, um dieselben zu schützen, aber sie konnten schon am folgenden Tage wieder zu denselben zurückkehren, und glücklicherweise war kein Menschenleben verloren gegangen; auch das Vieh hatte in den oberen Räumen der Gebäude die Gefahr glücklich überstanden.

Die Lage der unglücklichen Menschen war eine sehr traurige, und die Verluste, von denen sie betroffen, waren sehr empfindlich. Abgeschnitten von jeder Verbindung, fristeten sie in den durchlöcherten, durchnässten Häusern ohne Oefen, bei Kälte und Unwetter, ein schreckliches Dasein, und lange noch mussten sie von auswärts mit Lebensmitteln versehen werden.

Die eigentliche Gefahr hatte übrigens ihr Ende erreicht, sobald die Krainke und Sude so hoch mit Wasser angefüllt waren, dass dasselbe auf beiden Seiten des Deiches gleiche Höhe erreicht hatte, was ziemlich bald eintrat.

Handelt es sich nun um die Frage, auf welche Weise derartigen Ereignissen in Zukunft entgegengewirkt werden kann, so lautet die Antwort wenig tröstlich, denn das einzige was hier zu thun ist, beschränkt sich darauf, dass auch nicht die geringste Einsenkung in der Deichkrone in der Nähe der Gebäude geduldet, und dafür Sorge getragen wird, dass die von den Gebäuden entfernt liegenden Deichkronen nirgends höher, sondern eher niedriger sind als die Baustellen, damit sich bei überlaufendem Wasser der Strom von den Häusern fern halte und sich dort hinwende, wo die Deiche niedriger gehalten sind. Im Allgemeinen hat man zwar auf kontinuirlich gleichbleibendes Gefälle zu halten, aber bei Verhältnissen, wie sie hier liegen, wird man von dieser Regel abweichen dürfen. Empfehlenswerth dürfte es sein, Erdanschüttungen hinter den Häusern anzubringen und dieselben mit Bäumen zu bepflanzen, bis zu deren Heranwachsen aber Eisbrecher oder einiges Pfahlwerk anzubringen, an welches sich ein passendes Aufdeichungsmaterial anlehnen lässt.

Die Wassermassen von Popelau und Darchau hatten nun die östlich von der Teldau belegenen Dörfer Sumte und Krusendorf etwas früher erreicht als diese und hatten alsbald das Dorf Niendorf a. d. Krainke überfluthet. Dasselbe liegt in langer Linie auf einer deichartigen Erhöhung, welche gegen die Krainke ziemlich steil abfällt, ähnlich wie im Dorf Seedorf a. d. Löcknitz, von welchem vorhergehend die Rede gewesen ist. Im Gegensatze zu Seedorf wurde Niendorf nicht von dem Flusse aus, sondern von der entgegengesetzten Seite von der Fluth getroffen, so dass das Wasser nach dem Flusse zu die Böschung hinabstürzte.

Die Strömung im Dorfbereiche war um so heftiger, als der nördlich ausserhalb des Dorfes sich fortsetzende Deich höher ist als die Dorflage, was natürlich eine Vermehrung der Strömungsgeschwindigkeit für letztere zur Folge hatte.

Wenn dessenungeachtet keine erhebliche Abspülungen vorgekommen sind, so hat dies seinen Grund hauptsächlich darin gehabt, dass die Deichböschung hart gefroren war und dass dieselbe mit Bäumen bestockt ist. Wo letztere gefehlt haben, sind auch meistens einige Abspülungen vorgekommen.

Auch für Niendorf hatte die grösste Gefahr ihr Ende erreicht, als der Wasserstand zu beiden Seiten der Dorflage sich ausgeglichen hatte und die Strömung aufhörte. Der Schaden an den Gebäuden war verhältnissmässig nicht sehr bedeutend und Verluste an Menschenleben waren nicht zu beklagen. Vieh war garnicht ertrunken.

Das Wasser nun, nachdem es jenseits der Krainke Dellien und Preten überschwemmt, an Sückau vorübergegangen war und die Sude überfluthet hatte, traf mit dem nördlich um die Carrenziener Forst noch fortwährend von den Brüchen an der Wische zufliessenden Wasser zusammen, bewirkte ein ferneres Steigen desselben diesseits des Brahlsdorf-Boizenburger Eisenbahndammes und nahm seinen Weg über Kuhlenfeld und um Besitz herum nach dem Dorfe Blücher. Der östlich von Besitz belegene Schafdamm, der dem etwa von Süden kommenden Wasser zu wehren hat, brach durch und verstärkte die Fluthwelle, welche bereits auf dem so eben beschriebenen Wege Blücher bedrohte.

Hier hatte ein ziemlich heftiger Westwind das auf den überschwemmten Wiesen der Sude und Schaale befindliche Eis zertrümmert und trieb dasselbe gegen die Häusergruppe, welche den südlichen Ausläufer des Dorfes Blücher bildet, warf einige Bäume am Wiesenrande und in den dortigen Gärten um und beschädigte mehrere Häuser; an eine Gefahr von der anderen, östlichen Seite dachte Niemand. Als aber dann zum namenlosen Schrecken der Bewohner plötzlich, in Folge des soeben erwähnten Durchbruchs am Schafdamm, eine gewaltige Fluthwelle von Osten über die Felder heranbrauste und in wenigen Minuten die ganze soeben erwähnte Häusergruppe überschwemmte, wusste Niemand wie hoch dieselbe etwa ansteigen und wie lange die Strömung anhalten würde; und so war es denn erklärlich genug, dass die geängstigten Menschen sich zur Flucht entschlossen, zumal da man ihnen von den höher belegenen Theilen des Dorfes mit Böten zu Hülfe kam. Der Wunsch einerseits, schleunige Hülfe zu bringen, die Furcht andrerseits, unter den Trümmern der von einer heftigen Strömung umbrausten Häuser begraben zu werden, machte sämmtliche Betheiligte blind gegen die Gefahr, denen die Böte ausgesetzt waren, und die Folge war, dass bei dem Rettungsversuche nicht weniger als neun Menschen ertranken, während von den Häusern, die man verlassen zu müssen glaubte, kein einziges eingestürzt war!

Also auch hier hätte, wenn die Einwohner über die Niveau-Verhältnisse und über die mögliche Maximalhöhe der Fluth besser unterrichtet gewesen wären, viel Unglück verhütet werden und viel Angst erspart bleiben können.

## Zerstörung der Eisstopfungen von Barförde, Brackede, Bleckede und Strachau.

Mit dem Unglück von Blücher war nun die Reihe der durch das Darchauer Wasser verursachten Zerstörungen abgeschlossen und das letztere suchte nunmehr einen Ausweg nach der Elbe, den es nur durch die Sude und über die Wiesen bei Boizenburg gewinnen konnte. Es waren ungeheure Wassermassen, welche hier zum Abfluss kommen sollten, denn die ganzen rechtselbischen Niederungen, in einer Länge von etwa acht geographischen Meilen, bildeten eine einzige weite Wasserfläche. Durch die Bruchstellen an der Lenzer Wische und bei Darchau wurden fortwährend neue Wassermassen zugeführt und das Elbbett selbst führte verhältnissmässig wenig nach unten ab, da dasselbe von Bleckede bis Brackede noch immer durch Eisanhäufungen verschlossen war.

Doch hatte die Eisversetzung bei der Brackede-Boizenburger Fährstelle einigen Abbruch erlitten und zwar in Folge des Druckes, den die Sude auf dieselbe ausgeübt hatte. Ein Theil der daselbst und bei Boizenburg angehäuften Eismassen war schon am 25. März Vormittags abwärts getrieben, hatte sich aber unterhalb Barförde, unweit der Lauenburger Eisenbahnbrücke, wieder gesetzt, an einer Stelle, an der die Fahrrinne durch eine Sandanhäufung eingeengt war, und hatte dieselbe verstopft. Ein weithin sichtbarer, mehr als haushoch aufgethürmter Eiskegel zeigte die Stelle, wo diese neue Eisstopfung sich gebildet hatte.

Obwohl es nahe lag, dass durch dieselbe eine Wasseranschwellung verursacht werden würde, welche für die Elbniederung des Landes Lüneburg und selbst für die Stadt Lauenburg gefährlich werden konnte, wurde derselben doch von letzterer aus kaum einige Beachtung geschenkt; desto aufmerksamer aber waren die unmittelbar gefährdeten Dörfer links von der Elbe. Dieselben schafften Aufdeichungsmaterial herbei und von den weiter landeinwärts belegenen Dörfern wurden seitens der Behörden Mannschaften an den Deich beordert. Diese letzteren erklärten indessen schon in der Nacht des 26. März nach ihren Dörfern zurückkehren zu wollen, und zwar weil im Falle eines Durchbruchs ihre Anwesenheit dort unbedingt nothwendig sei.

In der That handelte es sich am 27. März Morgens nur noch um einige Stunden, dann musste der Deich bei Barförde überlaufen, und ein Kappenbruch, mit ihm die Ueberschwemmung der weiten Niederungen des Landes Lüneburg, war die unausbleibliche Folge.

Nur noch die im Hafen von Lauenburg am Abend des 26. März eingetroffenen eisernen Dampfschiffe, von denen vorhergehend die Rede gewesen ist, konnten die ersehnte Rettung bringen, und nicht vergeblich hatte man auf ihre Hülfe gehofft.

Für diejenigen Leser, welche keine Gelegenheit gehabt haben, einer Eissprengung durch Dampfschiffe beizuwohnen oder einer solchen aus nächster Nähe zuzusehen, wird eine Schilderung des Herganges bei Zertrümmerung der Barförder Eisversetzung und der weiten Eisfelder zwischen Brackede und Bleckede, welche drei Tage in Anspruch genommen hat, vielleicht von Interesse sein.

Am 27. März Morgens war das Wasser der Elbe bei Lauenburg auf beinahe fünf Meter über Null gestiegen, und es war vorauszusehen, dass dasselbe noch höher anschwellen würde, sobald die nahe Eisstopfung bei Barförde, hinter deren Mauern es sich angestaut hatte, durchbrochen sein würde; bei der unzulänglichen Höhe der Joche der Eisenbahnbrücke war es daher nicht ausgeschlossen, dass die Fluth sich so hoch erheben würde, dass die Schiffe die Brücke nicht mehr unterlaufen konnten; und da nun die Joche der Drehbrücke noch immer durch schwere Eismassen verstopft waren, so war es nothwendig, dieselben, oder doch wenigstens eines derselben, frei zu machen. Zu diesem Zwecke blieb das kleinste der fünf Schiffe, der »Aktiv«, mit einer Anzahl Pioniere dort zurück, während die vier übrigen, der »Superb«, »Helgoland«, »Julius« und »Frida«, gegen die Eisanhäufung anrückten. Zunächst durchschnitten sie einige treibende, unbedeutende Eisfelder ohne viel Mühe, dann griffen sie die haushohen Eisberge an, indem sie mit voller Kraft auf dieselben losfuhren. Mit ihrem scharfen Bug schnitten sie in die aus einer wirren Anhäufung von Eisschollen bestehende Front ein, gingen dann etwas zurück und führten sofort einen neuen Stoss auf dieselbe Stelle; aber die starke Eiswand schien unerschütterlich zu sein. Die Schiffe stiegen im Anrennen mit dem Bug hoch an derselben auf, rissen zwar einige Schollen von derselben ab, aber eine irgend erhebliche Wirkung war nicht wahrzunehmen. Da erhielten sie Befehl, einen gemeinschaftlichen Frontangriff zu machen; sie fuhren zunächst rückwärts, ordneten sich dann mit geringen Abständen in gerader Linie, und auf ein gegebenes Signal fuhren sie mit aller Kraft auf die Eismassen los. Aber diese rührten sich nicht. Zum zweiten Male wurde der Ansturm wiederholt, allein mit kaum grösserem Erfolge; aber unermüdlich wurde der Angriff fortgesetzt und endlich fielen grössere Eismassen ab. Es war ein imposanter Anblick, wenn die Schiffe an der Front der Verwallung emporstiegen und sich nach hinten so tief senkten, dass sie Wasser zu schöpfen drohten; sie legten sich beinahe um, wenn auf der einen Seite die Schollen abfielen, während sie auf der anderen Seite feststanden, und gleich Nussschalen wurden sie von dem in heftige Bewegung gerathenen Wasser hin und her geworfen. Nachgerade stürzten aber grössere Eismassen ab, welche indessen bald die freie Bewegung der Schiffe hinderten, wodurch dann diese in Gefahr geriethen, sich unter einander anzurennen, was auch wiederholt schon geschehen war. Es wurde nothwendig, mehr Abstand zu nehmen und so erhielten denn die Schiffe den Befehl, wieder getrennt zu arbeiten.

Das Fahrwasser füllte sich mehr und mehr mit abgestossenen Eisschollen und nach mehrstündiger Arbeit kamen grosse, nicht unmittelbar von den Schiffen losgetrennte Schollen aus der Tiefe des Wassers herauf; ihre dunklere Färbung verrieth, dass sie auf dem Grunde des Stromes im Schlamm festgesessen hatten. Ein Freudenruf begrüsste dieselben, denn sie liessen erkennen, dass das jenseitige Wasser sich unter dem gewaltigen Eiswall hindurch seine Wege gebahnt hatte und dass dieser letztere nun in seinen Grundfesten erschüttert war. Immer mehr und immer grössere Schollen schnellten aus der Tiefe an die Oberfläche des Stromes empor und schlugen mit hämmerndem Geräusch gegen die Eisenplanken der Schiffe, welche ihrerseits knirschend sich weiter in die noch immer vor ihnen aufgethürmten Eishaufen einbohrten; aber endlich erreichte das wilde Durcheinander einen so hohen Grad, dass Steuer und Schrauben verloren zu gehen drohten, und die Menge der abtreibenden Schollen wuchs in dem Maasse, dass zu befürchten stand, sie würden den Schiffen den Rückweg verlegen. Das Zeichen zum Rückzuge wurde gegeben, aber in demselben Augenblicke setzten sich auch schon die ganzen ungeheuren Eismassen in Bewegung, begleitet von dem Getöse der zusammenbrechenden Eiskegel, welche hie und da noch aus der Hauptmasse emporragten. Die kleinen Schiffe hatten den Koloss glücklich besiegt, aber nun wurde es Zeit an die eigene Sicherheit zu denken und mit voller Dampfkraft eilten sie daher dem Hafen von Lauenburg zu, die Eisenbahnbrücke noch unterlaufend, da das Wasser nicht bis zu der befürchteten Höhe angeschwollen war. Uebrigens war es den Pionieren gelungen, das eine der beiden Joche der Drehbrücke mittelst Sprengung fahrbar zu machen.

Jetzt musste zunächst das Vorbeitreiben des Eises abgewartet werden. Etwa zwei Stunden hielt dasselbe an, dann war das Fahrwasser so ziemlich frei geworden und nun ging es aufwärts nach Boizenburg und Brackede. Im Vorüberfahren wurden die Schiffe von den Einwohnern von Barförde, die sich in grosser Zahl auf dem Deiche eingefunden hatten, mit Hüte- und Tücherschwenken begrüsst, als Zeichen der Freude und des Dankes für die Befreiung aus einer furchtbaren Gefahr.

Unweit Boizenburg stiessen die Schiffe bereits wieder auf Eis, welches indessen nicht zu der alten Brackeder Eisversetzung, sondern zu den Eismassen gehörte, welche in Folge des Wasserdruckes der Sude vorgeschoben worden waren, und die also schwächer waren und bei weitem weniger Widerstand leisteten, als die Eismassen, welche dem Strombette der Elbe angehört hatten. Doch wurden die Eismassen schwerer und der Widerstand bedeutender, nachdem man die Fährstelle von Brackede passirt hatte, denn hier standen noch unberührt und unerschüttert die Eismassen, welche seit Ende Februar sich hier festgeschoben hatten. Die Arbeit ging daher langsamer von Statten, zumal da man bedacht sein musste, nicht zu grosse Eisschollen abwärts zu schicken, da diese leicht neue Eisstopfungen hätten verursachen können. Schon waren die Schiffe beinahe bis an das östliche

Ende des Dorfes Brackede gelangt, als sie genöthigt wurden, sich seitwärts und theilweise sogar wieder rückwärts zu wenden, indem nämlich ein weit ausgedehntes Eisfeld, von der Sudemündung und von Schwarzwasser kommend, langsam in das Strombett der Elbe hineintrieb und den Schiffen den Rückweg abzuschneiden drohte. Nach allen Richtungen hin durchschnitten daher die Schiffe diese Eisfläche, brachten die losgetrennten Schollen ins Treiben und sandten sie auf diese Weise den Strom hinab. Dann wandten sie sich wieder den oberhalb stehenden, schwereren Eisfeldern zu, um auch diese in allmählichem Vorrücken zu zerstückeln. Selbst als ungeheure Eisflächen, etwa bei der scharfen Deichecke von Brackede, sich ablösten und ins Treiben geriethen, wurde die Arbeit nicht eingestellt, obwohl sie gefährlich genug war; denn wenn die Schiffe etwa seitwärts vor den Strom geriethen, konnten sie leicht vom Eise gequetscht werden und zu Grunde gehen. Aber die Schiffsführer, im Vertrauen auf den unerschrockenen, trefflichen Befehlshaber der Flottille, schienen keine Gefahren zu kennen. Jedes einzelne Schiff arbeitete mit bewundernswürdiger Energie und der Führer des »Superb« wagte es sogar wiederholt, in weitem Bogen die Eisfläche zu durchschneiden, um auf diese Weise um so grössere Theile von derselben abzutrennen, welche er dann den anderen weniger kräftigen Schiffen zur weiteren Zerkleinerung überliess. Er musste die Leistungsfähigkeit seines Fahrzeuges sehr genau kennen, wenn er ein solches Wagestück unternahm, denn wenn er nicht durchkam, sondern sich festrannte, brachte er das Schiff in die grösste Gefahr, und in der That war er in einem Falle nahe daran, Schaden an der Schraube oder am Steuer zu nehmen, was ihn indessen nicht abhielt, sein kühnes Manöver noch mehrmals zu wiederholen.

Aber so ausdauernd die Schiffe auch arbeiten mochten, so war doch keine Aussicht vorhanden an diesem Tage noch nach Bleckede vorzudringen, vielmehr musste eine Stunde vor Sonnenuntergang die Arbeit an dieser Stelle abgebrochen werden, denn bevor man in den Hafen von Boizenburg einlaufen konnte, war noch das grosse Eisfeld zu zertrümmern, welches sich vor diesen letzteren gelegt hatte.

Es begann bereits zu dämmern, als die Schiffe nach ihrem harten Tagewerke in den Hafen einliefen.

Am nächsten Morgen lag dichter Nebel über der Elbe.

Zunächst mussten Kohlen eingenommen werden, und man gab sich der Hoffnung hin, dass es sich inzwischen aufklären würde, sah sich indessen getäuscht. Trotzdem lief die Flotille aus, um ihr Zerstörungswerk wieder aufzunehmen, ein Wagestück sehr ernster Art, da man, auf dem Strom angelangt, nach keiner Seite hin Land sehen konnte und also weder zu beurtheilen vermochte, ob das Eisfeld in welchem gearbeitet wurde, stille stand oder den Strom hinab trieb, noch ob man im Fahrwasser selbst sich befand oder den seitwärts anstossenden Untiefen sich näherte. Geschah letzteres einem der Schiffe, gerieth es also auf den Grund, dann lief es die grösste Gefahr, von dem treibenden Eise erdrückt zu werden, oder dasselbe schob sich sogar über demselben hinweg.

In der That überzeugte man sich, als endlich der Nebel sich zertheilte, dass die weite Eisfläche, in der seit einigen Stunden gearbeitet worden, im Treiben begriffen war; aber die Schiffe befanden sich zum Glück sämmtlich im Fahrwasser.

Die Fortschritte, welche an diesem Tage gemacht wurden, blieben wegen der massenhaften Eisanhäufungen, denen man begegnete und welche oberhalb Brackede wieder völlig feststehend angetroffen wurden, weit hinter dem gesteckten Ziele zurück; anstatt Bleckede zu erreichen, war man kurz vor Abend erst halbwegs, und zwar bei Heisterbusch, angelangt, einem kleinen, einsam am Strombette ausserhalb des Deiches belegenen Gehöft, in welchem, beiläufig bemerkt, nur noch der Besitzer einsam die Wache hielt, allerdings gegen treibende Eisschollen geschützt durch mächtige Eichen, welche die Gebäude umgeben. Dort musste man umkehren, wenn man noch vor Dunkelwerden den Hafen von Boizenburg wieder erreichen wollte.

Früh am Morgen des 29. März liefen dann die Schiffe wieder aus und hatten etwas leichtere Arbeit, vielleicht weil die oberhalb stehenden Eismassen durch die lebhafter gewordene Strömung bereits erschüttert worden waren, aller Wahrscheinlichkeit nach aber auch weil die seit dem 24. März bereits herrschende wärmere Witterung das Eis mürbe gemacht hatte; genug, es gelang, das ganze Eisfeld bis ans Ende, über Bleckede hinaus, zu zerstören, und gegen 6 Uhr lief die kleine Flottille in den Hafen von Hitzacker ein.

Die Arbeit schien vollendet, aber kaum hatte die Besatzung die Schiffe verlassen, als von Wussegel aus Boten anlangten, welche über eine bei Strachau, besonders aber bei Bohnenburg, von Neuem drohende Gefahr berichteten und um schleunige Hülfe baten. Es hatte sich nämlich im Laufe des Tages eine neue Eisstopfung bei Strachau aus den Eismassen gebildet, welche an der Dömitzer Eisenbahnbrücke an demselben Tage und am Tage zuvor durch die Pioniere losgesprengt worden waren, um endlich auch dort dem Wasser den nun bereits seit dem 20. März verwehrten Durchgang zu öffnen; dass sich diese Eismassen abwärts noch einmal wieder zu einer Eisstopfung zusammenballen würden, konnte Niemand voraussetzen; aber bemerkenswerth ist es, dass dies an derselben Stelle geschehen war, an der sich kurz zuvor bereits einmal eine, vorhergehend wiederholt erwähnte, Eisstopfung gebildet hatte.

Die bereits ausgelöschten Feuer wurden wieder angezündet, die Kessel auf's Neue geheizt und trotz der hereinbrechenden Nacht ging es auf den Strom hinaus, um den Bedrängten Hülfe zu bringen.

Leichter als man zu hoffen gewagt, erlag die Eisanhäufung den Angriffen der Schiffe, so dass diese schon um 9 Uhr Abends von ihrem gewagten Unternehmen in den Hafen von Hitzacker wieder zurückkehren konnten. Jetzt war in der That, am Gründonnerstag Abend, die letzte Eisgefahr beseitigt, und das Fahrwasser der Elbe war auf der ganzen Linie wieder frei.

Die unmittelbare grösste Gefahr für Leben und Eigenthum war damit überwunden, aber lange Wochen währte es noch, bevor die überschwemmten Fluren wieder zugänglich und bestellungsfähig geworden waren.

Zehn Tage hatten sich die Ereignisse, ein's schrecklicher als das andere, gejagt, hatten unglaubliche Verluste im Gefolge gehabt und manches Menschenleben war dabei verloren gegangen.

Möchten die heimgesuchten Gegenden möglichst lange vor ähnlichem Unglück bewahrt bleiben, die richtigen Mittel zur Abwehr, erkannt und angewendet, zugleich aber auch die Bevölkerung in den Niederungen bei wieder vorkommenden Hochfluthen besser vorbereitet und orientirt gefunden werden, als dies im vorigen Frühjahr im Allgemeinen der Fall war.

## Natur und Bekämpfung der Eisstopfungen. Eisschiffe. Baggerungen.

Wer die Vorgänge an der Unterelbe im Frühjahr 1888 mit Aufmerksamkeit beobachtet und verfolgt hat, dem wird es nicht entgangen sein, dass die Eisstopfungen, welche die Strombetten versperren, zwei wesentlich verschiedenen Klassen angehören. Während die einen unter der Einwirkung lange anhaltender Kälte allmählich entstehen und nach und nach an Stärke und Dichtigkeit zunehmen, ballen sich die anderen bei hohen Wasserständen rasch und oft unerwartet aus lebhaft treibenden Eisschollen, selbst nach eingetretenem Thauwetter, an irgend einer Stelle des Strombettes zusammen, das sie dann gleich den ersteren verstopfen.

Beide sind in gleichem Maasse geeignet, Wasseranschwellungen zu verursachen, welche dann oftmals zu Deichbrüchen führen, und wenn im vergangenen Frühjahr ausschliesslich die letztere Klasse diese Wirkung gehabt hat, so erklärt sich dies aus zufälligen Umständen, wie solche vielleicht niemals oder doch nur selten wieder eintreten werden.

Der durchaus verschiedene Charakter der beiden geschilderten Eisversetzungen erheischt naturgemäss auch verschiedene Mittel bei deren Bekämpfung, und um die richtigen Wege zu finden, ist es nothwendig, dass man sowohl die Art der Entstehung als auch das eigenthümliche Verhalten beider genau kennt.

Wenn ein grösserer Strom bei niedrigem Wasser mit Treibeis geht, dann werden sich alsbald an denjenigen Stellen des Fahrwassers, welche scharfe Biegungen machen, oder wo in Folge von Sandablagerungen Stromengen entstanden sind, Eisanhäufungen einfinden, welche, anfangs unbedeutend, allmählich durch fernere Anlandung von Eisschollen sich vergrössern.

Etwa nachfolgendes Treibeis wird diese Anhäufungen von Zeit zu Zeit verstärken, ein Theil der Eisschollen wird sich zu den Seiten der Fahrrinne ablagern und letztere wird allmählich in dem Maasse eingeengt werden, dass das Eis zum Stehen kommt, zunächst vielleicht nur auf der Oberfläche des Wassers.

Fernerhin nachfolgendes Treibeis wird sich unter die entstandene Eisdecke schieben und die Abflussrinne theilweise ausfüllen, das Wasser wird nach den Seiten hin andere Auswege suchen, wird neu hinzukommendes Eis dorthin abführen und ablagern, bis dann endlich das Strombett überall dergestalt mit Eisschollen übersäet und versperrt ist, dass zwar das Wasser noch seine Abflusswege findet, nicht aber die etwa noch von oberhalb anlangenden Eisschollen, vielmehr werden diese zurückgehalten werden und sich nach und nach in dem Maasse häufen, dass sie auf den Grund zu stehen kommen. Wenn derartige Anhäufungen dann nicht durch etwa eintretendes Thauwetter aufgelöst oder gewaltsam zerstört werden, so müssen sie sich jedesmal, wenn neue Eismassen von oberhalb antreiben, stromaufwärts verlängern und weit ausgedehnte Eisfelder bilden.

Auf solche Weise haben sich die beiden Eisversetzungen auf den Strecken Geesthacht-Lauenburg und Brackede-Bleckede, erstere bereits Anfang Januar, letztere etwa Ende Februar 1888 gebildet.

Dass man diese Art von Eisstopfungen mit Sprengstoffen oder durch Schiffe jederzeit zerstören kann, ist durch mehrfach gemachte Erfahrungen hinreichend dargethan, aber man wird zur eigentlichen

Winterszeit und bei starkem Frost in der Regel keine Veranlassung haben, sich damit zu beeilen; sobald aber bei herannahendem Frühjahr die Gefahr einer plötzlich eintretenden Wasserzufuhr heranrückt, wird man nicht zögern dürfen, dieselben zu brechen, wobei selbstverständlich die unterhalb anstehenden Sperrungen zunächst in Angriff genommen werden müssen und zwar weil sonst leicht die stromaufwärts Wohnenden in die Lage versetzt werden, selbst bei drohender eigener Gefahr mit der Zerstörung dort etwa vorhandener Eisstopfungen warten zu müssen, bis nach unterhalb freie Bahn geschafft ist.

Dass es unter diesen Gesichtspunkten im hohen Grade bedenklich ist, wenn wie bisher, auch noch ferner die einzelnen Deichverbände bei der Befugniss belassen werden, selbstständig und ohne Rücksicht auf die Nachbarverbände darüber zu entscheiden, ob zu Sprengungen im Strombette geschritten werden solle oder nicht, darüber können nicht zweierlei Meinungen herrschen. Lediglich dieses Verhältniss ist Ursache gewesen, dass im vorigen Frühjahr erst in letzter Stunde zur Beseitigung der Eisstopfung bei Geesthacht und aufwärts geschritten wurde. Es besteht kein Zweifel darüber, dass dies früher geschehen sein würde, wenn die Entscheidung bei der Strombauverwaltung gelegen hätte, diese also zu selbstständigem Vorgehen berechtigt und dafür verantwortlich gewesen wäre, das Strombett zur Abwendung etwa eintretender Gefahren rechtzeitig zu öffnen.*)

Dass durch diese Verzögerung diesmal kein Unglück entstanden ist, kann das soeben Gesagte nicht entkräften, denn nur dem Umstande, dass die Ereignisse eine eigentlich völlig unerwartete Wendung genommen haben, ist es zu danken, dass nicht auf den Strecken Geesthacht-Lauenburg und Brackede-Bleckede, sondern weiter oberhalb an der Lenzer Wische, die ersten Deichbrüche stattfanden, denen dann andere, bis Darchau abwärts, gefolgt sind; dieselben haben in keinen Beziehungen zu den beiden erwähnten Eisstopfungen gestanden, sondern sind unabhängig von denselben, durch jene andere Klasse von Eisstopfungen verursacht worden, welche sich im strömenden Wasser aus gewaltigen Treibeismassen zusammenballen, sobald sie durch irgend ein im Strom vorhandenes Hinderniss, in ihrer Fortbewegung gestört und aufgehalten werden.

Obwohl man die Stellen, wo sich derartige Eisstopfungen zu bilden pflegen, ziemlich genau kennt, so ist man doch nicht im Stande mit Sicherheit im Voraus zu sagen, ob die Eismassen sich dort oder an einer anderen Stelle festsetzen werden, so wenig wie man zu sagen

*) Im gegenwärtigen Frühjahr sind die Eisstopfungen auf der Unterelbe durch die Strombauverwaltung rechtzeitig zerstört und beseitigt worden.

vermag, wann und ob dies überhaupt geschehen wird; denn immerhin ist dabei die Mitwirkung unvorhergesehener Nebenumstände möglich. Auf jeden Fall ist diese Klasse von Eisstopfungen die gefährlichste; denn mit Explosionsstoffen kann man ihnen in der Regel nicht beikommen, da man nirgends festen Fuss auf denselben fassen kann, und in den meisten Fällen sind sie auch zu massig, um irgend mit Erfolg auf diesem Wege zerstört werden zu können; mit Schiffen aber darf man sich meistens nicht an sie heranwagen, denn nicht allein ist das ihnen gewöhnlich vorauseilende überschüssige Treibeis so reichlich vorhanden, dass jedes Fahrzeug willenlos von denselben fortgerissen und seinem Untergange entgegengeführt werden würde, sondern es ist auch die stete Gefahr vorhanden, dass dem Schiffe, während es an der einen Stelle arbeitet und Eisschollen losmacht, durch eine unterhalb entstehende Eisstopfung der Rückzug verlegt wird. Nicht immer werden die Verhältnisse so liegen wie bei den Eisstopfungen von Barförde und Strachau, von denen vorhergehend die Rede gewesen ist, an welche die Schiffe, ohne vom Treibeis behindert zu werden, herankamen und ihren Rückzug nach einem nahen Hafen nehmen konnten. Hätte die Barförder Eisstopfung etwa unterhalb Lauenburg, die Strachauer unterhalb Hitzacker gelegen, dann hätten im ersteren Falle die Schiffe nach Geesthacht, im letzteren nach Bleckede oden Boizenburg zurücklaufen müssen. In den ersten Tagen der Hochfluth hätte kein Schiff es wagen dürfen, die unter dem Einfluss derselben sich bildenden Eisanhäufungen anzugreifen, es würde höchst wahrscheinlich bei seiner Rückkehr das Fahrwasser verlegt gefunden haben.

So nützlich daher die eisbrechenden Schiffe zur Bekämpfung der feststehenden Eisstopfungen sind, so sind sie doch auch oft genug den im treibenden Strome sich ansammelnden Eisanhäufungen gegenüber machtlos und man darf sich daher nicht zu sehr auf dieselben verlassen. Zweckmässig wird es daher sein, das Uebel an seiner Wurzel anzugreifen, als welche die Sandablagerungen oder Geschiebe anzusehen sind, an welche sich die Eisanhäufungen zunächst anheften, um sich dann mehr und mehr auszubilden. Sämmtliche Eisstopfungen an der Unterelbe, von Geesthacht bis Kietz, die unter dem Einfluss andauernder Kälte entstandenen sowohl als die im treibenden Strome entstandenen, haben sich im vorigen Frühjahr nur an solchen Stellen gebildet, wo feststehende Geschiebe Verengungen oder Verkrümmungen in der Fahrrinne verursacht hatten und wo sie dann der Bewegung des Wassers hinderlich wurden. Es liegt daher nahe, dass man dieselben zu beseitigen bestrebt ist, was nur mittelst Baggerung geschehen kann, und neben den Eisschiffen wird man daher eine entsprechende

Anzahl Baggermaschinen in Thätigkeit setzen müssen, denen die Aufgabe zufällt, den Eisversetzungen den Boden zu entziehen, auf welchem sie bis jetzt ihr Gedeihen gefunden haben und auch fernerhin finden werden, wenn man die Geschiebe nicht fortschafft.

## Deichpflege. Deichgefälle. Deichschutz. Binnendeiche.

Man wird sich wohl kaum noch irgendwo der Vorstellung hingeben, dass es möglich sei, die Deiche an der Unterelbe überall derartig zu erhöhen und zu befestigen, dass sie unter allen Umständen den eintretenden Hochfluthen zu wehren im Stande sind, aber man wird sich dadurch nicht abhalten lassen, alles mögliche zu thun, um ihre Widerstandsfähigkeit zu vermehren, und vor allen Dingen wird man dahin streben müssen, die Kappen oder Kronen der Deiche so herzurichten, dass sie dem überfallenden Wasser dauernden Widerstand zu leisten vermögen, damit, wenn nun einmal eine Ueberfluthung der Deiche nicht mehr abzuwenden ist, der Abfluss in die Niederungen langsam stattfinde, nicht aber nach verursachten Deichbrüchen in wildem Strome. Von welcher Wichtigkeit die Beschaffenheit der Deichkappen bei Hochwasserständen ist, hat sich im Frühjahre v. J. an der Unterelbe vielfach gezeigt. Es ist keineswegs durchaus nothwendig, dass dem Ueberlauf jedesmal Kappenbrüche folgen müssen, vielmehr haben wir gesehen, dass langausgedehnte Deichstrecken einen 12 bis 24 Stunden und darüber andauernden Ueberlauf ausgehalten haben, wie z. B. ein grosser Theil der Deiche auf der ganzen langen Strecke des Dorfes Besandten in der Wische, ferner die Deichstrecke von den Sandbergen bei Penkefitz bis zum Fährhause gegenüber Junker-Wehningen nebst vielen andern, und daraus geht denn zur Genüge hervor, dass gut befestigte Deiche den Ueberlauf des Wassers eine geraume Zeit vertragen können.

Selbstverständlich hängt die Widerstandsfähigkeit eines Deiches in hohem Grade von der Massigkeit seines Erdkörpers ab, ferner von der Beschaffenheit des Profils und des Materials, aus welchem er besteht, von dem Zustande, in welchem er erhalten wird und endlich von dem Schutze, der ihm durch menschliche Anstrengung und von der Natur, etwa durch Baumwuchs, zu Theil wird.

Von dem Werthe, den die Massigkeit des Erdkörpers in Beziehung auf die Haltbarkeit des Deiches hat, ist bereits bei Besprechung der Deichgefahr von Grippel die Rede gewesen, und in Betreff der Profile braucht nur daran erinnert zu werden, dass je schräger dieselben, sowohl nach aussen als nach innen, verlaufen, die Gefahr der Beschädigung durch Eis, durch Wellenschlag, Abspülung und Ueberlauf um so geringer ist. Auch auf das Material, aus welchem der Deich besteht, kommt es wesentlich an; Klai- und Lehmböden sind widerstandsfähiger als Sand, und es wird daher ganz besonders darauf gesehen, dass die Deiche wenigstens einen Mantel aus den erstgenannten Materialien bekommen; weniger Werth wird hie und da darauf gelegt, die Kappe mit schwerem Material zu beschütten, was insofern ungünstig ist, als die Entstehung eines Kappenbruches sehr oft auf eine geringfügige Ausspülung der oberen Sandschichte zurückzuführen ist. Am empfehlenswerthesten für die Beschüttung der Deichkappen würde Steinschlag sein, welcher bekanntlich selbst sehr heftigen Strömungen nicht weicht. Bei Besprechung der Ueberfluthung der Chausséen bei Dömitz und bei Junker-Wehningen sind zwei Beispiele dieser Art vorgeführt worden; an beiden Stellen war die Steinschlagdecke trotz der gewaltigen Strömung unversehrt geblieben. Dem Steinschlage am nächsten kommt schwerer Grand, aber beide Materialien sind immerhin kostspielig.

Selbstverständlich beruht sehr viel auf der guten Unterhaltung der Deiche, und vor allem wichtig ist die Herstellung und sorgfältige, ja peinliche Unterhaltung eines kontinuirlich gleichbleibenden Gefälles der Deichkappen oder Deichkronen, welche weder durch Einschnitte noch durch Einsenkungen gestört sein dürfen. Jede Einsenkung wirkt nachtheilig sobald der Deich Ueberlauf hat und zwar aus dem einfachen Grunde, weil die niedriger belegene Stelle von einer gesteigerten Stromgeschwindigkeit getroffen wird, wobei annähernd das Gesetz gilt, dass sich die Stromgeschwindigkeiten verhalten, wie die Quadratwurzeln aus den Druckhöhen, was bei einer Ueberlaufshöhe von 20 cm und einer Einsenkung von 10 cm beiläufig 25 % betragen würde. Es ist also einleuchtend, dass durch jede Einsenkung und jeden Einschnitt in der Deichkappe, die Gefahr eines Bruches erheblich vermehrt wird, und es kann daher nicht genug darauf gedrungen werden, dass die Stromdeiche einer und derselben Uferlinie gleiches relatives Gefälle haben sollen. Es ist Thatsache, dass einige der vorgekommenen Kappenbrüche, durch schwachen Ueberlauf an einer ausgetieften Stelle, zumal wo Ueberfahrten lagen, eingeleitet worden sind, andere hat man mit vieler Mühe auszugleichen vermocht. Erst wenn ein kontinuirlich gleichbleibendes Gefälle hergestellt ist, werden die Deiche selbst längere Zeit den Ueberlauf des Wassers aushalten und diesem Ziele wird man also nachzustreben haben. Ob es jemals ganz erreicht werden wird, mag dahingestellt bleiben, aber jedenfalls wird nichts versäumt werden dürfen, um demselben möglichst nahe zu kommen. Unerlässliche Bedingung aber ist dabei, dass die Regulirung der Deichhöhen für weite Strecken in eine, mit wirksamer Exekutive ausgestatte Hand gelegt werde.

Nun noch einige Worte über die Binnendeiche.

Die Anlegung von Binnendeichen ist besonders zur Zeit der hochgradigen Erregung im vorigen Frühjahr, als beinahe unsere sämmtlichen grossen Ströme ihre Fesseln gesprengt hatten, von verschiedenen Seiten empfohlen worden, wobei man davon ausging, dass dieselben den in die Niederungen einbrechenden Fluthen unter fast allen Umständen würden eine Grenze setzen können.

Auf den ersten Blick scheint dies auch richtig zu sein, aber in dem Ueberschwemmungsgebiete der Elbe vom vorigen Frühjahr, haben die Binnendeiche nicht viel Gutes geleistet.

In der Lenzer Wische ging das Wasser über den Achter- und Südwendedeich weg und brach dieselben an mehreren Stellen; dann brach es den Damm vor dem Gr. Schmölener Brack und den Eisenbahndamm hinter der dortigen Düne, bahnte sich einen Weg zwischen der Ziegelei und dem Kirchhofe bei Dömitz, fiel dann über die Eldedeiche, die es an mehreren Stellen fortriss, brach den Roggenfelder Deich bei Dömitz und endlich überlief und brach es den Wendisch-Wehninger Schafdamm von 1834 und den alten Schafdamm an der Landesgrenze.

Das Darchauer Wasser zerstörte an mehreren Stellen die nördliche Deichlinie der Teldau, brach den Schafdamm bei Besitz, was für Blücher verhängnissvoll wurde, und in der Dannenberger Marsch fiel es über den Jeetzeldeich und brach denselben an verschiedenen Stellen.

Das genügt, um den Werth der Binnenlandswehre gegenüber einer Hochfluth messen zu lernen, und der Umstand, dass dieselben oftmals das Wasser eine Zeit lang aufhalten, um es dann mit verdoppelter Gewalt weiter stürzen zu lassen, genügt, um dieselben unter Umständen fürchten zu lernen.

Als Schutzdeiche darf man also die Binnendeiche des vorjährigen Ueberschwemmungsgebietes der Elbe von 1888 nicht ansehen, sobald ausserordentliche Ereignisse eintreten. Ob dieselben jemals einem eigentlichen Poldersystem weichen werden, das allerdings die besten Garantien für den innern Schutz gegen Wasserverheerungen darbietet, ist bei den Bodenverhältnissen der in Rede stehenden Gebiete sehr fraglich.

## Erhöhte Wohnplätze. Gebäude. Mobilmachungsplan. Wasserzeichen.

So wenig verlässlich die Binnendeiche bei der vorjährigen Hochfluth gewesen sind, so verlässlich haben sich die Erhöhungen erwiesen, auf denen man in den Niederungen Wohnstätten errichtet hat.

In Predöhl und Penkefitz, in Mödlich und in einigen anderen sehr niedrig belegenen Ortschaften haben sie den Bewohnern vielfach als Zufluchtsstätten gedient.

Leider sind sie bei weitem nicht so allgemein in Anwendung gebracht, als dies wünschenswerth ist, wobei als Hauptschwierigkeit die bedeutenden Kosten auftreten, welche zur Errichtung erhöhter Wohnplätze im Innern der Niederungen erforderlich sind. Es wäre sehr dankenswerth, wenn man einen Theil der in so reichlichem Maasse zusammengebrachten Mittel dazu verwenden möchte, die Anlegung von Hügeln zu fördern, theils zur Anbringung von Gebäuden auf denselben, theils um sie im Falle der Noth als Zufluchtsstellen zu benutzen.

Was nun die Gebäude im Elbüberschwemmungsgebiete betrifft, so musste es jedem, der nach Abgang des Wassers dasselbe besuchte, auffallen, dass die Häuserschäden nicht grösser gewesen sind, als sie thatsächlich waren. Die Anzahl der eingestürzten Häuser oder solcher, welche in Folge erheblicher Beschädigungen haben abgebrochen werden müssen, ist eine verschwindend kleine, was sich zum grossen Theil daraus erklärt, dass die Mehrzahl der Ortschaften nicht von heftigen Strömungen getroffen, sondern durch langsam anrückendes Wasser überschwemmt worden ist; zum andern Theil aber erklärt es sich daraus, dass die meisten Gebäude aus Fachwerk erbaut sind. Der Fachwerksbau wird nämlich in der Regel bei weitem nicht so heftig durch Ueberfluthungen mitgenommen als der Massivbau. Während die Wände des letzteren, bei etwaigen Unterspülungen an den Fundamenten, nothwendigerweise einstürzen müssen, wird der Fachwerksbau meistens nur die unteren Fachwerkstafeln verlieren, und das Holzgerüst wird auch dann noch durch die Schwellen und den Zusammenhang, den es in sich selbst hat, soviel Halt bewahren, dass es sogar nach erheblichen Beschädigungen an den Fundamenten stehen bleibt, wie es denn auch, wenn etwa Verschiebungen vorgekommen sind, meistens möglich ist, das Gerüst in die vorige Lage wieder einzurücken. Dazu kommt, dass strömendes Wasser das Gebäude nicht mehr in grosse Gefahr bringt, sobald die unteren Fachwerkstafeln, oder auch nur einige derselben, die man unter Umständen auch selbst herausschlagen kann, entfernt sind, indem das Wasser nun die Fundamente nicht mehr so heftig angreift wie zuvor; der Massivbau dagegen wird durch den um denselben herumwirbelnden Strom, oft binnen sehr kurzer Zeit bis zu so erheblichen Tiefen unterwaschen, dass der Einsturz der Aussenmauern unausbleiblich ist.

Wahrscheinlich sind es Erfahrungen solcher Art, welche die Niederungsbewohner bestimmt haben, bis jetzt im Allgemeinen dem Fachwerksbau den Vorzug zu geben, denn in der That gehört, wie gesagt, die überwiegende Mehrzahl der dortigen Häuser diesem letzteren an.

Da ich diesen Gegenstand in der »Deutschen Bauzeitung« vom 5. December 1888 No. 97 bereits ausführlich behandelt habe, so beschränke ich mich hier auf das soeben Gesagte.

Zum Schluss möge noch einmal darauf hingewiesen werden, wie ausserordentlich wichtig es ist, dass sich die Ortsbewohner über die Höhenlage der einzelnen Häuser und Gehöfte orientiren und sich über diejenigen der Wege in Kenntniss erhalten, welche bei gewissen Wasserständen passirbar bleiben oder unpassirbar werden; auch müssten sie diejenigen Punkte in der Feldmark kennen, welche bei Hochfluthen vom Wasser nicht erreicht werden. Wären die Bewohner von Heidhof, Heiddorf und Gr. Schmölen nach dieser Richtung hin gut unterrichtet gewesen, dann hätten sie nicht nach andern Dörfern zu flüchten brauchen, sondern hätten sich auf diejenigen Hofstellen des eigenen Dorfes zurückziehen können, die in der That vom Wasser nicht erreicht worden sind, und Aehnliches gilt von einer Anzahl anderer Dörfer.

Gleich wichtig ist ein gutes Nachrichtenwesen. Hätten z. B. die Einwohner von Seedorf an der Löcknitz und von Blücher rechtzeitig von dem Anrücken der Fluth benachrichtigt werden können, dann hätte das Unglück beide Dörfer nicht so empfindlich getroffen, wie es jetzt der Fall war.

Ein Uebelstand war es, dass im vorigen Frühjahr nicht überall für gutes Schutzmaterial gesorgt war; namentlich fehlte es stellenweise an jenen glatt und rund bearbeiteten starken Kiefern- und Fichtenstangen, welche an die Deiche angelehnt werden, um an Stellen wo eine Beschädigung der Böschung durch Eis zu befürchten ist, letzteres zum Aufsteigen auf den Deich zu zwingen, wo es dann gewöhnlich zusammenbricht und sich selbst den Weg verlegt. Ueberaus wichtig ist es, dieses Material dort bereit zu halten, wo neue Deiche hergestellt sind; denn den Böschungen fehlt hier selbstverständlich die Narbe, und wenn auch die ersteren durch Bespreitung mit Busch gegen Wellenschlag hinreichend verwahrt sind, so bedürfen sie doch auch des Schutzes gegen etwa andringendes Eis, das sich schwer an den mit Buschwerk bezwickten Böschungen in die Höhe schiebt, vielmehr sich leicht in dieselben einbohrt und sie entweder verwundet oder gar durch den Deich hindurchdringt.

In hohem Grade empfehlenswerth dürfte es auch sein, in Voraussicht wiederholt eintretender Hochwasserfluthen, einen vollständigen Mobilmachungsplan auszuarbeiten, einen Plan also, der den Bewohnern Anleitung ertheilt, wie sie sich bei eintretenden Deichbrüchen zweckmässig zu verhalten und welche Rückzugslinien sie zu wählen haben, und der den Ortsbehörden Anweisung giebt, welche Vorkehrungen sie zu treffen, wie sie das Nachrichtenwesen zu organisiren, besonders aber, an welchen Stellen und wann sie erforderlichen Falls die Deiche zu durchstechen haben.

Dazu ist allerdings nothwendig, dass man vor allen Dingen über die Wege, welche das Wasser bei eintretenden Deichbrüchen nimmt oder nehmen kann, und über die Höhen, bis zu welchen es anschwellen kann, genau unterrichtet ist. Dem ersteren Zwecke soll die vorliegende Schrift nebst der beigegebenen Karte dienen, dem letzteren aber wird man nur durch genaue örtliche Erhebungen und durch Anbringung dauernder Wasserzeichen genügen können.

# Bericht über eine Reise durch Usegua und Ungúu.

(17. August—6. Oktober 1888.)

Von

Dr. **Franz Stuhlmann**

in Sansibar.

**(Mit einer Karte.)**

Durch die Munificenz meines Vetters Ludw. Hansing jr. in Hamburg ward es mir möglich, meine zoologischen Studien etwas weiter auszudehnen, als es vorher beabsichtigt war. Um einen Theil des deutschen Schutzgebietes mit eigenen Augen kennen zu lernen, beschloss ich eine Reise von Bagamoyo aus nach Ungúu zu unternehmen, das noch sehr unbekannte Land etwas zu untersuchen und später nach Pangani zurückzukehren. Wenn ich mich dabei nicht allzu ungünstigen klimatischen Einflüssen aussetzen wollte, so musste ich die trockene Zeit zum Reisen ausnutzen. Sofort wurden also die Vorbereitungen getroffen. Ich überlegte mir, dass ich etwa 40 Mann mitnehmen müsste und beschloss, diese selbst anzuwerben, da die Erfahrung gelehrt hat, dass man auf diese Weise bedeutend besseres Material an Leuten bekommt. Ausserdem muss man, wenn man mit einem Hindu, z. B. Sevi-Hadja Kontrakt macht, anstatt sonst 5 Dollars pro Monat, für den Mann 7—8 Doll. bezahlen. Dr. Fischer hat gezeigt, dass man auf diese Weise auch grosse Karawanen von 250 Mann zusammen bringen kann, wenn man sich nur Zeit und Mühe nicht verdriessen lässt. Einige Träger wurden mir von zuverlässigen und mir bekannten Leuten angebracht, die meisten aber besorgte ein für diesen Zweck angestellter Beamter des Sultans Namens Juma dena Sibu. Aus vielen angebrachten Leuten wurden die mir am besten scheinenden ausgewählt, theils hier, theils in Bagamoyo, und so kam es denn, dass mir nicht ein einziger desertirte, mit Ausnahme von zweien, denen ich leichtsinniger Weise im letzten Augenblick Vorschuss gegeben, ohne sie vorher beim Sultan einschreiben zu lassen. Sehr viel hängt natürlich von der Behandlung der Leute ab; sie erkundigen sich vorher ganz genau, ob man »kali« oder »taratibu« ist, d. h. heftig, aufbrausend oder bedächtig. Nichts ist verkehrter, als durch Prügeln, Schreien etc. die Leute zur Thätigkeit antreiben zu wollen, man bewirkt gerade das Gegentheil. Durch einen Witz, mit dem man einen Mann lächerlich macht, erreicht man unendlich viel mehr, als durch Heftigkeit. Man suche sich die Leute gut aus und behandle sie nachher gut und richtig, das ist das einfache Recept, nach dem man seine Karawane zusammenhält und sich selbst vor dem so schädlichen Aerger bewahrt. Wo natürlich ein Vergehen von Leuten vorliegt, bestrafe man ruhig und gerecht, das erkennen die Leute sehr an, und vergesse ausserdem niemals, dass man bei Behandlung von Negern häufig ein Auge zudrücken und über Kleinigkeiten hinwegsehen muss. Wenn man dagegen bei jedem kleinen Anlass mit der Nilpferdpeitsche schlägt oder sogar den Unsinn beginnt, Leuten mit der Pistole zu drohen, so hat man sich Misserfolge nur selbst zuzuschreiben.

Die zweite Hauptthätigkeit der Reisenden ist der Einkauf von Tauschwaaren. Man ist verpflichtet, allen Leuten ausser ihrem Gehalt noch den Lebensunterhalt, die Rationen, »Poscho« genannt, zu liefern. In Sansibar oder in der Nähe der Küste ist dies leicht, die Leute bekommen 8 Pesa pro Tag (etwa 17 Pfennige); im Innern jedoch wird es ihnen in Tauschwaaren ausgezahlt, von deren richtiger Wahl viel abhängt. In bestimmten Gegenden gehen nur ganz bestimmte Waaren, die dort eben seit vielen Jahren eingeführt sind. Oft wollen die Leute, wenn nur die Qualität an sich, die Grösse und Farbe von Perlen etc. ein klein wenig differirt, die Sachen nicht einmal geschenkt haben. Die Leute bekommen jede Woche 1 Doti à 8 Ellen Zeug, aber »Du musst«, so rechnete mir der Hindu vor, von dem ich mein Zeug kaufte, »auf Verlust rechnen«. »Wenn Du sagst, 50 Mann auf 50 Tage, alle 4 Tage ein Doti, so bist Du auf alle Fälle vorgesehen«. Danach wurde nun die Masse der mitzunehmenden Baumwollzeuge berechnet und in der Hauptsache weisses Zeug, das in Bombay fabricirt wird, (sogen. Mericani mombe) mitgenommen. Ausserdem noch Kaniki, das indigoblau gefärbte dünne Bombay-Fabrikat, Leso, das sind 6 buntbedruckte Taschentücher, die zusammengenäht ein Kleid geben, Mericani assili, das echte amerikanische, starke Baumwollzeug u. a. m. Schliesslich etwas feine Perlen, dunkelblaue, etwas hellere, madji-bahari genannt (Meerwasser), weisse, grüne und rosa, ein Paar Rollen dicken Messingdraht, als Geschenke für Dorfälteste, sogenannte Kitambe, das sind bunte, meist blaue Tücher mit bunten Borden, den Maskat-Tüchern nachgebildet, (dabuani, sahare, barsati u.a.), und Kleinigkeiten wie Spiegel, Mundharmonikas, Nähnadeln und Zündhütchen — kurz, mein Kopf wurde schliesslich zu einem wahren

Kaufmagazin. Künftigen Reisenden kann ich als am gangbarsten empfehlen: das Mericani und Kaniki von Bombay, etwas Perlen und Zündhütchen. Pulver ist natürlich sehr gesucht; es ist aber nicht rathsam, den Leuten zu viel in die Hände zu geben. Ich habe deshalb von meinen 20 kg über die Hälfte mit zurückgebracht. Am 11. August war ich fertig und konnte abreisen. Morgens wurden meine Träger beim Sultansbeamten eingeschrieben, wobei mancher fehlte oder keine Erlaubniss seiner Herren aufweisen konnte. Dann verlangten sie 2 Monate Vorschuss ihres Gehaltes; da ich jedoch nur 1—1½ Monate fortzubleiben gedachte, einigten wir uns nach langem Schauri auf einen Monat.

Endlich konnte ich, nachdem mein »Kombo« schon vorher das Gepäck an Bord gebracht hatte, etwa 30 Leute verschiffen, was wieder mit grossem Geschrei und Lärm vor sich ging. Ohne das geht es nun einmal nicht. — Die gewöhnliche Ueberfahrt nach Bagamoyo dauert 6—8 Stunden, uns traf jedoch das Missgeschick, dass der Wind umsprang, so dass ich den sehr zweifelhaften Genuss hatte, eine Nacht an Bord der schaukelnden Dhau auf Deck zubringen zu müssen. Erst nach 22 Stunden erreichten wir unser Ziel Bagamoyo, wo ich von Herrn M. Schütze, Vertreter der Hamburger Elfenbeinfirma Heinr. Ad. Meyer freundlichst aufgenommen wurde.

Die nächsten Tage gingen nun noch mit einigen Vorbereitungen hin, die Trägerzahl wurde ergänzt, Kleinigkeiten eingekauft, Lasten, Gewehre und Kochtöpfe vertheilt u. s. w. Am 16. August hatte ich das Vergnügen, der Feierlichkeit beizuwohnen, womit die Zollübernahme seitens der Deutsch-Ost-Afrikanischen Gesellschaft begangen wurde. Alles lief glatt ab, nur der Wali behauptete, keine Instruktion zu haben, seine Flagge herunter zu nehmen. Niemand ahnte natürlich, dass sich ein allgemeiner Aufruhr in den nächsten Monaten daran schliessen sollte. — Bagamoyo ist so oft geschildert mit seinen schlechten Landungsverhältnissen, seinen Bewohnern, unter denen die Waniamwesi-Träger eine grosse Rolle spielen und mit seiner prächtigen französischen Mission, dass ich dessen wohl überhoben bin. Erwähnen möchte ich nur, dass jetzt die meisten Waniamwesi mit Karawanen nach dem Innern gegangen waren, so dass die Stadt mir fast leer vorkam gegenüber meinem Besuch vor 1½ Monaten. Bagamoyo ist als ungesunder verschrieen, als es wirklich ist; mit Vorsicht lässt sich dort auch ohne Fieber leben. Herr Schütze ist in den 5 Monaten seines dortigen Aufenthaltes niemals krank gewesen.

Meine kleine Karawane bestand, als ich endlich am Morgen des 17. August aufbrach, aus 48 Mann mit 17 Gewehren, unter denen einige erwähnenswerth sind. Da war zunächst der treue Kombo, mein Reisemarschall und Präparator, der schon Dr. Fischer auf seiner letzten grossen Reise vorzügliche Dienste geleistet hatte. Er musste ausser seiner Arbeit die Präparation von Thieren, die Unterhandlungen mit Dorfchefs führen, Streitigkeiten schlichten u. a. m., kurz, er war mir unentbehrlich und bewährte sich sehr. Ferner Makatta aus Kipumbuë, auch früher in Dr. Fischer's Diensten, den ich als Vogeljäger mit hatte; der Koch Augustus Sunday, der früher auf englischen Kriegsschiffen als Koch gedient hatte; zwei Leute, welche den Dienst im Zelt hatten und auch mit sammelten, endlich 3 Askari oder »Soldaten«, die keine Last trugen, welche als Aufseher fungirten; sie mussten Zelt aufschlagen, Lasten packen u. a. m. Der Kombo hatte in wenigen Tagen sich 4 bis 5 der Träger angelernt, welche mit ihm die Vögel abbalgten, und an Ruhetagen oder nach kurzen Märschen bekamen oft über 20 Leute Sammelgläser, in denen sie mir Insekten herbeibrachten. — Erst nach 10 Uhr Morgens setzte sich die Karawane in Bewegung, ein Askari mit der schwarz-weiss-rothen Flagge und einer Trommel voran, denen im Gänsemarsch alle folgten, ich als Letzter, um mit Kompass und Uhr den Weg aufnehmen zu können. (Andere Instrumente besass ich leider nicht.)

Der Weg geht von der westlichen Lisière von Bagamoyo aus in fast ganz westlicher Richtung. Zunächst passirt man nur Anpflanzungen von Cocos-Palmen, Mhogo (Jatropha Manihot L.) Mtama (Sorghum) u. s. w., nach einer halben Stunde Marsches geht bei einem kleinen Sumpfe links der Weg nach Dunda und Madimola ab und gleich darauf folgt ein aus wenigen Hütten bestehender Ort, Mgouere. Die Kultur nimmt allmählich ab und nach Durchschreitung der beiden kleinen Flüsse Tschem-Tschem und Schanjalo, die zwischen Schilfufern fast genau nach Norden fliessen, erreicht man nach ungefähr 1¼ Stunden Marsches den Rand der Kingani-Ebene. Hier fällt das Lateritterrain plötzlich etwa 10 m ab, um in die mit grauem zähen Schlamm bedeckte Ebene überzugehen, deren Hauptvegetation die Mangrove ist. Jetzt war dieser Schlamm ausgetrocknet, aber herunterrieselnder Regen machte seine obere Schicht in einer höchst unangenehmen Weise schlüpfrig. Manche Leute stolperten und auch ich machte mit dem Bodenschlamm nähere Bekanntschaft; so waren denn alle froh, dass wir nach einer Stunde mühsamen Marsches, bis auf die Haut durchnässt, an der grossen Kingani-Fähre ankamen. Hier setzen die grossen, von Tabora kommenden Waniamwesi-Karawanen über; drei arabische Sultans-Soldaten (viroboto d. h. Flöhe genannt) führten die Kontrolle über das passirende Elfenbein. In 5 grossen Einbäumen erfolgte das Uebersetzen meiner Leute und Lasten, wofür ich einen Obolos von 6 Rupien bezahlen musste, ausser einem Trinkgeld an die Soldaten, damit sie keinen eventuellen Ausreisser meiner Karawane über den Fluss liessen. Der Kingani ist hier ziemlich breit, zeigt aber nichts von »einem üppigen Urwaldstrom«; die Ufer sind niedrig und schlammig, von wenigen krüppelhaften Bäumen bestanden. In dem braunen, schlammigen Wasser sind Krokodile und Flusspferde häufige Erscheinungen. Am linken Ufer wurde hart am Fluss das Lager aufgeschlagen, wo es etwas trockener und der Boden sandig war.

Am nächsten Morgen ging der Marsch zunächst etwas am Flusse entlang und dann in westlicher Richtung durch die öde Steppe, die bald am Flusse beginnt. Heute, sowie die ganze nächste Zeit blieb der Charakter der Gegend gleich. Weit und breit ist die trockene Ebene mit hohem Grase bedeckt, das stellenweise Mannshöhe überschreitet. Wenig Bäume stehen theils vereinzelt, theils in dichteren Buschinseln; Mimosen, Akazien und andere Dorngewächse bilden den Hauptbestandtheil der Flora, hier und dort gewahrt man einige Fächerpalmen (Hyphaena sp.). Von der Cocospalme nahmen wir am Flusse für lange Zeit Abschied. Sandboden herrscht vor, wechselt aber mit rothbraunem Laterit ab; besonders auf letzterem zeigten sich zahlreiche Termitenhügel, die vielfach 2 m Höhe erreichten. Am ersten Tage ward nach zweistündigem Marsche in einem ärmlichen Flecken, Kikoko, der aus 6 von einer Einzäunung umgebenen Hütten bestand, übernachtet. Am nächsten Tage (19. August) schlug ich nach fünfstündigem Marsche in nordwestlicher Richtung das Lager in dem ein wenig grösseren Dorf Rosako auf.

Auch in den folgenden Tagen, wo wir nacheinander die Dörfer Sacurile und Kivugu [1]) erreichten, blieb der Charakter der Landschaft gleich. Hier und dort fanden sich auf dem sandigen Boden Quarzgerölle und einige Sandsteinbrocken. Zwischen Sacurile und Kivugu liegt die Grenze (?) von Usaramo und Ukuere (gespr. U-chuére). Einer meiner Träger, der schon seit 2 Tagen über Dyssenterie geklagt hatte, ward hier so schwach, dass ich ihn 4 Tage lang tragen lassen musste, einem anderen war durch seine Last eine Schulter wund geworden; sonst befanden sich alle in ausgezeichneter Gesundheit.

In der Nähe von Kivugu ist die Grenze der Wadoë. Da über ihre Menschenfresserei so unsichere Vorstellungen herrschen, so schickte ich meinen Kombo aus, im Geheimen darüber Nachrichten

---

[1]) Kivugu auf Karten fälschlich als Ibrahim bezeichnet. Letzteres ist der Name eines längst verstorbenen Dorfchefs.

einzuziehen; mir selbst wäre niemals die Wahrheit gesagt worden. Das was ich so in Erfahrung brachte, ist etwa Folgendes:

Der Sage nach sollen die Wadoë, welche jetzt am Unterlauf des Wami ihren Sitz haben, von Westen her eingewandert sein; als ihre Stammesgenossen geben sie die Manjema, westlich der grossen Seen am Congo an, bei denen heute noch Anthropophagie herrscht. Jedes Jahr zu einer bestimmten Zeit, die ich aber nicht habe erfahren können, erschlägt jeder Dorfchef einen absolut schwarzen Menschen, der oft schwer zu bekommen sein soll, und lässt ihn in den Busch schleppen. Nun ist es die Aufgabe eines bestimmten Mannes im Dorf im Geheimen Theile dieses Leichnams zu verzehren und ihm die Schädeldecke abzuschneiden. Diese wird dem Dorfchef überbracht und bei feierlichen Gelegenheiten zum Pombe-Trinken benutzt. Das Amt dieses »Menschenfressers« ist seit uralten Zeiten in derselben Familie vom Vater auf den ältesten Sohn erblich, etwa so wie das der Scharfrichter früher bei uns. Die Wadoë geben auf Befragen niemals diese Gebräuche zu, jedoch behaupteten hier ihre Nachbarn, es ganz bestimmt zu wissen. Den Zweck derselben konnte man mir nicht angeben; man sagte, es sei von Alters her so Sitte (dasturi).

Am 22. August wurde ungefähr beim Dorfe Tschirutae die Grenze zwischen Ukuere und Usegua überschritten. Die Wakuere sind ein Zweig des grossen Wasegua-Stammes.

Das Grundwasser von hier bis zum Wami-Fluss ist leicht brakisch, dafür aber klar im Gegensatz zu der Lehmbrühe, die wir bis jetzt mit Todesverachtung trinken mussten. Am 23. August erreichte ich den aus altem Eruptivgestein gebildeten Ponguë-Berg, nachdem mir aber auf dem Wege dahin vielfach Gneiss und Granitbrocken aufgestossen waren. Verschiedene kleine Ortschaften südlich und westlich des Berges werden unter dem Namen Ponguë zusammengefasst, die Namen Mkoma und Komadudu der Ravenstein'schen Karte sind Namen verstorbener Dorfchefs. Am nächsten Morgen machte ich einen Ausflug in die Gegend südlich vom Berge, wo viel Wild sein soll. Die Gegend ist am besten mit einem sehr lichten Unterholz zu vergleichen, das meist aus Dorngewächsen besteht. Das Gras war zum grössten Theil abgebrannt. Wir sahen einige Rudel von »Sualla« der Eingeborenen (Hartebeest), die aber sehr scheu waren, so dass ich mit leeren Händen ins Lager zurückkehrte. Einige wenige Tsetse-Fliegen (Donderobo der Suaheli, Glossina morsitans) machten sich unangenehm bemerkbar. Sie gleichen fast völlig unseren grauen Pferde-Stechfliegen. Nachdem nun noch einmal das Lager bei Mbaha aufgeschlagen war, wurde am 26. Aug.

der Wami überschritten. Derselbe fliesst hier mit zwei tief eingeschnittenen Armen reissend durch ein Feld aus enormen Felsblöcken, wie man es sich wilder kaum vorstellen kann. Die Abschleifung der Felsen und zahllose runde Strudeltöpfe in dem Gneiss deuten auf einstige starke Erosion. Ueber diesen beiden Armen ist eine äusserst primitive Brücke von 3—4 zusammengebundenen Palmrippen gelegt, unter der in einigen Metern Tiefe das Wasser dahinsaust. Ich kroch zuerst auf Händen und Füssen hinüber und liess ein starkes Tau an beiden Ufern befestigen und stramm ziehen, das den Leuten, die Lasten trugen, als Geländer diente. Nicht ohne einiges Herzklopfen sah ich die Leute mit werthvollen Lasten, wie meine Instrumente, hinüber balanciren; es ging jedoch ohne Unfall von Statten.

Nach 3½ stündigem nordwestlichem Marsche kamen wir am Flusse Rukagura (Lukigula)[1] an, an dem Mbusini und Petershöhe liegen, die beiden verlassenen deutschen Stationen. Traurige Verwüstung fand ich hier vor. In Mbusini war das Wohnhaus, eine erbärmliche, schief und krumm gebaute Lehmhütte, mit altem schmutzigen Gerümpel erfüllt und die als Trockenraum für Taback gebaute Scheune war halb eingefallen. Von Kultur war ausser einem grossen Ziegelsteinhaufen und einem Beet mit Kohlrabi so gut wie nichts mehr wahrzunehmen, obgleich die Plantage erst vor etwa einem Monat verlassen war. Was aber das Schlimmste war, man hatte die benachbarten Einwohner offenbar durch verkehrte Behandlung so kopfscheu gemacht, dass alle Leute aus den Dörfern flohen, als meine Leute dort Nahrung kaufen wollten. Erst allmählich kamen sie, durch Geschenke bewogen, zu mir heran. In dem viel länger verlassenen Petershöhe waren die Gebäude in einem bedeutend besseren Zustande; der Hof liegt am Abhange eines kleinen Hügels, ist aber so angelegt, dass alles den Hügel herunterfliessende Wasser quer durch den Hof fliesst und denselben jetzt mit tiefen Rinnen durchfurcht hat.

Ganz in der Nähe hatte der englische Missionar Hore, der mit Frau und Kind von Ujiji herunterkam, sein Lager aufgeschlagen. Sie hatten alle drei die beschwerliche Reise gut überstanden. — Die Umgebung von Mbusini zeichnet sich etwas vortheilhaft vor der öden Steppe von Usegua aus. Die Nähe des Flusses macht sich durch grüne Farbe der Vegetation bemerkbar. Die verzweigten Hyphaena-Palmen, »Mlala« der Suaheli, sind sehr häufig; zu ihnen tritt noch die hellgrüne

[1] »R« und »L« werden von den Ost-Afrikanern nicht unterschieden und ganz promiscue gebraucht.

Ukindo- oder Moale-Palme, deren Laub dem der Cocos-Palme gleicht, aber heller in Farbe ist. Lange, weissstämmige »Mvuli«-Bäume mit ihren seitlich plattgedrückten, wie Polypenarme ausgestreckten Wurzeln, dunkellaubige Sycomoren, der Moungue-Baum, mit Trauben grossen rothen Blüthen, die fast wie unser Löwenmaul aussehen, und viele andere sind von Lianen umschlungen und miteinander verbunden. Aber so ist es nur hart am Flusse, 10—20 Minuten entfernt hat man wieder ähnliches Dorngestrüpp, wie es sich überall findet, und das Gras ist durch Brände auf weite Strecken verkohlt. Hier und dort bildet ein riesiger, kahler Baobab (Adansonia digitata, »Mbugu« der Suaheli) Abwechselung in der Landschaft, deren charakteristische Gewächse Akazien, Mimosen, Tamarinden und Haphaena-Palmen bilden.

Der Boden in der Nähe des Flusses ist theilweise vorzüglich, doch weiss ich nicht, ob nicht die Ausdehnung dieser guten Erde sehr beschränkt ist. Der Boden auf dem die Station Petershöhe liegt, ist z. B. schon gänzlich unfruchtbar.

Der Bach Rukagura fliesst hier in einem Felsbett, das aus Gneiss-Massen besteht, welche von Adern eines rosafarbenen Quarzes durchzogen sind. Nächstdem findet man auch noch Granite und in den Verwitterungsprodukten grosse Quarz- und Feldspathbrocken. Dies Geröll tritt überall dort zu Tage, wo die dünne Humusschicht fehlt. Weiter vom Flusse fort ist der Lateritlehm das Vorherrschende. Die Fauna hat nicht sehr viel Erwähnenswerthes. Von Säugern sah ich ausser Ratten und Feldmäusen so gut wie nichts. An Vögeln sind Rebhühner (Francolinus sp. Quále der Suaheli) häufig; am Flusse findet man verschiedene »Eisvögel« (Alcyon semicoerulea u. A. Chelicuti Stanl.); grüne Papageien (Pionias fuscicapillus var., Quaru genannt) fliegen kreischend von Baum zu Baum; Webervögel verschiedener Arten bauen ihre kunstvollen Nester, verschiedene Tauben, ein Wiederhopf (Upupa africana, Kijogo genannt), schwarz und weisse Würger, prachtvoll gefärbte Feuerfinken und die metallisch glänzenden afrikanischen Kolibris, die Nectarinien hüpfen in dem Gebüsch umher, Spechte (Picus nubicus und Jardinei »kongota«) laufen geschäftig an den Baumstämmen hackend hinauf und eine prächtige hellblaue Mandelkrähe (Coracias caudata »quambu«) fiel durch ihr schönes Gefieder auf. Für den Naturforscher erregten jedoch die grossschnäbeligen Rhamphastus-Arten das meiste Interesse. Dass auch hier der Schmarotzermilan (Milvus Forskalii) nach Beute spähend über den Dörfern kreist und die weissschulterige Krähe (Corvus scapulatus) sich ihre Nahrung in der Nähe menschlicher Wohnungen sucht, ist selbstverständlich. An Reptilien wurden verschiedene Eidechsen und Schlangen gefangen. Leider bekam ich trotz ausgesetzten Preises die Dasypeltis, »Mkoko« der Eingeborenen, nicht, welche mit ihrem zahnlosen Maul ganze Vogeleier verschlingt und dieselben erst im Magen durch eigenthümliche Zähne zermalmt. Höchst sonderbar ist ein kleines, erdfahles Chamaeleon mit 2 kleinen Hörnern auf dem Kopf. Dasselbe nimmt nicht wie die grossen grünen eine Schreckstellung ein, indem es durch Gegenstemmen der Zunge von innen den gelben Kehlsack aufbläht und dabei faucht, es bringt vielmehr durch leichte Drehung des Kopfes ein eigenartig, leise knarrendes Geräusch und Zittern seines Körpers hervor, das den Angreifer wohl in Schrecken setzen kann. Dass beide Arten der Schrekstellung »Sinn« haben, zeigt schon einfach das Beispiel der Neger, die vor dem unschuldigen Geschöpfe eine enorme Angst haben. Der Aberglaube geht dahin, dass sie behaupten, durch Berührung des Thieres ebensolche schuppige Haut zu bekommen, wie das Thier selbst hat.

Für die Gliederthiere ist das starke Vorherrschen der Gradflügler hervorzuheben. Alles abgestorbene Holzwerk, mag es nun im Freien oder in menschlichen Wohnungen sein, fällt den Termiten zum Opfer. Unermüdlich nagen sie ihre Gänge unter der Rinde oder bauen lange Lehmgänge an der Oberfläche von Holzwerk, bis sie einen alten Baumstamm vollständig in rothen Lehm eingehüllt haben und ihn nun in Ruhe und unbeeinträchtigt von der Sonne verzehren können. Nichts ist vor ihnen sicher. Auf der öden Ebene zeugen hohe Lehmbauten und tiefe runde Löcher von ihrer Thätigkeit. Gewöhnliche Grillen und Heimchen machen eben solchen Lärm wie bei uns zu Hause und Maulwurfsgrillen (Gryllotalpa) sind von der europäischen kaum zu unterscheiden. Laub- und Feldheuschrecken sind sehr zahlreich, schlanke spitzköpfige Tryxalis, die mit einem eigenartigen Knistern auffliegen, dickleibige, bedornte Hetrodes, mit einem zeltartigen Panzer auf der Unterbrust versehene Pamphagus, grosse und kleine Acridien und andere mehr lebten in dem trockenen Grase. Dünne Phasmiden, welche mit ihrem schmalen Leib und Gliedern sowie mit ihrer fahlen Farbe Gras-Arten täuschend nachahmen und abenteuerlich geformte Gottesanbeterinnen (Mantiden), die mit gefalteten Vorderbeinen auf Beute lauern, treten einem auf Schritt und Tritt entgegen. Unter den Hautflüglern können dem Wanderer die Ameisen oft höchst peinlich werden. Eine grosse braunrothe Art läuft auf Bäumen herum und beisst den die Bäume berührenden Wanderer höchst empfindlich. Sehr charakteristisch wird sie von den Suaheli »Maji motu« d. h. Heisses Wasser genannt. Unter den wandernden Ameisen sind besonders zwei Formen beachtenswerth; eine grössere schwarze Art sieht man oft in kleinerer Kolonne von 100 bis 200 Individuen in breiter Marschordnung einherziehen, wahrscheinlich um eine neue Kolonie zu gründen; eine andere, »Siafu« genannt, mehr braunschwarze Art sieht man häufig wie ein dünner Heerwurm über den Weg ziehen. Wehe wenn Jemand sie berührt, unfehlbar beissen sich in die nackten Füsse und Beine der Neger ein Dutzend fest. »Siafu« ist ein Warnungsruf, den jeder Träger seinem Hintermanne leise zu ruft. Auf den ersten Blick scheint es immer, als wenn der Zug auf den elenden afrikanischen Fusspfaden stillstände, bei näherem Zusehen gewahrt man aber bald, dass nur die mit grossen Zangen versehenen »Soldaten« stillstehen und einen förmlichen Gang bilden, der nach aussen von Waffen starrt und unter dem der Zug der kleinen Arbeiter ununterbrochen weiterfliesst. Sie thuen dies nur auf offenen Wegen; sobald sie zwischen Gras etc. gehen, marschiren die Soldaten an den Seiten des Zuges; gewiss ein höchst eigenartiger Instinkt. — Die Bienen werden überall von den Eingeborenen gepflegt und es werden ihnen hohle Baumstämme, die kleine Löcher mit davor stehenden Auffliegestöcken haben (sogenannte »msinga ya njuka« d. h. wörtlich Bienenkanone) horizontal in die Bäume gehängt. Der Honig ist weniger schmackhaft als bei uns.

Am 28. August kam der alte Dorfchef Bamualla, 1 Stunde nördlich von der Station wohnhaft, bei mir an, um sich seine aus einigen Tüchern, etwas Pulver, Zündhütchen, kleine Spiegel und Musikinstrumenten bestehenden Geschenke abzuholen. Es ist ein etwa 60 jähriger alter Mann mit grauem Bart, der ziemlich stumpf ist und schwer hört, ausserdem fast nur Kisegua spricht, was ich nicht verstehe. Ihm angebotene Mandelmilch und Bisquits mussten erst von einem meiner Leute probirt werden, da »Daua« d. h. Medizin, die ihm schaden könnte, darin enthalten sein könnte. Wenn ich nicht sehr irre, ist er derselbe, von dem die Beamten der Deutsch-Ost-Afrikanischen Gesellschaft ganz Usegua gekauft haben. Am nächsten Morgen schickte er mir zwei zähe, alte Hähne als Gegengeschenk. Zwei Tage später besuchte ich den Alten, der 1 Stunde nördlich ein kleines Dorf von höchstens 10 Hütten besitzt. Er wollte durchaus photographirt sein und dann bestand er darauf, dass ich ihm einen Brief schriebe, dass er sein ganzes Dorf mit zugehörigem Terrain mir schenkte; ich ging auf den Scherz ein, schrieb eine Empfangsbestätigung, die am Nachmittag von seinem Sohne unterzeichnet wurde. Ebensogut hätte ich darin schreiben können, dass er mir ganz Usegua abtritt. Es giebt eben keine »Grosssultane« von Usegua, Usaramo etc., die diese Landschaften abtreten können, oft existirt nicht einmal ein Dorfchef, sondern zwei Leute mit ihren Nachkommen haben gleiche Berechtigung. Alle »Sultane« aber, mit denen deutscherseits Verträge abgeschlossen sind, waren solche Dorfchefs, die ein Dutzend Hütten und ein kleines Ackerfeld beherrschen, aber von deren Existenz man ein paar Stunden entfernt kaum Kenntniss hat. Im Allgemeinen kann ein Mensch doch nur das abtreten und verkaufen, was ihm überhaupt gehört; die Leute haben aber keine Ahnung gehabt, was eigentlich die von ihnen unterschriebenen Kontrakte bedeuten, ebensogut hätten Affen ihre in Tinte getauchte Hand darunter drücken können. Für eine solche Handlung kommt ja natürlich nur der Erfolg in Frage und der ist, dass unsere Reichsregierung die Verträge anerkannte und so die Annexion des Landes seitens der Ostafrikanischen Gesellschaft bestätigte. Ich betone diese allbekannte Sache nur gegenüber einer Aeusserung Rohlfs' in der »Kölnischen Zeitung«, wo er von legaler Erwerbung spricht und sagt, dass die Bevölkerung den Deutschen, als den Befreiern von arabischer Sklavenherrschaft zugejubelt hätte. Jeder, der nur ein paar Tage im Innern gereist ist, weiss aber, dass die Eingeborenen von einer Herrschaft der Deutschen überhaupt keine Ahnung haben, ausser in unmittelbarer Umgebung der Stationen. Hier gilt das Besitzrecht der Arbeit. Ein Stück Land gehört einem Menschen, sobald er es bearbeitet und weil er es bearbeitet. Unbebautes Land in Afrika hat keinen Pfennig Werth und Jeder kann sich hier auf der Insel Sansibar noch anbaufähiges Land aus dem Busch heraushauen, ohne einen Pfennig dafür zu bezahlen. Dasselbe ist in erhöhtem Maasse auch im Innern der Fall, wenn man sich mit den Umwohnern gut stellt, oder seine Arbeit gegen Zerstörung zu schützen weiss.

Noch ein anderer Hauptchef des Dörferkomplexes, der mit dem Namen »Mbusini«, d. h. Ziegenstadt, zusammengefasst wird, wurde in seinem winzigen Dorfe am andern Ufer des Rukagura aufgesucht; sein Name ist »Mberúa«.

Die Dörfer in den von mir bereisten Gegenden sind durchweg von einem Pfahlzaun »Boma«(?) umgeben, in den eine einfache, oft auch doppelte »Mlango« d. h. Thor führt. Die Bauart der Häuser ist sehr einfach; zunächst wird ein kreisrunder Raum von etwa 2—4 m oder mehr Durchmesser von in die Erde gesteckten Pfählen umgeben, diese Pfähle durch Geflecht und Lehmbewurf verbunden und ein kegelförmiges Dach etwa in Manneshöhe daraufgesetzt, das auf einem oben herausragenden Mittelpfahl ruht. In diesem Bau wird der Dachraum durch ein horizontales Flechtwerk als Vorrathsraum für Mtama (Sorghum) abgegrenzt von dem unteren Wohnraume. Wenn sich nun die Familie vergrössert oder der Besitzer Reichthümer ansammelt, so verlängert er das Dach allseitig oder in bestimmten Partieen und erhält so eine Art von Veranda, die ringförmig ganz oder theilweise das Centralgebäude umgiebt. Diese ist zunächst nur luftig durch Pfahlwerk gegen die Aussenwelt abgeschlossen; allmählich macht der Besitzer einzelne Theile dieses Ringes dicht, so dass er verschiedene äussere Wohnräume erhält, die je als Grundfläche Theile eines Ringes haben. Ein kleiner Abschnitt an der Thür bleibt meistens offen als »barasa«, worin der Eigner sitzt, Leute empfängt oder in denen Fremdlinge schlafen.

Die Männer sind gerade nicht sehr kräftig und stark gebaut, von mittlerer Körpergrösse und meist nicht sehr muskulös. Die meisten haben einen kleinen Kinnbart, keinen Schnurrbart und ziemlich dünne Lippen. Das Haar wird ganz geschoren, oder man lässt eine winzige Locke oder eine grosse runde Platte auf dem Scheitel stehen; oft auch lässt man das Haar etwas wachsen und dreht es in zahlreiche lose Locken. Als Bekleidung fungirt fast nur die Schucka, d. h. der Lendenschurz, für den weisses und blaues Baumwollenzeug Verwendung findet. Schmuck wird so gut wie gar nicht getragen, dagegen desto mehr »Daua«. Eine eigentliche Gottesidee ist bei den Nichtmohammedanern nicht vorhanden, es herrscht vielmehr ein augenblicklicher Fetischismus. Jeder Mensch sucht sich ein Ding, was ihm Gutes thun soll und bewahrt dies sehr eifrig. Aber noch nicht einmal so weit sind die Leute, dass sie ein Ding als Beschützer verehren, nein, ein Stück Holz an einer Schnur um den Hals gebunden hilft gegen Halsschmerzen, ein anderes um die Füsse befestigtes gegen Rheumatismus oder auch gegen Krokodile. Der Jäger des Dorfes trägt fast stets eine Hufe vom Schaf oder die Spitze eines Antilopenhorns an einer Kette um den Hals, das ihm gute Beute verschafft, und regelmässig ist an derselben Kette noch eine »Daua« gegen Löwen befestigt, die den Träger vor Ueberfall durch diese Raubthiere schützt; ein Mal war dies eine getrocknete, verrunzelte Frucht, die hübsch mit Messingdrath besponnen war, das andere Mal drei viereckige Eisenplättchen, in der Mitte durchbohrt, u. A. mehr. Im letzten Falle gelang mir ausnahmsweise nach langem »Schauri« der Ankauf des Stückes, dessen Besitzer jedoch behauptete, auf der nächsten Jagd durch Löwen umkommen zu müssen. Nun er wird sich wohl bald ein neues Mittel gesucht haben! Eine andere beliebte Daua ist die »daua njiani«, d. h. die Medicin für den Weg, mit deren Hülfe der Träger gut marschieren kann und welche diesem auch Schwierigkeiten auf der Reise aus dem Wege räumt. Ausser diesen an dem

Körper getragenen Dauas giebt es noch manche andere, vor allem diejenigen, welche das Dorf vor wilden Thieren, Feinden etc. schützen sollen. Fast vor jedem Dorf befindet sich an einem Scheidewege oder dicht am Thor ein kleines rundes Dach, unter dem die gebleichten Schalen der Achatina-Schnecke oder etwas anderes liegen; es soll gegen Krieg schützen, hat aber oft noch einen Nebenzweck. Viele Leute legen unter dies Dach Rispen von Mtama-Korn (Sorghum), aus denen später bei einer festlichen Gelegenheit Pombe, das Hirsebier, gebraut wird (das nebenbei gesagt wie Grützsuppe aussieht und nicht gerade meinem Geschmack entspricht). Nach anderen Aussagen soll hier der »Böse« eine Hütte und Nahrung finden, so dass er auf seinen Wanderungen ausserhalb der Dörfer bleibt und die Einwohner nicht belästigt. Ausserdem ist an Stöcken und am Dorfzaun allerhand aufgehängt; so sah ich einen Ring aus Gras, einen alten Bastteller, einen Strohwisch und vieles andere. Feinde, wilde Thiere etc., sollen an diesen Dingen nach Behauptung der Leute, nicht vorbeigehen können. Endlich kann ich jetzt vorgreifen und eine Daua erwähnen, welche ich in der Nähe des Kimbe-Berges in Ungúu antraf. Leute, welche sich Nachkommenschaft wünschen, hatten kleine weibliche Thonfiguren und Modelle einer Kitanda (Bettstelle) an einen Weg gestellt und hofften nun auf Erfüllung ihrer Wünsche.

An künstlichen Verunstaltungen des Körpers sieht man bei allen echten Angehörigen des Usegua-Stammes (bei Männern und Weibern) ein Ausfeilen der zwei mittleren Vorderzähne im Oberkiefer. Es wird in der Mitte ein dreieckiges Stück entfernt, sodass die beiden Zähne völlig spitz werden. Als Instrument zu dieser Operation dient nur ein einfaches Messer, mit dem die Dentine allmählich weggeschabt wird. Ueberall habe ich mich durch Nachfrage und Ansehen von kleinen Kindern bemüht, zu konstatiren, ob vielleicht in einem oder dem anderen Falle diese Verunstaltung sich vererbe; lachend erwiderte man mir, dass diese Verunstaltung seit Urzeiten als Stammeszeichen bei jedem 1—2jährigen Kinde vollzogen würde; auch alte Leute erinnerten sich nicht, jemals etwas von Vererbung derselben gehört zu haben. Beschneidung wird nicht geübt.

Die Bewaffnung der Männer besteht aus Bogen und Pfeil mit Köcher, hier und da sieht man Speere verschiedener Form; allgemein ist jedoch das an der Spitze verbreiterte Schwert in Lederscheide, das dem der Massaï sehr ähnlich ist. Feuergewehre haben jetzt den Bogen so gut wie verdrängt; man sieht vor allem lange Percussions- und Feuerschlossgewehre, von denen letztere zumeist vorgezogen werden. An breitem Riemen, der zweimal um den Leib geschlungen wird, ist ein langes Pulverhorn und ein oder zwei Ledertäschchen zum Aufbewahren von Kugeln befestigt.

Die Weiber sind nur mit Hüftschurz bekleidet, was besonders bei alten oft nicht gerade ästhetisch aussieht. Das Haar wird gewöhnlich kahl geschoren bis auf eine winzige Locke an der Stirn, an welche eine Troddel aus weissen und blauen Perlen gehängt wird, die ihnen bis zwischen die Augen herabhängt. Ausserdem werden viele Perlschnüre und feine in Ungúu gefertigte Eisenkettchen um den Hals getragen. Am Unterarm sieht man einfach dicke Messingringe, die ähnlich auch an den Füssen getragen werden, ausserdem aber riesige Manschetten aus Messingdrathspiralen, die vom Handgelenk bis fast an den Ellenbogen reichen. Um die Hüften tragen die Weiber grosse Massen von weissen und blauen Perlschnüren, die oft so massig sind, dass das Hüftentuch krinolinartig absteht, und ich zuerst meinte, eine Steatopygie wie bei den Hottentotten vor mir zu haben. Ausserdem wird vor der Vagina noch eine viereckige Perlstickerei an feiner Bastschnur um die Hüften getragen. Manchmal aber selten findet man bei Weibern noch einen Schurz aus Bast oder Schilf.

Die Kinder gehen bis zu ihrem 3.—4. Jahre ganz nackt, die Mädchen bekommen jedoch früh ihre Perlschnur.

Wie bei allen hiesigen Völkern winkt man auch hier Leute heran, indem man die Finger nach unten krümmt und Bewegungen nach seinem Körper zu macht, nicht wie bei uns durch Krümmung der Finger nach oben. Ebenso wird die Bejahung durch Bewegung des Kopfes in verticaler Richtung ausgedrückt, welche jedoch nach oben, nicht wie bei uns nach unten (nicken) stattfindet. Hinweisen auf einen Körper geschieht häufig durch Ausstrecken der Zunge nach der betreffenden Richtung, wohl mehr aus Faulheit den Arm hochzuheben. Beim Nachdenken wird die Haut über den Augen etwas gerunzelt und die Hand an Mund und Nase gelegt.

Die Verwaltung ist eine durchaus patriarchalische, oft sind sogar in einem Dorf zwei Häuptlinge gleichberechtigt. In wenigen Fällen, von denen ich später zwei kennen lernte, hat jedoch ein energischer Häuptling durch Kriege eine ganze Anzahl von Orten sich tributpflichtig gemacht.

Bei jedem Ort wird auf einem kleinen bebauten Feld M t a m a (S o r g h u m), M h o g o (J a t r o p h a  M a n i h o t), V i a z i (C o n v o l v u l u s  B a t a t a s), M b a s i (C y t i s u s  c a j a n u s), D j i r o k k o (P h a s e o l u s  M u n g o), M h i n d i (M a i s), etwas S e s a m s a a t (u f u t a = S e s a m u m  i n d i c u m s. o r i e n t a l e), R i c i n u s, hier und dort Papay-Bäume

(Carica Papaya) gepflanzt. Erdnüsse (Arachis hypogaea), Bananen und Cocos kommen fast nicht vor, letztere nur bei Korogwe am Rufu, Bananen nur vereinzelt an Flüssen und zahlreicher in Ost-Ungúu.

Sehr stark ist in Usegua, besonders im nördlichen Theil, sowie in Ungúu der Tabacksbau verbreitet. Meist waren die Pflanzen kümmerlich und mit langen Blüthenköpfen, ich sah aber auch in Ungúu Blätter, die an Grösse (70 : 40 cm) den grössten der Plantage Lewa nicht nachstanden. Die Blätter werden abgepflückt und nachdem sie etwas verwelkt in einem Stampfmörser (kino) zermalmt. Darauf lässt man die Masse so lange stehen, bis sie schwärzliche Farbe bekommen hat, arbeitet sie dann mit dem Stampfholz nochmals durch und presst sie nun in kleine Formen. Letztere werden gemacht, indem ein Schilfstreifen mit einem Faden rund zusammengehalten wird; die gepresste Masse wird oben und unten mit dem Handballen geglättet, auf den bei der Prozedur eifrigst gespuckt wird. Die so erhaltenen runden Kuchen werden im Schatten getrocknet, in Maishülsen zusammengebunden und per Stück für 1 Pesa an der Küste verkauft. Es werden jedoch auch grössere und dementsprechend theurere Kuchen fabrizirt.

Hausthiere giebt es nicht sehr viele. Fettschwanzschafe, die den schmalen, lang herunterhängenden Schwanz haben; eine kleine Race von Ziegen mit sehr kurzen ein wenig nach innen gekrümmten Hörnern, wenig Bartbildung und ohne die beiden Hautzipfel am Kinn, welche die Sansibar-Ziegen auszeichnen. An Hunden sind nur wenige von den fahlen oder schwarz-weissen, feigen Kötern vorhanden, wie man sie auch in Sansibar findet. Im Norden ist die Race etwas besser. Katzen sind in jedem Dorf zu finden. Rinder giebt es höchst selten, denn am Wami ist stellenweise die Dendorobo-Fliege und auf den trockenen Steppen fehlt während des grössten Theiles des Jahres frisches Gras und Wasser. Im nördlichen Theil von Usegua findet sich etwas Zebu-Rind. Je näher man aber an die Massai und Wakuafi kommt, desto öfter sieht man das prachtvolle, langhörnige Massai-Rind. In Korogwe ist eine Heerde, so schön, wie ich sie noch niemals gesehen habe, die sich sogar mit unserem holsteinischen Marschvieh vergleichen liesse. Gezeichnet sind die Thiere durch Einkerbungen der Ohren.

Die Sprache in Usegua und Ungúu ist das Kisegua, ein Bantu-Dialekt, der vom Kisuaheli ziemlich verschieden ist. Die umständliche Begrüssung ist von Fischer und Schmidt beschrieben worden.

Am 1. September marschirte ich von Mbusini nach Matungu in ziemlich westlicher Richtung. Nach 2stündigem Marsche erreichte ich die Stelle, wo von meinem Wege die neue Karawanenstrasse nach Saadani abzweigt. Früher ging die Strasse über die Stationen, aber seitdem die Waniamwesi durch Schiessen etc. beunruhigt worden sind, machen sie mit ihren Karawanen einen Umweg. Am folgenden Tage erreichten wir Qua Msere am Wami-Fluss wo ich wegen des Wildreichthums einen Tag zu rasten dachte. Der Weg hierher war fast noch trockener und öder als von Mbusini, alles Gras in schwarze Kohle verwandelt, die Baumblätter durch glühende Sonne und Grasbrände verdorrt, dabei schien die Sonne entsetzlich intensif und die wie unsere Pferdestechfliegen aussehenden Dondorobo-Fliegen (Glossina morsitans) plagten uns sehr durch ihre Stiche. Erst hart am Flusse sahen wir grüne Bäume mit Schlinggewächsen, die einen Anklang an tropisch üppige Vegetation hatten. Der Wami fliesst hier in einem Gneissbett mit ziemlich grosser Geschwindigkeit; hohe, rundgeschliffene Felsen am Ufer deuten auf starke Erosion. Noch mehr wird einem dies klar, wenn man eine halbe Stunde und mehr vom Flusse entfernt, längliche völlig rundgeschliffene, grosse Felsblöcke von ca. 6—7 m Höhe und 20 m und mehr Länge auffindet. Ob dies alles Thätigkeit des Flusses ist, der einst ein enormes Bett gehabt haben muss, oder ob dass Meer ehemals diese Felsen bespülte, kann ich nicht entscheiden. Das jährliche Ueberschwemmungsfeld des Wami ist hier am linken Ufer nur ein ganz schmales, auf dem sich getrocknete Schneckenschaalen vorfinden (Ampullaria sp.). Hier im Wami sowie im Rukagura lebt an den Felsen eine äusserlich der Auster gleichende Muschel der Gattung Aetheria.

Am Morgen nach der Ankunft brach ich mit zwei meiner Leute und zwei ortskundigen Führern bei Tagesgrauen auf. Schon einige Minuten vom Dorf entfernt ward ein »Sualla« gesehen (Bubalis sp.), entfloh jedoch, ehe wir herankamen. Ueber den Wami wurden wir vermittelst eines ungemein primitiven Rindencanoes befördert. Von einem dicken Baume war die während der Saftperiode weiche Rinde ganz abgelöst, hinten und vorne zusammen gebogen und mit Bast vernäht und das Ganze innen mit einigen Stangen gestützt. Etwaige Löcher waren mit Schlamm verstrichen. In Anbetracht der vielen Krokodile schien mir dies Vehikel nicht allzu sicher, aber es gab nichts anderes und wir wurden auch einzeln vom Fährmann sicher hinüber befördert. Gleich am andern Ufer schoss ich ein kleines Exemplar der hiesigen Riesenschlange (Python Sebae, »Aschatú« der Suaheli). Die Ebene am anderen Flussufer, die bei der Regenzeit stets überschwemmt ist, war jetzt völlig dürre und das Gras fast alles verbrannt. Obgleich ich eine Menge Wild sah, kam ich kein Mal zu Schuss, die Suallas weideten in Rudeln bis zu 20 Stück, aber eine rasche Bewegung, das Rauschen eines dürren Zweiges genügte, um diese Thiere auf weite Entfernung zu verscheuchen. Noch scheuer waren die Zebras (»punda milia« der Suaheli), die schon im gestreckten Galopp davon galoppirten, als ich kaum auf 400 m herangekommen war. Unendlich viele Spuren waren zu sehen, aber keine Beute wurde erlangt. So kam ich denn nach fünf Stunden anstrengenden Marsches mit leeren Händen zurück. Am Nachmittage machte ich zunächst einige Versuche mit dem Schleppnetz vom Wami-Ufer aus, wobei ich mein in Bagamoyo zurückgelassenes kleines Leinenboot sehr entbehrte. Auf einem Spaziergang flussabwärts schoss ich einen prachtvollen, riesengrossen, fast schneeweissen Adler vom Baum herunter. Ich hörte ihn mit grossem Lärm stürzen, aber oh weh! er fiel in den Wami, dessen Strömung ihn mit fortgerissen hatte, ehe ich nur durch das Uferdickicht durchdringen konnte. Wahrscheinlich war es Haliaëtus vocifer. Auf einem Ausflug am nächsten Morgen stiess ich ganz dicht am Dorf auf eine Heerde von etwa 10 Giraffen (»tuiga«), die aber leider eher das Weite suchten, als ich mich heranpirschen konnte. Mich interessirte es sehr, einmal derartige Thiere »bei sich zu Hause« gesehen zu haben; das ist doch ein ganz anderer Genuss, als ihn ein Zoologischer Garten zu bieten vermag. Ich wusste im ersten Augenblick gar nicht wie mir zu Muthe war, als ich diese gelben Riesengeschöpfe auf ihren langen Beinen davontraben sah, die langen Hälse vorgestreckt und mit den Köpfen die Kronen der Bäume streifend; wahrhaftig halb vorweltliche Thiere! Wenn man die durch Grasbrände verdorrten Laubkronen sieht, an denen höchstens noch hier und dort ein grünes Blatt sitzt, so begreift man erst, wie ein Thier mit so langem Körperbau im Vortheil sein kann und wie bei eventuellem Nahrungsmangel die mit längerem Hals versehenen Exemplare vorm Hungertod eher geschützt sein werden, als die kurzhalsigen.

Nachdem der Dorfchef für seine zwei zähen Hähne und etwas Reis ein Gegengeschenk von etwa dem doppelten bis dreifachen Werth erhalten hatte, marschirte ich am selben Tage noch nach dem ca. 2 Stunden entfernten Kidudu, das einige Minuten von dem kleinen vertrockneten Bach Lungo liegt.

Im Dorfe waren einige Leute von einer nach der französischen Mission in Mamboja bestimmten Karawane, die scheinbar sich noch in der Zopfzeit befanden. Ihr ganzes, lang gewachsenes Haar war in kleine, dünne Flechten geflochten und diese vorne und hinten zu je einem grossen Zopf zusammengebunden. Es waren Wakaguru aus der Gegend von Mamboja; um kein Geld und gute Worte konnte weder ich noch mein Kombo sie bewegen, mir ihre ganze Perrücke oder auch nur eine Locke abzutreten; sie behaupteten nach dem Vorbild von Simson, sofort sterben zu müssen, wenn ein Scheermesser über ihr Haupt käme.

Am 5. September ging der Marsch weiter durch ein so ödes Gebiet, wie ich es auf der ganzen Reise sonst nicht getroffen habe. Drei Stunden lang ward durch Gegenden marschirt, in denen weit und breit auch nicht ein grünes Blatt zu sehen war. Alles Gras war zu Kohle verbrannt und überall am Wege lagen Baumstämme, die viele Tage lang noch rauchend fortglühen, nachdem schon der Grasbrand sie passirt hat. Nahe am Dorf standen einige unverzweigte Fächerpalmen (Borassus sp.), aber etwas weiter nur dürre Dorngewächse. Zu dieser Einöde kam die glühende Sonne hinzu, so dass die Leute etwas entmuthigt waren. Wenn auch für den Naturforscher eine solche Oede ihr Interessantes bietet, so hatte auch ich allmählich genug davon. Nach drei Stunden ermüdenden Marsches gelangten wir plötzlich an über mannshohes Schilf und als wir nach 5 Minuten dies durchschritten hatten, befanden wir uns wie mit einem Zauberschlage in völlig anderem Lande. Alles war in prachtvolles Grün gehüllt, das dem Auge um so wohler that, je länger es entbehrt war. Hier wuchs auf schönem Boden hohes Mtama und Mhogo, Mbasi und sogar Bananen. Kaum ein Fleck Land war zu sehen, der nicht unter Kultur stand und hinter diesem grünen Land stieg die hohe Gneiss- und Granitmasse der südlichen Ungúu-Berge auf, an ihren Abhängen von prachtvollem Wald bewachsen, durch den hier und dort Felsmassen durchblickten.

Das bebaute Terrain wurde durchschritten, wobei ich die prächtige schwarze Erde bewundern konnte; dann ging der Marsch an einem Waldsaume hin. Hier ist beinahe von einem tropischen Urwald zu sprechen; hohe Bäume, von denen viele Luftwurzeln haben, sind zahlreich, arm- und schenkeldicke Lianen umschlingen Stämme und Aeste und sind wie fliegende Brücken von einem Baum zum andern gespannt. Hier ist ein grosser Baumriese umgestürzt und wird nun von Termiten zernagt und dort spriessen Tausend neue Bäume zum Licht empor. — Nach einstündigem Marsche überschritten wir den nicht ganz knietiefen Fluss Li-Ualle, der hier etwa 20 Schritt breit war, Kiesboden hatte und prachtvoll klares Wasser führte. Begierig löschte ein Jeder seinen Durst mit der köstlichen Flüssigkeit.

Bei dem Weitermarsche, der in NNW-Richtung geschah, verfehlte mein in Mbusini angenommener Führer mehrfach den Weg, sodass wir erst nach einigen Umwegen bei der Mission M-honda ankamen, in deren Nähe ich mein Lager unter einem riesigen Baume aufschlug. Gleich darauf wurde ich von dem liebenswürdigen Père der Mission eingeladen, während meiner Anwesenheit sein Gast zu sein.

Die Mission der Pères du sacré coeur de St. Marie liegt schon in einiger Höhe auf einem Vorhügel der Ungúu-Berge, zwischen zwei kleinen Nebenflüssen des Ualle, dem Mvadje und Likalula. Letzterer fliesst hart hinter dem Hof vorbei und versorgt die Bewohner mit köstlichem, klaren und kühlen Bergwasser.

Die Mission besteht aus dem Père, einem Laienbruder und etwa 16 Zöglingen, strammen Jungen, die gut zur Arbeit angehalten werden. Eine kleine Kapelle mit Wellblechdach, ein Wohnhaus und Nebengebäude sind die vorhandenen Baulichkeiten. Die Missionszöglinge sind in mehreren Dörfern, von denen eins hart an der Mission selbst liegt, angesiedelt. Theils sind diese Leute aus der hiesigen Anstalt selbst hervorgegangen, theils sind sie von Sansibar und Bagamoyo aus dort angesiedelt. Nach Erkundigungen bei dem Père gedeiht in den Flussthälern vieles vorzüglich, so Taback, Bananen, Zuckerrohr, sogar Orangen. Aber auf den gesünderen Hügeln hat man sehr mit der Trockenheit zu kämpfen. Der Père hat dort schon seit fast 20 Jahren Versuche gemacht und ist zu dem Resultat gekommen, dass nur Mtama, Mais und die anderen Negergewächse wirklich gedeihen. Versuche mit Wein sind ganz fehl geschlagen und der Kaffeestrauch wird stets von einem Insekt in den Stamm gestochen, so dass er vertrocknet und abstirbt. Manche tropische schöne Frucht gedieh in einem Gemüsegarten leidlich. — Hinter der Mission erheben sich zu beträchtlicher Höhe im Süden der Komafiri, westlich der Hamanga und das enorme Massif des Lussingisso. An der anderen Seite des Ualle-Thals erhebt sich das Massif des Gussamboga. Ganz Ungúu ist ein grosses massiges Gebirge aus Urgestein. Gneiss, der stellenweise, besonders im nördlichsten Theile fast in Glimmerschiefer übergeht, sowie rosa und grauer Granit sind die Hauptbestandtheile, aus denen es aufgebaut wird. Diese sind vielfach von meist rosafarbenem Quarz durchzogen und oft tritt auch Feldspath isolirt auf. Im Nordosten fand ich einen Hügel nicht weit vom Kimbe-Berg, der aus stark eisenhaltigem Gestein zu bestehen schien; sonst habe ich an Metallen nichts gesehen. Nach Aussage des Père soll in Flussthälern spärlich ein Graphitschlamm vorkommen, der von den Leuten in faustgrossen Ballen getrocknet wird und zum Einschwärzen ihrer Kochtöpfe dient.

Die bisher existirenden Karten des Flusssystems von Ungúu konnte ich nach eigenen Beobachtungen, sowie nach Erkundigungen bei dem Père der Mission sowie bei meinen Führern als völlig irrig konstatiren. Ich hoffe, dass meine beigegebene Karte wenigstens etwas zur Richtigstellung dienen kann, wenn ich auch wohl selbst ihre Unvollkommenheiten in Anbetracht des Mangels an Messinstrumenten und Aneroïden am besten kenne.

Der Hauptfluss von Ungúu ist der Ualle (mit Artikel Li-Ualle), der in der südlichen Hälfte des Centralmassifs entspringt, einen nach S. geöffneten Bogen beschreibt und in südöstlicher Richtung fliessend, endlich sich mit dem von Südwest kommenden Mukondokua zum Wami vereinigt. Der Name Wami soll erst von hier an gebräuchlich sein. Der Ualle empfängt von rechts eine Reihe von klaren Bergbächen, die in engen Thälern, theis mit Wasserfällen, herabfliessen. Soweit mir bekannt, sind ihre Namen: Buruma, Tjasi, Likulula, Tjasi, Likulula, Mvadje und endlich noch einer aus den südlichen Vorbergen von Ungúu kommender rechter Nebenfluss. Der Ualle soll niemals austrocknen. Von links empfängt der Ualle den langen in Nord-Ungúu entspringenden Mdjonga, der einige Monate im Jahr kein Wasser führt. Das wenige Wasser fliesst langsam im Sande weiter und tritt an anderen Stellen wieder zu Tage. Die Quellflüsse des Mdjonga sind der aus dem äussersten Norden entspringende Luhiga mit Kiseru, sowie der mit einem Bogen aus Südwest kommende Buruma. Verschiedene kleine Bäche führen ihm noch von links und rechts etwas Wasser zu.

Das Thal des Mdjonga führt, besonders im südlichen Theil, tiefschwarze, sehr humusreiche Erde und ist mit 2—3 m hohem Schilf dicht bewachsen, wo sich keine Kulturen befinden. Zuckerrohr gedeiht ausgezeichnet. Aus der geringeren Wassermenge des Mdjonga gegenüber dem Ualle ist mit ziemlicher Wahrscheinlichkeit zu schliessen, dass der nördliche Theil der Ungúu-Berge niedriger und trockner sein muss, als der südliche. Als Parallelfluss kommt aus dem nördlichen Ungúu der Rukagura, der unterhalb Mbusini in den Wami fliesst. Nach Norden hat der Gebirgsstock keinen Abfluss, nach Osten fliesst ein kleiner Bach, der Msangasi, der während des grössten Theils des Jahres austrocknet. Er entspringt nördlich vom Kilindi-Berg, und fliesst bei Kipumbuë, 5 Stunden südlich von Pangani, ins Meer. Er befindet sich auf keiner Karte verzeichnet. Die Hauptgebirgsmasse liegt im Süden des Landes; nach Norden flacht es sich etwas ab, wenn auch Dr. G. A. Fischer die Höhe des Mgaera-Berges im äussersten Norden noch auf ca. 815 m bestimmte. Oestlich des Mdjonga fällt das Terrain aus einem Hügellande ziemlich schnell zur Usegua-Ebene ab, aus der sich in der Nähe des Flusses noch ziemlich bedeutende Berge erheben. Sogar jenseit des Rukagura liegt noch der steile Gneiss-Fels des Kilindi-Berges.

Die Grenze von Ungúu (nicht Unguru!) ist ungefähr mit der Ausdehnung der Berge bestimmt; genaue Grenzen giebt es natürlich nicht. Zudem sind die Berge des Westens, gegen das Land Geja und das Massaïland so gut wie unbekannt. Die Bewohner, die Wangúu, sind Leute des Usegúa-Stammes, die aber die Berge bewohnen. Ihr Aussehen, Sitten etc. gleichen völlig denen der Wasegua, ebenso ihre Sprache. Im Osten des Landes hat sich der Chef Mtiga eine grosse Zahl von Dörfern durch Krieg und Raub tributpflichtig gemacht und herrscht gewissermassen als Sultan über 50 bis 60 Dörfer. Im Süden hat der Père der Mission durch wohlwollende Behandlung der Leute einen grossen moralischen Einfluss gewonnen, so dass aus weiter Entfernung die Eingeborenen sich Rath holen und gerne von ihm Streitigkeiten schlichten lassen.

Zwei Tage gönnte ich mir Rast in dem kleinen Paradiese zu M-honda, denn auch ohne den Gegensatz zur traurigen Ebene könnte man es in Wahrheit ein Paradies nennen. Bei schöner Gegend sind die Tage mässig warm und die Nächte angenehm kühl. Fieber ist fast unbekannt. Die Regenzeit ist etwa im April und ausserdem fallen fast bei jedem Mondwechsel Niederschläge. Der Thau des Morgens war oft recht stark. — Die beiden Tage vergingen mit Ausflügen und »Karawanenthätigkeit« sehr rasch. Der kleine Bach Likulula fliesst in einem prächtigen Thal. Zwischen grossen und kleinen, abgerundeten Felsen plätschert das kristallklare, kühle Wasser; aus dem Felsen kommen Farrenkräuter verschiedener Formen hervor und von den hohen Bäumen hängen überall Lianen herab. Hier und da fällt in den dunklen Schatten höchst malerisch ein Sonnenblick hinein und wo ein freieres Terrain ist, erfreut das helle Grün der Bananen das Auge. Ein kleiner Wels (Synodontis sp.), ein Aal (Anguilla labiata), zwei andere Fische, sowie wahrscheinlich nach Beschreibung noch ein Neunauge, das ich jedoch nicht bekam, leben in den Bächen; an ihren Ufern und unter Steinen kriecht die Bachkrabbe (Telphusa) einher. Vögel waren zur Zeit auffallend wenig vorhanden. Die Berge wimmeln nach Aussagen der Einwohner von Schlangen, von denen manche giftig sein sollen. Gegen ihre Bisse trägt fast jeder Neger ein fingerlanges Stück Holz bei sich, das ein Gegenmittel enthalten soll. Die Missionaire hielten die Wirksamkeit für nicht unwahrscheinlich. Wenn die Leute gebissen sind, machen sie oberhalb der Wunde einige Hauteinschnitte, schaben etwas von dem Holz, das in der Sprache der Wakamba »mavumbuli« genannt wird, und reiben es mit Speichel oder Wasser vermengt in die Wunde; auch wird etwas innerlich eingenommen. Eventuell muss die Procedur wiederholt werden und eine feste Ligatur wird wohl das Uebrige thun. Leider bekam ich die Pflanze nicht zu sehen, obgleich ich von einem Tag auf den andern vertröstet wurde, kann also auch nicht angeben, zu welcher Familie sie gehört. Ein Stück des Holzes wird zur Untersuchung später an das botanische Museum zu Hamburg gesandt.

Am 8. September nahm ich Abschied von den Patres und marschirte mit meinen Leuten über stark hügeliges Terrain zuerst etwas nach Südost. Nach 1¼ Stunden wurde der Ualle nochmals überschritten, der hier viele Felsen im Bett hat. Beim Uebergange fielen zwei Lasten ins Wasser, unter denen leider meine Patronenkiste war, in der viel verdarb. Nun ging es, nachdem noch etwas Bergklettern überwunden, in ziemlich nördlicher Richtung im Thal des Mdjonga hinauf. Wo nicht Partien angepflanzt sind, ist das Thal mit enorm hohem Schilf bewachsen (mavuvu der Suaheli), durch das ein ziemlich verwachsener Weg führte. Um meinen Leuten mit ihren Lasten das Durchkommen zu ermöglichen, schickte ich drei Mann mit Messern voraus, die den Weg klar machen mussten, aber trotzdem blieben die Leute fortwährend hängen, sodass wir nur langsam weiter kamen. Einem meiner Askari fuhr ein spitzes Schilfstück ins Augenlid, das ich erst nothdürftig verbinden musste.

An ein genaues Auspeilen des Weges war kaum zu denken bei den fortwährenden Krümmungen desselben. Auf dem bebauten Land wuchsen zwischen den Kulturpflanzen viele Blumen, so gelbe Malven mit braunrothem Grunde, grosse violette Winden, rothe Kompositen u. a. m. Eine Papilionacee zeigte, als ich sie für meine Sammlung abpflücken wollte, zahllose feine Stachelhaare, die in der Haut ein furchtbares Jucken verursachten. Sie wird »Upupu« genannt. Nach Ueberschreitung von zwei kleinen Bächen, Lukaloa und Hanaha, kamen wir in Manguālla an. Den nächsten Tag war der Weg ganz ähnlich, nur kam zu dem Schilf von gestern noch ein anderes, spitzblätteriges hinzu, das »Matete« genannt wird; es soll zur Fabrikation der Maskat-Matten benutzt werden. Ausserdem wuchs hier viel hohes, üppiges Zuckerrohr (mívoa). — Nachdem wir einige Schritte in dem hier trockenen Bett des Mdjonga hinaufgegangen, kamen wir bald nach Matomondo-qua-Msúmba, das an einem kleinen schilfumwachsenen Teich liegt, in dem Krokodile und grosse Welse vorkommen sollen und in dem ich eine Süsswassergarneele fand. In einer Viertelstunde war das Dorf Matomondo-qua-Mgalla erreicht, wo ich übernachtete. Ziemlich genau östlich von diesem

Ort liegt der grosse Kegel des Kanga-Berges, den ich schon von Kidudu aus gesehen hatte. Er muss eine bedeutende Höhe erreichen, doch wage ich keine Schätzung. Als seltene Erscheinung sah ich hier im Dorf eine Frau mit Kropf.

Den nächsten Morgen gingen wir eine ganze Zeitlang im Flussbett aufwärts, dann folgte ein hügeliges Terrain, was wieder einmal recht trocken war; ganz ebenso wie früher verbranntes Gras und Dornbäume. Nach etwa 2 Stunden ward ein Weg gekreuzt, der von Sadani aus über die Ungúu-Berge ins Massaï-Land führt. Die Leute fürchteten hier Massaï-Ueberfälle und auch meine Karawane wurde ein wenig davon angesteckt. Gleich nachdem ich den kleinen, jetzt stagnirenden Bach Binda überschritten hatte, stöberten wir eine Heerde von Pavianen auf, die mit grossem Gekreisch entfloh. Ein Weibchen, das gerade einen Baum hinaufkletterte, schoss ich herunter und während ich nochmals zu Schuss zu kommen suchte, holten meine Leute das verwundete Thier heran, das sofort starb.

Infolge meines Schiessens kamen die Bewohner eines Nachbardorfes herbei, glaubend, dass es sich um einen Massaï-Einfall handle. Alle waren bis an die Zähne bewaffnet, wurden aber bald beruhigt. So kann man ganz unschuldig durch Missverständnisse in Verwickelungen kommen. Die Leute balgten mir den Pavian ab und erhielten zum Lohn das Fleisch, das sie gern verzehren. Die Suaheli rühren so etwas nicht an. Das Weibchen lieferte mir einen schönen jungen Embryo. Nach kurzem Marsch langten wir in Kipembere an, das zwischen den Bergen Kiduli und Muefu östlich sowie Kifigo und Quamgua westlich im Thal des Baches Kikoa liegt. Die Dörfer sind hier sämmtlich mit sehr starker Boma (?) umgeben und man bemerkt auffallend viele Daua gegen Feinde, alles aus Massaï-Furcht.

Den nächsten Tag (11. September) gelangten wir in nordwestlicher Richtung nach vierstündigem Marsche nach dem Dorfe Kihenga. Der Weg ging theils durch trockene Gegend mit hohem Gras und dürren Bäumen, theils durch fruchtbare Thäler, die sehr schwarze Erde aufwiesen. Die Hügel bestehen aus Laterit, durch den vielfach Granit durchtritt. Kihenga liegt etwas westlich von den Bergen Kimbe und Kagali, zwischen denen das grosse Dorf des »Sultans« Mtiga, Pambeni liegt. Da ich etwas ermüdet war, suchte ich den uralten Mtiga nicht auf, sondern sandte nur meine Leute mit angemessenen Geschenken in Zeug, Drath, Perlen etc. zu ihm. Spät Abends kamen sie erst zurück mit zwei Männern des »Sultans«, die mir fürs Erste etwas Buttermilch brachten, die ich mir sehr schmecken liess.

Nachmittags schoss ich ein Perlhuhn mit der Kugel vom Baum herab. Als es dunkel geworden war, machten meine Leute, wie an so vielen Abenden, »Ngoma«, d. h. Tanz bei der Trommel. Es ist mir unvergesslich, wenn bei Mondschein und bei der flackernden Beleuchtung mehrerer Feuer die Leute sich im Kreise langsam mit ihren eigenthümlichen Tanzbewegungen herumbewegten. In der Mitte macht ein Mann auf der Trommel und einer auf einem alten Stück Blech oder dergleichen Skandal; einer singt vor und die andern wiederholen den Refrain. Ich lag dann nach dem Essen im bequemen Stuhl vor meinem Zelte, bald die vom Feuer beleuchteten Neger, bald die schwarzen Bäume betrachtend, die sich vom Mondscheinhimmel gigantisch abhoben. Solche Abende sind es, die dem Reisenden so unvergesslich sind und die ihn immer wieder zu der Wildniss hinziehen. Oft erzählte dann auch mein Koch, der lange auf englischen Kriegs- und Kohlenschiffen gefahren hatte, den staunenden Eingeborenen von den Wundern Uleias (Europas), sprach ihnen englische und französische Worte vor, sagte ihnen, dass die Menschen dort in riesigen Häusern wohnten, immer einer über dem andern, dass die Wege von Stein und die Häuserreihen riesig lang seien; auch erzählte er ihnen endlich von ethnographischen Gegenständen aus Europa, wie Tournuren, Corsets, falschen Chignons etc., was die guten Leute staunend und kopfschüttelnd anhörten.

Am nächsten Tage gab ich grosse Audienz vor meinem Zelte für den ältesten Sohn von Mtiga, Matebe vom Dorfe Changarigua am Berge Lussanja, südwestlich von Kimbe. Ich war gerade etwas spazieren gegangen, als ich von Ferne Trommeln und grosse Schiesserei hörte; ich eilte zurück und fand den Sohn des Mtiga vor, einen Mann von ca. 35—40 Jahren, mit kleinem Kinnbart und leidlich intelligentem Aussehen. Als Gegengeschenk überbrachte er mir ein Schaf, etwas Milch, ein enormes Bündel Zuckerrohr und einen zahmen Pavian. Es ging ohne Formalitäten her. Wir sassen uns gegenüber und fragten nach dem gegenseitigen Befinden und Anderem. Mit einem gewissen Misstrauen setzte er sich in meinen Klappstuhl hinein. Grosses Interesse ward einem Cognac, Mandelmilch und Bisquits entgegengebracht und von Allem dem alten Mtiga eine Portion mitgenommen.

Nachdem seine Begleiter je ein Kopftuch (breites Taschentuch) und er etwas besseres bekommen hatte, wurde noch eine Anzahl von Bilderbogen (zu haben bei Oehmigke & Riemschneider in Neu-Ruppin) ausgetheilt. Preussische Kavallerie gefiel besonders; er meinte, dass er von Soldaten zu Pferde, die alle so bunt angezogen wären, noch nicht gehört hätte. Höchst befriedigt zog man mit Trommeln und Schiesserei ab. Ich zeigte den Leuten unter enormem Beifallsgeheul, wie man aus einem Revolver sechs Mal schiessen kann, ohne zu laden.

Mtiga ist jetzt ein alter, blinder Meergreis. Mein Kombo sah ihn in der fast finsteren »Veranda« seiner Hütte ganz zusammengeknickt kauern, blind, mit weissem Haar und Bart, fast gänzlich apathisch. Trotzdem lässt er es sich nicht nehmen, bei einem Kriegszug seinen Leuten auf einem Esel ein Stück voranzureiten. Durch seine Eroberungs- resp. Raubzüge hat er sich wohl an 50 Dörfer unterworfen, die ihm nun tributpflichtig sind. Seine Züge hat er bis dicht bei Mbusini ausgedehnt. Die Naturalien, die er als Tribut erhält, werden mehrere Male im Jahre zur Küste gesandt und für den Erlös Pulver und Gewehre eingekauft. Sein grosses Dorf Pambeni liegt in einem Sattel zwischen den Bergen Kimbe, Pangai und Mseko einerseits und Kalani und Kagali andererseits. Etwas nördlich davon liegt das Dorf Sudeola, das fast ebenso gross ist. Ungefähr von Matomondo bis Kilindi ist die Gegend ihm unterworfen.

Den folgenden Tag, am 13. September, ging der Weg meistens nord-nord-östlich am Berge Kimbe vorbei. Es war hügeliges, ziemlich trockenes Terrain mit grösstentheils dürren Bäumen. Oestlich des Kimbe-Berges soll der Rukagura fliessen und keine Berge mehr vorhanden sein. Nach sechs Stunden langten wir im Dorfe Matilibe dicht am Ufer des Rukugura an, zwischen den Bergen Msunga westlich und Ganga und Kilindi östlich gelegen. Der Rukugura ist hier ein ganz schmaler Bach mit sandigem Bett. Am 14. September wurde, nach Ueberschreitung des Baches, der Kilindi-Berg nördlich umgangen. Die Gegend ist hier bedentend feuchter und vielfach stark bewaldet. Einige Male wurden kleine Waldbäche überschritten. Der Nord-Ost-Abhang des sehr hohen Kilindi-Berges ist mit echtem Urwald bedeckt, dem einzigen, den ich bis jetzt sah. Riesige Bäume, von Lianen umschlungen, schiessen, nach dem Licht strebend, aus dem feuchten Schatten heraus, um die Wette in die Höhe. Ueberall tröpfelt die Feuchtigkeit von den Bäumen. Hier und dort waren Baumriesen umgefallen, durch die Lianen andere mit sich reissend oder doch biegend. Sie vermodern und dienen Schaaren von Termiten als willkommene Beute. Am Boden war ein solches Gewirre von Unterholzwurzeln etc., dass ausserhalb des Weges an ein Fortkommen kaum zu denken war. Alles ist grün, Blüthen sind so gut wie gar nicht vorhanden, und auch von der Fauna war ausser einigen grossschnäbligen Rhamphastus nichts zu sehen.

Wir gelangten in das höchst üppige, Makakalla genannte Thal, das von den bewaldeten Abhängen des Kilindi- und Ganga-Berges mit ihren Vorbergen umgeben war. Beide Berge erheben sich mit nackten Gneiss-Felsen zu beträchtlicher Höhe, als östlicher Theil der Ungúu-Berge. Das Makakalla-Thal ist von einer bezaubernden Fruchtbarkeit, hat fast ebenen Grund von dunkler Erde und ist von einem kleinen Bach Msiri durchströmt, der in den Rukagura fliesst und selten austrocknen soll. Zahlreiche Dörfer sind auf leichten Höhen im Thal und an den Bergabhängen gebaut. Von einem Punkte aus konnte ich 6 Dörfer sehen, was für Afrika eine Seltenheit ist. Wenn dies Gebiet nicht 7 Tage von der Küste entfernt wäre, so gäbe es wohl keinen passenderen Ort für einen Plantagenbau. Die Leute scheinen ziemlich wohlhabend zu sein, wenigstens sah ich ganz gute Rinder und viele Gewehre. Häufig halten sich hier Leute von der Küste auf, um Lebensmittel, Taback etc. einzukaufen.

Nachmittags kamen zwei Wakuafi ins Lager. Es sind dies Massaï, die etwas Ackerbau treiben. Sie waren auf der Wanderung; schlanke junge Leute mit dunkel chokoladenbrauner Haut und angenehmen Gesichtszügen, die durch die spitze Nase und dünnen Lippen vom Neger angenehm sich unterscheiden. Ihr Haar war in vielen kleinen Zöpfchen geflochten, vom Scheitel hing eine lange, mit Messing verzierte Lederschnur herab. Grosse Holzpflöcke steckten im Ohrlappen und in der Ohrmuschel hingen kleine Perlringe, die mit Zündhütchen und anderen Kleinigkeiten besetzt waren. Die unteren zwei Vorderzähne waren ausgebrochen. Ihr Aussehen konnte man nur freundlich und gutmüthig nennen, alles wurde belacht. Um den Hals trugen sie mit Messingkettchen verzierte Perlschnüre und um die Hüften zwei Schnüre aus »madji bahari«, d. h. dunkelblauen Perlen. Aehnlich war der Schmuck der Handgelenke; um die Fussgelenke hatten sie dagegen nur einen Lederstreifen spiralig gewunden. Als Bekleidung diente ein Schurz und ein Tuch um die Schulter, beide von weisser Baumwolle, die aber mit Lateritlehm und Butter braunroth gefärbt waren. In der Hand führte jeder zwei breitklingige Speere, die nur als Stosswaffe dienen. Alle Kleinigkeiten, die mir gegen Zeug verkauft wurden, mussten erst bespuckt und mit der rechten Hand drei Mal im Kreise um den linken Unterarm geführt werden.

Von nun an wurden die Ungúu-Berge allmählich verlassen. Zunächst ging der Marsch an den Bergabhängen in ziemlicher Höhe hin. Mehrfach kreuzten wir fruchtbare Thäler. Später wurde die

Gegend trockener, leichte Laterit-Hügel mit Akazien etc. bestanden. Die Bäume waren mit zahllosen Flechten verschiedener Arten Usnea u. a. bedeckt. Nach vierstündigem Marsch, der in der zweiten Hälfte nordöstlich war, kamen wir in Quadigassa an. Nahe am Ort fliesst der aus Nord-Ost-Ungúu kommende Bach Msangasi vorbei, der während des Regens bei Kipumbuë das Meer erreicht.

Am 16. September wurde Dr. G. A. Fischer's Route nach dem Njansa gekreuzt. Wir marschirten fast östlich durch leicht hügeliges Terrain. Lateritboden wechselt mit leichter, sandiger, grauer Erde ab. Trotz der grossen Trockenheit war noch manches Grün vorhanden und gar kein Grasbrand, bis zum Pangani-Fluss. Leichtes Unterholz mit einzelnen Buschinseln wechselten mit ziemlich offenem Terrain ab. Bisweilen sogar sah ich Ebenen mit niedrigem, grünen Gras und wenig Bäumen. Die Leute pflanzen fast nur Mtama und Mbasi, wenig Taback und Ricinus. Ziegen sind in grosser Menge vorhanden. Nach 6 Stunden erreichten wir Malianga qua Mlindi.

Mlindi, der Chef des Dorfes, ist einer der einflussreichsten Leute in Nord-Usegua. Er soll sich ähnlich wie Mtiga über 20 Dörfer unterthan gemacht haben. Sein grosses Dorf Malianga besteht aus etwa 40–50 Hütten. Mlindi, ein Mann von etwa 50 Jahren, mit breitem, wenig einnehmenden Gesicht, mit etwas grauem Haar und Bart, rühmt sich, Freund der Deutschen in Pangani zu sein. — Nie habe ich so viel gekurpfuschert, wie an diesem Tage; ausser Magen-, Kopf- und Brustleidenden, die meist mit »English Salt« kurirt wurden, kamen zwei Leute mit grossen Beingeschwüren; solche häufige Wunden kratzte ich mit scharfem Löffel aus, schnitt in die Wundränder hinein und beizte gehörig mit dem Höllensteinstift. Nach einem antiseptischen Verband wurden sie ihrem Schicksal überlassen. — Mhammadi Soa, den ich rechts liegen liess, ist ebenfalls ein Herrscher über eine Anzahl von Dörfern.

Noch einige Tage ging der Marsch westlich auf Korogwe zu. Es ist ein welliges, allmählich zum Rufu-Fluss abfallendes Gebiet. Kandelaber-Euphorbien sind sehr häufig in 3 verschiedenen Arten.

Ein grosser schwarzer Nashornvogel mit rothen Hautlappen am Kopf und Kehle (Tmetoceros abyssinicus) ist hier häufig. Langsam stelzt er wie ein Rabe auf der Erde umher, seine Nahrung suchend. Aufgescheucht, fliegt er schwerfällig nur kurze Strecken weiter. Wenn er Abends zum Schlaf auf Bäumen sitzt, hat er seinen Hals kurz gekrümmt, den grossen Schnabel wagerecht und den Schwanz etwas nach unten gerichtet. Ich fand Körner und Insekten im Magen; nach Aussage der Leute soll er auch Schlangen vertilgen.

Am 18. September marschirte ich etwa um 3¾ Uhr ab, da nachher die Sonne stets so stark brannte. Aber unglücklicher Weise verfinsterte sich der Mond, der beim Abbrechen des Lagers noch geschienen hatte, sehr bald und leichter Regen rieselte herab, so dass bei der Dunkelheit der Marsch für die bepackten Leute sehr unangenehm war. Jede Wurzel und jeder Stein ist ihnen natürlich ein Hinderniss, sobald sie nicht sehen können. Ausserdem verfehlten wir einmal den Weg und mussten umkehren. Ich liess deshalb nach 2 Stunden nicht die gewohnten 15 Minuten halten, sondern erwartete ruhig das Tageslicht. Auf dem Wege sahen wir rechts in der Ferne ein Wakuafi-Dorf, von denen einige in der Nähe sind. Ueberall tritt durch den rothen Laterit oder den Sand Gneiss und Granit hervor und bisweilen findet man als Verwitterungsprodukte Massen von Quarz- und Feldspath-Brocken. Im Dorf Heluguembe, wo das Zelt aufgeschlagen wurde, bekam ich als Geschenk noch eine Ziege, so dass ich schliesslich drei solcher Thiere in meiner Karawane treiben liess, da ich doch nicht täglich eine Ziege essen konnte. Dieses »Schenken« ist gerade keine angenehme »Dasturi« (Sitte), da der Mgeni (Fremde) immer den 3–4 fachen Preis als Gegengeschenk geben muss. Ausserdem bekommt man beim Schlachten nur ein kleines zähes Stück Fleisch und das übrige erhält die Mannschaft, da man es in der Sonne nicht transportiren kann.

Ins Dorf kamen einige Wakuafi aus dem benachbarten Ort, mit denen Handel getrieben wurde. Als Dolmetscher diente Makatta, der etwas Kimassaï, sehr gut aber Kisegua spricht. Ein hoher, schlanker Mann mit kahl rasirtem Kopf wollte so gut wie nichts verkaufen, nur ein hübsches Messingarmband liess er mir schweren Herzens ab. Ausser seiner Lanze trug er ein Schwert, das sich von dem Wasegua-Schwert nur durch die etwas schlankere Spitze auszeichnet. Viele solche Waffen werden von den Wasegua angefertigt und den Massaï verkauft.

Bedeutend viel zugänglicher waren die 5 Individuen des schöneren Geschlechts, welche erschienen waren. Gegen Perlen (kleine runde) war ihnen alles feil mit Ausnahme ihrer Hautkleidung, die sie auch nicht für die sechsfache Menge von Zeug hergeben. Es waren die reinen Schachertalente. Ihr Körper war ziemlich zart gebaut, soweit man dies sehen konnte; ihre Gesichter sind theilweise sogar angenehm, (schmale Nase und schmale Lippen). Beide Geschlechter haben die 2 unteren Vorderzähne ausgeschlagen; die Nachbarzähne sind nachträglich etwas einander näher gerückt. Ihr Kopfhaar schaben sie mit einem kleinen keilförmigen Messer ab, das um den Hals in

Ledertasche getragen wird. Eins derselben habe ich erworben. Die Kleidung besteht aus enthaarten und zusammengenähten Häuten, die mit geschmolzener Butter eingerieben sind und vor Schmutz starren. Durch diese ranzig werdende Butter haben die Schönen ein eigenartiges Parfum an sich, was um so peinlicher auf meine Riechorgane wirkte, als dieselbe sehr empfindlich sind und die »Damen« bei ihrer Aufdringlichkeit immer eng um meinen Tisch standen. Ein grosses Stück Haut wird über die Schulter von hinten geschlagen und um die Taille von einem hübsch gestickten Perlgurt zusammengehalten. An einem Riemen über dem Scheitel tragen sie eine grosse Tasche aus Haut, die auf dem Rücken hängt. In ihr wird Fleisch, Kalebassen mit Milch und Anderes transportirt. Als Schmuck dient dicker Eisen- und Messingdrath; von ersterem sind riesige Spiralen um Unterschenkel und Unterarme gewickelt. Um den Druck dieses beträchtlichen Gewichtes aufzuheben, haben sie die Knöchel mit Lederstücken umwickelt. Andere, die wir auf dem Wege sahen, hatten riesige Eisenspiralen um den Hals. Kleine Arm- und Halsringe werden ausserdem noch getragen. Am entsetzlichsten ist jedoch der Ohrschmuck. Ausser ganz zarten in der Ohrmuschel getragenen Ringen hing in dem enorm erweiterten Ohrläppchen, das ein Loch von 6 bis zu 8 cm Durchmesser aufwies, je eine riesige, doppelte Messingdrathspirale, die jede wohl das Gewicht von einem Pfund bedeutend überstieg. Da das dünne Fleischband des Ohrlappens dies Gewicht natürlich nicht zu tragen vermag, werden die Spiralen ausserdem noch an einem über den Scheitel laufenden Riemen getragen. Trotz ihres Schmutzes und ihrer »abfärbenden« Sachen, gestaltete sich der Verkehr mit ihnen zu einem ganz interessanten, besonders durch ihre Lustigkeit, mit der alles belacht wurde, und durch ihre ungeschminkte Natürlichkeit. Neugierde entwickelten sie garnicht und Anderes als Perlen wollten sie auch nicht geschenkt haben. Für Perlen aber liessen sie sich sogar photographiren.

Den folgenden Tag gelangten wir in sehr anstrengendem, heissen Marsch nach Haliboma; schon hier war das Grundwasser spärlich und leicht brakisch. Noch mehr war dies am 20. September der Fall. Stellenweise wird hier sogar durch Eindampfen von Wasser ein leicht bräunliches Salz gewonnen, von dem ich eine Portion mitgebracht habe. In Mandu, wo die leichtwellige Ebene zur Rufu-Niederung abfällt, mussten meine Leute 1½ Stunden nach Wasser gehen.

Endlich am 21. September erreichten wir nach 5 Stunden Marsch durch die Rufu-Niederung den Fluss etwas oberhalb von Korogwe. Es breitet sich hier am rechten Flussufer eine breite Gras- und Schilfebene mit wenig Bauminseln aus, deren schwarze Erde jetzt trocken und zerrissen war. Dass sie während der Regenzeit zum grossen Theil von Wasser bedeckt ist, beweisen die trockenen Schnecken (Ampullaria) und Krebsschalen (Telphusa). Das Dorf Korogwe liegt auf der nördlichen von den beiden, hier durch die Flussarme eingeschlossenen Inseln. Die 3 Arme sind überbrückt, indem die Leute flachgehauene Baumstämme auf die in das Flussbett gerammten, gegabelten Stämme von Hyphaena-Palmen gelegt und mit Lianen festgebunden haben; andere Lianen dienen als Geländer. Zur Sicherheit gegen wilde Thiere und gegen Massaï nehmen sie jede Nacht ein mittleres Brett fort. Die Hütten des Dorfes scheinen nur aus einem Dach zu bestehen, das bis auf die Erde reicht und nur eine winzige Thür hat, durch die man auf Händen und Füssen ins Innere kriechen muss. Die Leute nennen sich Warufu (gespr. Uaruvu) und sprechen ein Gemisch von Kisegua und Kisuaheli.

Hier erst hörte ich die Bestätigung von unbestimmten Gerüchten, die im Innern kursirten; an der Küste sollten grosse Unruhen herrschen und die Beamten der Deutsch-Ost-Afrikanischen Gesellschaft Pangani verlassen haben; ebenfalls vernahm ich hier Dr. Hans Meyer's Unglück mit seiner Karawane. Ich sandte deshalb an den Verwalter der Plantage Lewa eine Nachricht voraus und bat ihn Briefe nach Sansibar und Europa wenn möglich zu befördern, was auch gelang; alle späteren Nachrichten wurden durch die Aufrührer zurückgehalten.

Die Gegend hier am Rufu ist sehr stark bevölkert, ein Dorf reiht sich an's andere, ein kleines Paradies. Hier gedeihen sogar eine Anzahl von Cocospalmen, deren prachtvolles Wasser ich mir hier recht munden liess, nachdem dieser Genuss so lange entbehrt war.

Die Rufu-Ebene, auf der das schöne Vieh der Warufu weidet, ist am linken Ufer hier nur schmal, da ziemlich dicht an den Fluss die Laterit-Vorhügel des hohen Usambáa-Gebirges treten. Hier ist es die Usambeni-Bergmasse, die sich steil zu beträchtlicher Höhe erhebt. Die ganzen von mir gesehenen Bergmassen hier bestehen ebenso wie in Ungúu aus Gneiss, Granit und Glimmerschiefer. — Die verlassene Station Korogwe liegt etwa 20 Minuten nordöstlich des Dorfes auf einem Laterit-Hügel; das einst gewiss sehr nette Gebäude ist total ausgebrannt; in der Ebene kann man noch an zwei Stellen zwischen Unkraut eine Anzahl von Baumwollpflanzen bemerken. — Hier in Korogwe bemerkte man die Nähe der Kultur daran, dass die Leute ungern für Zeug kauften, sondern lieber Kupfermünzen nahmen. Nach einem Rasttage marschirte ich zunächst etwas am Fluss entlang, woselbst sich ein Dorf an das andere reiht. Nachdem nach ca. einstündigem Marsche der aus den Usambáa-Bergen kommende Fluss Ruendéra auf einem Riesenbaumstamm überschritten war, liessen wir den Rufu immer mehr rechts liegen und gingen durch die Vorberge von Usambáa, zur Linken die hohe Totuë-Kette mit ihrem Vorberge Sagama. Diese ganzen Hügel sind dicht bewaldet oder mit hohem Schilf bestanden, wenn das Land nicht unter Kultur genommen ist. Die Bevölkerung ist nach den vielen Dörfern zu schliessen, recht zahlreich. Am ersten Tage wurde nach sechsstündigem östlichen Marsche in dem kleinen Ort Luasi das Lager aufgeschlagen. Von einer Unruhe oder Aufregung unter der Bevölkerung war nichts zu bemerken, so dass ich die Gerüchte für übertrieben hielt. Den nächsteu Tag war die Marschrichtung etwa Ost und nach abermals sechs Stunden erreichten wir die Plantage Lewa. Kurz vor der Ankunft musste ich Halt machen lassen, damit die Leute ihre üppigen Kleider anziehen konnten, so dass sie würdig von der Reise zurückkehrten. Da muss man sich dem »Dasturi« (Sitte) fügen. Ich mit zwei Leuten meiner Leibgarde voran, den Pavian des Mtiga an der Leine führend, dann die Trommel und schwarz-weiss-rothe Fahne und hinterher die Suite der Träger, die ihrer Freude durch Losknallen der Gewehre Ausdruck gaben; so zogen wir in die Plantage ein, von Herrn Koch auf das Liebenswürdigste empfangen. Da die schlechten Nachrichten von der Küste sich bestätigten und auch Herr Koch mich bat, mit meinen Leuten zum Schutze der Plantage etwas zu verweilen, so beschloss ich, bis auf nähere Nachricht von Sansibar auf der Plantage zu bleiben.

Es ist hier nicht der Ort, von den Vorzügen der Plantage zu reden; ich will nur anführen, dass Gebäude so wie Kulturland im besten Zustande waren, und dass täglich über 700 freie Arbeiter aus der Umgegend willig sich der Arbeit unterzogen. Etwa 750 000 Pflanzen waren bereits gepflanzt und der reife Taback zeigte grosse und vielversprechende Blätter. Mit einem Worte, man sah auf den ersten Blick, dass hier mit grossem Fleisse und Sachkenntniss gearbeitet worden war. Ob der Taback später beim Verkauf den Erwartungen entspricht, ist natürlich noch nicht sicher zu entscheiden, aber nach Allem was ich sah und hörte, anzunehmen.

Ich muss sagen, dass ich von Anfang an nicht an eine erfolgreiche Plantagenwirthschaft geglaubt habe, dass ich aber hier eines anderen belehrt worden bin. Die Möglichkeit ist hier bewiesen, wenn auch noch nicht die Rentabilität. Was ich von Usambáa gesehen und von Anderen gehört habe, so sind hier grosse Gebiete zum

Anbau geeignet und auch leidlich dicht bevölkert, um Arbeiter in genügender Anzahl liefern zu können. Ungúu ist ein ähnliches Gebiet und auch dort muss sich ein Anbau ausführen lassen, aber es liegt zu weit von der Küste (7—8 Tage), so dass durch die Transporte alle Erzeugnisse zu sehr vertheuert würden.

Um einem Angriff vorzubeugen, verschanzten wir das Wohnhaus ganz mit 4—6fachem Wellblech und Planken und stellten Tag und Nacht Vorposten aus, die von uns, die wir abwechselnd wachten, mindestens 5 Mal in der Nacht revidirt wurden.

Etwa zwei Stunden von der Plantage entfernt liegt der Berg Tonguë, auch Lewa-Berg genannt (oder Réoa, gespr. Leoa), auf dem der frühere Sultan von Sansibar, Said Said, ein jetzt verfallenes Fort hatte errichten lassen.

Endlich am 3. Oktober kam ein Brief an von Herrn Strandes, dem Vertreter von Hansing & Co., der für unsere Befreiung in Sansibar unermüdlich thätig gewesen war, zusammen mit einem Schreiben des Wali von Pangani, Soliman ben Nassr, worin wir auf das Dringendste aufgefordert wurden, die Plantage zu verlassen, da täglich ein Ueberfall zu befürchten sei. So marschirten wir denn in SSO Richtung am folgenden Morgen nach dem etwa 2 Stunden entfernten Tschogwe am Rufu, um von dort per Boot Pangani zu erreichen. Der Weg geht eine Zeit lang in leichten Hügeln bergab. Hier gewahrt man an einer Stelle denselben bröckeligen Sandstein wie auf Sansibar. Durch Regen ist derselbe so erudirt worden, dass nur Stalagmitenartige Säulen stehen geblieben sind und auf diese Weise eine romantische Grotte entstand. Der letzte Theil des Weges ging durch die Rufu-Ebene, bis nach dem Markt Tschogwe. Ein Dorf ist hier nicht erstanden, wohl aber eine Anzahl von Hütten, die von Leuten, welche ihre Produkte hier zum Verkauf bringen, an ein oder zwei Tagen der Woche bewohnt werden.

Der Rufu zeigt ziemlich starke Krümmungen und niedrige Ufer. Mangrove ist nur im letzten Theil vorhanden. Seine Ufer sind niedrig und von zahlreichen Zuckerplantagen der Araber besetzt. An der Mündung treten, besonders am rechten Ufer, hohe und schroffe Korallenfelsen ziemlich dicht an den Strom.

Wenn ich noch einmal die Geologie der bereisten Gebiete rekapituliren darf, so besteht der grösste Theil von Usegua, ganz Ungúu, Usambáa etc. aus altem Urgestein, hauptsächlich Gneiss, Granit und etwas Glimmerschiefer. In den beiden genannten Gebirgen und in einzelnen isolirten Kuppen (Tonguë) erhebt sich dies Urgestein zu gewaltigen Massengebirgen; in der Ebene tritt es nur stellenweise, durch den bedeckenden Laterit hindurch, zu Tage. Diesem scheint nun eine schmale Zone von Sandstein, dessen Alter gänzlich unbekannt ist, vorgelagert zu sein. Bei Bagamoyo sah ich am Strand dasselbe Gestein, dem auch in Sansibar der Korallenkalk aufliegt und etwa bis Tschirutae fand ich häufig Stücke eines anderen Sandsteins. Ob dieselben gleicher oder verschiedener Formation angehören, muss spätere Untersuchung lehren. Die ganze Küste ist von einem gehobenen Korallenkalk bedeckt, dessen Alter nicht sehr gross zu sein scheint, den recenten Fossilien nach zu schliessen. Die Lateritebene ist äusserst trocken und fast ganz unfruchtbar, nur dicht an den Flüssen könnten schmale Strecken unter Kultur genommen werden, die aber dafür sehr ungesund sind. Die Gebirge sind in ihren Abhängen und Thälern feuchter und mehr zur Kultur geeignet.

Im aufrührerischen Pangani wurden wir 36 Stunden aufgehalten, im Hause von Soldaten bewacht, bis wir in der Nacht vom 5. auf den 6. Oktober Nachts um 2 Uhr an Bord einer Dhau gingen und unter Flintenfeuer von beiden Ufern aus, das glücklicher Weise keinen Schaden anrichtete, aus der Rufu-Mündung herausfuhren. Die Seele des hiesigen Aufruhrs ist ein gewisser Buschiri ben Salim; die anständigen, besitzenden Araber halten sich dem Tumulte möglichst fern. Wie durch ein Wunder rettete ich mit Ausnahme von 11 Gewehren meine ganze Ausrüstung, vor allen meine Notizen und meine ziemlich umfangreichen Sammlungen, die nachher 8 Kisten ausfüllten. Einige Tage nachher erging es Herrn Dr. Hans Meyer viel schlechter, da derselbe nicht nur alles verlor, sondern sogar zwei Tage in Eisen gelegt und geprügelt wurde, sowie ein hohes Lösegeld zu bezahlen hatte. — Erst durch die Nachrichten, die wir in Sansibar bekamen, ward es uns klar, in welcher Lage wir gewesen waren. — Ich kann nicht umhin, nochmals hier den Wunsch auszusprechen, dass die Küstenunruhen hier bald mit starker Hand abgeschnitten werden, oder dass Deutschland die Küste ganz aufgiebt; entweder das Eine oder das Andere rasch und durchgreifend, denn die jetzigen Zustände sind niederdrückend für jeden Deutschen.

Nach fast 12 Stunden Fahrt, bei der uns der Wind zuletzt sehr ungünstig war, gelangten wir, nämlich die 8 Herren von der Plantage und ich mit meiner Mannschaft, nach Kokotoni im Norden der Insel Sansibar, wo wir mit einem Gefühle der Erleichterung unseren Fuss wieder auf sicheren Boden setzten. Mit einem Gewaltmarsch von 6¼ Stunden durch die Nelkenplantagen der Insel kam ich spät in der Nacht im gastlichen Hause von Hansing & Co. an, von meinem Freunde Strandes und Familie auf's Herzlichste empfangen.

# Grundwasser und Typhus.

Von

Prof. Dr. Ed. Brückner in Bern.

---

Die Darstellung einer Krankheit nach ihren Symptomen, ihrem Verlauf und Ausgang, den Mitteln, mit denen man sie zu bekämpfen vermag, ist Aufgabe des Mediziners und vermessen wäre es, wenn ein Laie sich erkühnte, ein Wort hier mitsprechen zu wollen. Allein gar oft zeigt es sich, dass das Auftreten gewisser Krankheiten durch Vorgänge in der Natur ausserhalb des Menschen bedingt ist; vor allem kommen hier jene Erscheinungen in Betracht, deren Studium der Meteorologie und physischen Geographie obliegt. So lösen gewisse meteorologische Vorgänge, etwa der Wechsel von Wärme und Kälte, von Dürre und Nässe, Krankheiten aus, wenn auch die moderne Medizin gelehrt hat, dieselben nicht als eigentliche Erzeuger, sondern nur als bedingende Ursachen jener Krankheiten aufzufassen. Indem bei Erforschung dieses Zusammenhanges die Medizin auf das Gebiet der Meteorologie übergriff, entstand eine Wissenschaft, die ein Grenzgebiet zwischen Meteorologie und Medizin bildet und als solches von beiden Seiten mit Erfolg bearbeitet wird. Ihr Charakter als Grenzgebiet darf nicht aus dem Auge gelassen und nicht etwa die Grenze, die beide Wissenschaften scheidet, willkürlich auf Kosten einer derselben verschoben werden. Dieser Umstand mag es rechtfertigen, wenn der Verfasser als Laie auf dem Gebiet der Medizin gelegentlich eines Vortrages im Zweigverein Hamburg-Altona der Deutschen Meteorologischen Gesellschaft am 24. Februar 1888 das Wort zur Frage nach den Beziehungen zwischen Grundwasser und Typhus ergriff und in den nachfolgenden Seiten seine Resultate der Oeffentlichkeit übergiebt, indem er gleichzeitig Herrn Stadtphysikus Dr. Reincke seinen Dank ausspricht für die ihm von demselben in so zuvorkommender Weise zur Verfügung gestellten, noch nicht publizirten Daten der Hamburger Typhusstatistik.

Die Veranlassung zu der vorliegenden Studie gab die schwere Typhusepidemie, welche Hamburg in den Jahren 1884 bis 1887 heimsuchte. Ueberblickt man die Ergebnisse der Hamburger Medizinal-Statistik, so erkennt man, dass vom Jahre 1838 an, dem ersten, für welches entsprechendes Material vorliegt, die Zahl der jährlichen Todesfälle in Folge von Typhus mehr oder weniger ununterbrochen abgenommen hat, sofern wir von den allerersten Jahren absehen. Von 10 000 Einwohnern starben in dem ersten Jahrzehnt des angegebenen Zeitraums 14 bis 19 jährlich, Ende der 70er und Anfang der 80er Jahre aber nur 2 bis 3. Seit 1885 griff eine bedeutende Verschlechterung Platz; 1885 erlagen von je 10 000 Einwohnern des Hamburgischen Staates 4 dem Typhus, 1886 7 und 1887 sogar 8 bis 9, so dass in dem letzten Jahre im Ganzen 410 Todesfälle in Folge von Typhus konstatirt wurden. Die herrschende Epidemie tritt noch klarer hervor, wenn man nicht die Zahl der Todesfälle, sondern die Zahl der Erkrankungen in's Auge fasst: Es erkrankten 1879—84 von allen Einwohnern jedes Jahr durchschnittlich 700, in den 12 Monaten von Juli 1884 bis Juni 1885 aber 1334, 1885/86 3015 und 1886/87 gar 5330. Die letzte Zahl ist ungeheuer, denn sie lehrt, dass 1 % der gesammten Bevölkerung in diesen 12 Monaten einmal vom Typhus befallen wurde. Glücklicher Weise trat die Krankheit dabei in relativ milder Form auf, so dass nur etwa 8—9 % der Erkrankten starben gegen 15—16 % in den Jahren vor 1880. Unwillkürlich drängt sich die Frage auf: Worin ist die Ursache dieser entsetzlichen Kalamität zu suchen?

Das Studium der Verbreitungsweise epidemisch oder endemisch auftretender Krankheiten führte v. Pettenkofer zu dem Resultat, dass für ihr Auftreten Faktoren der Aussenwelt bestimmend werden, indem sie die Vermehrung und Ausbreitung der betreffenden Krankheitskeime begünstigen oder hemmen. Die Summe dieser äusseren Einwirkungen auf den Krankheitskeim hat v. Pettenkofer als örtliche und zeitliche Disposition bezeichnet. Es kann nach ihm in der Regel zu einer epidemischen Ausbreitung einer solchen Krankheit nur innerhalb einer bestimmten Lokalität und auch in dieser nur bei einem bestimmten Zusammentreffen einer Reihe von Faktoren kommen, unter denen die meteorischen eine grosse Rolle spielen. So suchte er einerseits das häufig so eigenthümlich lokalisirte Auftreten der Cholera zu erklären, so wies er andererseits auf einen Zusammenhang des Auftretens des Typhus mit den Schwankungen des Grundwassers hin. In jüngster Zeit hat I. Soyka in Prag die letztere Frage aufgegriffen, viel neues Material zusammen getragen und ist zu demselben Resultat gelangt[1]). Soyka's Verdienst ist es vor allem, den Fragen über den Einfluss des Bodens auf die Entwickelung der Krankheitskeime experimentell näher getreten zu sein[2]).

Die Schwankungen des Grundwassers erscheinen nämlich nur als Hülfsursachen, nicht als die eigentlichen Krankheitserreger. Die letzteren sind Lebewesen kleinster Art, Spaltpilze, Bacillen, deren massenhaftes Auftreten im menschlichen Körper Störungen und Zerstörungen verursacht, deren Gesammtheit wir als Typhus bezeichnen. Derartige Krankheitskeime giebt es immer und überall, fortwährend dringen sie auf den menschlichen Körper ein. Unser Organismus kämpft einen ununterbrochenen Kampf gegen dieselben, indem er die fremden Eindringlinge zu vernichten sucht; gelingt ihm dieses nicht, so erkrankt der Mensch. Nun giebt es aber Verhältnisse und Bedingungen, unter welchen jene Krankheitskeime sich ausserhalb des Menschen im Boden ganz besonders stark vermehren und daher besonders zahlreich sind, oder solche, unter welchen sie besonders leicht in die unmittelbare Nähe des Menschen vordringen. Diese begünstigenden Verhältnisse ändern sich nicht nur von Ort zu Ort, sondern auch von Zeit zu Zeit und entsprechend ändert sich auch die Zahl der auf den Menschen eindringenden Krankheitserreger. Die unmittelbare Folge ist, dass in den Zeiten, in welchen die Verhältnisse günstig für jene Keime liegen, die Zahl der Erkrankungen wächst und die Krankheit einen epidemischen Charakter annimmt. Eine Aenderung der begünstigenden Faktoren, der Hülfsursachen, ruft auch sofort eine Aenderung im Auftreten der Krankheit hervor. In dieser Weise spielt nach v. Pettenkofer und Soyka der Grundwasserstand die Rolle einer Hülfsursache für den Typhus, deren Aenderungen von Zeit zu Zeit auch die Typhusfrequenz folgt.

Ueberall, wo nicht fester Fels, sondern lockere Ablagerungen, wie Sand und Kies die unmittelbare Erdoberfläche bilden, stossen wir in unserem Klima in gewisser Tiefe auf Wasser, welches die Hohlräume des Bodens ausfüllt. Es ist eingedrungenes Regenwasser, welches sich auf Schichten, die, wie kompakter Fels oder Lehm, ein Tieferdringen nicht gestatten, als Grundwasser ansammelt. Sein

---

[1]) Zur Epidemiologie und Klimatologie von Frankfurt a. M. Deutsche Vierteljahrsschrift f. öffentl. Gesundheitspflege XIX, 2. Heft, Braunschweig 1887; Zur Aetiologie des Abdominaltyphus, Archiv f. Hygiene Bd. VI S. 257 ff.

[2]) Prager medizinische Wochenschrift. 1885. No. 28—31, Zeitschrift f. Hygiene, II. Bd., 1887. S. 96 ff.

Spiegel hebt oder senkt sich zu Zeiten, ebenso wie sich der Spiegel unserer Flüsse hebt und senkt; denn fortwährend wird ihm einerseits durch Regen Wasser zugeführt und andererseits durch Verdunstung Wasser entzogen. Die Abstammung des Grundwassers aus dem Regen ist zwar in jüngster Zeit von Volger[1]) wieder bestritten worden; doch kann sie trotzdem als absolut sichergestellt betrachtet werden. Denn wie noch vor Kurzem Soyka auf Grund eines grossen Materials zeigte, folgen die Schwankungen des Grundwasser-Spiegels durchaus der Witterung an der Erdoberfläche. Wird mehr Regenwasser ihnen zugesandt, als die Verdunstung entführt, so steigt das Grundwasser, im andern Fall sinkt es. So kommt es, dass einerseits der Grundwasserstand sich von Monat zu Monat, andererseits auch von Jahr zu Jahr ändert. Es ist nun eine sehr bemerkenswerthe Thatsache, dass die Häufigkeit des Typhus genau diesen Aenderungen des Grundwassers folgt; in jenen Zeiten, in welchem das Grundwasser sinkt oder tief steht, tritt der Typhus besonders häufig auf, er wird seltener bei steigendem oder hochstehendem Grundwasser.

Diese Ansicht ist zur Zeit noch nicht allgemein in medizinischen Kreisen durchgedrungen, und es hat gewiss weit über die Hälfte der praktischen Aerzte die Ueberzeugung, dass nicht die Schwankungen des Grundwassers, sondern einzig und allein Verunreinigungen des Trinkwassers die Ursache von Epidemien sind. In der That spricht in manchen Fällen, z. B. bei der jüngsten Typhus-Epidemie in Zürich, die Beschränkung der Erkrankungen auf Häuser, die ihr Trinkwasser aus ein und derselben Leitung nehmen, für die Richtigkeit dieser Anschauung. Verbesserung des Trinkwassers ist die Parole, die ausgegeben wird, wo es gilt, dem Typhus zu wehren.

Zu diesen Theorien gesellt sich endlich als dritte diejenige hinzu, welche in Erdarbeiten eine wesentliche Ursache für eine epidemische Ausbreitung des Typhus erblicken will. Das Aufwühlen des Bodens, der die Krankheitskeime enthält, bringt die letzteren in unmittelbare Nähe des Menschen und vermag hierdurch den Ausbruch einer Epidemie zu veranlassen.

Welche von diesen Anschauungen die richtige ist, ist zur Zeit noch nicht entschieden und sehr wohl denkbar ist der Fall, dass alle drei gleichzeitig zu Rechte bestehen, vermag doch die Natur fast immer dieselbe Wirkung auf verschiedenem Wege zu erzielen. Für das letztere scheint mir durchaus die Typhusstatistik von Hamburg zu sprechen.

---

[1]) Meteorolog. Zeitschrift. 1887. S. 388.

Es konnte nicht ausbleiben, dass bei der letzten Typhusepidemie in Hamburg die Ursache derselben eifrig erörtert wurde. Fast allgemein wurde das Trinkwasser für dieselbe verantwortlich gemacht, das ja freilich in Hamburg schlecht genug ist: Unfiltrirtes Elbwasser mit einer reichen Fauna, die in den Röhren der Wasserleitung trefflich gedeiht. Auch v. Pettenkofer's Grundwassertheorie wurde vertreten, vor allem von Herrn Dr. Reincke, und endlich auch vielfach die Meinung geäussert, die Epidemie sei durch die gewaltigen Erdarbeiten zum Zweck des Zollanschlusses veranlasst. Fern sei es von mir, die Frage definitiv beantworten zu wollen; doch möchte ich einige Thatsachen darlegen, welche auf die zukünftige Lösung vielleicht einiges Licht zu werfen geeignet sein dürften.

Wenden wir uns zunächst der Jahresperiode des Grundwasserstandes und der Typhusfrequenz zu.

Die jährliche Schwankung des Grundwasserstandes ist durch das Ineinandergreifen der jährlichen Periode des Regenfalls und derjenigen der Verdunstung bedingt. In Mitteleuropa mit seinen Sommerregen wirkt die Jahresperiode des Regenfalls auf ein sommerliches Maximum des Grundwasserstandes hin; die gerade im Sommer ihr Maximum erreichende Verdunstung ihrerseits sucht ein sommerliches Minimum des Grundwasserstandes durchzusetzen. Je nachdem nun an einem Ort das eine oder das andere Element eine schärfer ausgesprochene Jahresschwankung besitzt, folgt auch der Grundwasserstand bald dem Rythmus des einen, bald dem des andern. Soyka hat uns gelehrt, dass in dieser Beziehung zwischen Nord- und Mittel-Deutschland einerseits und Süd-Deutschland andererseits ein Gegensatz besteht[1]). In diesem überwiegt der Einfluss des Regenfalls, in jenem derjenige der Verdunstung. Entsprechend ist auch die Vertheilung der Typhusfälle auf die einzelnen Monate eine ganz verschiedene.

Als Repräsentant Süd-Deutschlands mag uns München dienen, für welches wir die Daten in der nachfolgenden kleinen Tabelle zusammenstellen. Die Aenderung der Verdunstung von Monat zu Monat wird durch das Sättigungsdefizit dargestellt. Es ist das letztere die Differenz zwischen der thatsächlich beobachteten absoluten Feuchtigkeit der Luft und der der betreffenden Temperatur zukommenden maximalen Feuchtigkeit. Dasselbe stellt die Fähigkeit der Luft dar, Wasser aufzunehmen, und ist daher ein treffliches Maass der Verdunstung. Es ist für den vorliegenden Fall nach der einfacheren, allerdings nicht absolut genauen Methode, aus der der mittleren Temperatur

[1]) Soyka, Schwankungen des Grundwassers mit besonderer Berücksichtigung der mitteleuropäischen Verhältnisse. Penck's Geograph. Abhandlungen, Bd. II, Heft 3, S. 49

des betreffenden Monats entsprechenden maximalen Dampfspannung und dem Monatsmittel der beobachteten absoluten Feuchtigkeit berechnet. Die Zahlen für den Grundwasserstand geben dessen Höhe über dem Meeresspiegel an. Die Vertheilung der Typhustodesfälle über die einzelnen Monate ist durch Prozente der Jahressumme ausgedrückt. Ueberall sind die Maxima durch Fettdruck, die Minima durch Asterisken charakterisirt.

**München** (1850—85).

| | Jan. | Febr. | März | April | Mai | Juni | Juli | Aug. | Sept. | Okt. | Nov. | Dez. |
|---|---|---|---|---|---|---|---|---|---|---|---|---|
| Regenfall mm ........ | 35 | 29* | 48 | 56 | 78 | **112** | **112** | 102 | 72 | 54 | 50 | 46 |
| Sättigungsdefizit mm .. | ·18* | ·42 | ·86 | 1·84 | 2·43 | 3·11 | **3·54** | 3·23 | 2·06 | ·94 | ·41 | ·22 |
| Grundwasser 51500 cm + | 40 | 42 | 48 | 50 | 52 | 58 | **59** | 57 | 45 | 37 | 32* | 35 |
| Typhustodesfälle [1]) % .. | 11·5 | **11·9** | 11·2 | 9·0 | 7·5 | 6·9 | 6·4 | 6·5 | 6·3 | 5·8* | 6·9 | 9·6 |

Man sieht, wie einerseits die Maxima des Grundwasserstandes, des Regenfalls und des Sättigungsdefizits zusammenfallen und wie andererseits die Todesfälle in Folge von Typhus bald nach dem Maximum des Grundwasserstandes ihr Minimum erreichen. Es scheint hier der Einfluss der Verdunstung gleich Null zu sein, weil er ganz von demjenigen des Regenfalls überwuchert wird. Thatsächlich jedoch macht sich die Verdunstung dadurch geltend, dass sie das Grundwasserniveau im Sommer nicht so hoch steigen lässt, wie es der starken jährlichen Periode des Regens entsprechen würde, wenn dasselbe nur vom Regen abhängig wäre. Es ist durch das Entgegenwirken von Verdunstung und Regen die Schwankung ausserordentlich gedämpft; die Amplitude beträgt zu München nur 27 cm, während sie an anderen Orten, wo sich Regenfall und Verdunstung nicht in dem Maasse entgegenarbeiten, weit grösser ist, so in Berlin bei gleichmässigerer Regenvertheilung 58 cm, in Bremen 60 cm, in Brünn 58 cm.

Aehnlich wie in München verhält sich das Grundwasser im Staate Michigan [2]). Im Mittel zweier Stationen zeigten Regenfall, Grundwasser und Typhus die nachfolgenden Beziehungen. Die Höhe des Grundwasserspiegels ist von einem willkürlichen Nullpunkt nach oben gerechnet. Das Sättigungsdefizit konnte ich für diese Stationen nicht berechnen.

**Michigan** (1885—86).

| | Jan. | Febr. | März | April | Mai | Juni | Juli | Aug. | Sept. | Okt. | Nov. | Dez. |
|---|---|---|---|---|---|---|---|---|---|---|---|---|
| Regenfall mm ..... | 73 | 31* | 42 | 62 | 62 | 105 | 62 | **128** | 116 | 51 | 67 | 54 |
| Grundwasser cm ... | 25 | 25 | 46 | **91** | 84 | 71 | 51 | 20 | 33 | 20* | 8 | 0* |
| Typhuserkrank. % .. | 9 | 5 | 5 | 4* | 4 | 5 | 5 | 10 | 14 | **15** | 15 | 9 |

[1]) Typhus 1856/85.

[2]) American Meteorological Journal. Vol. IV S. 349 ff.

Auch hier sind die Monate April bis Juli durch hohen Grundwasserstand ausgezeichnet; allein doch ist schon durch die starke Verdünstung im Sommer das absolute Maximum in den April gerückt und vom Juli zum August findet eine enorme Erniedrigung des Wasserstandes statt, der vom August bis zum Februar tief bleibt. Durchaus im Einklang damit fällt das Maximum der Typhuskurve auf den Oktober, das Minimum auf den April. Das Verhältniss zwischen Grundwasser und Typhus ist auf Seite 185 graphisch dargestellt worden.

Ein ganz anderes Bild der jährlichen Schwankung des Grundwassers zeigen uns die Gebiete mit schwach ausgesprochener Regenperiode, welche uns Berlin repräsentiren mag.

**Berlin** (1870—85).

| | Jan. | Febr. | März | April | Mai | Juni | Juli | Aug. | Sept. | Okt. | Nov. | Dez. |
|---|---|---|---|---|---|---|---|---|---|---|---|---|
| Regenfall mm | 40 | 35 | 47 | 32* | 40 | 62 | **66** | 60 | 41 | 58 | 44 | 46 |
| Sättigungsdefizit | ·71 | ·95 | 1·55 | 2·73 | 3·95 | 5.13 | **5·64** | 4·83 | 3·77 | 1·72 | 1·01 | ·59* |
| Grundwasser 3200 cm + | 72 | 79 | 88 | **96** | 88 | 69 | 56 | 45 | 40 | 38* | 47 | 50 |
| Typhustodesfälle % | 5·7 | 5·5 | 5·6 | 6·0 | 5·6 | 5·2* | 8·0 | 11·6 | 13·9 | **14·3** | 9·9 | 8·5 |

Hier überwiegt durchaus der Einfluss der Verdunstung und das Grundwasser steht am Höchsten im Winter mit einem absoluten Maximum im April, dem das Minimum des Regenfalls angehört; es sinkt mit zunehmender Verdunstung trotz des gleichzeitig wachsenden Regens und beginnt erst wieder zu steigen, nachdem die Verdunstung bei sinkender Temperatur erheblich abgenommen hat. Die Typhuskurve verläuft wieder durchaus entsprechend dem v. Pettenkofer'schen Gesetz: Die Monate hohen Wasserstandes sind arm an Typhus, diejenigen niedrigen Wasserstandes reich.

Fassen wir unser Resultat in anderer Weise übersichtlich zusammen, indem wir sowohl für den Grundwasserstand als auch für die Typhusfrequenz Jahreszeitenmittel berechnen, welche die nachfolgende Tabelle enthält.

**München.**

| | Frühling | Sommer | Herbst | Winter |
|---|---|---|---|---|
| Grundwasser cm | 50 | 58 | 38* | 39* |
| Typhustodesfälle % | 27·7 | 19·8* | 19·0* | **33·0** |

**Michigan.**

| | Frühling | Sommer | Herbst | Winter |
|---|---|---|---|---|
| Grundwasser cm | **74** | 47 | 20* | 17* |
| Typhuserkrankungen % | 13* | 20 | **44** | 23 |

**Berlin.**

| | Frühling | Sommer | Herbst | Winter |
|---|---|---|---|---|
| Grundwasser cm | **91** | 57 | 42* | 67 |
| Typhustodesfälle % | 17·2* | 24·8 | **38·1** | 19·7 |

Dem Typus von Berlin folgt wie alle norddeutschen Städte auch Hamburg, wenigstens in den Jahren vor 1884. Freilich reichen hier die Beobachtungen über die Schwankungen des Grundwassers nur bis zum Jahre 1880 zurück; sie sind von dem Herrn Sanitätsbeamten C. C. H. Müller in der Vorstadt Eimsbüttel nicht weit vom Isebeck-Kanal mit grosser Sorgfalt gemacht und mir von dem genannten Herrn in zuvorkommendster Weise zur Verfügung gestellt worden. Es ist für die zweite Stadt des Deutschen Reiches wenig ehrenvoll, dass diese aus privater Initiative und mit privaten Mitteln in's Werk gesetzten Beobachtungen die einzigen sind, die überhaupt in Hamburg angestellt wurden oder heute angestellt werden, während viele kleinere Städte seit Jahren eine grössere Anzahl von Brunnen beobachten lassen, so Bremen seit 1869 10 Brunnen, Frankfurt a. M. seit 1869 15 Brunnen, von denen heute noch 6 beobachtet werden, Berlin seit 1870 31 Brunnen, München seit 1856 1 Brunnen, zu dem sich später mehrere andere gesellten, Salzburg seit 1860 1 Brunnen, seit 1867 eine grössere Anzahl u. s. w.

Leider ist die Lage des Beobachtungspunktes in Eimsbüttel keine sehr günstige. Das Bohrloch findet sich unweit der Eimsbütteler Kirche im Garten des Herrn Müller in einer Entfernung von etwa 100 m vom Isebeckkanal. Der letztere ist erst 1883 und 1884 gegraben worden; an seiner Stelle befand sich vorher ein winziger Bach, die Isebeck, deren Spiegel einige Meter über dem Spiegel des heutigen breiten und für grössere Boote passirbaren Kanals lag. Es konnte nicht ausbleiben, dass die Anlage des Kanals auf den Grundwasserstand der Umgebung einen Einfluss ausübte. Wenn wir daher sehen, dass der Grundwasserspiegel von 1880 bis 1887 um 4·20 m gesunken ist, so irren wir gewiss nicht, wenn wir den Antheil, den die Jahre 1884 bis 1887 hierzu lieferten, 2·73 m, zum grösseren Theil auf Rechnung des Kanals und nur zum kleineren auf Rechnung des geringeren Regenfalls setzen. Aus diesem Grunde sind die Beobachtungen bis auf Weiteres nicht zu benutzen, wenn es sich um die Verfolgung der Schwankungen von Jahresmittel zu Jahresmittel handelt. Das neuerdings im Laufe des Jahres 1888 erfolgte starke Steigen des Grundwassers deutet indessen darauf hin, dass jene künstlichen Eingriffe doch nicht ganz so wirksam oder nicht so nachhaltig waren, als es den Anschein hatte. Auf alle Fälle lassen sich die Beobachtungen zur Konstatirung der jährlichen Periode recht gut verwenden. Nur muss freilich durch die allmähliche Senkung eine geringe Verzerrung der Jahresperiode in den Jahren 1884—1887 derart eingetreten sein, dass die Monatsmittel am Schluss des Jahres gegenüber denen am Anfang deprimirt erscheinen. Dieses ist in der That der Fall, wenn wir die mittlere Jahreskurve aus 1880—83 mit derjenigen von 1884—87 vergleichen. Beide sind durchaus ähnlich, nur ist das Minimum aus dem Juli, August und September fortgerückt in den August, September und Oktober, und der Dezember, in welchem 1880—83 der Wasserspiegel eben so hoch stand wie im Januar, ist 1884—87 erheblich tiefer als der Januar. Gleichwohl hat sich der Typus der Kurve nicht geändert und es steht sonach einem Vergleich der Jahreskurve des Typhus mit derjenigen des Grundwassers nichts im Wege.

Bereits eine flüchtige Durchsicht des Materials über den Typhus in Hamburg und seine jährliche Periode liess es rathsam erscheinen, dasselbe nicht zu einem allgemeinen Mittel zu verdichten, sondern die Jahresperiode getrennt für den Zeitraum 1880—83 und für den Zeitraum der Epidemie 1884—87 zu berechnen und das Ergebniss mit der für dieselben Zeiträume ermittelten Jahresschwankung des Grundwassers zu vergleichen. Die nachfolgende Tabelle giebt das Resultat wieder. Die Kurve der Typhusmorbidität ist wie oben durch Angabe des prozentischen Antheils ausgedrückt, den jeder einzelne Monat zur Jahressumme der Erkrankungen stellt. Die Höhe des Grundwassers ist durch Mittheilung seiner Erhebung über den mittleren Stand des Monats, in welchem der Grundwasserspiegel seine tiefste Lage erreicht, ausgedrückt.

**Hamburg** 1880—83.

| | Jan. | Febr. | März | April | Mai | Juni | Juli | Aug. | Sept. | Okt. | Nov. | Dez. |
|---|---|---|---|---|---|---|---|---|---|---|---|---|
| Grundwasser cm .... | 17 | **19** | 19 | 15 | 11 | 5 | 0* | 2 | 3 | 4 | 9 | 17 |
| Typhuserkrank. % .. | 7 | 6 | 5* | 5 | 7 | 9 | 10 | **15** | 13 | 9 | 8 | 6 |

**Hamburg** 1884—87.

| | Jan. | Febr. | März | April | Mai | Juni | Juli | Aug. | Sept. | Okt. | Nov. | Dez. |
|---|---|---|---|---|---|---|---|---|---|---|---|---|
| Grundwasser cm .... | 22 | **25** | 24 | 25 | 20 | 12 | 4 | 1 | 0* | 1 | 4 | 11 |
| Typhuserkrank. % .. | 12 | 8 | 6 | 4 | 3 | 3* | 3 | 5 | 9 | 13 | 15 | **19** |

Um die Verhältnisse besser überblicken zu können, sind die Zahlen für Hamburg und ausserdem diejenigen für Michigan auf der umstehenden Figur graphisch zur Darstellung gekommen. Der Massstab ist derart gewählt, dass einem Ansteigen der Kurven um einen Theilstrich überall eine Zunahme der Typhusfrequenz um 2 % entspricht sowie ein Steigen des Grundwassers bei Hamburg um 3 cm, bei Michigan um 15 cm.

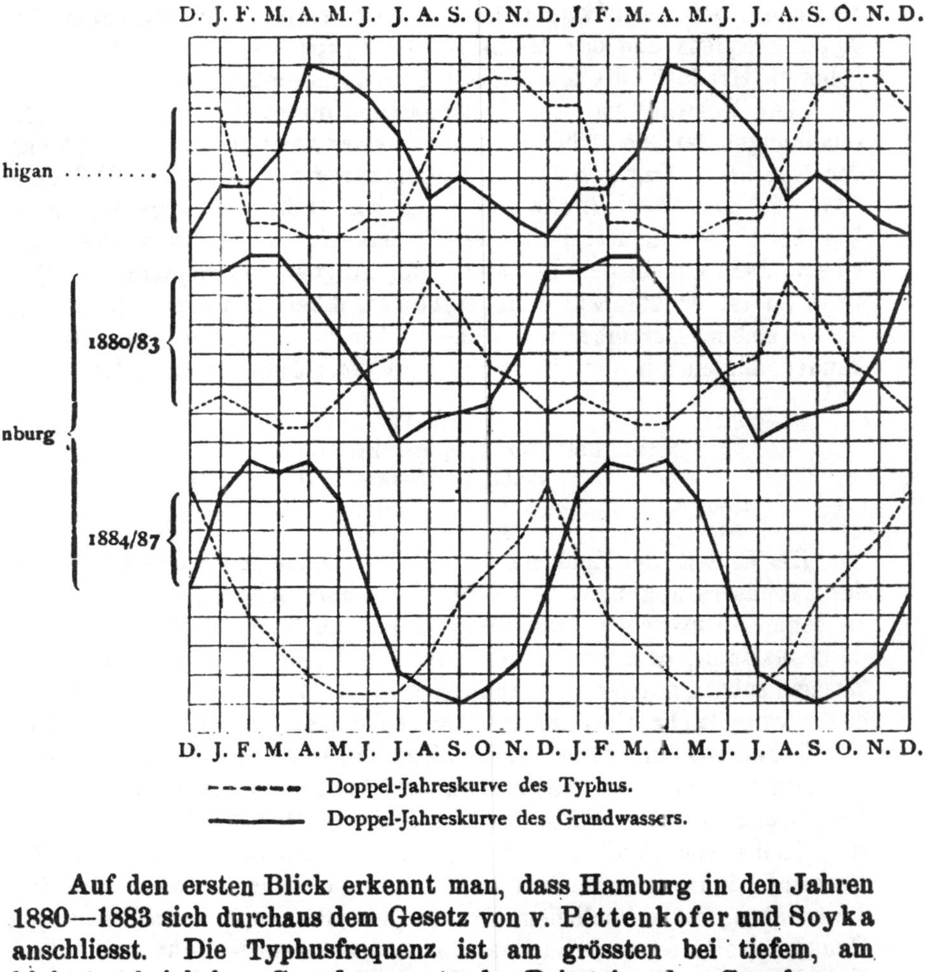


- - - - - - Doppel-Jahreskurve des Typhus.

——— Doppel-Jahreskurve des Grundwassers.

Auf den ersten Blick erkennt man, dass Hamburg in den Jahren 1880—1883 sich durchaus dem Gesetz von v. Pettenkofer und Soyka anschliesst. Die Typhusfrequenz ist am grössten bei tiefem, am kleinsten bei hohem Grundwasserstand. Bei steigendem Grundwasser fällt dieselbe durchweg. Ein ganz anderes Bild begegnet uns bei Hamburg 1884—87. Hier entfällt das Minimum der Typhushäufigkeit auf die Zeit, in welcher das Grundwasser fortwährend sich erniedrigt, und das Maximum in die Zeit des Steigens des Grundwassers; es findet also das gerade Gegentheil von dem statt, was man nach der Theorie von Pettenkofer sowie nach dem Verhalten der Jahre 1880—83 in Hamburg erwarten sollte. Dieser Gegensatz erscheint noch vollkommener, wenn wir bedenken, dass unsere Jahreskurve des Grundwassers durch dessen allgemeine Erniedrigung verzerrt ist. Wenn wir die Verzerrung zu eliminiren suchen, so nähert sich das

Minimum des Grundwasserstandes noch mehr dem Minimum der Typhusfrequenz und das Maximum der Tyhphusfrequenz fällt in noch höherem Grade in die Zeit hohen Grundwasserstandes.

Die Schwankung des Grundwassers bietet dabei dieselben Erscheinungen dar wie 1880—83, nur mit einer ganz geringen Verspätung der Epochen. Dagegen ist die Typhuskurve der Jahre der Epidemie 1884—87 zum Theil direkt derjenigen von 1880—83 entgegengesetzt. Vor 1884 war in Hamburg der Typhus eine Sommerkrankheit mit einem Maximum in den Monaten Juli, August und September. Von 1884 an ist er durchaus eine Winterkrankheit mit einem Maximum im November, Dezember und Januar. Um dieses besser übersehen zu können, bilden wir für die Typhushäufigkeit Jahreszeitenmittel.

**Hamburg.**

Häufigkeit der Typhuserkrankungen %.

| | Frühling | Sommer | Herbst | Winter. |
|---|---|---|---|---|
| 1880—83.......... | 17* | **34** | 30 | 19 |
| 1884—87.......... | 13 | 11* | 37 | **39** |

Der Eintritt der Epidemie änderte vollkommen die jährliche Periode der Typhuserkrankungen und störte die früher scharf ausgesprochenen Beziehungen zwischen Grundwasserstand und Typhus. Dieses spricht durchaus dafür, dass jene ausserordentliche Epidemie überhaupt keinen Zusammenhang mit den Schwankungen des Grundwasserspiegels besitzt; es deutet vielmehr alles auf das Eingreifen einer fremden Ursache hin.

Gehen wir nun zu der Frage über, ob die Aenderung der Typhusfrequenz von Jahr zu Jahr etwa Beziehungen zu den Schwankungen des Grundwassers in Hamburg aufweist. Soyka hat dieses für eine Reihe von Städten untersucht, so für Berlin, Frankfurt a. M., Bremen, München und Salzburg. Er kam dabei zu dem Resultat, dass Jahre mit erheblichen Typhusepidemien auch durch niedrigen Grundwasserstand ausgezeichnet sind und andererseits Jahre mit hohem Grundwasserstand relativ typhusfrei erscheinen. Um sein Ergebniss zu veranschaulichen, geben wir hier die Daten für München wieder. Die Typhussterblichkeit ist auf 10 000 Einwohner bezogen, und der Grundwasserstand in Centimetern von einem 514 m über dem Meer befindlichen Nullpunkt nach oben gezählt. Die Daten für das Grundwasser beziehen sich auf den Brunnen der Karlstrasse, seit 1875 jedoch auf denjenigen im physiologischen Institut, dessen Angaben von mir mit Hilfe der Resultate der gemeinsamen Jahre 1869—74 auf die Seehöhe des Brunnens in der Karlstrasse durch Anbringung einer Korrektion von + 6 mm reducirt wurden. Ueberall sind die Maxima durch Fettdruck, die Minima durch Asterisken markirt.

**Typhussterblichkeit und Grundwasser zu München:**

| | 1856 | 57 | 58 | 59 | 60 | 61 | 62 | 63 | 64 | 65 |
|---|---|---|---|---|---|---|---|---|---|---|
| Typhus | 29·1 | 28·2 | **33·0** | 17·0 | 10·7* | 11·9 | **20·1** | 16·1* | **25.3** | 20·5 |
| Grundwasser | 103 | 91 | 88* | 123 | 140 | **152** | 131 | 120 | 125 | 105* |
| | 1866 | 67 | 68 | 69 | 70 | 71 | 72 | 73 | 74 | 75 |
| Typhus | 20·8 | 5·2* | 7·4 | 11·6 | **15·0** | 13·3* | **23·3** | 12·7* | **16·0** | 11·7 |
| Grundwasser | 113 | **180** | 161 | 135 | 125* | **137** | 127* | **132** | 115* | 120 |
| | 1876 | 77 | 78 | 79 | 80 | 81 | 82 | 83 | 84 | 85 |
| Typhus | 6.0* | **8·0** | 5·1* | **10·4** | 6·4 | 1·8 | 1·7 | 1·9 | 1·5 | 1·7 |
| Grundwasser | **186** | 180 | 181 | 158* | 175 | **179** | 135 | 141 | 112 | 112 |

Die Jahre 1858, 1864, 1872 und 1879 sind durch Typhusepidemien und gleichzeitig durch tiefen Grundwasserstand ausgezeichnet; die Jahre 1861, 1867, 1876 und 1878 durch hohen Grundwasserstand und ein ausserordentliches Zurückgehen des Typhus. Auch wenn man mehr in's Einzelne eingeht, zeigt sich durchaus eine Abhängigkeit; steigt das Grundwasser von einem Jahr zum andern, so senkt sich gleichzeitig die Typhuskurve. Von im Ganzen 25 Fällen vor dem Jahre 1881 folgen 19 dieser Regel und nur 6 bilden Ausnahmen. Es spricht sich durchaus eine Bestätigung des aus der Jahresperiode beider Elemente abgeleiteten Gesetzes aus. Von 1882 an fehlt die Uebereinstimmung aus Gründen, auf welche wir weiter unten zu sprechen kommen.

Leider besitzen wir, wie erwähnt, für Hamburg Aufzeichnungen über den Stand des Grundwasserspiegels erst seit 1880 und auch diese sind nicht homogen. So ist es unmöglich, die Schwankungen der Typhusfrequenz direkt mit solchen des Grundwassers zu vergleichen. Doch hilft uns eine Ueberlegung, deren Berechtigung sich ziffernmässig nachweisen lässt, über diesen Uebelstand hinweg. Es lässt sich ohne erheblichen Fehler die Kurve des Grundwasserstandes durch eine andere Kurve, die Kurve der Flusswasserstände, ersetzen. Zuerst glaubte ich auf anderem Wege zum Ziel kommen zu können. Es sind nämlich zwei Faktoren, welche den Stand des Grundwassers regeln: neben dem Niederschlag, welcher das Grundwasser vermehrt, kommt noch, wie wir oben sahen, die Verdunstung in Betracht, welche dem Grundwasser fortwährend Wassermengen entführt. Erst das Ineinanderspielen beider Faktoren bestimmt den Stand des Grundwassers und seine Schwankungen. So kam es, dass in die Jahresschwankung, je nach dem überwiegenden Einfluss des einen oder des andern Faktors, das Grundwasser sich bald mehr der Schwankung des Regenfalls, bald mehr derjenigen der Verdunstung anschloss. Es lässt sich daher naturgemäss für die Jahresperiode nicht a priori voraussagen, ob an einem

Ort der Grundwasserspiegel mehr dem einen oder dem anderen Element folgen wird. Etwas anders liegt der Fall bei den Schwankungen des Grundwassers, wie dieselben sich von Jahr zu Jahr vollziehen. Regenreiche Jahre pflegen nämlich gleichzeitig feucht und kühl und daher meist durch eine geringe Verdunstung, sehr trockene Jahre hingegen durch eine hohe Verdunstung ausgezeichnet zu sein. Die nachfolgenden Fünfjahrsmittel für Salzburg sind geeignet, diesen Zusammenhang zu beweisen.

**Salzburg.**

| | Grundwasserspiegel über dem Meer 410 m + | Regenmenge mm | Sättigungsdefizit. mm |
|---|---|---|---|
| 1861/65........... | 2·97* | 1058* | **2·38** |
| 1866/70........... | 3·03 | 1207 | 1·95 |
| 1871/75........... | 2·99 | 1283 | 1·70 |
| 1876/80........... | **3·13** | **1431** | 1·63* |
| 1881/85........... | 3·04 | 1285 | 1·79 |

Das Minimum des Regenfalls fällt zeitlich mit dem Maximum der Verdunstung zusammen und vice versa. Was für Fünfjahrsmittel gilt, gilt nun auch bis zu einem gewissen Grad für die einzelnen Jahre; ordnet man für Salzburg die einzelnen Jahre nach der Grösse ihres Regenfalls und vereinigt je 5 derselben in eine Gruppe und berechnet endlich das zugehörige Sättigungsdefizit, so findet man, dass nachfolgende Werthe des Regenfalls und des Sättigungsdefizits einander entsprechen:

| mittlere Regenmenge mm | mittleres Sättigungsdefizit. mm |
|---|---|
| 1546 | 1·544 |
| 1361 | 1·752 |
| 1278 | 1·866 |
| 1111 | 1·994 |
| 866 | 2·280 |

Verfolgt man endlich die Aenderung des Regenfalls und des Sättigungsdefizits von Jahr zu Jahr, so entspricht meist einer Zunahme des Regenfalls eine Abnahme der Verdunstung und umgekehrt; so war in den Jahren 1860 bis 1885 in München die Aenderung der beiden Elemente in 17 Fällen eine entgegengesetzte und nur in 7 Fällen eine gleichgerichtete; für Salzburg sind die betreffenden Zahlen 15 und 7. Es beeinflussen also meist Regen und Verdunstung das Grundwasser in gleichem Sinne.

In der That spricht auch Soyka aus, dass im Grossen die Schwankungen des Niederschlags und diejenigen des Grundwassers von Jahr zu Jahr übereinstimmen und Lang geht sogar soweit, direkt den saekularen Verlauf der Grundwasserschwankungen durch die Kurve der Niederschlagssummen ersetzen zu wollen.[1]) Allein gleichwohl überzeugte mich eine Zusammenstellung der Grundwasser- und Niederschlagskurven für Berlin, Frankfurt a. M. und Bremen, dass diese Annährung im Einzelnen unvollkommen sein kann, so dass sie unsern Zwecken nicht genügt. Ich musste mich nach einem andern Ersatz umsehen und fand denselben in den Flusswasserständen der Elbe.

Schon Soyka wies[2]) darauf hin, dass die Kurve der Wasserstände der Flüsse und diejenige der Grundwasserstände an benachbarten Orten eine ganz auffallende Uebereinstimmung besitzen; er that dieselbe

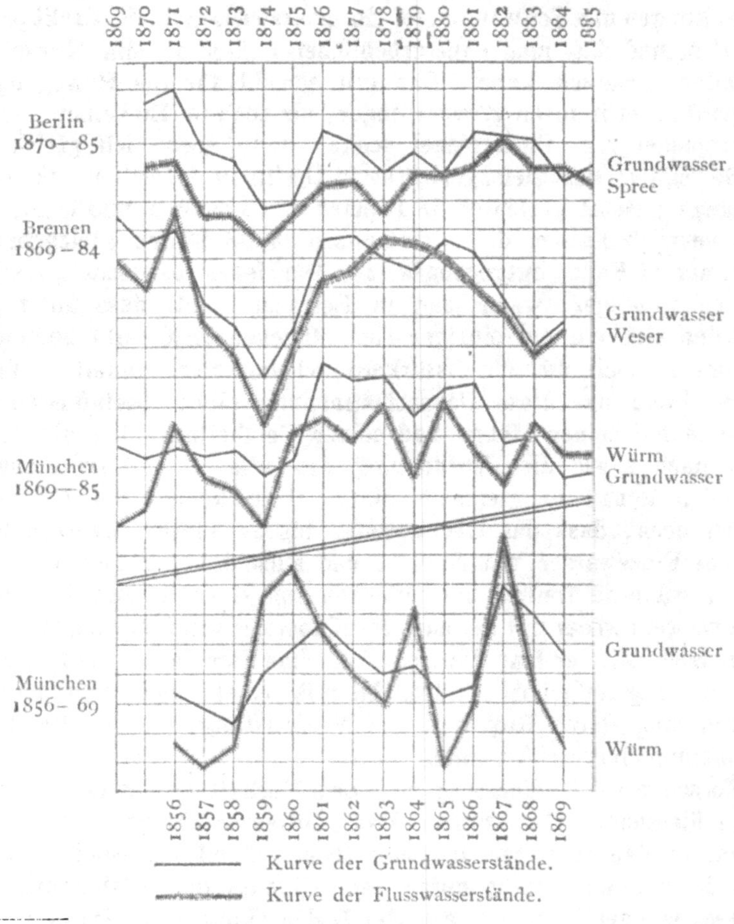


[1]) Schwankungen der Niederschlagsmengen und Grundwasserstände in München 1857—1886. Beob. der Met. Stationen im Kgr. Bayern. Bd. IX, 1887. S. XIII.

[2]) Schwankungen des Grundwassers etc. S. 80.

speziell für Berlin (Spree), Frankfurt a. M. (Main), Bremen (Weser) und München (Würm)[1]) dar. Wie ausnehmend parallel in der That der Gang der beiden Elemente ist, möge die nebenstehende graphische Darstellung zeigen, die auf Grund von Soyka's Zahlen entworfen wurde. Der Maassstab der Kurven ist derart, dass einem Theilstrich des zu Grunde gelegten Netzes eine Aenderung des Grundwasserstandes in Berlin um 0·1 m, in Bremen um 0·17 m, in München um 0·2 m entspricht und eine Aenderung des Flusswasserstandes der Spree um 0·1 m, der Weser um 0·2 m und der Würm um 0·05 m.

Diese Figur liefert uns den strengen Beweis, dass Grundwasserschwankungen und Schwankungen der Flusswasserstände direkt parallel verlaufen, und dass man ohne erheblichen Fehler die eine Kurve durch die andere ersetzen kann. Das gilt sowohl für die Bewegung des Wasserstandes in ihren grossen Zügen, als auch im Einzelnen. Grundwasserspiegel und Flussspiegel senken und heben sich gleichzeitig. Die Bewegung war gleichgerichtet in Berlin in 11 Fällen und in nur 4 entgegengesetzt gerichtet, in Bremen in 13 bezw. 2 und in München in 24 bezw. 5 Fällen, d. h. im Ganzen in 48 Fällen gleichgerichtet und in nur 11 Fällen entgegengesetzt. Die Uebereinstimmung erscheint noch vollständiger, wenn man in Betracht zieht, dass unter jenen 11 Fällen sich nur ein einziger (bei München 1860—61) befindet, in welchem es sich um eine stärkere Schwankung handelt. Wunder nehmen kann uns diese Uebereinstimmung nicht, beeinflussen doch der Regenfall seiner Menge und seiner Vertheilung über die Jahreszeiten nach sowie die Verdunstung den Wasserstand im Fluss wie im Boden genau in gleichem Sinn. Dazu kommt bei Berlin und Bremen noch, dass das Grundwasser bis zu einem gewissen Grade mit dem Flusswasser kommunizirt und auch daher dessen Bewegung folgt[2]), während freilich bei München von einer Kommunikation des Grundwassers weder mit der mehrere Kilometer von München entfernten Würm noch mit der Isar die Rede ist, ohne dass darum die Kongruenz der Bewegung aufgehoben wäre. Hier ist es also nur die gleichartige Beeinflussung durch Regenfall und Verdunstung, welche die Uebereinstimmung hervorrufen kann.

Forschen wir in Hamburg nach dem Verhältniss des Grundwassers zu den fliessenden Gewässern. Das Elbwasser dringt in zahlreichen Fleeten in den mittleren und südöstlichen Theil der Stadt ein; der ganze Norden aber steht unter dem Einfluss der Alster und ihrer Zuflüsse, wie der Isebeck u. a. Der Boden Hamburgs wird in ziemlich

---

[1]) Die Isar ist hierzu unbrauchbar, weil sie ihr Bett reissend rasch vertieft.

[2]) Soyka a. a O. S. 58, 80.

unregelmässiger Abwechselung von Lehm und Sand gebildet. An vielen Stellen bildet der Blocklehm über das Niveau der Oberflächengewässer emporragende Rücken, zwischen denen Mulden liegen, oder isolirte Kuppen; vielfach auch besteht der Boden bis erheblich unter das Flussniveau herab aus lockerem Sand. Es ist wahrscheinlich, dass hier wie in Berlin, Bremen und Frankfurt enge Beziehungen zwischen Grundwasserstand und Flusswasserstand herrschen. Diese Beziehungen streng nachzuweisen vermag ich leider nicht, da mir die Flusswasserstände der Elbe bei Hamburg nur bis zum Jahre 1839 berechnet und gedruckt vorliegen, Grundwasserstandsbeobachtungen aber erst seit 1880 und dazu nur im Gebiet der Alster und nicht in dem der Elbe existiren. Nur auf die Identität der Jahresperiode sei hier hingewiesen: Grundwasser und Fluss stehen in den Monaten Februar, März und April am höchsten und im September am tiefsten. Doch nehme ich angesichts der Verhältnisse in Bremen, München, Berlin und Frankfurt a. Main keinen Anstand, die Kurve der Schwankungen des Elbspiegels als Repräsentantin der Kurve der Grundwasserschwankungen in Hamburg zu benutzen.

Die nachfolgende Tabelle enthält nun für die einzelnen Jahre einerseits die Typhusmortalität für Hamburg, auf 10 000 Einwohner bezogen, für die Jahre 1838—1887; beigegeben ist ausserdem für die Jahre 1872—1887 die Typhusmorbidität, die ich, wie alle Angaben über die Typhusstatistik Hamburgs, dem Entgegenkommen des Herrn Stadtphysikus Dr. Reincke verdanke. Die Jahresmittel beziehen sich hier leider nicht auf das bürgerliche Jahr, sondern auf den Zeitraum vom 1. Juli bis 30. Juni des folgenden Jahres und sind jeweilen dem zweiten Jahr beigeschrieben. Andererseits enthält die Tabelle den mittleren Wasserstand der Elbe. Der letztere ist für 3 Punkte gegeben: Für Hamburg selbst, für Artlenburg, ca. 45 km weiter oberhalb, und für Magdeburg ca. 280 km oberhalb. Die Pegelstände für Magdeburg und Artlenburg sind nach einer gedruckten Tabelle berechnet, die von dem Bureau der Baudeputation, Sektion für Strom- und Hafenbau, herausgegeben wurde. Die Herbeiziehung der Pegelbeobachtungen zu Artlenburg und Magdeburg geschah, weil der Wasserstand zu Hamburg keine reine Funktion der Witterungsverhältnisse des Stromgebiets der Elbe oberhalb ist. Es macht sich in Hamburg in sehr bedeutendem Maass Ebbe und Fluth geltend; die Fluthgrösse beträgt im vieljährigen Jahresmittel 1·8 m und ist viermal so gross als die Differenz zwischen dem grössten und dem kleinsten Jahresmittel des Wasserstandes. Dazu kommt noch vor allem, dass die hier mitgetheilten Jahresmittel nicht aus Terminbeobachtungen gefunden sind, sondern als Mittel der mittleren Hochwasser und der mittleren Niedrigwasser. Sie sind also mit einem Fehler behaftet, der von jenen Perioden der Gezeitenbewegung stammt, deren Länge nicht rein, sondern mit einem Bruch in die Länge des bürgerlichen Jahres aufgeht. Daher repräsentirt der Wasserstand bei Artlenburg, wo die Gezeitenbewegung fast unmerklich geworden ist, viel besser die spontanen Schwankungen des Elbspiegels, wie sie als Folge der Witterungsphänomene auftreten und wie sie allein uns ein Bild der Schwankungen des Grundwassers in jenen bei weitem grösseren Theilen Hamburgs geben können, welche wohl mit der Alster, nicht aber

## Typhus in Hamburg und Elbwasserstand.

| Jahr | Typhus-Mortalität | Elbwasserstand Hamburg | Elbwasserstand Artlenburg | Elbwasserstand Magdeburg | Jahr | Typhus-Mortalität | Elbwasserstand Hamburg | Elbwasserstand Artlenburg | Elbwasserstand Magdeburg |
|---|---|---|---|---|---|---|---|---|---|
| | ‰ | m | m | m | | ‰ | m | m | m |
| 1838...... | 15·3 | — | — | — | 1863...... | 6·9 | 1·34 | 0·97 | 1·5 |
| 1839...... | 16·1 | — | — | — | 1864...... | 6·3 | 1·15 | 0·94 | 1·4 |
| 1840...... | 14·7 | — | — | — | 1865...... | 11·5 | 1·14 | 0·85 | 1·3 |
| 1841...... | 17·7 | — | — | 2·1 | 1866...... | 9·4 | 1·27 | 0·66 | 1·2 |
| 1842...... | 18·7 | — | — | 1·3 | 1867...... | 5·0 | 1·54 | 1·87 | 2·1 |
| 1843...... | 14·1 | 1·34 | 1·25 | 2·3 | 1868...... | 6·6 | 1·45 | 1·45 | 1·8 |
| 1844...... | 14·6 | 1·38 | 1·87 | 2·4 | 1869...... | 6·8 | 1·33 | 1·21 | 1·7 |
| 1845...... | 14·3 | 1·39 | 1·68 | 1·9 | 1870...... | 8·4 | Typhus- | | 1·8 |
| 1846...... | 15·5 | 1·34 | 1·42 | 2·0 | 1871...... | 5·3 | Morbidität | | 2·0 |
| 1847...... | 14·8 | 1·27 | 1·41 | 2·1 | 1872...... | 6·7 | ‰ | | 1·3 |
| 1848...... | 11·4 | 1·17 | 0·92 | 1·6 | 1873...... | 5·4 | 38·1[1]) | | 1·3 |
| 1849...... | 10·7 | 1·27 | 1·18 | 1·8 | 1874...... | 5·4 | 23·7 | | 1·0 |
| 1850...... | 11·5 | 1·47 | 1·62 | 2·3 | 1875...... | 5·5 | 32·4 | Grundwasser | 1·3 |
| 1851...... | 11·1 | 1·43 | 1·73 | 2·3 | 1876...... | 3·5 | 15·7 | Hamburg | 1·7 |
| 1852...... | 12·1 | 1·38 | 1·54 | 2·0 | 1877...... | 3·0 | 18·7 | | 1·6 |
| 1853...... | 9·9 | 1·28 | 1·82 | 2·1 | 1878...... | 3·9 | 24·7 | | 1·4 |
| 1854...... | 10·2 | 1·47 | 1·73 | 2·2 | 1879...... | 2·5 | 19·4 | m | 1·8 |
| 1855...... | 9·6 | 1·42 | 2·34 | 2·3 | 1880...... | 2·6 | 15·9 | 4·90 | 2·0 |
| 1856...... | 5·1 | 1·29 | 1·44 | 1·8 | 1881...... | 3·0 | 13·9 | 4·45 | 2·1 |
| 1857...... | 16·2 | 1·10 | 0·83 | 1·4 | 1882...... | 2·7 | 18·9 | 3·69 | 1·9 |
| 1858...... | 5·2 | 1·13 | 0·88 | 1·5 | 1883...... | 2·5 | 13·5 | 3·48 | 1·8 |
| 1859...... | 10·5 | 1·26 | 0·97 | 1·6 | 1884...... | 2·6 | 18·3 | 3·43 | — |
| 1860...... | 5·2 | 1·34 | 1·72 | 2·0 | 1885...... | 4·2 | 26·8 | 2·48 | — |
| 1861...... | 6·6 | 1·34 | 1·45 | 1·8 | 1886...... | 7·0 | 58·1 | 1·38 | — |
| 1862...... | 7·3 | 1·27 | 1·28 | 1·6 | 1887...... | 8·6 | 100·7 | 0·70 | — |

[1]) Bei der Typhus-Morbidität ist das Jahr vom 1. Juli bis zum 30. Juni gerechnet und das Mittel zu demjenigen Jahr gesetzt, dessen erste Hälfte es enthält; also bezieht sich z. B. 38·1 bei 1873 stehend auf Juli 1872 bis Juni 1873 etc.

mit der Elbe in Beziehung stehen. Absolut unbeeinflusst von den Gezeiten ist die Elbe bei Magdeburg; die dortigen Beobachtungen sind schon darum mitgetheilt, weil sie bis 1883 mir vorliegen, dagegen die Beobachtungen zu Hamburg und Artlenburg nur bis 1869. Auch die Resultate der Grundwasserbeobachtungen des Herrn C. C. H. Müller seit 1880 in Hamburg-Eimsbüttel sind wiedergegeben, obwohl sie wegen künstlicher Aenderungen im benachbarten Terrain nicht einwurfsfrei sind.

Da die Uebersicht über die Tabelle schwer zu gewinnen ist, so sind deren Zahlen auf der beistehenden Figur graphisch dargestellt worden. Der Massstab ist derart gewählt worden, dass ein Herabsteigen oder Emporschnellen der Kurven um einen Theilstrich eine Aenderung der Typhus-Mortalität um 1 ‰o, der Typhus-Morbidität um 5 ‰o, des Elbwasserstandes um 0·1 m und des Grundwasserstandes um 0·5 m bedeutet.

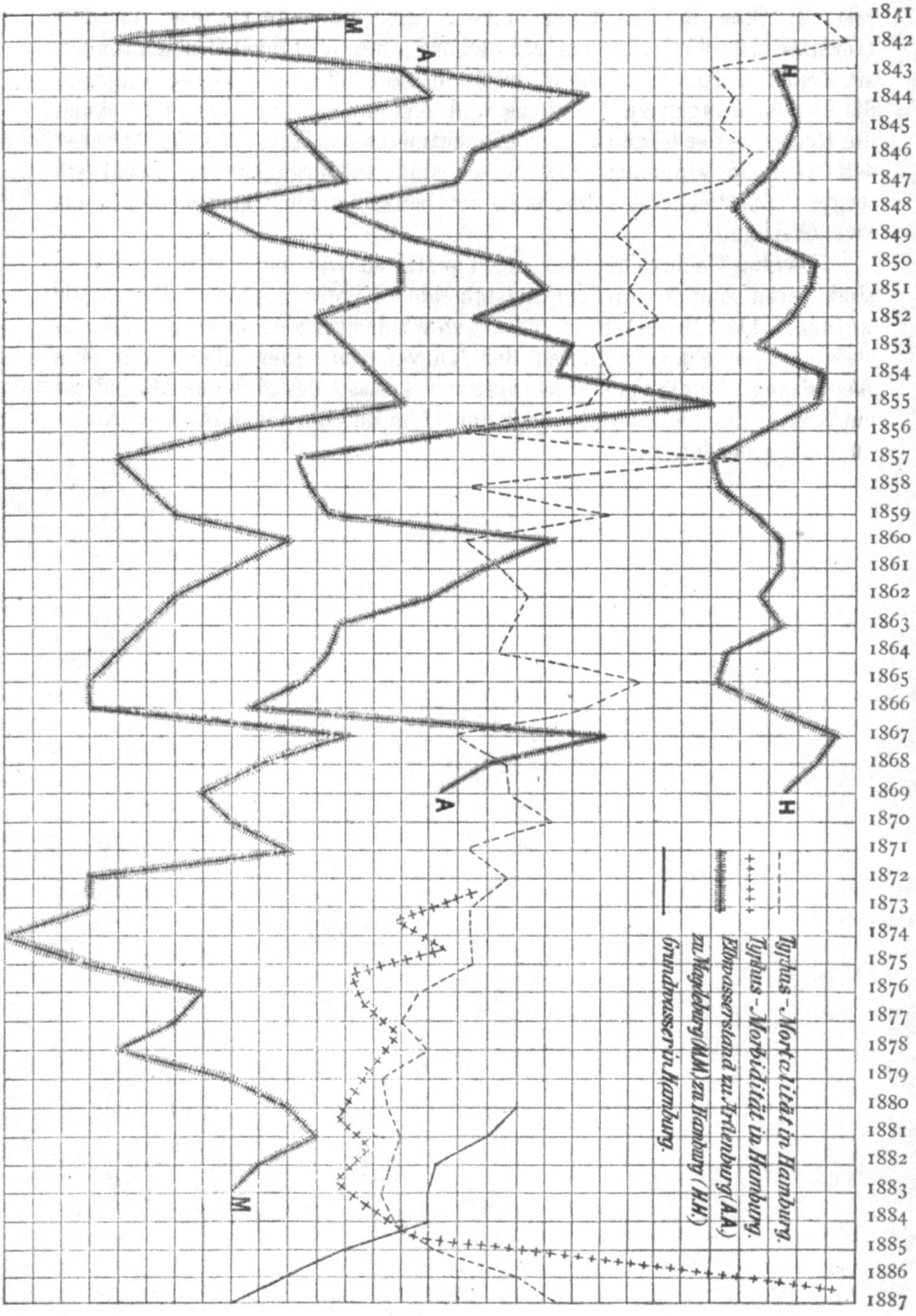

Typhus-Mortalität in Hamburg.
Typhus-Morbidität in Hamburg.
Elbwasserstand zu Artlenburg (A.A.) zu Magdeburg (M.M.) zu Hamburg (H.H.)
Grundwasser in Hamburg.
M
A
H
1841
1842
1843
1844
1845
1846
1847
1848
1849
1850
1851
1852
1853
1854
1855
1856
1857
1858
1859
1860
1861
1862
1863
1864
1865
1866
1867
1868
1869
1870
1871
1872
1873
1874
1875
1876
1877
1878
1879
1880
1881
1882
1883
1884
1885
1886
1887

Betrachten wir die Tabelle oder noch besser die Figur, so sieht man zunächst die ausserordentliche Verminderung der Typhus-Mortalität, die sich mit geringen Unterbrechungen von 1842 bis 1883 vollzog. Dieselbe ist zweifelsohne einerseits eine Folge der Aenderung in der Behandlungsweise, welche die Todesfälle der Erkrankten reducirte, andererseits der Assanirung der Stadt, welche überhaupt die Erkrankungen seltener werden lässt. Vom Jahre 1884 an aber beginnt die Kurve sich rapid und kontinuirlich zu heben.

Vergleichen wir nun die 3 Wasserstandskurven mit einander, so erkennen wir auf den ersten Blick, dass sie nahezu parallel verlaufen. Diese Parallelität ist vollkommen zwischen Magdeburg und Artlenburg, trotz der ca. 230 km betragenden Entfernung beider Stationen von einander. Sie ist sehr viel geringer zwischen Artlenburg und Hamburg, bei einer Entfernung von nur 45 km. Zwar treten auch bei Hamburg im Grossen dieselben Schwankungen des Elbspiegels auf wie weiter oberhalb, doch sind sie ausserordentlich gedämpft. Fassen wir die Richtung der Bewegung der Kurven von Jahr zu Jahr ins Auge, so war dieselbe in der nachfolgenden Zahl von Fällen übereinstimmend, entgegengesetzt oder unbestimmt:

| | | | | | | |
|---|---|---|---|---|---|---|
| Bei Magdeburg u. Artlenburg | übereinstimmend | 21, | entgegengesetzt | 3, | unbestimmt | 2. |
| Bei Artlenburg u. Hamburg | » | 18, | » | 8, | » | —, |
| Bei Magdeburg u. Hamburg | » | 17, | » | 7, | » | 2. |

Es tritt der Einfluss der Gezeitenbewegung klar zu Tage und zeigt uns, dass wir, wie wir oben schon a priori schlossen, die Schwankungen des Elbspiegels bei Hamburg nur für jene Theile des Grundwassers als Bild benutzen dürfen, welche direkt mit dem Strom kommuniciren, dagegen die Schwankungen des Grundwassers im Gebiet der Alster, die ausschliesslich Funktion der Witterungsvorgänge sind, weit eher durch die Schwankungen der Elbe bei Artlenburg uns repräsentirt denken dürfen.

Vergleichen wir nunmehr die Typhuskurve mit den Kurven der Wasserstände, so finden wir, dass die Typhusepidemien der Jahre 1842, 1852, 1857, 1859, 1865, 1870 und 1878 sich alle bei niedrigem Wasserstand ereigneten und dass andererseits die auffallend typhusfreien Jahre 1843—45, 1860, 1867, 1871, 1876—77 Jahren mit hohem Wasserstand entsprechen. Nicht in Uebereinstimmung mit dem Gesetz befinden sich die kleinen Epidemien von 1846 und 1872, sowie die typhusfreien Jahre 1856 und 1858, auf die ein sehr niedriger Wasserstand fällt.

Ist das Gesetz richtig, so muss im Einzelnen einem Ansteigen des Wasserstandes ein Sinken der Typhuskurve entsprechen und vice versa. Wenn man die Typhuskurve mit der Kurve des Wasserstandes zu Artlenburg vergleicht, so sprechen 62 % der Fälle für einen Zusammenhang, 38 % gegen einen solchen, mit der Wasserstandskurve zu Magdeburg 55 % dafür, 45 % dagegen, mit der Wasserstandskurve zu Hamburg 54 % dafür und 46 % dagegen. Nach Soyka's graphischen Darstellungen sprechen in dieser Weise für einen Zusammenhang zwischen Grundwasser und Typhus in München, Berlin, Frankfurt a. M., Bremen, Salzburg im Mittel 61 % der Fälle. Sehr viel günstiger stellt sich das Resultat, wenn wir nur die bedeutenderen Aenderungen der Kurven in Betracht ziehen. Einer Senkung oder Hebung des Elbspiegels bei Magdeburg um 0·2 m oder mehr von einem Jahr zum andern entspricht eine entgegengesetzte Bewegung der Typhuskurve von Hamburg in 71 % der Fälle und einer Hebung oder Senkung der Typhuskurve um 2 oder mehr als 2 ‰o eine entgegengesetzte Bewegung des Elbspiegels bei Magdeburg in 66 % der Fälle.

Es deutet also, soweit man aus den Schwankungen des Elbspiegels auf entsprechende des Grundwassers schliessen kann, alles auf einen Zusammenhang zwischen Grundwasser und Typhus in Hamburg in ihrer Aenderung von Jahr zu Jahr hin und es bestätigt sich das Resultat, dass wir für die Jahresperiode des Zeitraums 1880-83 fanden. Wie aber verhält es sich mit den Jahren 1884—87, deren Jahresperiode sich durchaus nicht dem allgemeinen Gesetz fügen wollte?

Soyka wies darauf hin, dass die Bewegung des Grundwasserspiegels von Jahr zu Jahr, wenn man ihre grossen Züge ins Auge fasst, auf weiten Strecken auffallend parallel verläuft. Es erklärt sich dieses aus der Uebereinstimmung der Witterung auf weit ausgedehnten Gebieten. Ich habe an anderer Stelle gezeigt, wie der Regenfall auf den Landmassen der Erde gewisse allgemein auftretende Schwankungen aufweist[1]). Diesen Schwankungen des Regenfalls folgt nun auch das Grundwasser. Die Dürrenperiode Anfang der 60er-Jahre, die sich in ganz Europa, in Asien, in Amerika, in Australien, kurz in allen Ländern der Erde, als solche bemerkbar macht, ist in Europa allgemein von einem niedrigen Grundwasserstand begleitet; seit jener Zeit hat der Regenfall zugenommen und ist der Grundwasserspiegel gestiegen; man kann sagen, das Klima hat sich geändert. Es erleben die Länder der Erde grossartige Klimaschwankungen, es wechseln regenreiche Perioden mit relativ trockenen ab. Das laufende Jahrhundert zählt bereits 3 Serien feuchter Jahre, um 1815, 1850 und 1880, zwischen welche sich Perioden regenarmer Jahre einschalten.

---

[1]) Annalen der Hydrographie 1888, Februarheft.

Entsprechend änderte sich auch der Grundwasserstand und damit, wie wir schliessen müssen und wie zuerst Penck aussprach [1]), die Verhältnisse des Auftretens des Typhus. Die nachfolgende kleine Tabelle mag diesen Zusammenhang veranschaulichen.

| | Salzburg | | | München | | | Elbspiegel | | Hamburg |
|---|---|---|---|---|---|---|---|---|---|
| | Regen mm | Grundw. m | Typhus † ‰o | Regen mm | Grundw. m | Typhus † ‰o | Artlenbg. m | Mgdbg. m | Typhus † ‰o |
| 1841/45..... | — | — | — | — | — | — | — | 2·00 | 15·9 |
| 1846/50..... | — | — | — | — | — | — | 1·31 | 1·96 | 12·8 |
| 1851/55..... | — | — | — | — | — | — | 1·83 | 2·18 | 10·6 |
| 1856/60..... | — | — | — | 781 | 0·09* | 23·6 | 1·17 | 1·66 | 8·4 |
| 1861/65..... | 1058* | 2·97* | — | 755* | 0·27 | 18·7 | 1·10* | 1·52* | 7·7 |
| 1866/70..... | 1207 | 3·03 | 9·3 | 790 | 0·42 | 12·0 | 1·30 | 1·76 | 7·2 |
| 1871/75..... | 1283 | 2·99 | 14·9 | 766 | 0·27 | 15·4 | — | 1·38 | 5·6 |
| 1876/80..... | 1431 | 3·13 | 5·9 | 874 | 0·75 | 7·2 | — | 1·70 | 3.1 |
| 1881/85..... | 1285 | 3·04 | 2·6 | 919 | 0·35 | 1·7 | — | 1·93 | 3·0 |

Es ist in hohem Grade zu bedauern, dass uns für die Typhusfrequenz nicht die Morbiditätszahlen für eine längere Reihe von Jahren zur Verfügung stehen, sondern nur die Mortalitätszahlen. Die letzteren aber zeigen überall, wo es sich um den Vergleich weit von einander entfernter Zeiträume handelt, gefälschte Verhältnisse, in sofern, als sie in hohem Grade durch die Aenderung in der Heilkunde herabgedrückt werden. Nur die Morbiditätszahlen können daher als Maass für die Häufigkeit des Auftretens einer Krankheit dienen. So kommt es, dass Hamburg in der Periode 1856—65, welche durch tiefen Fluss- und Grundwasserstand ausgezeichnet war, doch kein Emporsteigen der Typhusmortalität aufweist. Dass jedoch die Typhusfrequenz gleichwohl eine grössere war, als in den vorhergegangen Lustren, scheint mir wahrscheinlich; ich bin geneigt aus der so auffallenden Verlangsamung in dem allgemeinen Rückgang der Mortalität, die gerade die fraglichen Lustren charakterisirt, auf eine grössere Morbidität zu schliessen. Es zeigten nämlich die einzelnen Lustren die nachfolgende Verringerung der Mortalität gegenüber dem unmittelbar vorhergehenden:

| 1846/50 | 51/55 | 56/60 | 61/65 | 66/70 | 71/75 | 76/80 | 81/85 | 86/87 |
|---|---|---|---|---|---|---|---|---|
| 3·1 | 2·2 | 2·2 | 0·7* | 0·5* | 1·6 | 2·5 | 0·1 | 4·7 |

Also ist die Verschlechterung der Typhusverhältnisse in den 60er Jahren durch einen relativen Stillstand in der Abnahme der Typhusmortalität ausgesprochen, während die günstige Zeit mit hohem Grundwasserstand um 1850 und Ende der 70er Jahre durch eine rapide Abnahme der Todesfälle ausgezeichnet erscheint. Aehnliche Verhältnisse weist München auf.

[1]) Münchener Allgemeine Zeitung 1887.

Seit 1881 treffen wir in Hamburg wie in ganz Mitteleuropa einen grossen Rückgang des Regenfalls an. Es fielen in Hamburg nach einander in den Jahren Millimeter Regen:

| | | | | | | | |
|---|---|---|---|---|---|---|---|
| 1876/80 | 1881 | 1882 | 1883 | 1884 | 1885 | 1886 | 1887 |
| 867 | 695 | 673 | 586 | 758 | 620 | 598 | 466 |

Die Folge davon war ein allgemeines Sinken des Grundwassers, wie es z. B. Soyka für Bremen, Berlin, Frankfurt a. Main, München und Salzburg zeigte[1]). Auch für Hamburg wird ein Sinken und zwar in ganz gewaltigem Umfang, um volle 4·2 m, durch die Beobachtungen von Herrn C. C. H. Müller angedeutet. Wir wissen nun allerdings, dass der Grundwasserspiegel in Eimsbüttel durch den 1883 und 1884 gegrabenen Isebeckkanal stark gesenkt worden sein und sich hierdurch der grössere Theil der sonst vollkommen beispiellosen Senkung um 4·2 m in 7 Jahren erklären dürfte. Allein ein anderer Theil dieser Senkung ist unbedingt der grossen Regenarmuth der letzten Jahre zuzuschreiben, dürfte also überall im Hamburger Gebiet aufgetreten sein. Da liegt es denn nahe, die grosse Hamburger Epidemie der Jahre 1884—87 mit diesem Sinken in Beziehung zu setzen. Wäre dem so, so müsste man erwarten, dass auch in anderen Städten, wo der Grundwasserspiegel gleichfalls stark gefallen ist, Typhusepidemien aufgetreten sein. Das ist nun aber nicht der Fall. Zwar eine ganz geringe Zunahme des Typhus bei sinkendem Grundwasser zeigen von 1883 bis 1885 Salzburg und Frankfurt a. M. In Berlin und München fehlt eine solche, vor Allem auch in Hamburg's Nachbarstadt Bremen, obwohl auch hier der Grundwasserspiegel von 1881 bis 1884 um 49 cm gesunken ist[2]). Soyka erwähnt ausdrücklich diesen Mangel der Uebereinstimmung zwischen Grundwasser und Typhus in den 80er Jahren und erklärt denselben durch die mehr und mehr fortschreitende Assanirung des Bodens, welche schliesslich überhaupt den Einfluss des letzteren zu eliminiren vermag[3]). Sollte nun in Hamburg die Assanirung nicht in dem Maasse vorgeschritten sein, so dass hier das Sinken des Grundwassers eine Epidemie veranlasste, wie sie, was die Zahl der Erkrankungen anbetrifft, einzig in den Annalen der Hamburger Geschichte dasteht? Das erscheint unwahrscheinlich, ist doch Hamburg eine der ersten deutschen Grossstädte, welche in ihrem

---

[1]) Schwankungen des Grundwassers. S. 83 f.

[2]) Nicht um 2·96 m, wie Soyka a. a. O. S. 78 sagt; es sind dort irrthümlich die Summen der Jahresmittel der verschiedenen Bremer Brunnen gegeben, die daher erst durch die Zahl der Brunnen zu dividiren sind, damit man das Universalmittel erhält. Dieses Versehen ist bei der Konstruktion der Kurve S. 189 berücksichtigt.

[3]) Archiv f. Hygiene. Bd. VI, S. 282 u. 285.

Sielsystem eine grossartige Kanalisation sich schuf. Es scheint sonach manches dafür zu sprechen, dass für die Entstehung der letzten Hamburger Epidemie in erster Reihe lokale, nur in Hamburg wirkende Verhältnisse verantwortlich zu machen sind, nicht aber die allgemeinen Grundwasserschwankungen. Diese Anschauung wird dadurch bestätigt, dass, wie wir oben sahen, die Jahresperiode des Typhus während der Epidemie absolut nicht mit der Jahresschwankung des Grundwassers harmonirte. Die letzten Jahre mit ihrer Epidemie zeigen uns also anomale Verhältnisse zwischen Grundwasser und Typhus.

Worin aber besteht jene lokale Ursache der Epidemie, auf welche wir schliessen? »Ist es ein Zufall, so schrieb ich vor Jahresfrist[1]), dass der Beginn der Epidemie mit dem Beginn der Hafenbauten zum Zweck des Zollanschlusses zusammenfällt? Ob die Aufwühlung der Erde bei den letzteren in der That die Ursache ist, wird die Zukunft lehren. Wir wollen es hoffen, denn dann stehen wir, wie unmittelbar vor dem Ende der Hafenbauten, so auch unmittelbar vor dem Ende der Epidemie.« Diese Vermuthung haben die Thatsachen durchaus bestätigt. In der ersten Hälfte des Jahres 1888 wurden die Erdarbeiten an den Hafenbauten beendigt und im Oktober die neuen Hafenanlagen dem Gebrauch übergeben. Seit dem Frühjahr 1888 gilt auch die Typhusepidemie in Hamburg als erloschen. Freilich ist in dem feuchten Jahr 1888 auch der Grundwasserspiegel etwas gestiegen und hierdurch wird die Sicherheit des obigen Resultates in etwas abgeschwächt.

Werfen wir einen Rückblick auf unsere Ergebnisse. Auch in Hamburg steht das Auftreten des Typhus in enger Beziehung zu den Schwankungen des Grundwasserstandes. Dieses zeigt sich klar in der Jahresperiode beider Elemente, wie sie aus den Beobachtungen der Jahre 1880—1883 sich ergiebt. Auch in seiner Aenderung von Jahr zu Jahr besitzt das Auftreten des Typhus eine Abhängigkeit von den Schwankungen des Grundwasserstandes, wie sie uns in Ermangelung von eigentlichen Grundwasserbeobachtungen die Schwankungen des Elbspiegels seit 1841 andeuten.

Eine auffallende Inkongruenz zwischen Grundwasser und Typhus macht sich jedoch in den Jahren der Epidemie von 1884 bis bis 1887 geltend. Die Jahresperiode stimmt nicht mehr, insofern als aus der früheren Sommerkrankheit eine Winterkrankheit geworden ist. Dazu hat die Epidemie einen so entsetzlichen Umfang angenommen, wie er bisher unerhört war. Dieselbe kann nicht wohl mit dem Sinken

---

[1]) Hamburgischer Korrespondent 1888, No. 85, 25. März, Morgenausgabe S. 10.

des Grundwassers in Zusammenhang gebracht werden, da letzteres in allen Orten Mitteleuropas auftrat, ohne doch hier eine auch nur entfernt so ausgebreitete Epidemie zur Folge zu haben. Die Epidemie scheint sich vielmehr auf die Erdarbeiten bei den neuen Hamburger Hafenbauten zum Zweck des Zollanschlusses zurückzuführen, da sie zeitlich genau auf die Dauer dieser Erdarbeiten beschränkt war und mit der Beendigung derselben erlosch. Diese Erdarbeiten brachten enorme Massen von durchfeuchtetem und trocknendem Erdreich, dem Wohnsitze zahlloser Bakterien, mit der Luft in Berührung und boten dadurch in hohem Grade den Krankheitskeimen Gelegenheit, in die Nähe des Menschen vorzudringen. Ob jetzt, nachdem die Erdarbeiten beendigt und die Epidemie geschwunden ist, die Typhusfrequenz wieder in ihrer Jahresperiode und in ihren Schwankungen von Jahr zu Jahr sich den Schwankungen des Grundwassers anschmiegen wird, muss die Zukunft lehren.

# Beiträge zur Kenntniss des Deutschen Schutzgebietes in der Südsee

von

R. Parkinson auf Neu-Pommern.

(Abgarris-, Marqueen-, Ongtong Java-, Tasman-, Stewart-, Bouka-, Bongainville-, Shortland-, Carteret-, Sir Charles Hardy-, Green-, Neu Mecklenburg und benachbarte Inseln.)

---

Der »Stille Ozean« oder die »Südsee« mit den tausend von Inseln und Inselchen, die wir in Europa schlechtweg in früheren Jahren mit dem Gesammtnamen »Südsee-Inseln« zu den sehr wenig bekannten Theilen unseres Erdballs verwiesen, ist dank der Kolonial-Politik des Deutschen Reiches in jüngster Zeit auch in weiteren Kreisen Gegenstand erneuerter Aufmerksamkeit geworden.

Ueber viele Inselgruppen der Südsee besitzen wir eine ausreichende und zuverlässige Litteratur, namentlich sind hierin solche Inselgruppen eingeschlossen, die seit vielen Jahren dem Handel und der christlichen Mission erschlossen wurden. Andere sind uns dagegen heutzutage fast noch ebenso unbekannt, wie im Anfang des Jahrhunderts und die Summe unseres Wissens über höchst interessante Insel oder Inselgruppen ist in vielen Fällen auf eine Positionsangabe in Graden und Minuten beschränkt, während wir von den Bewohnern so gut wie nichts erfahren, oder wenn uns darüber Mittheilung gemacht wird, ist sie in vielen Fällen höchst ungenau und voller Irrthümer, so dass nicht selten friedliebende Insulaner als verrätherisches Gesindel geschildert werden. Der westliche Theil des Stillen Ozeans zeichnet sich hierin vor allen anderen Theilen aus. Das ganze Schutzgebiet des Deutschen Reiches, sowie die östlich daran grenzenden Inseln und Inselgruppen des Salomo-Archipels waren bisher nur in einzelnen Küstenstrichen bekannt. Es ist mir vergönnt gewesen, neuerdings mehrere dieser höchst interessanten Inseln aufs neue zu besuchen und mit deren Bewohnern in friedliche und freundschaftliche Verbindung zu treten. Was ich gesehen und erlebt, theile ich nachstehend mit, in der Hoffnung, dass dadurch manche kleine Lücke in unserem heutigen Wissen ausgefüllt werden möge.

Die im Nachstehenden aufgeführte Reihenfolge der Inseln habe ich vorgezogen, weil mir dadurch Gelegenheit geboten wurde, in einem

Abschnitt Insulaner eines und desselben Stammes zu vergleichen. Merkwürdig genug hat sich auf vielen kleinen Atolls östlich von Neu-Mecklenburg und den Salomo-Inseln ein verhältnissmässig reiner polynesischer Stamm erhalten. Dieser Stamm bewohnt die Abgarris- oder Fead-Inseln, die Marqueen- oder Mortlock-Inseln, die Tasman-Inseln, die Lord Howe- oder Ongtong Java-Inseln und die Stewart-Inseln. Ich werde diese daher in erster Linie behandeln. Darauf folgen meine Aufzeichnungen über die von fast schwarzen Melanesiern bewohnten Sir Charles Hardy-Inseln, Carteret-Inseln, Bouka-, Bougainville- und Shortland-Inseln und zum Schluss einige Notizen über die Insel Neu-Mecklenburg und die östlich davon liegenden kleineren zum deutschen Schutzgebiet gehörenden Inseln.

## I. Inselgruppen mit Einwohnern polynesischer Abstammung.

### 1.

### Die Abgarris- oder Fead-Inseln.*)

Die Südspitze dieses Atolls liegt annähernd in 154° 50′ östl. Breite und 3° 28′ südl. Breite; es erstreckt sich der Archipel von hier aus in nordwestliche Richtung ca. 27 Seemeilen. Es ist ein Irrthum, wenn diese Inselgruppe auf den Karten als ein Atoll bezeichnet ist, vielmehr besteht dieselbe aus einem nördlichen und aus einem südlichen Atoll, die durch eine etwa 2 Seemeilen breite Strasse von einander getrennt sind. Diese Strasse ist auch für grössere Schiffe passirbar. Der nördliche Atoll ist der kleinere und jetzt völlig unbewohnt. Der südliche Atoll besteht aus vielen kleinen niedrigen Inseln, deren südlichste (die Goodman-Insel der Karten) von Eingeborenen bewohnt und in deren Sprache Nuuguria genannt wird. An die Hauptinsel reihen sich eine Anzahl von kleineren Inseln, und bei niedrigem Wasserstand kann man trockenen Fusses die ganze östliche Reihe besuchen; die westliche Reihe ist durch mehrere tiefe Passagen getrennt, durch welche Schiffe in die Lagune hineinsegeln können, jedoch ist immerhin die grösste Vorsicht anzuempfehlen, da die Lagune, obgleich tief, dennoch hier und dort gefährliche Stellen in Gestalt von Korallenbänken enthält. Das sich nach Nordwesten erstreckende Riff ist zur Zeit des Südost-Passats auf der Westseite sehr schwer erkennbar, weil die See nicht darauf brandet; es kann dadurch der Schiffahrt sehr gefährlich werden, namentlich wenn bei trübem Wetter die nördliche Gruppe unsichtbar

*) Zur Orientirung vergl. Friederichsen's Karte des Westlichen Theiles der Südsee im Jahrgang 1884 dieser Mittheilungen.

ist. Das Wrack des dreimastigen Schooners »Friederike Wilhelmine«, das etwa fünf Seemeilen unterhalb der die beiden Atolle trennenden Strasse auf der Westseite des Atolls heute noch sichtbar ist, illustrirt dies deutlich. Der Kapitän dieses Schiffes war der Meinung, er habe die Gruppe bereits nördlich passirt; dies erwies sich jedoch als ein Irrthum, denn nach Osten steuernd lief er direkt auf's Riff hinauf und gewahrte dann auch sehr bald, dass das vermeintliche Nordende der Gruppe nur die nördlichen Inseln des südlichen Archipels waren; in dem trüben Wetter hatte er die nördliche Gruppe nicht gewahren können.

Die aus sechs kleinen Inseln bestehende nördliche Gruppe hat keine Schiffspassage, jedoch führt eine gute Bootpassage auf der Südwestseite in die Lagune hinein.

Die Bewohner der Gruppe, die wie bereits gesagt, augenblicklich auf die südlichste Insel des Archipels beschränkt, aber unstreitig früher weit zahlreicher gewesen sind, konnte ich ohne Schwierigkeit verstehen, weil ihre Sprache viel Aehnlichkeit mit der Samoa-Sprache hat. Jedoch notirte ich Worte, die sich nachher als Worte der Kingsmill-Sprache entpuppt haben. Dass die Einwohner Polynesier sind, ist unzweifelhaft; die Hautfarbe ist ganz die der Samoaner. Ich bin jedoch zu der Annahme geneigt, dass auch mikronesisches Blut hier mit dem polynesischen Blut vermischt ist; dafür sprechen nicht nur viele mikronesische Worte, sondern auch viele andere Anzeichen. Der Körperbau ist mehr gedrungen wie bei den Samoanern, und namentlich sind die Beine zu kurz im Verhältniss zu dem wohlausgebildeten Oberkörper. Viele der Männer und Weiber haben entschieden malayische Gesichtszüge, vorspringende Backenknochen und kleine etwas schiefgeschlitzte Augen, niedrige Stirn und schlichtes Haar. Die Tänze der Männer und Frauen haben mit den Tänzen der Kingsmill-Insulaner ebenfalls die grösste Aehnlichkeit.

Der Häuptling des Stammes ist ein alter Mann von freundlichem und zutraulichem Entgegenkommen, wie denn überhaupt die ganze Bevölkerung äusserst friedliebend und friedfertig zu sein scheint. Waffen keinerlei Art sind bekannt; etwaige Streitigkeiten schlichtet der Häuptling, in den äussersten Fällen dienen Steine und das untere, keulenförmige Ende der Kokosnussblätter als Waffen. Der Häuptling Soa erzählte mir, dass vor vielen Jahren — er sei damals noch ein Knabe gewesen — dunkelfarbige Männer in mehreren grossen Kanoes gelandet wären und viele Insulaner getödtet und fortgeführt hätten. Nach der Beschreibung müssen dies Bouka-Insulaner gewesen sein; dieselben machen in ihren grossen Kanoes häufig lange Seetouren und gaben mir auf Anfrage in Bouka genau die Richtung an, in welche die Fead-Inseln und die später zu erwähnenden Mortlock-Inseln liegen. Solche Streifzüge der dunkelfarbigen Salomo-Insulaner wurden mir später auf den Lord Howe-Inseln und Steward-Inseln ebenfalls berichtet. Auch in Bouka erzählte man mir von angetriebenen Kanoes mit hellfarbigen Menschen. Es könnte eigenthümlich erscheinen, dass auf den Fead-Inseln wie auf den später zu erwähnenden Inseln mit polynesischer Bevölkerung eine Vermischung mit Mikronesiern nicht stattgefunden, da nachweisbar von Zeit zu Zeit die dunkelfarbigen Bewohner Bouka's und Bougainville's nach den benannten Inseln Streifzüge machen. Die Erklärung ist jedoch meiner Ansicht nach sehr einfach. Wo die Salomo-Insulaner mit ihren Kanoes landeten, und namentlich wo sie eine harmlose und waffenlose Bevölkerung vorfanden, da legten sie sich auch sofort auf's Rauben und Morden, und da sie, selbst in geringer Anzahl, durch ihre vorzüglichen Waffen (Bogen, Pfeile und Speere), die sie stets auf ihren Zügen, mögen diese nun kurz oder weit sein, in grosser Anzahl mit sich führen, mit Leichtigkeit einen Sieg errangen und dann mit ihrer Beute fortzogen, oder, wo eine unverhältnissmässige Ueberzahl sie zum Rückzug zwang, so lässt sich wohl erklären, weshalb sie sich nie häuslich niederliessen und sich mit den Ureinwohnern vermischten. Die Einwohnerzahl der Inselgruppe beträgt jetzt ungefähr 150 Seelen, von denen die Männer etwas in der Ueberzahl sind. Die Sterblichkeit ist ganz unverhältnissmässig gross; der Häuptling rechnete mir 19 Todesfälle auf, die zwischen Anfang März und Mitte Juni dieses Jahres vorgefallen, und der dort stationirte Händler versicherte mich, dass er seit September vorigen Jahres bis Mitte Juni ca. 40 Todesfälle verzeichnet habe. Ich weiss aus Erfahrung, wie unzuverlässig solche Angaben in der Regel sind, aber hier konnte wohl kein Zweifel an der Zuverlässigkeit der Angabe obwalten, denn hinter der kleinen Ansiedlung der Eingeborenen in Nuuguria waren die frischen Gräber ein nur zu deutlicher Beweis, und der pestilenzartige Leichengeruch und die an Stellen hervorschauenden menschlichen Knochen zeigten, dass die Einscharrung der Verstorbenen nur höchst oberflächlich geschehen sei. Der Händler, der früher in Nuuguria stationirt war, hatte in Folge des grässlichen Gestanks die Insel verlassen müssen und war nach einer entfernteren unbewohnten Insel übergesiedelt. Die Sterblichkeit auf den niedrigen Koralleninseln ist zur Zeit des Passatwechsels immer bedeutend, jedoch müssen auf den Fead-Inseln noch andere Ursachen vorhanden sein. Das ungenügende Einscharren der Leichen in der unmittelbaren Nachbarschaft der Ansiedlung mag vieles dazu beitragen, wie überhaupt denn die Reinlichkeit viel zu wünschen übrig lässt. Zwar sind die Hütten sauber genug, wenn auch nur niedrig und kümmerlich gebaut, und der Fussboden im Innern mit weissem Sand dick bedeckt; ebenso ist die unmittelbare Umgebung der Hütten sauber gehalten, aber alle Speiseabfälle, aller Unrath und Schmutz umgab als hoher Wall die Ansiedlung und die Ausdünstung konnte jedenfalls nicht gesund sein. Ich stellte dies dem Häuptling vor und liess einen Theil meiner Leute die in grosser Anzahl herumliegenden trockenen Kokosblätter herbeiholen, die wir auf dem Bestattungsort und rings um die Ansiedlung hoch aufthürmten und dann in Brand setzten. Lustig bahnten die Flammen sich nach allen Seiten in dem theilweise trockenen Gebüsch Bahn und am folgenden Morgen war der Platz gründlich gesäubert. Die Umgebung des Dorfes war zwar nicht mehr so malerisch wie am Tage vorher, das frische Grün der Büsche war verschwunden, überall versengte Sträucher und verwelktes Laub, aber auch der Leichengeruch und die Ausdünstungen der Abfälle waren verschwunden. Der alte Soa schien diese sanitäre Massregel höchst übel zu nehmen, ein buntes Hemd und eine weisse Hose versöhnten ihn jedoch sofort. — Die Männer tragen als einzige Bekleidung einen langen Gurt oder richtiger eine zusammengefaltete Schärpe von ungefähr 1 Dezimeter Breite und 1 ½ Meter Länge. Diese Schärpe wird um die Hüften geschlungen und vorn zwischen den Beinen durchgezogen. Die verheiratheten Frauen tragen eine Matte, aus Bast angefertigt, die von der Taille bis zu den Knieen reicht und von einem schmalen Gürtel aus geflochtenen Pandanusblättern zusammengehalten wird. Mädchen und unverheirathete Weiber gehen nackt; Knaben gehen so lange nackt, bis sie beschnitten sind. Von einer Tätowirung sind nur noch wenige Spuren vorhanden. Bei den Weibern war nicht die geringste Tätowirung sichtbar; einige Männer hatten auf den Hüften eine Figur tätowirt, die einen Theil der Lord Howe-Tätowirung bildet. Ueberhaupt macht der ganze Stamm den Eindruck, als stehe er auf dem Aussterbeetat. Ich bemerkte nicht viele Kinder, ebensowenig zahlreiche junge Männer und Mädchen.

Die Nahrung der Insulaner besteht fast ausschliesslich aus Fischen, Kokosnüssen und einer Alocasia-Art. Verschiedene Bäume der Inseln liefern ausserdem eine begrenzte Quantität von geniessbaren Früchten. Schweine und Hühner sind erst im vergangenen Jahre von unseren Händlern eingeführt worden. Die ersteren gedeihen gut, die letzteren scheinen jedoch in Folge der grossen Anzahl von Ratten nicht recht an Zahl zuzunehmen.

Von Schmucksachen sah ich nur sehr wenige. Männer wie Weiber hatten durchlöcherte Ohrläppchen, worin ein spiralförmig zusammengewundenes Kokosblatt gesteckt war. Viele hatten eine durchbohrte Nasenscheidewand, worin ein kleines cylindrisches Stückchen Holz steckte. Armringe, Halsbänder und derlei sah ich nicht.

Die Kanoes der Insulaner sind aus einem weichen Holz, das auf den Inseln wächst, angefertigt; sie sind von 18 bis 30 Fuss Länge, aus einem einzigen Stamm ausgehöhlt und aussen wie innen sauber geglättet. Sie haben einen Ausleger mit Schwimmer auf einer Seite, sonst aber sind sie unverziert; die obere Weite beträgt bei den grössten Kanoes etwa 2 Fuss, und ich sah einige, die 8 Insassen hatten. Jetzt wird zur Anfertigung der Kanoes die Axt und der Hohlmeissel benutzt; in früheren Zeiten benutzte man ausschliesslich Meissel und Aexte aus Tridacna-Schale; diese alten Werkzeuge fand ich unbeachtet in den meisten Hütten und erstand sie als werthlose Sachen für eine Kleinigkeit.

Die Fischerei wird mit Hülfe von Angelhaken und von Netzen betrieben. Die ersteren sind aus Perlmutterschaale oder aus Schildpatt, werden jedoch nach wenigen Jahren von unseren europäischen Angelhaken verdrängt sein. Die Netze sind Wurfnetze mit Holzschwimmern und durchlöcherten Muscheln als Senker.

Das »Tabu« ist auch hier bekannt, schien jedoch nicht sehr strenge aufrechterhalten zu werden.

Die Inselgruppe oder die einzelnen Inseln bestehen aus allmählich ansteigenden Anhäufungen auf der breiten Riffoberfläche, mit einer dichten Vegetation bedeckt. In der Mitte vieler der grösseren Inseln ist eine muldenförmige Depression mit brackigem Sumpfwasser angefüllt und von dichtem Gestrüpp überwuchert. Der äussere Rand der Inseln ist mit einem dichten Saum von Kokosnusspalmen umgeben, die hier wie allerorts den weissen Händler herangelockt haben, der den Ueberschuss an Kokosnüssen für bunte Glasperlen, Taback, Pfeifen, Baumwollenzeuge u. s. w. einhandelt.

Etwa 12 Seemeilen SSW von der südlichen Spitze der Fead Inseln liegt eine kleine Insel, auf der Karte unter dem Namen Sable Island verzeichnet. Dies ist eine kleine etwa ½ Hektar grosse, von Korallenriffen umgebene Sandbank, worauf zwei oder drei niedrige verkümmerte Büsche sich angenistet haben. Auf dieser kleinen Fläche fristeten zwei Eingeborene der Fead-Insel seit nahezu 2½ Jahren ihr Dasein, bis unser Dampfer sie im vorigen Jahre entdeckte und nach Neu-Britannien brachte. Diese beiden Menschen, ein Mann und eine Frau, hatten sich zur Zeit der Strandung der »Friederike Wilhelmine«

in ein Kanoe ausserhalb des Riffs begeben, eine aufkommende Bö hatte sie seewärts getrieben und nach mehrtägigem Umherirren hatten sie die kleine Sandbank erreicht, wo sie sich von Fischen, Muscheln, Algen u. s. w. bis zu ihrer Auffindung ernährt hatten. Ihre Wohnung während der Zeit war eine Höhlung im Sande, mit Korallenstücken und angeschwemmtem Holz überdacht. Die Frau wog als sie aufgefunden wurde, 51½ Kilo, der Mann 53 Kilo, jetzt wiegt die Frau 67, der Mann 71 Kilo.

2.

## Die Marqueen- (Marken-) oder Mortlock-Inseln.

Die Gruppe liegt annähernd auf 157° östl. Länge und 4° 45′ südl. Breite, etwa 155 Seemeilen südöstlich von den Fead-Inseln und 90 Seemeilen östlich von den von dunklen Melanesiern bewohnten Carteret-Inseln. Sie besteht aus 13 Inseln, von denen 12 auf der östlichen Seite des Atolls dicht aneinander, und eine auf der westlichen Seite des Atolls liegen. Diese letztere wird von den Einwohnern Nuugurigia genannt; die zwölf erstgenannten sind in der Reihenfolge von Süd nach Nord: Tauu (die Hauptinsel), Nuugoa, Nuohare, Auke, Nuugurua, Beiakku, Harehaku, Loguma, Maguri, Sango, Magiliake und das Inselchen Geahuajei. Etwa 3 Meilen westlich von der Hauptinsel Tauu auf der Südseite des Atolls führt eine enge Passage in die Lagune hinein; eine zweite Passage führt, von Westen kommend, südlich an der vereinzelt liegenden Insel Nuugurigia vorbei, in die Lagune, und dazwischen, jedoch anscheinend nur für Boote passirbar, liegt eine dritte Passage. Kleinere Schiffe können bei günstigem Wind die beiden erstgenannten Passagen passiren, jedoch ist die Lagune im Innern mit vielen Bänken ausgefüllt, die das Manövriren der Schiffe sehr erschweren. Zur Ebbezeit läuft durch alle Passagen eine starke Strömung nach aussen, umgekehrt zur Fluthzeit.

Die Inselgruppe ist sehr wenig bekannt. Sie liegt theilweise ausserhalb des Bereichs der gewöhnlichen Segelstrasse, hat eine schwer zugängliche Passage und die Einwohner stehen oder standen in dem Ruf recht ungastlich zu sein, weil sie vor Jahren das Boot eines Walfischfängers abschnitten und die Besatzung massakrirten.

Vor etwa drei Monaten hatte unser Dampfer die Lagune besucht, die Einwohner freundlich gefunden und einen weissen Händler dort stationirt. Am 8. Juni besuchte ich wieder die Gruppe und hatte Gelegenheit jetzt das kleine interessante Inselvolk genauer kennen zu lernen. Kaum war der Dampfer vor der Insel Tauu vor Anker gegangen, als auch ein von mehreren Männern bemanntes Kanoe uns entgegenkam. Von den drei Insassen waren zwei tätowirt, einer untätowirt. Ein Lord Howe-Insulaner, den ich an Bord hatte, erkannte nach einem kurzen Gespräch Landsleute, die vor Jahren von dem ca. 120 Seemeilen östlicher liegenden Lord Howe mit einem Kanoe hierher verschlagen waren. Die Sprache der Marqueen-Insulaner ist dieselbe, wie die der Fead- und der Lord Howe-Insulaner. Nachdem die erste lange Begrüssung zwischen den Wiedergefundenen beendet, ging ich mit mehreren meiner Leute an's Land. Am Strande empfingen uns einige alte, ehrwürdig aussehende Männer, die mit vielem Gemurmel uns mit getrockneten Pandanusblättern umgürteten, einige grüne Blätter, die mit Kokosöl getränkt waren, uns um den Hals wanden, dann mit uns Nasen rieben und endlich nach allen diesen Ceremonien zu dem Hause des Händlers geleiteten. Ich erfuhr von diesem, dass obgleich die Einwohner höchst freundlich und friedfertig seien, dennoch alles streng »Tabu« sei. So z. B. sei es Tabu, am Strande entlang zu gehen, ihre Dorfschaft zu besuchen, in der Lagune herumzufahren, Abends Feuer zu machen u. s. w., so dass die guten Insulaner, die gewiss Alles in der besten Absicht gethan hatten, dem armen Händler ohne Wissen und Willen das Leben recht sauer gemacht hatten. Um zu sehen, wie sie die Sache aufnehmen würden, machte ich einen Versuch, am schönen sandigen Strand entlang zu spazieren, aber sofort fassten mich die alten Männer auch an beiden Armen, um mich zurückzuhalten; die ängstliche Miene, mit der dies geschah, war zu ergötzlich, jedoch gab ich den Versuch auf. Mittlerweile waren wohl gegen dreissig meist sehr alte Männer herbeigekommen, die mich alle ihrerseits mit Pandanusblättern behingen und mit denen ich Nasen reiben musste; nachdem auf diese Weise die Freundschaft und der Friede besiegelt waren, setzten wir uns in den Schatten, um über den lästigen »Tabu« zu berathen. Die beiden alten Herren, die mich bei der Landung empfangen hatten, entpuppten sich jetzt als die Zauberer oder Hohepriester der Bevölkerung; einige andere ehrwürdige Graufköpfe waren die Häuptlinge des Stammes. Unsere Verhandlung war insofern zufriedenstellend, als wir uns dahin verständigten, der Tabu solle am folgenden Tage aufgehoben werden, wobei ich meinerseits versprechen musste, das Mögliche zu thun, um etwaige böse Geister, von denen es nach Aussage der Anwesenden sehr viele auf den Inseln gebe, zu verbannen. Die alten Herren und ich schieden schliesslich, nachdem ich noch allerlei von den bösen Geistern, aber auch viel Interessantes über ihre Lebensweise gehört hatte, als gute Freunde von einander, wozu wohl nicht wenig beigetragen haben mag, dass ich meine geringe Kenntniss der Samoa-Sprache, wo es nur ging, verwendete, zum grossen Erstaunen der Zuhörer, die nicht begreifen konnten, wie ein Weisser ihre Sprache verstände, denn auch hier ist den Eingeborenen das Samoanische verständlich. Am folgenden Morgen war ich bei Sonnenaufgang schon wieder gelandet und hatte meine Instrumente mitgenommen, um eine flüchtige Vermessung zu machen. Dies gehörte nach Ansicht der Insulaner jedenfalls zu dem versprochenen Programm zur Vertreibung der bösen Geister. Die beiden Zauberer hielten sich dicht neben mir und jedesmal wenn ich einen Winkel ablas oder mein Instrument einstellte, wurden grüne Zweige geschwenkt und die in respektvoller Entfernung weilende Einwohnerschaar angeredet. Ab und an wurde ich auch mit neuen Pandanusblättern und mit dürrem Laub behängt, sodass ich herzlich froh war, als ich nach mehrstündiger Arbeit meine Instrumente bis auf Weiteres einpacken konnte. Jetzt wurden mir junge Kokosnüsse gebracht und ich musste dann mit der ganzen Bevölkerung die Dorfschaft besichtigen, worauf mir angedeutet wurde, jetzt sei der Tabu gehoben und ich sowohl wie jeder andere könne gehen, wo er wolle und wohin es ihm gefiele.

Davon machte ich denn den ausgedehntesten Gebrauch. Die Bevölkerung ist auf der Insel Tauu, sowie auf Nuugurua, in zwei kleinen Dorfschaften angesiedelt und beträgt im Ganzen etwa 50 Seelen. Die ganze weibliche Bevölkerung besteht aus elf alten weisshaarigen Greisinnen und einer Frau in mittleren Jahren; diese letztere zeigte mir ihre beiden Söhne, von denen der jüngere etwa zwölf, der ältere etwa fünfzehn Jahre zählen mag. Junge Mädchen oder Frauen sind nicht vorhanden. Die männliche Bevölkerung besteht ausser den vorgenannten zwei Knaben aus ca. einem Dutzend Männer in den besten Jahren; der Rest besteht aus gebückten Greisen und aus alten Männern, die dem Greisenalter sehr nahe stehen. Es war rührend zu sehen, wie ein jeder der alten Männer seine bessere Hälfte mir vorstellte. Fast schien es mir, als ob sie fürchteten, ich möge diese alten ehrwürdigen Ueberreste einer weiblichen Bevölkerung von ihnen nehmen. Während der Vorstellung brachten einige der Männer den Weibern Speisen, bestehend in gebackenen Fischen und jungen Kokosnüssen, die auf Kokosmatten ausgebreitet wurden; so wie eine oder die andere der Greisinnen einen Wunsch aussprach, wurde derselbe sofort von den Männern erfüllt, die sich in Allem sehr gefällig erwiesen, wie es denn überhaupt schien, als ob die Weiber hier ein grösseres Ansehen geniessen, als wohl sonst der Fall ist bei den Polynesiern. Auch bewohnten die Frauen ein eigenes Haus dicht am Tabu-Haus. Das Tabu-Haus ist eine lange niedrige Hütte, in deren

Mitte ein schwarzer Stein liegt, der nach Dafürhalten der Insulaner der Wohnsitz eines oder mehrerer böser Geister sein soll. Während ich die Hütte in Augenschein nahm, war einer der Zauberer eifrig beschäftigt, einen alten augenscheinlich an Rheumatismus leidenden Insulaner, der neben dem Stein auf einer Matte lag, mit grossem Ernst zu besprechen; unter Gemurmel und Händeschwenken wurde der Kranke mit Oel eingerieben, mit Pandanusblättern umwunden und mit dem Inhalt einer jungen Kokosnuss besprengt; ob die Kur gelang, darüber blieb ich im Dunkeln. Vor mehreren Häusern waren kleine kegelförmige Steinblöcke aufgestellt, welche die Seelen der Verstorbenen repräsentiren; der Platz ringsum war sauber mit Kies bestreut und bei einigen Steinblöcken waren Esswaaren hingelegt; man versicherte mich, dass diese am Morgen stets verschwunden seien, eine Aussage, die ich zu bezweifeln umsoweniger Grund finde, als die Insel buchstäblich von Ratten wimmelt. Ratten hüpften ohne Scheu über den schmalen Pfad, sassen bei meiner Annäherung unerschrocken still; sahen mich mit ihren klugen Augen an, liefen ungestraft und unverscheucht in den Hütten herum, wo ich einen alten Mann im Begriff fand, eine ganze Schaar der kleinen Bestien mit geriebener Kokosnuss zu füttern; sie schienen als Hausthiere betrachtet zu werden. Der auf der Insel stationirte Händler klagte erbärmlich über die zahlreichen ungebetenen Gäste, die alles anknabberten und verschleppten, trotz aller angewendeten Kunstgriffe, um sie fern zu halten. Hoffentlich wird ein von mir zurückgelassenes Katzenpaar mit der Zeit diese Verhältnisse ändern.

Die Hütten der Eingeborenen stehen mit dem Giebel nach der Lagune gewendet strassenförmig unter den Kokosbäumen; sie sind kunstlose Gebäude mit etwa 2 m hohen Seitenwänden und schrägen Dächern, etwa 4—5 m breit und 8—12 m lang. An den Seitenwänden fand ich mannigfache Geräthschaften aufgehangen, die recht interessant waren, darunter Meissel und Queräxte aus Tridacna-Schale oder aus der Schale der Mitra episcopalis angefertigt, und auf knieförmige Holzhandhaben mit Kokosfaserstricken festgebunden; einige Queräxte waren von besonderer Grösse; ich fand einige darunter mit einer 4 Zoll breiten Schneide; die aus Mitra angefertigten Hohlmeissel waren von $^3/_4$ bis $1\,^1/_2$ Zoll Breite. Aus Tridacna-Schale angefertigte Schaber mit gezackten Rändern zum Schaben der Kokosnüsse waren ebenfalls zahlreich vorhanden. Lange Stäbe in grosser Anzahl fand ich in den meisten Hütten, jedoch bin ich zweifelhaft, ob dies Speere waren, oder ob sie einem andern Zweck dienten. Jedenfalls waren sie nicht sehr spitz und schienen mehr als eine Art von Spazierstöcken

Verwendung zu finden; einige der alten Männer, die mir entgegen kamen, stützten sich auf solche Stäbe, die mit Pandanusblättern umbunden waren, ob als Zierrath oder als Abzeichen einer besonderen Würde, vermochte ich nicht zu erfahren, jedoch vermuthe ich das letztere, da der eine mir als Häuptling vorgestellte Insulaner einen solchen Stab hielt. An den Wänden hingen Wurfnetze, wie ich sie auf den Fead-Inseln gesehen, auch waren mehrzinkige Fischspeere vorhanden. Grosse Angelhaken mit Holz, etwa 2 dcm lang, mit einem Haken aus Muschel waren ebenfalls zahlreich und wurden für Haifischfang benutzt; die mir zu Gesicht kommenden Exemplare waren jedoch dermassen mit Rauch überzogen, dass man sie seit lange nicht mehr benutzt haben konnte. Der Fischfang scheint augenblicklich nur mit dem Wurfnetz und mit kleineren Haken unternommen zu werden, dann und wann auch wohl mit dem Fischspeer; Haifischfang scheint nicht mehr getrieben zu werden; die damit verbundene Anstrengung verbietet dies jedenfalls den alten Männern. Fische waren in der Lagune in sehr grosser Anzahl vorhanden; eine Dynamit-Patrone brachte einen reichen Fang zur grossen Freude der Insulaner, die sich unerwartet im Besitz einer grossen Quantität von Nahrungsmitteln fanden. Fische und Kokosnüsse scheinen Hauptnahrung zu sein, ausserdem die auf den Fead-Inseln beobachtete Alocasia. Ich sah jedoch auch ziemlich grosse Brodfruchtbäume auf der Insel, jedoch keine Frucht, und eine Anzahl von Bananenstauden mit kleinen Fruchtbündeln.

Der Fussboden in den Hütten ist völlig kahl und besteht aus festgetretener Erde. Besondere Kochhäuser sind nicht vorhanden, die Speisen werden in den Wohnhütten zubereitet und das Feuer Tag und Nacht unterhalten, um die sehr lästigen Mosquitos und die noch lästigeren Sandfliegen fern zu halten. Matten aus Kokospalmenblättern, einfach geflochten, dienen als Schlafstätte. In den Hütten bemerkte ich recht zierliche, aus hartem Holz geschnitzte Sessel oder richtiger Schemel, einige mit vier Füssen, einige mit zwei breiten Stützen; der Sitz war ausgehöhlt, um sich der Körperform anzupassen.

Runde und ovale Holzschüssel mit zwei cylindrischen Handhaben fand ich in allen Hütten vorräthig; dieselben dienen zur Zubereitung und zum Auftragen der Speisen.

Das einzige Kleidungsstück der Männer ist der Lendengürtel, wie ihn die Fead-Insulaner tragen; die Weiber tragen als Bedeckung denselben Lendenschurz, wie die Fead-Weiber.

Schmucksachen bemerkte ich nicht, mit Ausnahme der mehrmals erwähnten Pandanusblätter und der mit Oel getränkten Blätter, die jedoch auch als eine Art von Amulet zu dienen schienen. Die Weiber tragen das Kopfhaar theils kurz geschoren, theils mehrere Zoll lang; die Männer winden das Haar zu einem dicken, etwa 4 Zoll langen kegelförmigen Zopf zusammen und umwinden denselben mit Pandanusblättern.

Die Originaleinwohner, sowohl Männer wie Weiber, sind untätowirt und liessen sich dadurch von den eingewanderten Lord Howe-Insulanern, die auf Armen, Brust, Rücken und Hüften tätowirt sind, leicht unterscheiden.

Sowohl Männer wie Frauen waren, obgleich alt und schwach, dennoch starkknochig und von grosser Statur; die wenigen jungen Männer sind wohlgewachsen und schlank mit breiten Schultern und schmalen Hüften, wohlausgebildeten Waden und überhaupt muskulös und wohlgenährt. Männer in den mittleren Jahren hatten einen starken schwarzen Vollbart, der bei den Greisen schneeweiss war; sie unterscheiden sich dadurch von den Fead-Insulanern, wo ich nur wenige und spärlich bebärtete Männer gewahrte.

Waffen irgend welcher Art, mit Ausnahme der vorbenannten langen Stäbe, fand ich nicht. Die Insulaner sagten mir, sie hätten keine. Ich zeigte ihnen Keulen und Bogen, Pfeile und Speere, aber alle wurden mit Kopfschütteln wieder zurückgegeben. Mehrere der alten Männer trugen gewaltige Fächer mit sich herum, die, obgleich sie zur Abwehr der Sandfliegen und Mosquitos sehr dienlich waren, dennoch als eine Art von Hohheitszeichen zu gelten schienen. Die Fächer waren aus Palmenblättern angefertigt, etwa 1 m lang und an der Basis 6 dcm breit und spitz zulaufend; als Ballfächer für unsere Damen in Deutschland würde sich dies Ungethüm kaum eignen.

Die Kanoes sind höchst roh und schwerfällig gebaut und bestehen aus einem ausgehöhlten Baumstamm, vorn und hinten spitz zulaufend, der durch angenähte Holzplatten etwas erhöht ist. Ein langer Ausleger nach einer Seite stellt die Balance her, ein kürzerer Ausleger nach der anderen Seite, dicht belegt mit Holzstäben und eine kleine Plattform bildend, dient zur Aufnahme von Sachen, die per Kanoe befördert werden. Am Strande waren in besonderen Schuppen sehr grosse und schwere Kanoes aufgestellt, die anscheinend seit langer Zeit nicht benutzt worden waren; viele waren mit Moos und Flechten bewachsen. Diese Kanoes, theilweise 12 m lang, sind aus Planken gebaut, die mit Kokosfaserseilen aneinander befestigt werden. Sowohl vorn wie hinten war ein etwa 1 m langer Schnabel, roh geschnitzt mit Spuren von Bemalung, und eine Art von Halbdeck überdeckte Vordertheil und Stern, sodass der Mittelraum auf etwa 8 m frei blieb;

die Tiefe dieser Kanoes betrug bei einigen Exemplaren etwa 1½ m. Neben den Kanoes lagen die als Ausleger zu verwendenden Hölzer fix und fertig, aber allem Anschein nach waren diese Fahrzeuge nie zur Verwendung gekommen; so viel ich verstehen konnte, gehört jeder Familie ein solches Fahrzeug; dasselbe wird gebaut und dann in den Schuppen gesetzt, bis es allmählich verfault. Hie und da im Gebüsch traf ich die Ueberreste solcher vermoderten Riesenkanoes, deren Bedeutung und Zweck ich leider nicht weiter erforschen konnte. Vielleicht waren die früheren Insulaner, die in der Vergangenheit jedenfalls sehr zahlreich gewesen sind, grosse Seefahrer und sind die grossen Kanoes Andenken an Vorfahren, die solche gewaltige Fahrzeuge benutzten. Den heutigen Insulanern wäre es kaum möglich, ein solches Kanoe in's Wasser zu schleppen und gänzlich unmöglich, eine genügende Bemannung zu beschaffen. Die ganze verwendbare Flotille der Insulaner besteht aus fünf der erstbeschriebenen Kanoes, von denen das grösste etwa 6 m lang ist.

Neue Sachen, i. e. neuerdings angefertigt, kamen mir nirgends zu Gesicht; es schien mir, als ob das Völkchen sich mit dem Gedanken ausgesöhnt habe, es müsse über kurz oder lang doch zu Grunde gehen und es sei in Folge dessen kaum der Mühe werth, neue Gegenstände anzufertigen. Ich bot zuerst den jüngeren Männern an, sie nach Lord Howe zu bringen, aber mein Vorschlag wurde rundweg abgelehnt, jedoch wohl in Folge des Einflusses der alten Männer; selbst als ich das Anerbieten machte, die ganze Bevölkerung nach dort zu bringen, wurde dies entschieden abgelehnt, und dies rührte wohl kaum aus Misstrauen her, sich mir anzuvertrauen, denn der Vorschlag ging zunächst von dem Lord Howe-Insulaner aus, den ich von dort mitgebracht, und der sich alle erdenkliche Mühe gab, die alten Herren zu überreden.

Viele Mühe und Ueberredung kostete es mich, eine Gruppe zum Photographiren zusammenzubringen. Erst nachdem ich mich mit den Zauberern verständigt hatte und das Photographiren als einen Theil des Programms zur Vertreibung der bösen Geister dargestellt, gelang es mir, das Völkchen vor meine Kamera aufzustellen; aber als ich meinen Kopf mit dem schwarzen Tuch bedeckte, um das Bild einzustellen, war es mit der Courage vorbei; ein jeder duckte und bückte sich oder verkroch sich hinter seinen Vordermann, so dass meine Aufnahmen nur höchst mangelhaft wurden.

Nützliche Hausthiere waren nicht vorhanden. Der Händler hatte vor wenigen Monaten bei seiner Ankunft eine Anzahl von Hühnern mitgebracht, aber die Ratten hatten sich sofort diesen gegenüber auf Kriegsfuss gesetzt und den Sieg davongetragen. Neben den Hütten fand ich jedoch zahme Seevögel der verschiedensten Art umherlaufen, so z. B. mehrere Seemöven-Arten, weisse Reiher, Kormorane und andere; diese liessen sich ohne Scheu füttern und liefen beim Durchwandern der Dorfschaft neben uns her.

Als ich in der Niederlassung alles durchstöbert hatte, schlug ich eine Tour durch die Insel vor; es wurde mir jedoch bedeutet, ich möge dieselbe allein unternehmen, ein solches Herumlaufen wäre zu anstrengend. Einige der jüngeren Leute schlossen sich jedoch an, hielten aber nicht sehr lange aus und warteten im Schatten der Kokospalmen nach und nach meine Rückkunft ab. Viel giebt es auf den Inseln überhaupt nicht zu sehen, es sei denn, dass die Alocasia-Pflanzungen der Eingeborenen Aufmerksamkeit verdienen. Dieselben sind im Innern der Insel angelegt und zwar ist der Boden mit grosser Mühe bis zu 4 bis 5 m tief in kreisrunde Vertiefungen ausgescharrt. Diese Vertiefungen sind von 30—40 m im Durchmesser; der Boden innerhalb der Vertiefung, der in Folge dessen stets feucht und sumpfig ist, ist zu ringförmigen flachen Wällen etwa ½ m hoch aufgeschichtet und hierin die Alocasia-Pflanze angebaut; die Zwischenräume sind zur besseren Zurückhaltung der Feuchtigkeit mit Kokosblättern und anderem Laub bedeckt, die zugleich nach ihrer Vermoderung als Dünger dienen. Ich fand eine sehr grosse Anzahl solcher Pflanzungen in verwildertem Zustand, nur sehr wenige waren in wirklichem Betrieb. Eine neue Pflanzung anzulegen, wäre der heutigen Bevölkerung in Folge ihrer kleinen Anzahl völlig unmöglich.

Das Innere der Inseln ist mit dichtem Gestrüpp bestanden, dazwischen grössere Waldbäume und Kokospalmen in unendlicher Anzahl. Am Strande entlang zieht sich ein förmlicher Ring von Kokospalmen, so dass von der See aus gesehen die Insel nur mit diesen bewachsen zu sein scheinen. Seevögel der verschiedensten Art brüteten in den Bäumen und Büschen, und ich sammelte eine grosse Anzahl von Eiern, die sich als sehr wohlschmeckend erwiesen. Eine auf den Fead-Inseln recht häufige Megapodius-Art bemerkte ich hier nicht, auch waren die Eier den Insulanern ebenfalls unbekannt. Sämmtliche Inseln sind niedrige Koralleninseln ganz von derselben Beschaffenheit wie die Fead-Inseln.

## 3.

## Ongtong Java- oder Lord Howe-Inseln.

Diese grosse Inselgruppe, von Westen nach Osten etwa 50 Seemeilen lang und von Norden nach Süden etwa 35 Seemeilen breit ist auf 159° 30′ östl. Länge und 5° 20′ südl. Breite gelegen. Auf den Karten findet man den Namen Leueneuwa als Gesammtname der Inselgruppe verzeichnet, dies ist jedoch irrig, die Insel Liu e niua ist die von dem König bewohnte Hauptinsel in dem südöstlichen Theil der Gruppe; einen Gesammtnamen scheinen die Insulaner nicht zu kennen.

Im Westen und Süden führen mehrere bequeme Passagen in die weite Lagune die bei einer Tiefe von 15—40 m auch grösseren Schiffen zugänglich ist. Die auf den Karten als Kanoepassage angegebene Einfahrt zur Lagune auf deren Südostseite, etwa 5 Seemeilen östlich von Liu e niua, ist eine sehr bequeme Einfahrt durch die unser Dampfer in die Lagune einlief. Sie bietet den Vortheil, dass man nach der Durchfahrt nur eine kleine Strecke bis zu der stark bevölkerten Hauptinsel zurückzulegen hat, vor der man 16 m guten Ankergrund findet, und nicht eine weite Strecke durch die Lagune zu segeln braucht, innerhalb welcher es immerhin gerathen ist, mit der grössten Vorsicht zu navigiren.

Die auf dem Riff liegenden Inseln sind sehr zahlreich; ausserdem liegen mehrere kleine Inseln über das Innere der Lagune zerstreut. Alle sind dicht mit Kokospalmen bestanden und sind zeitweilig von weissen Händlern bewohnt worden, die hier Copra einhandelten. Der König ist jedoch kein grosser Freund der Weissen und es erforderte lange Ueberredung, ehe es uns gestattet wurde, einen Händler zu landen; sicherlich wäre dies uns nicht gelungen, wenn nicht die Brüder des Königs und die Häuptlinge, sowie die Insulaner niederen Ranges auf unserer Seite gewesen wären. Die Insulaner sind sehr zahlreich; freilich sind nicht alle Inseln so dicht bewohnt wie Liu e niua, einige werden überhaupt nur von den Insulanern zur Zeit der Kokosnussernte besucht, aber ich gewahrte überall einen zahlreichen und kräftigen jungen Nachwuchs, der jedenfalls dafür verbürgte, dass dieser polynesische Stamm nicht im Aussterben sei, auch war ein Haupteinwand des Königs gegen den Händler: er fürchte seine Leute würden, wenn der Händler die Kokosnüsse ankaufe, mit der Zeit nichts zu essen haben, denn ein jeder seiner Insulaner habe viele Kinder.

Die Insulaner sind Polynesier, unterscheiden jedoch unter sich hellfarbige und dunkelfarbige Menschen, namentlich war dies bei den Weibern recht auffällig, deren ich einige beobachtete, die sehr hellfarbig, fast wie Südeuropäerinnen aussahen, während andere fast kupferbraun waren. Der König und seine Familie, sowie einige der Häuptlinge gehören zu der hellfarbigen Bevölkerung; diese schienen die dunkler gefärbten Insulanern ebenfalls an Grösse zu überragen und erinnerten mich sehr an die kräftigen Gestalten einiger Samoanischer Häuptlinge.

Die Sprache ist der Samoanischen sehr verwandt, viele Worte waren genau so wie in der Samoasprache.

Ich beobachtete kraushaarige und schlichthaarige Insulaner; die letzteren schienen in der Regel von dunklerer Hautfarbe Viele alte Männer und Insulaner in den mittleren Jahren hatten kräftige, dichte und wohlentwickelte Bärte. Die Weiber werden nach ihrer Verheirathung tätowirt; diese Operation muss sehr lange in Anspruch nehmen, denn nicht nur ist das Muster sehr verwickelt, sondern die Tätowirung erstreckt sich über Gesicht, Hals, Brust, Rücken und Unterkörper, so dass kein Theil des Körpers verschont bleibt. Ich versuchte das höchst verwickelte Muster zu zeichnen, gab es jedoch nach mehreren fehlgeschlagenen Versuchen als zu zeitraubend wieder auf: eine genaue Zeichnung anzufertigen, würde über eine Woche in Anspruch genommen haben. Die Tätowirung der Männer ist einfacher und beschränkt sich auf einen doppelten Streif von den Schultern über den Rücken bis zu den Hüften, wo sie durch mehrere fischähnliche Figuren, die theilweise der Länge nach und theilweise quer über die Hüften laufen, abgeschlossen wird; dieselbe fischähnliche Figur bildet in verschiedener Kombination ferner die Tätowirung der Seiten und der Brust sowie der Oberarme. Neben dieser Tätowirung besteht übrigens noch ein zweites Muster ebenso häufig wie das vorherbeschriebene. Die von den Schultern über den Rücken bis zu den Hüften laufenden Linien sind dieselben, auch finden die besagten fischähnlichen Figuren Verwendung, aber die Tätowirung der Oberarme ist gänzlich verschieden und besteht aus mehreren parallelen Streifen, die durch dunkle Vierecke und Rechtecke verbunden sind. Ich konnte über diese Verschiedenheit der Muster keine genügende Auskunft erhalten; in der Regel hiess es: Diesem gefällt das eine, Jenem das andere Muster, wie denn überhaupt die beiden Muster häufig nebeneinander vermischt vorkamen. Die Tätowirung der Weiber schien mir jedoch, soviel daran sichtbar war, uniform zu sein. Die Männer haben ferner einige kleine Figuren auf der Stirn tätowirt, deren Anzahl und Form jedoch auch der Mode oder dem Geschmack unterworfen zu sein schienen. Die zweifache Tätowirung scheint mir ebenfalls ein Beweis zu sein, dass hier eine Einwanderung und Vermischung verschiedener Stämme vor langer Zeit erfolgt ist.

Die Männer haben die Nasenflügel durchbohrt, wodurch die Nase ein eigenthümliches spitzes Aussehen erhält. In der Durchbohrung sind theilweise kleine Holzknöpfe oder auch zierlich zusammengewundene Rollen von Pandanusblättern eingeschoben; einige trugen auch zierliche aus Schildkrötenschale geschnitzte Figuren durch die Nasenscheidewand gesteckt; ich bin geneigt, dies als ein besonderes Zeichen, vielleicht einer besonderen Würde, anzusehen, denn die beiden

Priester oder Zauberer des Königs trugen derartige, mehrere Zoll lange Nasenzierrathe. Männer und Weiber tragen Ohrringe und Ohrgehänge der verschiedensten Form; die am häufigsten beobachteten Formen waren zierliche kleine Dreiecke aus Perlmutterschale, Ringe aus demselben Material, sowie aus anderen Muscheln, und Figuren aus Schildkrötenschale. Ein anderer Schmuck wurde mir zum Kauf angeboten und bestand aus an einer Schnur aufgezogenen Walfischzähnen, in der Regel zwei; dieselben sind bearbeitet und etwa fünf Zoll lang; das obere Ende ist dünner und durchlöchert zum Durchziehen der Schnur. Imitationen aus Tridacna-Schale wurden ebenfalls zum Kauf angeboten. Neben diesen kamen auch Halsbänder aus 1 ¼ Zoll langen, reihenförmig aufgezogenen Zähnen einer Delphin- oder Wallfischart vor, sowie Reihen von kleinen durchlöcherten Seemuscheln. Zum Schmuck dienten ferner Streifen der Pandanusblätter, ebenso wie auf den Marqueen-Inseln.

Die Bekleidung der Männer und Frauen ist dieselbe wie auf den vorherbeschriebenen Inseln. Die Knaben und jungen Mädchen gehen nackt. Hier hatte ich Gelegenheit die Anfertigung der von den Männern getragenen Hüftenschärpen und der Matten der Frauen zu sehen. Dies geschieht mit Hülfe kleiner Webestühle, oder richtiger Webeapparate, die aus mehreren harten und schweren Holzstäben bestehen, zwischen denen die Faden der Länge nach aufgespannt sind; ein Webeschifflein mit dem Einschlagfaden wird mit der Hand von einer Seite zur andern geworfen und derselbe dann mit einem flachen etwas zugeschärften Holz fest an die vorhergehenden Bastfäden hinangedrängt.

Die Hütten sind sehr kunstlose Gebäude aus geraden Seiten und Giebelwänden mit einfachen schrägen Dächern, Fussboden aus festgestampfter Erde, mit einem offenen Feuer in der Mitte, wo auch die Speisen zubereitet werden. Recht zierliche Matten aus Pandanusblattstreifen angefertigt, dienen als Schlafmatten. Einige Häuser wurden mir als Aufenthalts- und namentlich Schlafort der unverheiratheten jungen Männer gezeigt.

Auf einem freien Platz stand eine lange baufällig aussehende Hütte, die mir als Tabu-Haus angedeutet wurde; als ich jedoch auf dieselbe zuging, wurde ich von zwei alten Männern, die mir als die Priester bekannt waren, zurückgehalten, und ich hielt es nicht der Mühe werth, auf mein Vorhaben zu bestehen. Die Priester schienen überhaupt einen bedeutenden Einfluss zu haben; ohne deren Zustimmung oder vorherige Berathung mit denselben scheint der König nichts zu unternehmen. Bei meiner Landung waren sie es, die mich mit dem

Könige zusammen empfingen; das übrige Volk, selbst die Brüder des Königs mussten während des Empfangs aus der Entfernung zuschauen. Hier waren Schiffe jedoch häufiger eingekehrt und der Empfang war nicht so ceremoniös, wie auf den Marqueen-Inseln, jedoch immerhin umständlich genug, namentlich da einige der Insulaner, die in Samoa als Arbeiter gedient, mich wieder erkannten und ich in Folge dessen gewissermassen als ein Bekannter empfangen wurde. Der König — ich nenne ihn so, weil er wirklich die erste Person der Bevölkerung ist und von derselben als solche angesehen wird — ist ein Mann in mittleren Jahren, von ziemlichem Körperumfang, aber dabei von hoher Gestalt; sein Name ist Uila, seine beiden Brüder, eben solche hohe Gestalten, sind Maai und Kapei von denen der erstere im Falle des Absterbens Uila's dessen Nachfolger wird und folglich, da der Gesundheitszustand des Königs den Zauberern viel Kopfzerbrechen bereitet, jetzt schon grosses Ansehen geniesst. Der König hat eine grosse Anzahl Frauen, wie überhaupt denn die Polygamie herrschend ist. Die Sittlichkeit der Frauen schien mir jedoch nicht auf einer sehr hohen Stufe zu stehen.

Die Häuser oder Hütten stehen in langen Reihen unter den Kokospalmen und sind sowohl wie die Umgebung der Niederlassung recht sauber gehalten. Ebenso waren die Eingeborenen, sauber und rein; die Kinder balgten sich in der klaren Fluth der Lagune mit vielem Geschrei und Gelächter, und auch die Erwachsenen schienen der Abkühlung im Wasser nicht abhold zu sein.

Hier und dort vor den Häusern oder auf besonders dazu hergerichteten Plätzen fand ich dieselben kegelförmigen Steine, theilweise mit Pandanusblättern umwickelt, wie auf den früher besuchten Inseln. Sie repräsentirten die Geister der Verstorbenen. Der Begräbnissort des früheren Königs ist etwas östlich von der Dorfschaft und wird von seinem Nachfolger sehr sauber und reinlich gehalten; er ist mit Korallenblöcken in weitem Kreise umfasst, der innere Raum sauber mit kleinen Steinchen und Sand bestreut, und in der Mitte ist ein ansehnlicher Korallenblock errichtet, den der König Uila mit rother Oelfarbe, wovon unser Kapitän ihm ein Töpfchen verehrte, angestrichen hat; das Ganze ist in Folge dessen von der Lagune aus gesehen, weit bedeutender, als bei näherer Besichtigung.

Als unser Dampfer in die Nähe der Gruppe kam, sahen wir auch sofort Kanoes von den verschiedenen Inseln auf uns zu kommen; als ihnen jedoch unsere Absicht, in die Lagune hineinzulaufen, klar wurde, da bog das kleine Geschwader durch eine Nebenpassage ab, und kaum waren wir vor Anker, als wir auch von mehreren hunderten von

Kanoes umringt waren. Von allen Seiten kletterten die Insassen auf's Verdeck, das in wenigen Minuten zum Erdrücken voll war. Jeder brachte etwas zum Verkauf, hauptsächlich Hühner und Pandanusmatten, und mehrere der Bemannung hatten eine zeitlang vollauf zu thun die Hühner in Empfang zu nehmen und die Zahlung, bestehend in einer Stange Twisttaback pro Huhn, zu verabfolgen. Hier konnten wir das ruhig dulden, denn die Einwohner sind höchst friedlich und harmlos. Waffen sind nicht bekannt, höchstens kommen Faustkämpfe vor; als Beweis der letzteren wurde mir an Land ein vortrefflich ausgebildetes »blaues Auge« gezeigt, und der Inhaber von den Anwesenden dabei tüchtig geneckt.

Nach Sonnenuntergang verzog sich der geräuschvolle Haufe von Bord auf's Land; bald loderten hier, bald loderten da kleine Feuer am Strande und unter den Kokosbäumen empor und tanzend und singend gruppirten sich die Insulaner um dieselben. Männer und Weiber tanzen in verschiedenen Abtheilungen. Der Tanz der Männer, von lautem Gesang und Taktschlagen auf einer zusammengerollten Matte begleitet, besteht aus einem Hin- und Herschwenken des Oberköpers und der Arme, aus kürzeren und längeren Sprüngen nach allen Richtungen und Vor- und Rückwärts-, wie Seitwärtsschwingen der Beine; alle Bewegungen geschehen jedoch genau nach dem Takte abgemessen. Die Tänze der Weiber sind zierlicher und der Gesang weniger betäubend; die Hauptbewegung ist ein zierliches Drehen des Oberkörpers in den Hüften, mit vorgestreckten Armen und Händen, die im Takt sich zierlich bewegen. Obgleich die Tänze und der Gesang bis in die späte Nacht hinein dauerten, so arteten sie dennoch nicht zu solchen widerlichen obscönen Auftritten aus, wie dies z. B. häufig, ich möchte sagen fast immer, bei den Samoatänzen der Fall ist. Die älteren Frauen und Männer sahen in der Regel dem Treiben der jüngeren Bevölkerung zu, liessen sich jedoch zeitweilig hinreissen und schlossen sich den Tänzern an, die dann mit erneuerter Lebhaftigkeit und Energie den Tanz und Gesang fortsetzten. Diese glücklichen Insulaner scheinen in der That ein höchst zufriedenes und idyllisches Leben zu führen. Die zahllosen Kokospalmen der Insel bieten eine unversiegbare Quelle an Nahrungsmitteln; die Lagune wimmelt von Fischen, die durch Wurfnetze und Angelhaken leicht gefangen werden können, und damit sind den Eingeborenen die beiden Hauptexistenzmittel in ausreichender Menge geboten. Arbeit scheint ihnen nicht zuzusagen; die in Samoa gewesenen Insulaner beklagten sich nicht über schlechte Behandlung oder ungenügende Kost, aber über die dort von ihnen verlangte Arbeit, von der ich aus Erfahrung weiss, dass sie nicht gerade zu anstrengend ist. Die essbare Alocasia fand ich auch hier angebaut, dagegen keine Bananenstauden, deren ich eine ziemliche Anzahl zur Vertheilung an die Eingeborenen mitgebracht hatte. Schweine schienen nicht vorhanden zu sein, Hühner jedoch wie bereits erwähnt, in unzähligen Schaaren, so dass beim Morgengrauen das Geschrei der Hähne zeitweilig ohrbetäubend wurde.

Die Kanoes der Insulaner sind sehr roh und ohne Ornamentirung irgend welcher Art angefertigt. Ein geeignetes Holz scheint auf den Inseln nicht zu wachsen, denn alle die von mir beobachteten Fahrzeuge waren aus Treibholz angefertigt, einige sogar aus europäischem Fichtenholz, das als Mast untergegangener und verschollener Schiffe hier antrieb. Um den Fahrzeugen die nöthige Höhe und Tiefe zu geben, waren roh gezimmerte Stücke Holz mit Kokosfaserseilen angenäht und die Löcher mit kleinen Pflöcken gedichtet. Ein schwerer Ausleger verhindert das Umschlagen. Trotz der etwas rohen Anfertigung scheinen die Kanoes dennoch recht seetüchtig zu sein, wie dies ihre Touren nach den Marqueen- und den später zu erwähnenden Tasman-Inseln bezeugt. Bei günstigem Winde führen sie ein grosses dreieckiges Mattensegel. Die Länge der Kanoes beträgt von 5—10 m. Die Herstellung geschieht theilweise noch mit Hülfe von Queräxten und Meissel aus Tridacna-Schale, daneben sind jedoch auch Eisenwerkzeuge im Gebrauch.

Wie leicht ein harmloses und freundlich gesinntes Volk in den Ruf der Grausamkeit und des Blutdurstes kommen kann, zeigt folgender Vorfall. Vor etwa 8 Jahren wurde in der Lord Howe-Lagune die Bemannung eines kleinen australischen Schoners von den Eingeborenen erschlagen. Die That wurde sofort gerächt; ein kleiner Dampfer und ein Segelschiff besuchten kurz darauf die Gruppe, landeten mit ihren Leuten und erschossen den König und eine grosse Anzahl der wehrlosen Insulaner, worauf es denn allgemein hiess, dass man den falschen und tückischen Eingeborenen hinfort kein Zutrauen schenken könne. Die Veranlassung zu der Erschlagung der Weissen war jedoch, dass diese sich auf's Gröblichste gegen die Insulaner vergangen, die Weiber mit Gewalt an Bord geschleppt und durch dieses Vorgehen die sonst so friedlichen Bewohner zum Aeussersten getrieben hatten. Wem war hier wohl die Schuld beizumessen? Meiner Ansicht nach sicherlich nicht den Insulanern.

## 4.
## Die Tasman-Inseln.

Diese Gruppe liegt etwa 30 Seemeilen nördlich von der Ongtong Java-Gruppe und besteht aus einem Korallenriff, das von Westen nach Osten etwa 11 Seemeilen lang und von Norden nach Süden etwa 9 Seemeilen breit ist. Die auf dem Riff liegenden Inseln sind etwa 24 an der Zahl, von denen die Insel Lugumanu und Motu am östlichen Ende die bedeutendsten sind und zugleich die einzigsten mit einer festen Bevölkerung. Eine gute Passage führt am Westrand des Riffs in die Lagune hinein. Die Namen der verschiedenen Inseln und Inselchen sind von der Passage kommend nach Süden und Osten gehend wie folgt: Tehare, Tetuanne, Tiniu, Mahu, Ahohatu, Triegoi, Houvaitai, Motu, Tarava, Lugumanu, dann nördlich und westlich bis zur Passage zurück, Ahoalua, Tehota, Ahonehopa, Tehäke, Nuuapeia, Delah, Ahóakatake, Luaitua, Ahoavare, Ahoahui, Lakapaita, Ahoauli, Bunaiga und Harauro.

Die Bevölkerung, aus etwa 200 Seelen bestehend, ist polynesisch und der Lord Howe-Bevölkerung nahe verwandt, jedoch schien es mir, dass die Insulaner weniger muskulös gebaut waren. Die Männer haben dieselbe Tätowirung, wie in Lord Howe, die Weiber sind jedoch nur von der Taille bis zu den Knieen tätowirt. Sonst sind sie in Bezug auf Sitten und Gebräuche, soweit ich erfahren konnte, von den Nachbaren in Lord Howe wohl kaum wesentlich verschieden, wie denn überhaupt die beiden Inselgruppen in fortwährender Kommunikation mit Hülfe der Kanoes stehen. In Lugumanu traf ich Lord Howe-Eingeborene, die von dem Könige Uila in Liu e nina dorthin verbannt waren.

Die Häuser sind hier ein wenig besser gebaut, als in Lord Howe, sowohl geräumiger, als auch von festerem Bau.

Die Einwohner erzählten, dass die Sterblichkeit gross sei, und wohl nahe an zwanzig nicht sehr alte Grabhügel schienen dies zu bestätigen. Ich sah jedoch ziemlich viele Säuglinge und halberwachsene Knaben und Mädchen, und bei der ununterbrochenen Verbindung mit Lord Howe ist es kaum wahrscheinlich, dass die Bevölkerung aussterben wird.

Auf einigen Karten findet man nordöstlich von Ongtong Java noch häufig die Simpson-Inseln angegeben. Ich habe während eines ganzen Tages dieselben auf's neue zu finden gesucht, jedoch ohne Erfolg und bin fest überzeugt, dass diese Gruppe nicht existirt.

5.

## Die Stewart-Inseln.

Die Gruppe liegt in annähernd 163° östl. Länge und 8° 23′ südl. Breite und besteht aus vier Inseln, von denen die östliche, Sikaiana genannt, die Hauptinsel ist; die übrigen drei sind Faure, Matuiloto und Matuavi. Es führt keine Passage in die Lagune hinein. Böte, sowie die Kanoes der Insulaner warten an gewissen Stellen den geeigneten Moment ab, um das Riff zu passiren. Eine solche Ein- oder Ausfahrt ist nicht immer ohne Schwierigkeiten, jedoch sind die Insulaner sehr geschickt und wissen ihre Kanoes im geeigneten Moment gut zu handhaben. Der Häuptling der Gruppe, Sai, ein schon ältlicher Mann, bordete uns mit mehreren Insulanern. Schiffe sprechen hier ab und an vor, und australische Händler nehmen der Kokosnüsse halber hier zeitweilig ihren Aufenthalt, so dass wir sofort in einem recht guten Englisch angeredet wurden. Das Völckchen hatte die verschiedensten Bedürfnisse; einer erkundigte sich sofort: Where is the Supercargo? Und dieser wurde nun mit allerhand Fragen bestürmt, worauf er wohl kaum gerechnet hatte; so z. B., ob er Schiffsbrod in Fässern, ob er Rum und Genever zu verkaufen habe; einer wollte einen Schleifstein kaufen, ein anderer bat sich Auskunft aus über die verschiedenen Waarenpreise. Ich ging mit einem Kanoe über's Riff nach der Insel Sikaiana. Die Kanoes sind zierliche Fahrzeuge aus sehr leichtem Holz, aussen sorgfältig geglättet und an den Seiten mit zwei langen Brettern erhöht, um das Einschlagen der Brandung zu verhüten; vorn und hinten ist ein sattelförmiger Aufsatz, der hintere dient dem Kanoesteuerer als Sitz, der vordere ist wohl theils Zierrath, theils dient er zum Abhalten des Wassers. Das Sitzen in dem Fahrzeug ist nicht sonderlich bequem, denn die Oeffnung ist so schmal, dass man die Beine nicht nebeneinander, sondern voreinander stellen muss, um Raum für dieselben zu finden. Es erfordert daher ein wenig Geschicklichkeit, um nicht das Gleichgewicht zu verlieren, namentlich wenn das leichte Fahrzeug von der Brandung gehoben, pfeilschnell über's Riff hinfliegt.

Ich hatte erwartet, auf der Insel eine Art von Civilisation vorzufinden, fand mich darin jedoch etwas getäuscht. Als Zimmerleute ihrer Kanoes sind die Insulaner, jedenfalls in Folge der allgemein gangbaren europäischen Zimmerwerkzeuge, die ihnen handgerecht genug schienen, den vorerwähnten Insulanern voraus; auch lieben sie Brod, Fleisch, Reis und überhaupt die Speisen der Weissen, aber sie haben insgesammt ein grosses Verlangen nach berauschenden Getränken und haben, in Ermangelung von Rum, Genever und anderem civilisirten Giftstoff, ihre Zuflucht zu dem Palmen-Toddy genommen; ich fand mehrere Insulaner nicht nur stark angeheitert, sondern auch sehr betrunken, muss ihnen jedoch nachrühmen, dass sie in diesem Zustande durchaus nicht zanksüchtig, sondern höchst gesprächig und nur etwas allzusehr zudringlich liebenswürdig waren. Die Häuser sind kümmerliche niedrige Hütten, worin neben allerhand europäischen Waaren, von Händlern und vorbeisegelnden Schiffen erstanden, nur sehr wenig Originelles und Eigenthümliches aufzufinden war. Die einzige Ausbeute waren zwei Kanoe-Modelle, die mir der Häuptling Sai zum Geschenk machte, und einige Ohrgehänge aus Perlmutterschale, wie ich sie in Lord Howe gesehen. Eine theilweise Tätowirung der Männer nach dem Lord Howe-Muster war vorherrschend, die rautenförmige Tätowirung der Oberarme jedoch die gebräuchliche; viele der jüngeren Männer waren nicht tätowirt; bei den Weibern bemerkte ich als einzige Tätowirung einen dunklen Streifen vom Hals über die Brust bis zum Nabel laufend. Männer wie Weiber waren wohlgebaut und von derselben Abstammung, wie die Lord Howe-Insulaner, dabei ohne Ausnahme wohlgenährt und theilweise von gutem Körperumfang. Die Weiber handhabten die Kanoes innerhalb und ausserhalb der Lagune so geschickt, wie die Männer. Die ganze Bevölkerung beträgt augenblicklich etwa 200 Seelen.

Ich bemerkte hier eine Vorrichtung zum Fischfang, wie ich sie in den anderen Inseln nicht wahrgenommen hatte. In dem seichten Theil der Lagune, der theilweise zur Ebbezeit trocken lag, waren Korallenblöcke aufeinander gebaut und bildeten etwa 2 bis 3 Fuss hohe, grössere und kleinere Umfriedigungen. Zur Fluthzeit bedeckt das Wasser diese Bauten, zur Ebbezeit ragen sie aus dem Wasser empor und verhindern den darin zur Fluthzeit zurückgebliebenen Fischen die Flucht, die dann durch Hülfe von Netzen eine leichte Beute der Fischer werden.

Auch hier waren keine originelle Waffen bekannt, obgleich es jetzt bei etwaigen Streitigkeiten zum Gebrauch von Messern und Aexten kommt. Besuche der dunkelfarbigen Melanesier von den Salomo-Inseln sind nach Aussage der Insulaner keine Seltenheit, und es kommt dann wohl zu ziemlich heftigen Kämpfen. In der Regel ziehen sich jedoch die Salomo-Insulaner, die durch widrige Winde so weit verschlagen werden, nachdem sie mehrere Tage gerastet haben, unbehelligt und ohne einen Streit zu suchen, wieder zurück.

Mit diesen Inseln schliesst die Gruppe der von mir besuchten Inseln in diesem Theil des Stillen Ozeans, die mit Polynesiern bewohnt sind, ab. Ich habe aufgezeichnet, was ich erlebt und beobachtet, soweit es mir mein Aufenthalt erlaubte. Für einen Forscher von Fach würden die Gruppen ein sehr interessantes Feld bieten. Die Insulaner sind, mit Ausnahme der Stewart-Insulaner, wenig mit Weissen in Berührung gekommen und ihre Sitten und Gebräuche sind gewiss heutzutage dieselben, wie sie vor hunderten von Jahren waren. Ich vermuthe, dass namentlich die in hohem Ansehen stehendcn Zauberer auch in Besitz vieler und interessanter Traditionen sind, und bei einem längeren Aufenthalt würde es gewiss nicht viele Mühe kosten, dieselben zu erfahren. Vielleicht werden in wenigen Jahren einige der Inselgruppen ganz entvölkert sein; für die Marqueen-Inseln ist dies mit Sicherheit anzunehmen. Die Fead-Insulaner sind ebenfalls im Aussterben und obgleich die Lord Howe-Gruppe unstreitig augenblicklich gut bevölkert ist, so sind doch immerhin Zeichen vorhanden, dass früher eine noch grössere Bevölkerung die Gruppe bewohnte. Mit der immer vorwärts schreitenden Civilisation schleichen sich leider auch öfter grosse Uebel in Gestalt von Krankheiten ein, die einen höchst decimirenden Einfluss auf Naturvölker ausüben; bei dem stetig wachsenden Verkehr ist die Einschleppung solcher Krankheiten fast unvermeidlich. Ich will hier nur der Masern gedenken, die sporadisch in den Südsee-Inseln bereits auftraten und in wenigen Monaten Tausende hinrafften.

Die Abstammung und ursprüngliche Heimath der Polynesier ist noch in grosses Dunkel gehüllt. Ich sollte meinen, dass gerade auf diesen kleinen Inseln wissenschaftliche Forschungen manche interessante Entdeckungen machen würden, die auf die Abstammung neues Licht werfen würde. Aber es gilt vor allen Dingen, die Zeit zu benutzen, ehe das Forschungsmaterial ausgestorben ist.

## II. Inseln mit mikronesischer Bevölkerung.

Die von mir besuchten Inseln mit mikronesischer Bevölkerung, über die ich nachstehend Näheres mittheilen werde, will ich zur besseren Orientirung unter zwei Hauptabtheilungen ordnen, nämlich: solche Inseln, die von fast schwarzen Eingeborenen, und solche, die von dunkelbraunen Eingeborenen bewohnt werden. Zu den ersteren gehören, von Norden nach Süden gehend, die Sir Charles Hardy- und Green-Inseln, die Carteret-Inseln und die Salomo-Inseln. Von dieser letztgenannten Gruppe lernte ich auf meiner Tour namentlich Bouka-, Bougainville- und die Shortland-Inseln näher kennen und konnte meine Beobachtungen von früheren Jahren in Ugi, Florida und Guadalkanar vervollständigen und vergleichen. Zu der zweiten Unterabtheilung gehören die Inseln innerhalb des deutschen Schutzgebietes, von denen ich hier nur die bisher wenig besuchten St. John-Inseln, Kaan-Inseln, Gerrit Denys-Inseln, Gardner- und Fischer-Inseln und die denselben gegenüberliegende wenig bekannte Küste von Neu-Mecklenburg (Neu-Irland) erwähnen werde.

## 1.
## Bouka und Bougainville*).

Der nördlichste Punkt der Insel Bouka, Kap Henpan oder Nordkap, liegt annähernd in 154° 35′ östl. Länge und 5° 2′ südl. Breite; die Hauptrichtung der Insel ist von Norden nach Süden; die südlichste Spitze liegt etwa unter 154° 37′ östl. Länge und 5° 24′ südl. Breite. Die Insel Bougainville, von Bouka durch einen schmalen Meeresarm getrennt, hat eine mittlere südöstliche Richtung und ist etwa 110 Seemeilen lang.

Von den Salomo-Inseln, die überhaupt bis heute nur wenig besucht und wenig bekannt sind, sind diese beiden wohl am unbekanntesten. Manches Interessante ist vor Jahren durch den Besuch der Gazelle an der Westküste von Bougainville berichtet worden, ebenso hat sich die Korvette Carola in Bouka vor wenigen Jahren auf einige Tage aufgehalten, wodurch der schöne und geräumige Carola-Hafen näher bekannt wurde. Eine Ansiedelung von Weissen bestand bis vor etwa 1½ Jahren nirgends auf diesen Inseln. Um diese Zeit stationirte unsere Firma im Carola-Hafen zwei Händler, die sich dort ein Jahr unangefochten und im besten und freundlichsten Verhältniss mit den Eingeborenen aufgehalten haben. Weniger günstig erging es einem Amerikaner, der sich etwas später auf der Insel Sohanna in der Strasse zwischen Bouka und Bougainville ansässig machte; nach etwa halbjährigem Aufenthalt wurde er und ein Chinese, der sein Begleiter war, ermordet und seine Station beraubt. Seit nahezu vier Jahren habe ich auf der Ralum-Pflanzung in Neu-Pommern Bouka-Insulaner als Arbeiter beschäftigt. Viele derselben sind nach abgelaufener Dienstzeit in ihre Heimath zurückgekehrt; wir sind stets ohne beiderseitigen Groll geschieden und ihrerseits hat es stets geheissen: »Komme nach Bouka, dann wollen wir durch die Insel gehen«, wohl wissend, dass dies mir eine grosse Befriedigung sein würde. Nach langer Zeit bot sich endlich diese Gelegenheit; ich habe dieselbe so weit wie möglich auszunutzen gesucht und bin der erste Weisse, der die kleine Insel Bouka durchwandert und von einem kleinen Ausfluge in's Innere von Bougainville lebendig zurückgekehrt ist und dies letztere, wie ich später berichten werde, sehr gegen den Willen der Bergbewohner Bougainvilles.

Der Carola-Hafen auf der Westseite Bouka's ist einer der schönsten Häfen der Südsee. Das Bassin wird im Norden und Osten von der Hauptinsel begrenzt, im Westen von einer Reihe von Inseln und Korallenriffen, die den SO-Wind und NW-Wind und den dadurch

*) Zur Orientirung diene Parkinson's Kartenskizze in der Leipziger Illustrirten Zeitung vom 4. Mai 1889.

erzeugten Wellenschlag abhalten. In dem Hafen liegen mehrere kleine Inseln, grösstentheils unbewohnt; wenig bewohnt sind ebenfalls die Ufer des Carola-Hafens auf der Hauptinsel, die anscheinend niedrig und ungesund sind, aber die westliche Inselreihe hat eine dichte Bevölkerung und etwa 2 geogr. Meilen landeinwärts vom Carola-Hafen liegen auf der Insel selbst grosse, dicht bevölkerte Dorfschaften. Die gewöhnliche Einfahrt zum Carola-Hafen ist die Passage zwischen der kleinen unbewohnten Insel Malulu und dem Theil Bouka's, der den Nordrand des Hafens bildet; eine ebenfalls sichere Passage liegt jedoch auch südlich von Malulu, zwischen dieser Insel und der Insel Hetau. Hetau, Parraran und Betat sind durch Riffe verbunden und dazwischen sind keine Passagen; zwischen der südlichsten der Inseln, Betat, und der Hauptinsel, führt jedoch eine gute Passage in den Hafen hinein. Der nordöstliche Theil des Hafens ist voll von Korallenbänken und mit Mangrove-Gebüsch bewachsenen Inseln und sollte von allen Schiffen gemieden werden. Vorzüglicher Ankergrund ist innerhalb der Inseln Hetau und Parraran und ebenso weiter südlich im Hafen, wo jedoch sehr häufig eine starke Strömung läuft. Vom Carola-Hafen kommend, läuft die Küste in NNO-Richtung bis zu dem Nordkap, von den Eingeborenen Henpan genannt. Dorfschaften sind hier sehr zahlreich und liegen unmittelbar am Strande; nach Kap Henpan zu erhöht sich jedoch die Küste allmählich und die Dorfschaften liegen oben auf dem hohen Plateau. Von Henpan läuft die Küste, eine kleine Einbuchtung bildend, auf eine geringe Strecke nach Osten bis zum Kap Halean. Die steil abfallenden Wände sind hier ca. 200 Fuss hoch, aber theilweise mit Gestrüpp und Ranken überwachsen; wo die Felsen dem Auge sichtbar sind, sind sie zum grossen Theil mit weissen Stalaktiten dicht überzogen. Von Halean läuft die Küste in der Hauptrichtung nach Süden, wird jedoch halbwegs von dem Kap Hetakone unterbrochen, wodurch nördlich von demselben eine kleine Einbuchtung entsteht, die Bucht von Hanahan. Hier und dort hat sich ein kleiner Vorstrand gebildet, der dann von den Eingeborenen als Wohnort benutzt wird und nicht selten eng mit Hütten bestanden ist, auf die man von dem oberen Plateau fast senkrecht hinabschaut. Die Bevölkerung ist hier sehr dicht und zahlreich. Südlich von Hetakone trägt die Küste denselben Charakter, nur scheinen die Dörfer am Strande nicht so zahlreich zu sein; sie sind jedoch zahlreich genug auf dem Hochplateau, von wo sie überall zwischen den Bäumen hervorlugen.

Etwa 12 geogr. Meilen südlich von Hetakone tritt die felsige Steilküste plötzlich zurück und geht in SW-Richtung weiter; eine flache Halbinsel nach Süden sich erstreckend, bildet dann das Südende der Insel Bouka. Diese Halbinsel wird im Süden von dem König Albert-Sund begrenzt, im Westen von einer tiefen Einbuchtung, die nur für Kanoes und Böte zugänglich ist. Das hohle Land westlich von der Lagune bildet eine etwa 11 geogr. Meilen lange, etwa 400 m hohe steile und zerklüftete Bergkette, die theilweise den Ostrand des Carola-Hafens bildet.

Kaum war unser Dampfer im Carola-Hafen hinter der Insel Hetau vor Anker gegangen, als wir auch von Fahrzeugen allerlei Art umringt wurden; Kanoes, grosse und kleine, Flösse aus aneinander gebundenen Holzstämmen, ja schliesslich einfache Stämme, auf denen die Inhaber aufrecht sitzend, mit Beinen und Händen ruderten, umgaben uns in grosser Anzahl. Unter den Besuchern waren viele meiner früheren Arbeiter, die, sobald sie mich gewahr wurden, ein grosses Geschrei anstimmten und ihre Landsleute, denen ich anscheinend dem Namen nach bekannt war, auf mich aufmerksam machten. Das Boot war schnell ins Wasser, und von einer zahlreichen Kanoeflotille begleitet, ging ich zunächst auf Hetau an's Land. Hier war mein Empfang wirklich rührend; alte Frauen und Männer kamen herbei, erkundigten sich, wie es ihren Söhnen erginge, die bei mir auf der Ralum-Pflanzung dienten; frühere Arbeiter, meistens junge Leute, stürmten athemlos herbei und fassten mich an Armen und Händen, tanzten und geberdeten sich wie wahnsinnig; kleine Knaben und Mädchen, die sehr zahlreich vorhanden waren, kniffen mich in die Beine und vergewisserten sich, dass ich ein veritabler Mensch und kein blosser Schatten sei; und ich muss gestehen, dass ich trotz der mir erwiesenen Anhänglichkeit wirklich froh war, als dieselbe nach einiger Zeit weniger demonstrativ wurde.

Ein Spaziergang durch die kleine Insel zeigte mir, dass dieselbe dicht bevölkert ist. Die Häuser stehen zu dreien und vieren nebeneinander gebaut in kleinen Lichtungen, jedoch ohne Umzäunung. Da die Häuser in Bouka und dem nördlichen Theil von Bougainville von derselben Bauart sind, so will ich sie hier etwas näher beschreiben. Das Gebäude variirt in Länge von 6—12 m, ist jedoch in der Regel etwa 3 m breit und ebenso hoch. Die Seitenwände sind etwa ½ m hoch und bestehen aus senkrechten, dicht nebeneinander gelegten Streifen des zerspaltenen Arecastammes. Starke Mittelpfeiler tragen den Firstbalken und dünne Streifen von Arecaholz sind von hier seitwärts nach den Seitenwänden hin und über dieselben hinaus befestigt, so dass das Dach auf dem Boden zu ruhen scheint und die Seitenwände von aussen völlig unsichtbar sind. Das etwas gewölbte Dachgerüst ist mit einer Art von Pandanusblättern, die über dünne Stäbchen gebogen sind und an denselben von Kokosblattrippen, die als Stecknadel dienen, festgehalten werden, bedeckt. Die Giebelenden sind durch Bretter, die mit der Axt geglättet sind, verkleidet und haben in der Regel eine kleine Oeffnung, etwa $1/2$ m über dem Fussboden, die als Thür und Fenster des Hauses dient. Das Dach springt etwa 1 m über die Giebelenden hervor und der dadurch entstandene Raum ist in der Regel mit nebeneinander gelegten Brettern oder Bambusstämmen, etwa $1/2$ m über dem Fussboden, in eine lange etwa $1/2$ m breite Plattform umgewandelt, die einen Lieblingsaufenthalt namentlich der männlichen Hausbewohner zu sein scheint. Im Innern sind die grossen Hütten durch Querwände abgetheilt: in dem einen Raum schlafen die Weiber, Mädchen und kleinen Kinder, in dem darauf folgenden der männliche Theil der Hausbewohner und in dem letzten Raum steht die grosse Signaltrommel und liegen die Vorräthe an Waffen; hier halten die Männer ihre Versammlungen und Berathungen ab. Unter dem Dach auf Querstangen und an den Seitenwänden ist das Eigenthum der Hüttenbewohner in Bündeln geschnürt aufgehängt; ein grosser Vorrath von Pfeilen und Speeren zeigt, dass der Krieg eine hervorragende Rolle spielt. Niedrige Gerüste, etwa 3 dcm über dem Fussboden, aus Bambusstäben oder Brettern bestehend, dienen der Familie als Schlafstellen; neben und unter denselben schüren die Schläfer ein niedriges, stets rauchendes Feuer an, so dass der Rauch die ganze Hütte erfüllt; dies dient wohl theils zur Abwehr der zahlreichen Mosquitos, theils zur Erwärmung des Körpers. Im vorderen Raum besorgen die Weiber das Kochen, die runden irdenen Töpfe mit dem konischen Boden stehen in Reih' und Glied, und das Feuer wird um dieselben ringsum angeschürt. In Folge dessen ist sowohl Tags wie Nachts eine Boukahütte mit Rauch angefüllt, und dies verbunden mit der geringen Beleuchtung durch die vorerwähnte kleine Oeffnung, macht es dem Weissen schwer, im Innern der Hütte ein Ding vom andern zu unterscheiden. Die ganze Hütte und alles, was darin ist, ist vom Rauch geschwärzt und bietet eben keinen angenehmen Aufenthalt.

Während meines Spazierganges hatten sich Eingeborene von der Hauptinsel, sowie von der Insel Parraran eingefunden, um mich zu begrüssen, darunter auch die Häuptlinge Zikan und Kukuru, die am Eingang des Carola-Hafens auf der Insel Bouka wohnen. Mit diesen verabredete ich, am folgenden Morgen früh eine Tour quer durch die Insel bis zur Ostseite zu unternehmen. Dies sei ihrer Aussage nach augenblicklich ausführbar, da die einzelnen Stämme in Frieden miteinander lebten, ein Umstand, der gewiss nicht häufig vorkommt und selten von langer Dauer ist. Am folgenden Morgen früh brach ich dann, von den beiden Häuptlingen und einem grossen Gefolge begleitet, von der Niederlassung Zikans, dem Dorfe Kessa, auf. Keiner meiner schwarzen Freunde war unbewaffnet; wer nicht Bogen und Pfeile führte, der trug die langstielige Axt oder mehrere Speere. Flinten bemerkte ich nicht; die Boukaleute haben zu denselben kein grosses Vertrauen. »Sie machen zu viel Lärm« wurde mir öfter gesagt; auch täuscht man sich, wenn man meint, dass die Bouka-Einwohner grossen Respekt vor Feuerwaffen haben; selbst die neueren Hinterlader und Magazinflinten haben für sie nur insofern Interesse, als dieselben die Schlauheit und die Geschicklichkeit der Weissen bekunden, wie sie denn überhaupt grosses Interesse für Maschinen aller Art, sowie für Erzeugnisse europäischer Industrie zeigen und den Zweck eines jeden Dinges und die Verwendung zu erfahren suchen, ohne zugleich den Wunsch zu äussern, es zu besitzen. Meinen Begleitern volles Vertrauen schenkend, hatte ich als einzige Waffe eine leichte Jagdflinte mitgebracht, die mir zur grösseren Bequemlichkeit ein Mann nachtrug und die im Falle einer Vertheidigung völlig nutzlos gewesen wäre.

Unser Weg führte zunächst durch Pflanzungen, worin die Weiber fleissig arbeiteten. Taro und Yams wurden neben Bananen und Bataten angepflanzt; grössere Strecken waren jedoch auch mit Mais angebaut, das hier von meinen zurückgesandten Arbeitern eingeführt ist und grossen Beifall gefunden hat. Ausser Mais ist Kürbis und Wassermelone von ihnen eingeführt und jetzt fast in allen Pflanzungen angebaut. Auch die Taback-Pflanze war regelmässig angebaut und späteren Besuchern Boukas will ich hier den guten Rath ertheilen, sich immer auf der Windseite eines Insulaners zu halten, wenn derselbe selbstgebauten Taback raucht; im steten und jahrelangen Verkehr mit den verschiedensten Südsee-Insulanern bin ich gegen Gerüche aller Art ziemlich abgehärtet worden, aber der Bouka-Taback ist hinreichend, einen Feind über die Grenze zurückzutreiben. Der Wald lichtete sich nach kurzer Wanderung und Pflanzungen wurden wieder sichtbar. Meine Begleiter, jetzt wohl gegen 200, machten hier Halt, die Bogensehnen wurden straff gezogen, die Pfeile schussbereit gehalten und dann ging es wieder vorwärts. Bald ertönten laute Zurufe und wir machten wieder Halt. Zikan und ich mit wenigen Leuten gingen ein wenig voraus und trafen plötzlich auf eine kleine Schaar von Eingeborenen, alle mit Bogen, Pfeilen und Aexten bewaffnet. Das Parlamentiren dauerte wohl 10 Minuten; ich hörte häufig meinen Namen nennen, dann kamen plötzlich 2 Insulaner herbei, die bei mir gearbeitet hatten und mich sofort erkannten. Wenige Worte von ihnen genügten zu einem Verständniss; mein Gefolge wurde herbeigerufen, auch kamen von allen Seiten die Einwohner des Distrikts herbei, die bisher sich verborgen gehalten, und ich wurde jetzt dem Zenpan (Häuptling) Gobut vorgestellt. Dieser regiert ein recht umfangreiches Gebiet im Innern, Banüss genannt, und ist in der Regel mit den Dorfschaften am Westrande der Insel in Krieg, da die Einwohner dieser Dörfer die üble Angewohnheit haben, sich in den Hinterhalt zu legen und namentlich die Weiber des Inlandstammes in deren Pflanzungen zu überfallen, zu entführen oder zu tödten. Auf unserem weiteren Marsch sahen wir daher auch nur sehr wenige Weiber, die meisten verkrochen sich bei unserem Herannahen in die Büsche oder in ihre Hütten. Feste Zäune aus Bambusrohr und Gestrüpp mit einer kleinen Oeffnung als Durchgang zeigten, dass der Stamm sich nöthigenfalls auf die Defensive zu legen verstand. Ein kurzer Marsch brachte uns zur Dorfschaft Banüss. Dieselbe hatte nichts Besonderes; die Hütten standen in Gruppen nebeneinander; ein sauber gefegter und gereinigter Platz umgab dieselben, aber ich suchte vergeblich nach Hütten, die einem religiösen Kultus dienen möchten, oder durch irgend welche Auszeichnung in der Bauart oder Ornamentik auf einen besonderen Zweck hindeuteten. Ich hatte solche vor Jahren in den südlichen Salomo-Inseln gesehen, fand sie jedoch hier nirgends.

Auf einem von grossen Bäumen beschatteten Platz lagerte sich die ganze Schaar. Meine Begleiter aus Kessa bildeten einen kompakten Haufen, während die Dorfbewohner nach allen Seiten eilten um Betelnüsse, Kokosnüsse u. s. w. herbeizuholen. Mit dem Zenpan nahm ich unterdessen das Dorf in Augenschein. Sein eigenes Haus war eins der längsten, das ich auf Bouka gesehen. An den Seitenwänden hingen wie hier überall gebräuchlich die Trophäen grosser Feste und Schmäuse; neben zahlreichen Unterkiefern von Schweinen war auch eine lange Reihe von menschlichen Unterkiefern, darunter einige, die nach ihrer Kleinheit zu urtheilen, nur von Kindern herrühren konnten; einige waren schon sehr alt und von Rauch geschwärzt, andere leicht gebräunt, und am Schluss der Reihe waren mehrere, die noch nicht lange dort gehangen hatten. Ich zählte 63 solcher menschlicher Unterkiefer. In anderen Häusern fand ich ebenfalls solche Ueberreste, aber nie so viele menschliche Kiefer, höchstens fünf oder einzelne Male zehn, meistentheils nur einen oder zwei. In einem der Querräume war eine geschnitzte Holzfigur aufgestellt; dieselbe stellte einen Bouka-Insulaner dar; die Gesichtszüge mit der narbigen Tätowirung und die Haarfrisur waren gut nachgeahmt, der Körper etwas unproportionirt. Die ganze Figur war 6 dcm hoch und schwarz angestrichen. Wenn überhaupt die Figur ein Idol war, so schien man dasselbe dennoch nicht in hohem Ansehen zu halten, denn es wurde mir bereitwilligst geschenkt. In dem Frauenraum sah ich grosse Klumpen feuchten Thons liegen und ein altes Mütterchen war mit Anfertigung von Töpfen beschäftigt; vorher wurde der Thon mit einem steinernen Werkzeug, das die Form eines grossen Stössers eines Mörsers hatte, bearbeitet und durchgeknetet und dann der Topf mit der Hand geformt.

Während dieser Umherführung hatten die grossen Holztrommeln der Dorfschaft einen beteubenden Lärm angestimmt. Die Folge davon war, dass von allen Seiten Insulaner herbeiströmten. Es war mir freilich angenehm genug, von den meisten mit meinem Namen angeredet und freundlich empfangen zu werden, aber ich hatte meine Bedenken wegen der Sicherheit meiner Begleitung, die das Herbeieilen so vieler bewaffneten Leute anscheinend mit Misstrauen betrachteten, und die Blicke, die ihnen von diesem oder jenem zugeworfen wurden, waren durchaus nicht liebenswürdig. Jedoch verlief hier, wie überall, wo sich solche Scenen wiederholten, die Empfangs-Feierlichkeit, sowohl als auch der Abschied, ohne die geringste Störung. Zikan und mehrere andere versicherten mich nachher, sie hätten mehrere ihrer ärgsten Todfeinde gesehen und mit denselben Betelnüsse gegessen, aber meine Anwesenheit hätte alle Feindseligkeiten abgehalten. Es ist berichtet worden, dass die Bouka-Insulaner alte Männer und Weiber, die sich ihres Alters halber nicht zu helfen wissen, tödten. Auf Befragen ist dies stets von meinen Arbeitern auf's Entschiedenste verneint worden, auch habe ich keinen Grund dies zu glauben, denn in jeder Dorfschaft, die ich besuchte, fand ich zahlreiche Greise und Greisinnen, die anscheinend genügende Pflege hatten. Hier in Banüss führte mich der Zenpan zu mehreren Hütten, worin solche alte Eingeborene weilten, mit der Bitte, ich möge diesem oder jenem ein Mittel gegen dessen Krankheit geben; auch fand ich, dass die jüngeren Dorfbewohner diese alten Stammesmitglieder reichlich mit Betelnüssen und Nahrung versorgten. Aus dem Kannibalismus machte man nirgends ein Geheimniss.

In der Dorfschaft waren augenblicklich zwei Häuptlinge von Hanahan auf der Ostküste zum Besuch. Mit diesen machte ich Bekanntschaft, und nachdem wir uns ein wenig ausgeruht und erfrischt hatten, brachen wir auf, um nach Hanahan zu gehen. Der Boden steigt hier allmählich und grosse Felsen ragen hier und dort aus demselben hervor. Dieselben bestehen aus Korallenkalk.

Die Zahl meiner Begleiter hatte sich jetzt beträchtlich vermehrt, nicht nur hatte sich uns der Häuptling Gobut und ein grosser Theil seines

Stammes angeschlossen, sondern auch die beiden Häuptlinge Takis und Mogann mit einigen Leuten aus Hanahan. Die Reihenfolge war die folgende: Zunächst wurde der Zug von Takir und seinen Leuten, denen ich mich angeschlossen hatte, eröffnet, dann kamen die Banüss-Leute und schliesslich meine ursprünglichen Begleiter aus Kessa unter Führung ihrer Häuptlinge, denen sich Mogann aus Hanahan anschloss. Etwa gegen 11 Uhr erreichten wir den Ost-Rand der Insel, die hier von Westen nach Osten nicht mehr wie 7 geographische Meilen breit ist. Die Anwesenheit der Hanahan-Häuptlinge hatte alle etwaigen Schwierigkeiten aus dem Wege geräumt.

Die Dorfschaften auf der Ostküste liegen höchst malerisch am Rande des steil abfallenden Ufers. Am Strande haben sich, wo das Terrain es erlaubt, die Insulaner vom Hochplateau Hütten gebaut, die grösstentheils zur Aufnahme ihrer zahlreichen Kanoes dienen. Steile Pfade über die Felswand führen nach dem Strande. Von hier aus sind die Dorfbewohner vollständig gegen Angriffe und Ueberfälle sicher, wie dann auch andererseits die Pfade nach dem Strande im Falle eines Rückzuges ein Entkommen ermöglichen. Die Dorfschaften auf der Ostseite sind unter einander freundschaftlich verbunden, wenigstens von Kap Halean bis südlich von Kap Hetakone, auch sind sie mit den Bewohnern von Carola-Hafen und auf der Westküste mehr oder weniger befreundet und besuchen sich gegenseitig mit ihren Kanoes. Die Einwohner der Bergkette, die den südwestlichen Theil Bouka's bildet, scheinen mit allen übrigen Stämmen in Fehde zu liegen.

Mein Aufenthalt in Halean war nicht von langer Dauer; ich wollte bis Abend wieder nach dem Carola-Hafen zurück und drängte daher zum Aufbruch. So schnell ging dies jedoch nicht. Die Weiber und Kinder waren hier durchaus nicht scheu und kamen von allen Seiten herbei, um den weissen Gast in der Nähe zu beschauen. Ich wurde betastet und bezupft und war dem Anschein nach passable genug, nur mein langer Bart erregte unverkennbares Missfallen und Widerwillen der Damen. Ich muss hier bemerken, dass Bärte in Bouka nicht getragen werden. Die Männer zupfen sich die Barthaare stets sorgfältig aus. Die mittlerweile von Nachbardorfschaften herbeikommenden Häuptlinge wollten mich durchaus überreden, nach ihren Ansiedelungen zu kommen, und liessen sich erst dann besänftigen, als ich ihnen meinen Besuch bei meinem nächsten Ausflug nach Bouka zusagte.

Die Banüss-Leute verliessen uns hier und gingen nach ihrer Dorfschaft zurück. Vorher jedoch brachte mir ein ältlicher Eingeborener eine Schnur, worauf verschiedene Menschen- und Hundezähne, längliche braune Fruchtkerne und anderer Firlefanz aufgereiht waren. Dies hing er mir unter vielem Gemurmel um den Hals, spie rechts und links auf den Boden und stampfte mit den Füssen. Auf Befragen, was dies bedeute, wurde mir gesagt, ich würde jetzt nicht sterben; das Ding war also eine Art von Amulet. Ein Jüngling, der bei mir in der Ralum-Pflanzung gedient, bezeichnete den Geber als »Missionary belong devil« (Missionar des Teufels), er ist demnach wohl ein Zauberer oder dergleichen gewesen.

Unsere Rückreise wurde endlich zu meiner grossen Befriedigung angetreten. Um mir so viel wie möglich von der Insel zu zeigen, wurde ein anderer Rückweg eingeschlagen, der mehr nach Südwesten verlief und den Banüss-Distrikt am Südrand desselben berührte. Mehrere Hanahan-Häuptlinge begleiteten uns. Wir kamen grösstentheils durch prachtvollen Urwald, der hier und dort gelichtet worden war, um Pflanzungen Platz zu geben. Eine kleine Abtheilung von etwa 20 Insulanern, die wir unterwegs antrafen, war damit beschäftigt Bäume zu fällen. Es war ein Vergnügen zu sehen, wie die schlanken, muskulösen Gestalten die Axt (europäisches Fabrikat) schwangen, und wie sie behend zur Seite sprangen, wenn plötzlich ein Waldriese krachend und prasselnd zu Boden fiel. Ihre Bogen und Pfeile lehnten handgerecht an den Stämmen. Der Boden wurde bald sehr uneben; bald war ein recht tiefes Thal zu durchschreiten, bald ein steiler Hügel zu erklettern und das Vorwärtsdringen wurde manchmal sehr beschwerlich. Das laute Gespräch wurde allmählich zum Geflüster und starb endlich fast ganz ab; dabei wurden die Bogensehnen sorgfältig untersucht und scharf nach allen Richtungen hingehorcht. In der That waren wir auf feindlichem Gebiet in dem Distrikt Zolloss, wozu die Bergkette im SW von Bouka gehört. Zwar hielten wir uns weit ab von dem bewohnten Theil, aber es war immerhin eine Möglichkeit, dass wir feindliche Eingeborene antreffen konnten, da dieselben nicht selten in grösseren Schaaren Streifzüge unternehmen, um Schweine zu jagen. Schweine waren in der That recht häufig, und namentlich in den Thälern raschelten sie häufig über den schmalen Pfad. Ich war froh, als wir endlich den Strand erreichten, auch war es die höchste Zeit, denn die Sonne war bereits nahe am Horizont, und eine Nacht im Boukawalde zuzubringen, danach stand mein Verlangen eben nicht. In einer kleinen Bucht, der Insel Parraran gegenüber, zwischen Mangroven gut versteckt, erwarteten uns laut Verabredung eine Anzahl grosser Kanoes, um uns einzuschiffen. Kaum vom Strande abgestossen, erhob die ganze Schaar ein ohrbetäubendes Geschrei oder richtiger Gebrüll, das den Zolloss-Leuten, deren Häuser ich auf den Hügelseiten deutlich ohne Fernglas unterscheiden konnte, wohl als ein Abschiedsgruss gelten sollte.

Eine kurze Fahrt über den spiegelglatten Carola-Hafen brachte uns nach Parraran, wo man anscheinend Vorbereitungen zu unserem Empfang getroffen hatte. Viele Eingeborene von Hetau und von der NW-Küste hatten sich ebenfalls eingefunden, und der Strand wie die Lichtungen boten ein höchst lebhaftes Bild. Ueberall sassen Gruppen von Männern und Jünglingen; das Feuer loderte um grosse Kochtöpfe; Weiber und Mädchen eilten geschäftig hin und her; die Zurückgebliebenen liessen sich von meinen Begleitern deren Erlebnisse erzählen und jeder gab sich der ungestörten Ruhe und des Genusses hin. Die Waffen wurden bei Seite gelegt, und bald waren wir alle beim Abendbrod.

Nach demselben wurden Vorbereitungen zum Tanz gemacht. Das Boukavolk ist ernst und kriegerisch, und ihre Tänze tragen denselben Charakter. Von einem Tanz im eigentlichem Sinne des Worts ist überhaupt kaum die Rede. Zunächst sammeln sich als Centrum die Musikanten; ihre Instrumente bestehen aus langen Bambusröhen, deren mehrere wie eine Panflöte angeordnet, neben einander befestigt sind. Um dieses Centrum stellen sich die Männer auf und zwar so, dass sie in Reihen formirt sind, radienförmig vom Mittelpunkt nach aussen hin. Jeder legt den linken Arm um den Hals seines Nebenmannes, in der rechten hält er Bogen und Pfeile oder die langstielige Kriegsaxt. Den Männern schliessen sich am äussersten Rand die Knaben an, die auch wohl zwischen den Reihen einherlaufen; auf diese Weise entsteht ein Haufe von mehreren hundert Individuen. Nun ertönt aus der Mitte des kompakten Haufens der tiefe summende Ton der Bambusflöten und die ganze Menge setzt sich langsamen und gemessenen Schrittes rings um den Mittelpunkt schreitend, in Bewegung. Dabei wird ein monotones Gejohle aus den Silben o-oh-io angestimmt. Erst sind es nur einzelne, die diesen einfachen Sing-Sang anstimmen, allmählich betheiligen sich mehrere, dann der ganze Haufe; die schrillen Stimmen der Knaben vermischen sich mit den tiefen Gutturaltönen der Männer; diese schwingen ihre Kriegsäxte, klappern mit Bogen und Pfeilen, stossen dann und wann einen schrillen Pfiff aus und regen sich nach einigen Minuten derart auf, dass trotz der langsamen Gangweise der Schweiss ihnen aus allen Poren dringt. Endlich schliesst nach etwa 5 Minuten der Tanz mit einem langgezogenen allmählich absterbenden oh. Viele Theilnehmer werfen sich erschöpft auf den Boden, einige springen wie besessen herum bis die Aufregung nachlässt.

Ich habe viele Tänze wilder Völkerschaften gesehen, aber alle hatten, selbst die sogenannten Kriegstänze, dennoch etwas Groteskes, und trotz aller Wildheit konnte man sich häufig doch kaum eines Lächelns enthalten. Dieser Boukatanz mit seiner einförmigen Bewegung, seinem monotonen Gejohle, den tiefen Tönen der begleitenden Musikinstrumente und den wilden, blitzenden Augen der schweisstriefenden Männer hat etwas unbeschreiblich Wildes und Entsetzliches; es ist unstreitig ein Tanz für Kannibalen.

Die Zuschauer sitzen oder liegen in weitem Kreis stillschweigend um die tanzende Gruppe. Nach etwa 5 Minuten Pause beginnt dieselbe Vorstellung und nachdem sie sich 10—12 Mal wiederholt hat, ist ein Jeder anscheinend ermüdet. So war es denn auch hier.

Die Frauen und Mädchen tanzen und singen in der Regel nicht, nur wenn Häuptlinge versammelt sind, wird eine Ausnahme gemacht. Die uns gegebene Vorstellung war höchst unbedeutend. Die Häuptlinge versammelten sich zu einer geschlossenen Gruppe; ringsum bildeten die Männer einen weiten Kreis. Innerhalb dieses Kreises nahmen etwa 200 Mädchen und Frauen sitzend Platz und stimmten einen leisen Gesang an, den mehrere alte Weiber dadurch begleiteten, dass sie Bambusstämme heftig gegen die Erde stiessen, wodurch ein dumpfer Ton entstand. Der Gesang der Frauen bestand aus Worten, deren Sinn ich jedoch nicht erforschen konnte. Die Vorstellung dauerte höchstens 10 Minuten.

Zu gewissen Zeiten des Jahres haben die Männer der Dorfschaften grosse Zusammenkünfte, bei denen es hoch hergeht, es wird geschmaust und viel Betel gekaut und dabei ein Tanz aufgeführt, bei dem man sich einer aus weichem Holz geschnitzten Keule bedient; das obere Ende ist gewöhnlich in der Form eines grotesken Kopfes geschnitzt, das untere Ende ist breit und flach und nicht selten mit flach erhabenen Schnitzereien verziert. Diese Schnitzereien sind mit rother und schwarzer Farbe bunt bemalt. Die Tänze habe ich nicht gesehen, wohl aber die Keulen, die mir in grosser Anzahl zum Geschenk und zum Kauf angeboten wurden, so dass ich im Grunde zu der Annahme geneigt bin, dass dieselben zum grossen Theil für den letzteren Zweck dienen. Etwas Befriedigendes und Positives habe ich über die bunten Schnitzwerke, mit Ausnahme der ersten Angabe, niemals erfahren können.

In der schönen tropischen Mondnacht spazierte ich noch lange auf Parraran herum. Die Häuptlinge waren unstreitig bemüht, ihren Gast so lange wie möglich festzuhalten. Bald hatte man mir dies, bald jenes zu zeigen. Unter andern auch den Lauf eines Snidergewehrs und daran befestigten menschlichen Unterkiefer, der ziemlich neuen Datums zu sein schien. Snidergewehr wie Unterkiefer hatten vor noch garnicht langer Zeit einem Eingeborenen auf einer etwas südlicher gelegenen Insel gehört, nur dass der Unterkiefer damals ein Theil eines lebenden Menschen war und das Snidergewehr diesem gehörte. Derselbe war vor einiger Zeit mit mehreren anderen seiner Landsleute aus Samoa zurückgekehrt, von wo sie als Theil ihrer Abbezahlung Flinten mitgebracht hatten. Dadurch hatten sie Anfangs ein gewisses Uebergewicht erhalten und waren der Schrecken aller Nachbaren. Bald wurde jedoch der Schiessbedarf knapp und nun vereinigten sich die Nachbarinseln, zogen in grosser Ueberzahl nach der Insel der Friedenstörer und vertrieben dieselben, jedoch nicht ohne vorher mehrere zu tödten. Der Eigenthümer des mir gezeigten Snidergewehrs hatte noch einige Patronen gehabt, als er jedoch dieselben verschossen, hatten die Pfeile ihr geräuschloses Werk vollbracht und bald lag er verwundet auf dem Boden hingestreckt. Einer der Sieger hatte das Snidergewehr aufgehoben und, dasselbe als Keule benutzend, ihm damit den Schädel zerschmettert, wobei der Kolben abbrach. Der Lauf war als Trophäe mitgenommen; was aus dem Leichnam geworden, brauche ich wohl hier nicht näher zu beschreiben.

Ich hatte im Laufe des Gesprächs erfahren, dass die Hanahan-Leute, die mit ihren Kanoes weite Seereisen unternehmen, ab und an auch nach verschiedenen Plätzen auf der Nordküste von Bougainville gingen. Einige Hanahan-Häuptlinge, die mich nach Parraran zurück begleitet hatten, nannten mir mehrere Plätze, wo sie verkehrten und wo sie mit den Einwohnern auf freundschaftlichem Fuss standen. Sie erklärten sich sofort bereit, mit mir nach Bougainville zu gehen und ich verabredete mit ihnen, sie sollten sich am folgenden Tage nach Hanahan begeben, dort ihre Leute sammeln und dann mit denselben in ihren Kanoes nach einem Platz auf der Nordküste Bougainvilles, den sie Baniu nannten, gehen, dort würde ich sie dann, nachdem ich mit dem Dampfer die Strasse zwischen Bouka und Bougainville befahren, antreffen. Ein grosses Kanoe mit 20 kräftigen Ruderern brachte mich in weniger als ½ Stunde die 3 Seemeilen von Parraran bis zu unserm Dampfer zurück.

Am folgenden Morgen verliess ich den Carola-Hafen und dampfte nördlich um Bouka bis vor Hanahan. Hier überzeugte ich mich, dass die Häuptlinge Vorbereitungen zu der verabredeten Tour nach Bougainville machten und da mich nichts weiter aufhielt, wurde die Reise nach der Strasse zwischen Bouka und Bougainville angetreten. Durch die östliche Mündung hineinfahrend, ankerten wir Nachmittags in der schmalen Strasse ein wenig nordöstlich von einer kleinen, bewaldeten, sanft ansteigenden Insel, von den Eingeborenen Sohana genannt. Ich will hier die Strasse, die ich als Seitenstück zu dem Carola-Hafen den »König Albert-Sund« genannt habe, etwas näher beschreiben. Von Osten kommend ist die Einfahrt nicht leicht bemerkbar, da die niedrige südliche Spitze Boukas und das niedrige Land Bougainvilles anscheinend ohne Oeffnung ineinander verläuft und die in der Strasse liegenden Inseln einen freien Durchblick nicht gestatten. Die Richtung ist zunächst südwestlich, bis vor der Insel Sohana, dann führt die Strasse an dieser vorüber und nimmt eine westliche Richtung, nördlich an einer niedrigen bewaldeten Insel vorüber. Hier ist Vorsicht anzuempfehlen, weil von der Insel Bouka aus ein kurzes Korallenriff sich südlich in die Strasse erstreckt und die Passage zwischen der vorbenannten kleinen Insel und Bouka ziemlich beengt. Durch die Enge hindurch halte man sich durchschnittlich in nordwestlicher Richtung, nördlich an der Insel Matches vorüber, worauf man wieder in freiem Fahrwasser ist. Die verschiedenen Strassen zwischen den Inseln nach Süden führend, sind für Schiffe nicht passirbar. Es ist überall in der Strasse gute Ankerung, aber eine starke Strömung läuft durch die Strasse und ist namentlich in dem schmalen östlichen Theil von 5–6 Seemeilen Schnelligkeit in der Stunde. Die Strömung wechselt mit Ebbe und Fluth und läuft abwechselnd 12 Stunden östlich und 12 Stunden westlich.

Bei der Einfahrt in den König Albert-Sund kamen uns keine Kanoes entgegen; auch nachdem wir geankert, blieben wir ohne Besuch. Am Strande auf beiden Seiten der Strasse waren Hütten in grosser Anzahl und vor einer derselben wehte von einem hohem Stock eine amerikanische Flagge. Eingeborene sah man nirgends, dieselben hielten sich im Gebüsch versteckt, wahrscheinlich um abzuwarten, was wir zu thun beabsichtigen. Der auf der Insel Sohana wohnende Amerikaner war von den Eingeborenen vor mehreren Monaten erschlagen und seine Güter geraubt worden. Das Erscheinen unseres Dampfers mochte man hiermit in Verbindung bringen, und da wohl alle umliegende Dorfschaften an der Missethat Theil genommen hatten, so hielt man es anscheinend für rathsam, uns aus dem Wege zu gehen. Einige uns begleitende Hanahan-Leute gingen nun an Land und nach einiger Zeit stiess von der Bougainville-Seite ein Kanoe mit mehreren Eingeborenen ab. Dieselben waren unbewaffnet als ein Zeichen der Freundschaft und brachten die vorerwähnte amerikanische Flagge an Bord. Sie erzählten, einige Einwohner von Joto auf der

Bouka-Seite der Strasse seien mit Kehler (i. e. der Name des Amerikaners) wegen irgend einer Kleinigkeit in Streit gerathen. Rachsüchtig, auch wohl von Habsucht beseelt, hätten sie den Häuptling Sorra aus Joto und Gumutna aus Binakoia (auf der Bougainville-Seite) zu bewegen gesucht, mit ihnen im Verein den Weissen zu erschlagen und seine Güter zu theilen. Die beiden Häuptlinge, die von Anfang an Kehler in ihren Schutz genommen, hätten nichts davon wissen wollen, worauf die Urheber des Komplots sich mit den Einwohnern von Sorrum, dem nächsten Distrikt östlich von der Strasse auf der Bougainville-Seite, vereinigt und die Abwesenheit der freundlich gesinnten Häuptlinge benutzend, unter dem Vorwand, Schildkrötenschale zu verkaufen, nach dem Hause Kehler's gegangen und denselben hinterrücks erschlagen hätten; dasselbe Schicksal habe den nichts ahnenden chinesischen Diener ereilt. Die zurückkehrenden Häuptlinge wären sehr erbost gewesen, der Joto-Häuptling hätte zur Sühne einen Mann erschlagen und Gumutna hätte dasselbe in Sorrum gethan, freilich nicht die eigentlichen Mörder. An der Plünderung der Güter seien alle umliegenden Distrikte betheiligt gewesen, nicht nur die westlich vor der Strasse gelegenen Inseln, sondern auch die Strandbewohner meilenweit auf der Ostseite Boukas und auf der Nordseite Bougainvilles.

Es war weder unsere Absicht noch unser Amt, uns als Rächer aufzuwerfen, dazu waren wir mit unserer schwachen Bemannung völlig unfähig; freilich machten wir darauf aufmerksam, dass die Ermordung des weissen Mannes sicherlich über kurz oder lang von seinen Landsleuten gerächt werden würde, aber das war auch Alles, was wir thun konnten. Am folgenden Tage besuchte ich die zerstörte Station Kehlers auf Sohana. Die Bretter-Seitenwände der Häuser waren entfernt worden und das Pandanusdach jetzt zum grössten Theil eingestürzt. Unkraut und Gebüsch hatten den freien Platz um die Station bereits dicht überwuchert, aber dazwischen lagen die verschiedensten Gegenstände, die von den Räubern als nutzlos fortgeworfen waren. Neben zahlreichen Sardinen- und Lachs-Büchsen mit noch unbeschädigtem Inhalt lagen zerrissene Kleidungsstücke, Stiefeln, zerbrochenes Haus- und Küchengeräth, zahlreiche Revolverpatronen, mehrere stark verrostete Gewehre und dergleichen mehr. Ein dem Ansiedler gehörender kleiner Schoner war, Sohana gegenüber, auf Bougainville in das Mangrove-Strand-Gebüsch angetrieben; die Masten waren gekappt und die Schiffsplanken hier und da mit Aexten durchschlagen.

Auf der Insel Matches wurde ich von Pfeilen empfangen, ebenso überall am Rande der weiten Lagune, die sich von dem König Albert-

Sund aus nach Norden in die Hauptinsel einbuchtet. Unter solchen Umständen gingen wir dann am dritten Tage Vormittags aus der Strasse hinaus und fuhren in östlicher Richtung so dicht wie möglich am Nordrand von Bougainville entlang.

Ehe ich jedoch weiter fortfahre, will ich hier noch erwähnen, was mir als Eigenthümlichkeiten der Bouka-Insulaner aufgefallen ist, was ich über ihre Einrichtungen, ihre Sitten und Gebräuche beobachtet und erfahren habe. Es ist nicht viel, auch mag sich hie und dort ein Irrthum ohne mein Wissen und Willen eingeschlichen haben, aber bei der grossen Unkenntniss über die Einwohner Boukas und Bougainvilles darf ich hoffen, dass auch das Wenige von Interesse sein wird. Ich muss hier bemerken, dass die Einwohner des nördlichen Bougainville in Sitten und Lebensweise viel mit den Bouka-Leuten gemein haben und sicherlich nicht wesentlich von ihnen verschieden sind, wie denn überhaupt alle Einwohner Bougainvilles demselben Stamme angehören und theilweise dieselbe Sprache sprechen.

Ueber die Hütten und deren Bauart habe ich bereits vorher berichtet. Weit mehr Sorgfalt verwenden die Bouka-Insulaner jedoch auf ihre Kanoes, und schmücken dieselben häufig mit zierlichen Schnitzereien. Die Kanoes variiren in der Grösse von 3 m bis 20 m Länge und entsprechender Breite; in den grössten Fahrzeugen haben dreizig Erwachsene hinreichend Raum. Der Kiel besteht zunächst aus einem langen Stück Holz, etwa 1—1½ dcm breit, oben flach und auf der Unterseite etwas gewölbt, daran werden der Länge nach andere Bretter mit festen Faserstricken angenäht, bis die gewünschte Höhe und Tiefe erreicht ist. Vorder- wie Hintertheil sind scharf und allmählich nach oben gebogen und laufen in einen langen und etwa 1 m hohen Schnabel aus, von dem eine aus Bastfasern verfertigte mähnenartige Verzierung flattert. Um den Kanoekörper widerstandsfähiger zu machen, ist in kleinen Abständen das Innere mit halbkreisförmigen Stützrahmen versehen, die das Einbiegen der Seitenwände verhindern. Die Nähte sind mit einem braunen Klebestoff überzogen, um das Eindringen des Wassers zu verhindern; dieser Klebestoff besteht aus der zerstampften Nuss eines Baumes (Parinarium?). Sämmtliche Planken werden mit der Axt aus dem Baumstamm herausgearbeitet, dann sorgfältig geglättet und, um sie gegen den Einfluss des Seewassers besser zu schützen, über ein Kohlenfeuer langsam hin und herbewegt, bis beide Seiten schwach angekohlt sind. Schnabel und Stern sind durch flach erhabene Schnitzereien, die bunt bemalt sind, verziert, manchmal sind Kanoeseiten ebenfalls der ganzen Länge nach am Rande entlang etwa 1—1½ dcm breit mit fantastisch geschnitzten

Köpfen und anderen Zierrathen geschmückt. Diese Kanoes haben keine Seitenausleger und sind in Folge dessen, obgleich einige bis 1½ m breit sind, zum Umschlagen geneigt; die Insulaner verstehen jedoch die Balance dermassen gut herzustellen, dass solche Kalamität recht selten ist. Die leichten Fahrzeuge werden durch Schaufelruder fortbewegt; die Ruder, aus leichtem Holz gemacht, haben an einem etwa 1 m langen Stiel ein spitz zulaufendes, lanzettförmiges Ruderblatt, an der breitesten Stelle etwa 1—1½ dcm breit und 6—8 dcm lang; die flachen Seiten sind häufig durch Schnitzereien verziert, die sich mit rother und schwarzer Farbe bemalt von dem weissen Grund abheben. Die grossen Kanoes, manchmal mit 30 oder mehr Ruderern, die zu zweien auf den Querbrettern sitzend auf beiden Seiten rudern, besitzen in Folge ihrer geringen Schwere eine grosse Schnelligkeit. Es ist ein schöner Anblick, eine Flotille von vielleicht 40 oder mehr solcher Fahrzeuge in einer hohen bewegten See zu beobachten. Jedes Kanoe sucht dem anderen vorauszukommen, die Ruderer arbeiten mit ihren Rudern und schleudern das Wasser weit hinter sich; manchmal wird das leichte Fahrzeug von einer Welle hoch emporgehoben und scheint momentan in der Luft zu schweben, manchmal scheint es in den Wellen begraben zu sein, aber unverdrossen rudernd tauchen die schwarzen Gestalten, von der fortrollenden Welle gehoben, wieder empor, die Insassen des Nachbarkanoes mit lauten Zurufen zum Wettkampfe auffordernd. Manchmal machen die Bouka-Distrikte weite Züge nach der West- oder Ostküste Bougainvilles hinunter, überall Schrecken verbreitend; sie gehen aber auch mit ihren Kanoes nach den Carteret-Inseln, mit deren Einwohnern sie befreundet sind, und nach den Hardy-Inseln, die ihnen eine Art von Tribut zahlen; die ersteren sind 50, die letzteren etwa 60 geogr. Meilen von Bouka entfernt, und von da aus nicht sichtbar, aber die Boukaleute sind so gute Navigateure, dass sie in einer Nacht die Tour zurücklegen. Manchmal werden sie freilich von ungünstigen Winden und Strömungen weit von ihrem Bestimmungsort abgetrieben, und auf solchen Zügen ist es denn, dass sie die Fead-Inseln, die Mortlocks und gar die Lord Howe-Inseln erreichen. Von Hunger und Entbehrung zum Aeussersten getrieben, sind sie den friedfertigen, waffenlosen Eingeborenen dieser Inselgruppen selbstverständlich sehr unangenehme Gäste.

Ausser den vorbeschriebenen Kanoes besitzen die Insulaner Flösse, die aus 4 oder 5 nebeneinander gelegten und an einander befestigten Baumstämmen bestehen. Diese Flösse variiren bei ½ m Breite von 4—8 m in Länge. Viele haben in der Mitte einen Aufsatz, etwa ½ m hoch, aus Korbgeflecht bestehend, zur Aufnahme von Fischen

u. s. w. Beim Gebrauch sitzen die Ruderer auf dem Floss und lassen die Beine über die Seiten ins Wasser hängen; Ruder werden zum Fortbewegen benutzt. Diese Flösse werden, wo seichtes Wasser es erlaubt, auf Gerüsten im Wasser aufbewahrt, sonst auch wohl an Land gezogen, wo sie mit den Kanoes zusammen in den langen Kanoeschuppen am Strande aufbewahrt werden.

Das Anfertigen der Konoes ist eine Fertigkeit aller Männer; höchst selten ist es, dass jemand ein Kanoe von einem andern erhandelt. Von Bouka aus werden die Kanoes jedoch nach dem Nordende von Bougainville, nach Carteret- und Hardy-Insel verhandelt.

Ein Volk wie die Bouka-Insulaner, das mit der See so sehr vertraut ist, übt selbstverständlich auch in grossem Umfange die Fischerei aus. Netze, Körbe, Haken und Speere dienen diesem Zweck sowohl in flachem Wasser, wie auf der hohen See. Die Frauen verfertigen die Fischkörbe, während die Männer die feinen Faserstricke, woraus die Netze gefertigt sind, und diese selbst, anfertigen. Man gebraucht sowohl kleine Handnetze, wie grosse Senknetze; die letzteren sind häufig von sehr bedeutender Grösse und einige von starken Stricken gemacht; diese letzteren dienen zum Delphinfang. Schildkröten beschleicht man, entweder wenn sie schlafend auf der Oberfläche des Wassers ruhen, oder wenn sie Nachts auf den Strand kommen, um ihre Eier zu legen. Auf dem Riff fischen die Männer in der Nacht bei Fackellicht mit Speeren und Handnetzen. Auch die Frauen sind beim Fischen behülflich und fischen nicht nur allein, sondern auch mit den Männern im Verein.

Die Arbeiten in den Pflanzungen werden von Männern und Weibern gemeinschaftlich verrichtet. Die schwere Arbeiten, wie das Fällen der Bäume, Herrichtung des Bodens und die Bepflanzung ist Sache der Männer, das Reinhalten der Pflanzungen und Einernten ist die Verrichtung der Weiber.

Die Kriegswaffen der Bouka-Insulaner bestehen aus Speeren, Bogen und Pfeilen und Keulen, nebenbei, seit Einführung der Eisen-Geräthe durch Weisse, aus eiserner Kriegsaxt mit langem Stiel.

Die Speere sind aus dem äusseren harten Holz einer Palme verfertigt, rund und sehr lang; die Spitze ist manchmal glatt, manchmal mit Widerhaken aus Menschen- und Thierknochen, Fischgräten und hartem Holz versehen; das Rückende läuft lang und dünn aus und ist häufig mit einem Haarbüschel verziert, namentlich auf den kleinen Inseln südlich von Bouka. Die Speerspitzen in ihrer Verschiedenheit zu beschreiben, würde ein eigenes Werk umfassen, so sehr variiren dieselben in der Form; dasselbe gilt von den Pfeilspitzen. Diese sind hauptsächlich zweierlei Art: entweder glatt und rund, oder geschnitzt und mit Widerhaken versehen. Die ersteren sind etwa 3 bis 4 dcm lang, sehr sauber geglättet und scharf zugespitzt; das äusserste Ende ist mit einem feinen goldglänzenden Bastfaden umwickelt. Die verzierten Pfeile sind äusserst variabel; die Anfertiger scheinen darin ihre Geschicklichkeit zu zeigen, theils in der Anordnung der Widerhaken, theils in der bunten Bemalung. Sehr wenige dieser Pfeilspitzen werden jedoch auf Bouka selber angefertigt, sie kommen auf dem Wege des Handels vom nördlichen Bougainville. Der Pfeilschaft ist dagegen einheimisches Fabrikat und wird ausschliesslich von den Bouka-Weibern angefertigt. Das Material, ein hohes und recht festes Rohrgras, wächst in grosser Menge überall in den Lichtungen. Wenn die Pflanze ziemlich reif ist, werden die geraden Rohre geschnitten, verziert, die Pfeilspitzen an einem Ende eingesteckt und dies mit feinen Bastfasern umwickelt, theils um die Spitze zu befestigen, theils um das Spalten des Schaftes zu verhüten; das untere, schwach angekerbte Ende wird ebenfalls mit feinem Bast umwickelt. Der Pfeilschaft ist in der Regel 1 m lang. Die fertigen Pfeile werden zu Bündeln zusammengeschnürt, mit Pandanusblättern umwickelt und dann in den Hütten allmählich getrocknet; an der Sonne getrocknete Pfeilschäfte brechen sehr leicht.

Der Bogen ist von 1,3—1,5 m lang und aus dem äusseren harten Holz einer Palmenart angefertigt; die grösste Breite in der Mitte ist etwa 2 Zoll, der Aussenrand ist flach, der Innenrand konvex. Manchmal ist der Bogen sauber polirt, manchmal auf dem Aussenrand einfach schwarz angestrichen. Die Bogensehne ist aus Pflanzenfasern gedreht und der Länge nach mit dem vorerwähnten goldgelben Bast umwickelt. Das eine Ende der Sehne ist permanent an einem Ende des Bogens, das andere Ende ist einfach mit einem Knoten befestigt, so dass der Bogenschütze dasselbe leicht lösen, um die Sehne anzustraffen, und ebenso schnell wieder befestigen kann.

Beim Gebrauch hält der Schütze den Bogen etwas schräge in der rechten Hand, legt mit der linken einen Pfeil auf die Sehne, so dass die Bogenhand als Stütze oder Unterlage für den Pfeil dient, zieht dann die Sehne an, zielt und lässt den Pfeil fliegen, wobei er den Körper etwas nach vorn wirft. Um zu verhindern, dass der rechte Arm und das Handgelenk von der Bogensehne verletzt werden, sind diese Theile mit einem aus Lianenrinde angefertigten Spiralring, der vom Handgelenk bis zum Ellbogen reicht, umwunden.

Die Boukapfeile sind nicht vergiftet; die äussere Spitze ist mit dem feinen goldgelben Bast umwickelt, mehr um die feine Schärfe zu bewahren; bei Verwundungen bleibt der Baststreif häufig nach Entfernung des Pfeils in der Wunde stecken und verursacht dann Eiterung und eine langsam heilende Wunde. Die glatten Pfeile sind ein nicht zu verachtendes Geschoss, lassen sich jedoch leicht aus der Wunde entfernen; die mit Widerhaken versehenen Pfeile können dagegen auf andere Weise nicht entfernt werden, als dass man sie der ganzen Länge nach durch die Wunde zieht oder sie aus derselben heraus schneidet.

Es ist erstaunlich, welche Fertigkeit die Bouka-Leute in der Handhabung des Bogens und der Pfeile erlangen. Im Wald und auf der Ebene wissen sie ihre Waffe gleich geschickt zu gebrauchen; ich habe Bogenschützen gesehen, die einen Vogel aus der Baumkrone Schuss um Schuss herniederholten. Schon als kleine Knaben beginnen sie ihre Uebungen, die zunächst mit einfachen Bögen aus Bambusrohr und Pfeilen aus Kokosnussblättern mit haarscharf zugespitzten Mittelrippen gemacht werden; etwa halb erwachsen, führen sie bereits die eigentliche Waffe, ohne welche man die Jünglinge und Männer höchst selten antrifft.

Die Keulen sind in der Regel 1—1,2 m lang, flach, und das untere Ende lanzettförmig verbreitert. Sie sind aus festem, schweren Palmenholz angefertigt; eine Seite ist in der Regel sauber polirt. Sie sind in Bouka jetzt nicht mehr häufig im Gebrauch; man sieht sie nur noch hie und da in den Hütten, selten in den Händen der Eingeborenen. Sie sind von der europäischen Eisenaxt verdrängt worden, die jetzt eine der gesuchtesten Waffen abgiebt; sie ist immer auf einem etwa 1 m langen Stiel aus hartem, schweren Holz befestigt und vereinigt so die Eigenschaften der schweren Keule und der scharfen Streitaxt.

Ich habe bereits mehrmals der irdenen Töpfe gedacht; dieselben werden sowohl von Weibern wie von Männern angefertigt, namentlich aber von den letztgenannten. Sie werden mit der Hand geformt, haben eine kreisrunde Oeffnung und sind konisch mit gewölbten Seiten; der Rand ist einfach mit einer oder mehreren Zickzacklinien verziert. Tabackspfeifen werden neuerdings auch angefertigt und zwar nach dem Modell der gewöhnlichen, kurzstieligen Thonpfeife. Die Töpferwaaren werden erst an der Sonne getrocknet und dann gebrannt; nach dem Brennen sind sie braun und glatt, wie die Terracotta, die zu Wasserkühlern und dergleichen in Europa verwendet wird. Der Thon scheint sehr fein zu sein und möchte vielleicht mit der Zeit für die Industrie von Bedeutung werden.

In Bouka sind zweierlei Geld gangbar; Muschelgeld, Läki genannt und aufgereihte Delphinzähne, Liho genannt. Beides wird von den Männern angefertigt. Das erstere besteht aus runden Muschelplatten, in der Mitte durchlöchert und aneinander gereiht; das letztere besteht aus Delphinzähnen, die aufgereiht etwa 1/6 Zoll auseinander stehen; die Schnur ist mit Bastfasern umwickelt, so dass die einzelnen Zähne sägeartig daraus nach einer Seite hervorragen. Die einzelnen Schnüre sind etwa 1½ m lang. Das Muschelgeld hat nur etwa ¼ des Werthes des Zahngeldes; das letztere wird namentlich zum Ankauf von Frauen und Weibern, als Sühne für einen Erschlagenen u. s. w. verwendet, während das Muschelgeld im alltäglichen Verkehr gangbar ist.

Polygamie ist allgemein vorherrschend; die Frauen werden auf Kriegszügen geraubt und in die Heimath des Mannes gebracht oder von dem befreundeten Nachbarstamme gekauft. Es ist kein Mangel an Weibern und es ist daher eine Seltenheit, auf einen unbeweibten Bouka-Insulaner zu stossen. Obgleich Kindermord vorherrschend ist, so trifft man doch in jeder Familie eine grosse Anzahl von Kindern. Gebiert eine Frau, ehe noch das vorher geborene Kind der Muttermilch entwöhnt ist, so wird die Neugeburt in der Regel getödtet. Den Weibern sind auch eine grosse Menge mehr oder weniger effektvolle Mittel zur Abtreibung der Leibesfrucht bekannt und es ist unzweifelhaft, dass häufig davon Gebrauch gemacht wird. Der Hausvater hält strenge Zucht zwischen seinen Frauen, der Stock wird nicht gespart; unerlaubter Umgang mit anderen Männern wird mit dem Tode bestraft.

Stammesmitglieder werden nach ihrem Tode in den Stranddistrikten in ein kleines Kanoe gelegt, mit Steinen beschwert und in's Meer versenkt. Freunde und Nachbaren begleiten den Leichnam unter lautem Klagegeheul zum Ort der Versenkung. In den Inland-Distrikten beerdigt man den Leichnam.

Feinde, im Kriege erschlagen oder gefangen, werden im letzteren Falle mit der Axt getödtet, der Körper dann zerschnitten und an Stammesmitglieder vertheilt. Gelegentlich meines Besuchs in Parraran brachte man aus einem lustig brodelnden Kochtopf ein gekochtes Huhn hervor, das mir als Abendessen aufgetragen wurde; man hatte mir soeben vorher mit grosser Ausführlichkeit beschrieben, welche Bissen die Kochtöpfe ab und an enthielten und mit dem besten Willen war es mir nicht möglich, dem Huhn Gerechtigkeit widerfahren zu lassen. Frauen werden häufiger ein Opfer des Kannibalismus als Männer, sie sind leichter zu beschleichen und leisten keinen Widerstand. Einige Häuptlinge haben eine besondere Vorliebe für Menschenfleisch und leben in Folge dessen mit ihren Nachbaren, aus deren Stämmen sie ihren Bedarf sich zu verschaffen suchen, in fortwährender Fehde. Die Unterkiefer werden als Trophäen aufbewahrt; der Schädel wird in der Regel, des Gehirns halber, zerschlagen. Die Bouka-Insulaner sind wohlgebaut, schlank, breitschultrig und muskulös, mit gut ausgebildeten Waden. Die Frauen sind kleiner und schmächtiger als die Männer. Alle sind jedoch von dunkler, fast schwarzer Hautfarbe und unterscheiden sich dadurch von den Bewohnern der südlichen Salomo-Inseln und der benachbarten Inseln des Bismarck-Archipels, die dunkelbraun sind. Das Haar tragen die Männer lang, vom Kopfe abstehend und mit blauen, braunen und weissen Farbestoffen in Mustern gefärbt. Das Haar der Frauen ist häufig mit braunem Lehm schuppenartig verfilzt. Nasenscheidewand und Ohrläppchen werden durchbohrt, in ersteren trägt man ein cylindrisches Stückchen Holz, in letzteren zusammengerollte Palmblätter.

Die Männer gehen ohne alle Bekleidung. Die Weiber tragen eine Schnur um die Taille, woran vorn ein Bündel Bastfasern herabhängt, der alle anderen Kunstwerke unserer civilisirten Damenschneider vertritt und deren Anschaffung jedenfalls den Herrn Gemahl nicht pekuniär ruinirt. Muschelarmringe sind von beiden Geschlechtern gesucht. Die Männer tragen ausserdem Armringe aus gefärbtem Bast gewebt, die häufig sehr zierliche rechtwinklige gelbe Verzierungen auf rothem Grund enthalten; Gürteln derselben Art sind bei den Männern ebenfalls beliebt.

Eine Art Tätowirung ist bei den Männern gebräuchlich. Die gewöhnliche Art des Tätowirens würde bei der fast schwarzen Hautfarbe der Insulaner nicht sichtbar sein. Die Tätowirung besteht daher aus einer Skarifizirung, die eine Narbe hinterlässt; diese Narben bilden das Muster und bestehen aus nebeneinander liegenden Zickzacklinien, die das Gesicht bedecken. Die Vernarbung findet nicht immer regelrecht statt und das Gesicht ist häufig durch die unregelmässig vernarbten Wunden stark entstellt. Die Einritzung der Narben geschieht im Kindesalter und wird von den Weibern besorgt, die auch heilende Kräuter und Pflanzensäfte kennen, um die Narben wie gewünscht hervorzubringen.

Ueber den Glauben oder richtiger wohl Aberglauben der Insulaner hält es schwer, etwas Zuverlässiges zu erfahren; was ich gesammelt habe, ist in Folge dessen auch sehr spärlich. Böse Geister scheinen eine Hauptrolle zu spielen; sie plagen und necken die Insulaner auf alle erdenkliche Weise. Es sind namentlich die Geister der Verstorbenen, die eine Zeitlang nach dem Tode des ursprünglichen Inhabers ihr Wesen treiben. Vor allen Dingen suchen sie die Nacht für ihren

Schabernack aus und ängstigen durch ihr Erscheinen Männer und Weiber; manchmal zeigen sie sich auch wohl am hellen Tage und fahren dann in einen armen Insulaner, der nun, vom Geiste besessen, sich wie toll geberdet. Er wälzt sich auf dem Boden, springt wuthschäumend empor und läuft wie wahnsinnig herum, manchmal Häuser abbrennend, ja in Fällen sogar seine Stammesgenossen anfallend und tödtend. In diesem Znstande geht ihm ein jeder aus dem Wege. Bald jedoch legt sich die Aufregung und der Besessene fällt in einen tiefen Schlaf; wenn er erwacht, weiss er nicht, was er vorher gethan, und sein Thun und Treiben bleibt ungestraft. Ich habe Gelegenheit gehabt, einige dieser Besessenen zu beobachten. Mehrere hatten während des Anfalls ein sehr starkes Fieber, der Puls schlug ungemein schnell und die Körperwärme war bis auf 42° C. gestiegen; es wurde mir gesagt, dass solche Individuen sehr häufig solche Anfälle hätten und gewissermassen als Lieblingsaufenthalt der bösen Geister dienten. Der Zustand war hier jedenfalls eine periodische Tobsucht, herbeigeführt durch krankhafte Störungen des Gehirns. In manchen Fällen ist jedoch die Besessenheit reine Verstellung, um irgend welchen Groll ungestraft zum Ausdruck zu bringen.

Nachdem die Geister der Verstorbenen eine Zeitlang auf vorbeschriebene Weise gehaust, suchen sie ihren schliesslichen Ruheort und fahren durch den Krater des Vulkans Susonna in Bougainville in die Unterwelt. Einige Männer und Weiber kennen die Verwendung verschiedener Heilmittel für Krankheiten, Wunden u. s. w. und stehen in Folge dessen in Ansehen, ohne dass man damit die Idee verbindet, als besässen sie übernatürliche Kräfte.

Die Bouka-Insulaner sind kriegerisch und wild, aber sie sind nicht hinterlistig. Muthig greifen sie ihren Feind an, selbst wenn derselbe in Ueberzahl ist, und so gross ist ihr Ungestüm, dass der Feind in der Regel dem ersten Anlauf weicht. Zurückgeschlagen erneuern sie häufig mehrmals den Angriff, bis ihre Feinde ermüdet oder besiegt weichen. Sie kämpfen sowohl im Hinterhalt wie im Offenen und entwickeln dabei einen überraschenden Grad von Geschicklichkeit. Sie sind sehr gelehrig und lernen schnell, was ihnen mehrmals gezeigt ist; sie sind daher vorzügliche Arbeiter in Pflanzungen und als Matrosen auf Handelsschiffen. Auf lange Zeit von der Heimath entfernt zu sein, gefällt ihnen nicht sehr; ich habe einige Insulaner gesehen, die vor Heimweh zu aller Arbeit unfähig waren. Wo sie jedoch in ziemlicher Anzahl beisammen sind und wo sie ihre heimathlichen Tänze aufführen können und untereinander Erinnerungen aus der Heimath austauschen, da gefällt es ihnen ganz gut.

Der Bouka-Insulaner besitzt einen hohen Ehrgeiz, es ist ihm durchaus nicht angenehm, wenn man auf andere Südsee-Insulaner als geschickter oder in diesem oder jenem tüchtiger hinweist; entweder sucht er sie zu überflügeln, was ihm denn auch in der Regel gelingt, oder er sucht die ihm gezeigten Vorzüge durch andere Mängel und Gebrechen zu verkleinern und in den Schatten zu stellen. Er ist ein guter Helfer in der Noth und lässt seinen Herrn nicht in Stich, wie ich dies aus Erfahrung in vielen Fällen bestätigen kann. In einem mir bekannten Falle wurden 4 Bouka-Insulaner, die in Neu-Irland einem Händler als Bootleute dienten, von den Insulanern zu überreden gesucht, mit ihnen gemeinsame Sache zu machen und den Händler zu ermorden. Sie verweigerten dies jedoch auf's Entschiedenste, und als die Insulaner glaubten, durch ihre Ueberzahl — sie waren mehrere Hunderte — sowohl die Bouka-Insulaner, als auch die Weissen besiegen zu können und dieselben daher angriffen, wurden sie mit Verlust zurückgetrieben.

Was den Bouka-Insulaner vor allen andern auszeichnet, ist sein Gehorsam. In seiner Heimath hält der Zenpan (Häuptling) strenges Regiment und verlangt unbedingten Gehorsam; sein Wort ist Gesetz. Wer Bouka-Insulaner beschäftigt, der ist deren zeitweiliger Häuptling und dem gehorchen sie; zeigt einer oder der andere Spuren von Ungehorsam, so wird er von seinen Kameraden deswegen zur Rede gestellt. Strafe, selbst die geringste, trifft ihn sehr empfindlich und ist nur in einzelnen Ausnahmefällen nöthig.

Wenn es erst der über die Südsee-Inseln sich allmählich verbreitenden Civilisation gelingt, auf Bouka und auf Bougainville festen Fuss zu fassen und die Insulaner zu erziehen und zu civilisiren, so bin ich fest überzeugt, dass diese Stämme in wenigen Jahren sich in jeder Weise auszeichnen werden. Durch den bisherigen geringen Verkehr mit Weissen haben die Insulaner in Bouka unstreitig gewonnen; die Bahn zu einer engeren Verbindung ist bereits gebrochen und es wäre sehr zu bedauern, wenn ein fortgesetzter näherer Verkehr das Gute, das bereits gestiftet, wieder zerstreuen würde. Es kann daher nur freudig begrüsst werden, dass eine europäische Macht diese bisher anscheinend ausser Acht gelassene Inseln in ihren Schutz genommen hat.

* * *

Vom König Albert-Sund hielten wir uns östlich steuernd fortwährend in etwa 150 Meter Abstand vom Strande entfernt. Ein Strandriff zieht sich zunächst hier am Ufer entlang, und die Küste ist flach; etwa 3 geogr. Meilen östlich vom Sund beginnt die Küste jedoch zu steigen und trägt ganz denselben Charakter wie die Ostküste Boukas. Hohe und steile Wände steigen senkrecht aus dem Meere empor und bilden vorspringende Vorgebirge, zwischen denen kleinere und grössere geschützte Buchten liegen, die in der Regel am inneren Strand flach und sandig sind, und in welche Flüsse ausmünden.

Ueberall ist die Küste hier dicht bewohnt. Kanoes kamen von allen Plätzen ab, um uns näher zu besehen, und da wir sehr langsam vorwärts dampften, paddelten die Insassen eine Zeitlang neben uns her. Die Einwohner sind auf der ganzen Küste dieselbe Rasse wie in Bouka, sprechen dieselbe Sprache, bauen dieselben Kanoes und Hütten. Auch im Innern liegen grosse Dorfschaften, wie dies die fortwährend dicht aufsteigenden Rauchsäulen bekundeten. Etwa halbwegs bis zum Kap Laverdie schneidet eine recht tiefe Bucht südlich in die Insel hinein; sie ist am Eingang westlich und östlich von steilen Vorgebirgen flankirt, und namentlich das östliche Kap ist weithin sichtbar. Es ist dies ein steil nach beiden Seiten abfallender Ausläufer des Kaisergebirges, nicht bewaldet, wie die übrige ganze Gegend, sondern mit hohem Gras bewachsen, zwischen dem gewaltige schwarze Lavablöcke hervorlugen. Ich benannte das Vorgebirge Cap Henriette zu Ehren der Prinzessin Henriette von Schleswig-Holstein. Die tiefe Bucht bietet dicht am Strande guten Ankergrund. Bei der Einfahrt bemerkte ich eine grosse Bewegung am Strande. Zahlreiche Eingeborene liefen am Strande geschäftig hin und her; auf vorspringenden Felsen versammelt, winkten uns die dunkelen Gestalten zu, schwangen ihre Speere und Aexte, und es schien, als ob man die Absicht habe uns anzugreifen. Bald löste sich jedoch das Räthsel. Ein grosses Kanoe kam auf uns zu, und ich erkannte darin meine Freunde aus Bouka, die mich hier laut Verabredung erwarteten. Dies war also die Bucht von Baniu, von der mir erzählt worden war. In dem Kanoe war auch der Häuptling Matin von Baniu, der den Distrikt östlich und westlich von der Bucht beherrscht, und dem auch landeinwärts viele Dorfschaften gehorchen. Selbstverständlich musste ich hier landen. Am Strande wurde ich von einer zahllosen Menschenmenge umringt und es war ein Glück, dass die Aufmerksamkeit getheilt war, denn viele fuhren in Kanoes ab, um das merkwürdige Schiff zu sehen, das ohne Segel und Ruder übers Wasser ging, und ab und an grosse Rauchwolken ausspie. So wie es war, kam ich mit genauer Noth nach dem Hause des Häuptlings, der dann auf Vorstellung meiner Bouka-Freunde die neugierige Schaar durch Hülfe eines schweren Knittels in respektvolle Entfernung trieb.

Von hier aus jedoch einen Streifzug in's Innere zu machen, davon konnte nicht die Rede sein. Die Strand-Distrikte waren mit den Inland-Distrikten in Fehde und Matin zeigte mir mehrere noch ganz frische menschliche Unterkiefer; sie waren jedoch auf's Eifrigste bemüht, mich zu überreden, meinen Vorsatz auszuführen, denn durch nahezu 300 Bouka-Leute verstärkt, abgesehen von den Snidergewehren meiner Begleiter, wäre es ihnen natürlich sehr angenehm gewesen, einen Streifzug in's feindliche Gebiet zu machen, der alsdann ein reiner Kriegszug geworden wäre. Meine Bouka-Leute waren selbstverständlich ganz der Meinung der Baniu-Leute und von allen Seiten wurde mir arg zugesetzt. Die Bouka-Leute wiesen auf die vielen Pfeilspitzen hin, die sie zu erbeuten hofften, auch wurden der vielen Weiber gedacht, die man zu fangen hoffte, und dazwischen lief denn immer der Gedanke als selbstverständlich nebenher, recht viele Feinde todtzuschlagen. Ich war froh, als unser Kapitän, der eine Bootfahrt in der Bucht machte, dadurch ein Divertissement veranstaltete, dass er einige Dynamitpatronen in einen grossen Haufen von Fischen hineinwarf; die Detonation zog sofort die Aufmerksamkeit auf die zahlreichen auf der Wasserfläche umherschwimmenden todten und betäubten Fische; momentan wenigstens war der Kriegszug vergessen und jeder stürzte in's Wasser, um den Fang zu bergen.

Ich benutzte diese Gelegenheit, um mit einer kleinen Anzahl Eingeborener einen Ausflug nach dem hohen Kamm des Kap Henriette zu machen. Das Ersteigen ist recht schwierig, nicht nur weil die Wände steil sind, sondern namentlich wegen der vielen grossen Lavablöcke, mit denen das Kap übersäet ist. Die Fernsicht, die sich dem Beschauer von dem obersten Kamm aus bietet, belohnt jedoch alle vorherigen Mühen und Anstrengungen. Nach Westen hin streichen einige grasbewachsene Ausläufer des Hochgebirges in die Ebene hinein und winden sich wie hellgrüne Streifen durch das dunkle Laub des sie begrenzenden Hochwaldes. Im Nordwesten sieht man die Insel Bouka und im Norden das spiegelglatte Meer. Nach Osten breitet sich eine weite Ebene bis nach Kap Laverdie aus und darüber thürmen sich landeinwärts die hohen Spitzen des Kaisergebirges auf, von denen namentlich zwei ihrer Höhe und Form wegen sich auszeichnen.

Die Bouka-Leute waren in der Geographie der Küste besser bewandert, als die Baniu-Leute. Sie zählten mir der Reihe nach die Dörfer, Vorgebirge und Buchten nach Westen und Osten auf und nannten mir mehrere Plätze, wo gute Ankerung zu haben war, namentlich zwei Ankerplätze in der Nähe von Kap Laverdie, die sie als in jeder Weise vorzüglich erklärten und mit deren Anwohnern sie in freundschaftlichem Handelsverkehr ständen; ich beschloss daher, am selben Tage dorthin zu gehen. Einige der Bouka-Leute erklärten sich bereit, mich zu begleiten.

Etwa 2 Meilen östlich von Baniu endet plötzlich die felsige Steilküste und ein flacher unbebauter Strand zieht sich weiter nach Osten fort. Dieser bildet die Distrikte Lauaa und Soamats, deren Hauptdorfschaften wenige Meilen landeinwärts liegen. In der Nähe von dem Tinputs-Hafen springen bereits wieder niedrigere Felspartien hervor. Der Hafen von Tinputs bildet eine breite Einbuchtung nach Süden, biegt aber am innern Ende recht plötzlich in rechtem Winkel nach Westen ab; auf der dadurch gebildeten Landspitze steht auf der Westseite des Hafens die dicht bevölkerte Ansiedelung von Tinputs. Haus an Haus zieht sich eine Strecke lang am Ufer hin, zahlreiche Kanoes liegen am Strande aufgezogen und eine zahlreiche Bevölkerung durch unsere Ankunft hervorgescheucht, lief schreiend und gestikulirend am Rande des tiefen Bassins hin und her. Der Ansiedelung gegenüber läuft ein kleines Riff in den Hafen hinaus und südlich von demselben ist guter Ankergrund in nicht sehr grosser Tiefe; auf der Tinputs-Seite fanden wir dagegen selbst dicht am Strande bei 40 Faden keinen Grund.

Es wurde mir gesagt, dass etwas weiter nach Kap Laverdie hin ein noch besserer Hafen sei und ich hielt es daher nicht der Mühe werth, in Tinputs zu verweilen, um so weniger, als die Häuptlinge zusagten, mich am folgenden Morgen zu besuchen. Wir dampften daher, ohne zu ankern, nach kurzem Aufenthalt von Tinputs fort und steuerten weiter nach Osten.

Kap Laverdie ist die nordöstlichste Spitze Bougainvilles und, wie ich mich später überzeugte, eine flache Insel, von der Hauptinsel durch einen engen Kanal getrennt. An Kap Laverdie vorüber geht eine tiefe Einbuchtung in mittlerer südwestlicher Richtung in die Insel hinein und bildet einen kleinen, aber vorzüglichen Hafen, den ich mir erlaubt habe, den »Herzog Ernst Günther-Hafen« zu benennen. Dieser Hafen ist gegen alle Winde geschützt; man kann sowohl im inneren westlichen Winkel ankern, wie südlich von der kleinen Insel Keaop. Das Ufer ringsherum ist dicht bevölkert und namentlich auf der Insel Keaop steht Hütte an Hütte. Kaum waren wir in den Hafen eingelaufen, als auch von allen Seiten die Kanoes herbeiströmten; dieselben sind hier, wie auch schon in Tinputs, nicht mehr von der zierlichen Boukaform, sondern einfache aus einem Baumstamm ausgehöhlte, vorn und hinten zugespitzte Fahrzeuge mit Auslegern und von verschiedener Grösse; einige hatten 3, andere bis zu 7 Insassen.

Die Kanoes umdrängten den Dampfer dermassen, dass es fast unmöglich wurde, Anker fallen zu lassen, ohne mehrere zu zerschmettern, und ich bin der Ansicht, dass die Absichten der Eingeborenen anfangs nicht sehr friedlich waren. Jeder Kanoe-Insasse hatte neben Bogen und Pfeil die lange Kriegsaxt handgerecht, aber als meine Bouka-Leute mit ihnen zu reden anfingen, da war eine etwaige feindliche Absicht sofort aufgegeben. Kanoes kamen jedoch immer noch ab und ich zählte ungefähr 160, die dicht um uns herum aneinander lagen. Mittlerweile war es Abend geworden und unsere Bewunderer zogen sich allmählich nach den verschiedenen Dorfschaften zurück. Es war eine schöne mondhelle Nacht und ein Ueberfall war kaum zu befürchten; gegen 2 Uhr Nachts weckte uns jedoch der wachthabende Matrose und meldete, er sehe grosse Kanoes von aussen her in den Hafen hineinkommen; eiligst wurde nach den Gewehren gegriffen, denn wir sahen jetzt deutlich 6 lange, stark bemannte Kanoes über die stille vom Mond klar beleuchtete Meeresfläche auf uns zu rudern. Auf einmal jedoch erscholl das laute Gejohle der Bouka-Leute und richtig, es waren 6 der Bouka-Kanoes, die aus Baniu aufgebrochen waren und beschlossen hatten, dem Dampfer zu folgen; eine Abtheilung war in Tinputs eingelaufen, die andere, als sie erfahren, dass wir nach dem Ernst Günther-Hafen gegangen, war uns sofort nachgefolgt. Am Strande ringsherum war es mittlerweile sehr lebhaft geworden. Wir hörten laute Zurufe und Geschrei, dann und wann glit ein einzelnes Kanoe pfeilschnell von einem Ufer zum andern und es herrschte in den Dörfern eine gewaltige Aufregung. Die neu hinzugekommenen Bouka-Kanoes hatten jedenfalls grossen Schrecken hervorgebracht. Eins derselben näherte sich der Insel Keaop, wo der Lärm am tollsten tobte, und einer der Bouka-Leute stand auf und rief den Insulanern einige Worte zu; dieselben hatten zur Folge, dass sich der Lärm nach einiger Zeit legte und dass mehrere Leute an den Strand kamen. Nach einem kurzen Zwiegespräch ruderte das Bouka-Kanoe vollends ans Land, die Leute stiegen aus und die freundschaftliche Verbindung war dadurch wohl hergestellt, denn kurz darauf kam ein Keaop-Kanoe ab und die übrigen Bouka-Leute gingen dann nach einem kurzen Gespräch auch ans Land. Das bald darauf von dorther zu uns herüberschallende laute Gejohle und Gelächter, die hell aufflackernden Feuer am Strande und das deutlich vernehmbare Herabwerfen von Kokosnüssen überzeugten mich vollends, dass zwischen den Neuangekommenen und den Bougainville-Leuten das beste Verhältniss herrsche.

Im Laufe des folgenden Vormittags kamen die übrigen Bouka-

Leute mit den Häuptlingen aus Tinputs an; später noch kamen mehrere Häuptlinge von landeinwärts gelegenen Dorfschaften, und da alle einstimmig versicherten, es sei möglich, von hier aus nach den Bergen der Kaiserkette vorzudringen, so wurde verabredet, am folgenden Morgen früh unter Begleitung der Bouka-Leute und mit den Häuptlingen von Keaop und Tinputs, sowie den Häuptlingen der Inland-Dörfer als Wegweiser, aufzubrechen und so weit es eben ginge, nach den Bergen vorzudringen.

In Tinputs und im Ernst Günther-Hafen bemerkte ich einen Kopfschmuck und eine Frisur, wie ich sie nirgendswo vorher beobachtet hatte und die ich später anderswo nirgends auf der Küste antraf. Viele Knaben und Jünglinge trugen hier eine eigenartige Kopfbedeckung, die aus einem ballonförmigen Korbgeflecht bestand, mit weissgelblichen und rothgefärbten Pandanusblättern überzogen; die untere kreisförmige Oeffnung war etwa 8—10 cm, die grösste Weite des oberen ballonförmigen Hutes etwa 20—25 cm. Als ich einige davon zu kaufen wünschte und die Eigenthümer mir ihre Kopfballons reichten, fielen ihnen lange Locken auf den Rücken herab; ich gewahrte denn, dass der Ballon eigentlich zum Fortpacken des langen lockigen Kopfhaares dient; dasselbe wird hineingezwängt und füllt nicht nur den ganzen Ballon aus, sondern hält ihn auch ohne alle weitere Befestigung auf dem Kopfe fest. Das Lockenhaar war bei einigen jungen Leuten bis 6 dcm lang und fiel nach Entfernung des Behälters malerisch über Schultern und Rücken. Die älteren Leute trugen das Kopfhaar ganz wie die Bouka-Leute.

Das Skarificiren des Gesichts bei den Männern war, je weiter ich mich von Bouka entfernte, immer seltener geworden, hier war es eine Ausnahme; ich darf diese Sitte daher wohl mit Recht für eine der Insel Bouka eigenthümliche ansehen; in Baniu gab es Erwachsene, die als Kinder aus Bouka dorthin gekommen und ein skarificirtes Gesicht hatten, und da die Sitte des Adoptirens kleiner Kinder aus anderen befreundeten Stämmen in diesen Inseln sehr allgemein ist, so glaube ich nicht sehr fehl zu greifen, wenn ich die so tätowirten als geborene Bouka-Insulaner ansehe. Weiter südlich in Numanuma hatte ich dafür einen Beweis. Zwischen den dortigen Eingeborenen bemerkte ich einen einzigen, der ein skarificirtes Gesicht hatte und auf Befragen, wo er her sei, nannte er Hanahan auf Bouka, und gerade dieser Stamm ist es, der mitunter weite Seereisen unternimmt. In den Häusern am Ernst Günther-Hafen findet man überall die schlagendsten Beweise für den Kannibalismus der Einwohner, denn fast in keiner

Hütte fehlen zwischen den Trophäen der grossen Schmäuse und Feste die menschlichen Unterkiefer.

Die Fabrikation von Pfeilspitzen schien hier gewerbsmässig betrieben zu werden; in mehreren Häusern sah ich grosse Bündel aufgespeichert, sowohl glatte, wie solche mit Widerhaken, und mehrere Männer waren in diesen Hütten damit beschäftigt, die Holzstäbchen zuzuspitzen und zu glätten, während andere die aus starken Dornen oder aus zugespitzten Knochensplittern bestehenden Widerhaken sauber mit feinen Bastfasern daran befestigten, mit Kittmasse überstrichen und bemalten.

In die Südwestecke des Hafens mündet ein ziemlich wasserreicher Fluss aus. Mit einem Kanoe ging ich denselben ein wenig hinauf, um Tauben, die in grosser Anzahl vorhanden waren, zu schiessen; dabei gerieth ich schliesslich in ein Mangrove-Gestrüpp und machte Anstalten auszusteigen, um den höher liegenden Waldgrund zu erreichen. Dagegen remonstrirten jedoch die Eingeborenen auf's Entschiedenste, ohne dass ich im Augenblick die eigentliche Ursache zu ergründen vermochte. Auf Keaop wurde mir jedoch nach der Rückkehr ein recht ansehnlicher Alligatorschädel gezeigt, der aus dem bewussten Fluss herrührte und mit dessen Stammesverwandten in zurechnungsfähigem Zustande Bekanntschaft zu machen ich durchaus keine Neigung verspürte.

Am folgenden Tage bei Sonnenaufgang waren die Bouka-Leute der Insel Keaop gegenüber zum Aufbruch in's Innere bereit. Hier schloss ich mich denselben an, begleitet von 10 meiner eigenen Leute, die ich mit Snidergewehren bewaffnet hatte; ausserdem liess ich mir meine Vogelflinte und 2 Winchester-Magazinbüchsen nachtragen. Uns schlossen sich die Häuptlinge von den Inland-Dörfern und vom Strande mit einem grossen Gefolge an. Selbstverständlich war jeder bewaffnet. Am Strande ordnete sich der Zug; zunächst brachen die befreundeten Häuptlinge mit ihren Begleitern und etwa 100 Bouka-Leuten auf, dann folgte ich mit meiner kleinen Schaar und darauf der Rest der Bouka-Leute und die Keaop- und Tinputs-Leute. Der Weg führte etwa 3 geographische Meilen weit durch ebenes Waldland, hie und da von Pflanzungen unterbrochen und von zahlreichen kleinen Bächen durchströmt. Dann erreichten wir die erste Niederlassung, von wo aus Boten in die nächste Niederlassung gesandt wurden, um uns anzumelden. Etwa 3 Meilen weiter landeinwärts begann das Terrain allmählich zu steigen und gegen 10 Uhr erreichten wir eine zweite Niederlassung auf einem kleinen Hügelrücken. Von nun an wurden die Pflanzungen zahlreicher und grösser; es war unzweifelhaft, dass das Land eine dichte Bevölkerung hatte, und wo sich ein Blick landeinwärts bot, dehnten sich die bebauten Felder nach allen Seiten aus. Grössere und kleinere Dorfschaften wurden in schneller Reihenfolge passirt, aber überall wurden wir freundlich und friedlich empfangen, und die Weiber liefen in Schaaren herbei, um das niegesehene Wunder — einen weissen Mann — zu sehen. In einem grossen Dorf, das aus ca. 300 Hütten bestand, wurde eine längere Rast gehalten; dies war die Heimath des uns begleitenden Häuptlings, mit dem ich mich unterwegs auf sehr freundlichen Fuss gestellt hatte. Die mitgebrachten Glasperlen, Tabackspfeifen u. s. w. verschafften mir hier eine grosse Popularität; die alten Weiber wurden äusserst freundlich, brachten ihre kleinen Kinder herbei, die mich schreiend anstarrten, und die Knaben und Mädchen betasteten mich von oben bis unten und schienen namentlich erstaunt, wenn ich mit meiner Hand bunte Perlen aus der Hosentasche hervorzog. Der Häuptling liess die zahlreichen Besucher nach Herzenslust Kokosnüsse von den Bäumen holen, junge Männer holten grosse Trauben von Arecanüssen herbei, und wahrscheinlich um das Werk zu krönen, brachte man mir 4 kleine Schweine zum Geschenk, wofür ich dann wieder 2 Aexte zum Vorschein brachte; so wurde die Freundschaft nach allen Seiten hin befestigt. Von nun an kamen wir weiter vordringend fast ausschliesslich durch bebaute Felder. Die Hügel wurden immer steiler und als wir etwa 4 Uhr Nachmittags eine Dorfschaft erreichten, die mir als Nachtquartier geeignet schien, machten wir Halt. Das Dorf lag auf einem Ausläufer des Hochgebirges und war theils von Grasfeldern, theils von Pflanzungen mit zerstreuten Kokospalmengruppen umgeben; es bot sich mir von hier aus ein freier Ueberblick über das tiefer liegende Land, wie auch auf die Bergabhänge. Der Häuptling, Zunpepe, ein alter hagerer Mann, begrüsste mich am Eingang des Dorfes und geleitete mich zu seiner Hütte, vor der ein weiter, sauber gefegter Platz sich ausdehnte. Mit der Unterhaltung ging es hier höchst traurig; die Bewohner der Dorfschaft sprachen einen den Bouka-Insulanern unverständlichen Dialekt; was mir erzählt wurde, musste erst von einem Strandbewohner einem Bouka-Mann übersetzt werden und dann wurde mir der Inhalt von einem meiner Leute mitgetheilt. Viel kam jedenfalls nicht dabei heraus.

Die Inland-Dorfschaften waren hier bereits in ihrer Anlage und in der Bauart sehr verschieden von den Strandniederlassungen und von den Dorfschaften in Bouka. Die Hütten waren stärker gebaut, die Pfosten theilweise roh geschnitzt, und in der Anordnung war das Bestreben erkennbar, eine Art Strasse herzustellen. Das Haus des Häuptlings war sehr geräumig, aber dermassen mit Rauch angefüllt, dass ich vorzog im Freien zu kampiren.

Hier wie in den früher durchwanderten Dörfern sah ich eine grosse Anzahl von Jünglingen mit der früher beschriebenen Haarfrisur und dem ballonförmigen Hut; am Abend sah ich sie alle in einer grossen Hütte beisammen, wo sie anscheinend unter sich verkehrten und keinen weiteren Umgang mit dem Rest der Bevölkerung hatten. Die Weiber trugen hier wie überall das paradiesische Feigenblatt als einzige Bekleidung; die Männer waren wie in Bouka völlig nackt. Nahrungsvorräthe schienen in grosser Quantität vorhanden zu sein, namentlich Taro, die sich meine Begleiter auf grossen Feuern rösteten; die Schweine wurden nicht vergessen und, in Stücke geschnitten, an die verschiedenen Häuptlinge vertheilt. Mein eigenes Abendessen erregte allgemeine Bewunderung; die mitgebrachten Blechbüchsen wurden geöffnet und der Inhalt am Feuer erwärmt, was bereits an und für sich grosses Erstaunen, namentlich bei den Weibern, hervorrief; als aber eine Bierflasche zum Vorschein kam und der Kork mit einem lauten »Kluck« herausgezogen wurde, da wuchs das Erstaunen noch um einige Grad höher. Ich muss hier der Flensburger Brauerei das Kompliment machen, dass ihr Exportbier auch den Männern in Bougainville schmeckt, wenn auch die Frauen bei weitem die Flasche mit der buntbedruckten Marke dem Bier vorziehen.

Nach Sonnenuntergang versammelten sich die Honoratioren der Dorfschaft vor der Hütte des Häuptlings; zu ihnen gesellten sich die mich begleitenden Häuptlinge, während das übrige Volk in den Hütten und auf den freien Plätzen schwatzte, lachte und allerhand Unfug trieb. Wir hohen Personen haben noch lange conversirt, nur schade, dass ich nichts davon verstand. Trotz des lauten Lärms schlief ich endlich ein; als ich etwa um Mitternacht aufwachte, fand ich meine Bouka-Leute in weitem Kreis um mich gelagert, theils schlafend, theils wachend, Bogen und Pfeile in der Hand; ich konnte mich also getrost wieder schlafen legen, was ich denn auch unverzüglich that.

Am folgenden Morgen, als wir uns zum Aufbruch rüsteten, kam eine Anzahl von Männern aus einer der Bergdorfschaften weiter landeinwärts und mit ihnen ihr Häuptling, der mich einlud, zu ihm zu kommen. Obgleich dies mich von dem direkten Wege etwas seitwärts führte, so glaubte ich die Einladung doch annehmen zu müssen, da es mir jedenfalls gut schien, so viele Freunde wie möglich zu machen. Das Steigen wurde zeitweilig sehr anstrengend; die Pfade gingen an Stellen fast senkrecht hinauf, aber oben war dann in der Regel ein kleines Plateau, worüber der Weg auf eine Strecke recht eben verlief. Die

Dorfschaft, die wir nach einem beschwerlichen zweistündigen Marsch erreichten, war sehr gross und hatte zahlreiche Einwohner. Von strategischem Standpunkt aus konnte man sich keinen besseren Platz zur Vertheidigung ausgesucht haben. Der Zugang war steil, ringsherum lagen tiefe Thäler auch nach landeinwärts, und es wäre unmöglich gewesen, durch das dichte dornige Gestrüpp der Thalwände hindurch zu dringen; eine bessere Bergfestung habe ich selten gesehen.

Die Wohnhütten waren hier von derselben Bauart wie vorher beobachtet, jedoch stand in der Mitte der Dorfschaft ein grosses kreisförmiges Haus, wie ich ein ähnliches nirgendwo anders gesehen. Der Mittelpfosten war von gewaltiger Dicke, über einen Meter im Durchmesser und etwa 10 m hoch. Etwa 3 m über dem Fussboden liefen radienförmig schwere Balken, die in den Mittelpfosten eingelassen waren, nach dem Aussenrand, wo sie auf dicken Pfosten ruhten. Die äussere Peripherie war durch schwere Querbalken gebildet und auf diesem Untergestell ruhte das kegelförmige, gewaltige Dach. Der ganze Durchmesser des Hauses betrug ca. 12 m. Der Fussboden war etwa 1 m erhöht und bestand aus festgetretenem Lehm. Mittelpfosten und Balken waren roh geschnitzt und bemalt. Auf einer Seite des Hauses standen 2 grosse Kochtöpfe; sonst bemerkte ich nichts weiteres, auch waren Querbalken und Dach nicht von Rauch geschwärzt, wie sonst wohl in allen Wohnhütten. In diesem Hause musste ich mit dem Häuptling Platz nehmen und wohl oder übel das Betelkauen, das als unbedingtes Friedens- und Freundschaftszeichen gilt, durchmachen. Meinen Dolmetschern wurde es nicht erlaubt, das Haus zu betreten, sie mussten am äussern Rand sich niederlassen. Mein Gefolge sass auf dem freien Platz ringsherum, Kopf an Kopf gedrängt. Die Bouka-Leute hatten sich am Morgen mit Kalk einen weissen Ring um die Augen gemalt; die Bougainville-Leute hatten einen rothen Ring, wohl zur Unterscheidung von den Fremdlingen, und diese einfache Bemalung gab der ganzen Gesellschaft ein ungemein wildes und schauerliches Aussehen.

Ein kleines Geschenk bestehend aus Glasperlen, kleinen Handspiegeln, Messern u. s. w. machte anscheinend auf meinen neuen Freund einen grossen Eindruck. Es wurden mir die grössten Schmeicheleien gesagt und junge Männer brachten mir auf Geheiss des Häuptlings grosse goldgelbe Trauben von Arecanüssen, Betelpfeffer und Blätter, die vor dem Hause zu einem beträchtlichen Haufen aufgethürmt wurden; leider konnte mir dies nicht viel nützen, kam aber meinem zahlreichen Gefolge sehr zu statten.

Im Dorfe selber war sonst wenig Neues zu sehen, nur habe ich nirgenwo anders eine so grosse Quantität von Pfeilen und Speeren gesehen, wie hier in den Häusern aufgespeichert lag.

Um unsere von vornherein eingeschlagene Richtung einzuhalten, verliessen wir das Dorf auf einem anderen Wege, der uns erst über die steile Thalwand in den breiten gut gebauten Thalgrund führte, durch welchen ein ansehnlicher Bach strömte; das Wasser war hier durch kleine Kanäle in die Tarofelder geleitet und viel Sorgfalt auf die Reinhaltung der Pflanzungen verwendet. Das Ansteigen des gegenüberliegenden Hügelrückens war wieder sehr beschwerlich; oben angekommen erklärten die Strandbewohner, jetzt ginge es nicht weiter, hier müsse ich umkehren, denn weiter landeinwärts wohnten Feinde. In einem höher liegenden Dorfe konnte ich mit dem Fernglase viele Menschen stehen sehen, und da es mir nicht schien, als ob ihre Haltung feindselig sei, so waren meine Bouka-Leute auch nicht schwer zu überreden, wenigstens bis dahin mitzugehen. Das Dorf war bald erreicht, wir fanden es jedoch jetzt völlig leer, nicht die Spur eines Menschen war zu sehen, alles war wie ausgestorben. Das war mir natürlich sofort bedenklich, auch hatte ich nicht lange Zeit um Nachforschungen nach den Verschwundenen zu machen; dieselben meldeten sich bald genug an. Aus höher gelegenen Dörfern erschollen die dumpftönenden Holztrommeln und gleich darauf wurden wir mit Pfeilen begrüsst. Glücklicherweise war der Abstand zu gross, die meisten fielen unschädlich zur Erde ohne uns zu erreichen, aber nach der Anzahl zu rechnen, musste uns eine grosse Menge entgegenstehen. Auf dem höher gelegenen Bergabhang sahen wir kleinere und grössere Schaaren durch die Lichtungen und Plantagen eilen; die Trommel schien das Sammelsignal zu geben. An Weitergehen war natürlich nicht mehr zu denken, auch war ein Rückzug nicht auf einmal zu bewerkstelligen, denn die Bouka-Leute waren jetzt auf dem Kriegspfad und wollten weder hören noch gehorchen. Die Häuptlinge waren die ärgsten; sie tanzten wie besessen umher, feuerten ihre Leute durch laute Rufe an, und erst nachdem Pfeile in ziemlicher Anzahl hin und hergeflogen waren, brachte ich es soweit, dass wir uns allmählich thalabwärts zogen. Wie die Bouka-Leute in dem dichten Gestrüpp sich Bahn gebrochen oder ihren Weg gefunden haben, ist mir heute noch unerklärlich; aber das Rascheln in dem Gestrüpp zu beiden Seiten des Pfades bewies, dass sie da waren und sich gut gedeckt hielten. Unsere Verfolger rückten uns ebenso stillschweigend auf den Hals, und dann und wann fielen die Pfeile recht unangenehm dicht um uns herum. Wenn es zu arg wurde feuerte ich landeinwärts; das gab zwar momentan eine Pause in der Verfolgung, aber das Schlimme war, dass die Bouka-

Leute regelmässig diese Pause zu einem neuen Angriffe benutzten. Auf dem Platz, wo wir die Strandleute verlassen, fanden wir beim Rückzug keine Seele; weit darüber hinaus liessen unsere Feinde erst ihre hartneckige Verfolgung nach. Im letzten Augenblick wurde einer meiner Flintenträger, der vor mir einen Abhang hinunterstieg, von einem Pfeil in der Schulter verwundet, unwillkürlich schaute ich rückwärts, fühlte aber in demselben Augenblick einen leisen Ruck an meinem Korkhelm; in der Meinung, es sei ein Zweig gewesen, hob ich meine Hand um den Helm festzudrücken, fand dabei aber zugleich, dass der Ruck von einem Pfeil herrührte, der in dem dicken Helm stecken geblieben war. Am unangenehmsten war das Hinabsteigen über steile Thalwände; sowie wir halbwegs unten waren, erschien der Feind auch schon auf dem oberen Rand, von wo aus dann die Pfeile uns auf die Köpfe regneten. Die Verfolgung liess erst nach, als aus den weiter thalabwärts gelegenen Dorfschaften die Holztrommeln zu dröhnen begannen, und der letzte Abschiedsgruss war ein lautes, weithin schallendes Gebrüll, wodurch ich erst einen Masstab erhielt zur Beurtheilung der Anzahl unserer Verfolger; das Gebrüll wurde rechts und links sowie weiter bergan von neuen Haufen erwiedert und muss auf Meilen hörbar gewesen sein. Selbstverständlich liessen meine Bouka-Leute es nicht auf eine Antwort fehlen. Die Verfolgung hatte genau 2 Stunden gedauert.

Nach einer kleinen Strecke Weges begegnete uns der Häuptling Zunpepe mit seinen Leuten, für die wir jetzt keinen weiteren Gebrauch hatten. In seinem Dorfe, das wir bald darauf erreichten, wurde Musterung gehalten. Von den Bouka-Leuten fehlte keiner; ca. 30 waren von Pfeilen verwundet, aber nicht schwer, und glücklicherweise waren die Pfeile glatt und ohne Widerhaken; die wenigsten schienen sich aus den Wunden etwas zu machen; einige legten Heilmittel aus zerquetschten Kräutern auf die Wunden und banden ein Palmblatt darüber.

Meine Bouka-Leute waren durchaus nicht zufrieden, erstens, weil sie nicht Zeit gehabt hatten, das Dorf der feindlichen Eingeborenen anzuzünden, zweitens, und das war wohl der Hauptgrund, weil sie keine Gefangene gemacht hatten. Ich und die mit Gewehren bewaffneten Leute mussten unsern Theil der Unzufriedenheit tragen. »Wozu sind die Flinten gut, sie machen viel Geräusch, aber sie machen Niemand todt!« wurde mir offen gesagt; oder auch: »Du kannst nichts treffen! In den Flinten sind keine Kugeln!« u. s. w. Um mich ein wenig in Ansehen zu bringen, kaufte ich daher eine Anzahl kleiner Töpfe, die in den Hütten sehr zahlreich vorhanden waren, stellte sie in einer

Reihe auf einen umgefallenen Baumstamm und schoss dann auf fünfzig Schritt einen nach dem andern hinunter; dies einfache Stückchen verschaffte unsern Flinten wieder Kredit.

Unser Rückzug hatte mich ziemlich ermüdet und ich beschloss hier wieder zu übernachten, ein Entschluss, der meinen Hülfstruppen sehr angenehm zu sein schien, und in der That erfuhr ich am folgenden Morgen, dass sie während der Nacht in grosser Anzahl zusammen mit Zunpepe's Leuten einen Streifzug landeinwärts gemacht, aber der immer noch wachsenden Uebermacht hatten weichen müssen, wofür auch viele frische Pfeilwunden sprachen.

Ich meinestheils hatte an der einen Erfahrung genug. Wer es unternimmt, die Spitzen des nördlichen Kaiser-Gebirges zu besteigen, dem wünsche ich im Voraus hiermit aus vollem Herzen den besten Erfolg, aber was mich betrifft, so werde ich einen zweiten Versuch vorläufig unterlassen; der erste war gerade hinreichend, um eine Fortsetzung zu verleiden. Ich habe die beiden hohen Spitzen, die auf der Karte nicht benannt sind, zum Andenken an die in meiner schleswig-holsteinischen Heimath so hoch verehrten, jetzt verstorbenen Herzöge von Augustenburg, die Christian August-Spitze und die Friedrich-Spitze genannt.

Am folgenden Vormittag erreichte ich zeitig den Ernst Günther-Hafen, nahm Abschied von den Bouka-Leuten und bald war der Dampfer wieder unterwegs, jetzt an der Küste entlang südwärts steuernd.

Die Küste ist hier überall flach und sumpfig und daher höchst spärlich bewohnt. Die Dorfschaften liegen mehr landeinwärts auf höherem Grund; die Kaiserkette steigt etwa 6—7 geogr. Meilen von der Küste steil und zerklüftet empor und die Bergabhänge sind mit grossen Pflanzungen bedeckt. Die Häuptlinge am Ernst Günther-Hafen im Verein mit den Häuptlingen der Distrikte Notearr, Toonet und Marats beherrschen diese Küste, liegen aber mit den Bergbewohnern in stetem Krieg.

Nachdem wir etwa 5 geogr. Meilen südlich gedampft, bemerkten wir ein grosses Korallenriff, das parallel mit dem Strande sich südlich erstreckte. Zwischen Riff und Strand war jedoch eine gute Passage, durch die wir in die Lagune hineinfuhren. Einige Meilen südlicher liegen zwei kleine Inseln, Tekareu und Hohn. Eine gute Passage zwischen dem Strand und den genannten Inseln führt hier weiter südlich an der kleinen Insel Hohn vorüber; zwischen dieser und der flachen Landspitze von Nehuss führt dann eine weite Unterbrechung im Riff nach aussen. Von See aus kommend ist diese Passage zu empfehlen; hinter den kleinen Inseln ist vorzüglicher Ankergrund.

Es führen jedoch noch zwei weitere Passagen in die Lagune; die eine nördlich von der Insel Hohn und dem detachirten Riff, die andere und nördlichste, zwischen den beiden detachirten Riffen. Alle Passagen sind für Schiffe irgend welcher Grösse zugänglich. Den geräumigen Hafen habe ich Hatzfeld-Hafen genannt. Von Nehuss aus erstreckt sich ein Strandriff am Ufer entlang bis Goveiu, wo wieder ein kleines detachirtes Korallenriff mit einer engen Passage zwischen Strand und Riff liegt. Von hier aus ist das Strandriff wieder sehr schmal, läuft aber dann etwa 4 Meilen nördlich von Gerak als ziemlich lange Korallenbank in's Meer. Bei Gerak ist eine kleine Bucht, in der man im Nothfall wohl ankern könnte. Vor der kleinen Ansiedelung von Numanuma liegt wieder ein grosses detachirtes Riff; durch eine enge Passage zwischen Riff nnd Strand fuhren wir in die Lagune hinein und ankerten vor einer grossen Niederlassung, aus ca. 100 Hütten bestehend und unmittelbar am Strande liegend. Die Niederlassung heisst Bagovegove. Etwas südlich von hier liegt eine kleine Insel, Teunauru genannt, von welcher nördlich eine gute Passage nach Aussen führt. Grossen Schiffen ist diese Passage zu empfehlen, und der Ankergrund in der Nähe der Insel, sowie vor der Niederlassung ist vorzüglich; auch ist der Insel gegenüber ein kleiner Bach mit einem vorzüglichen Trinkwasser. Für die Anfahrt der Küste ist der weithin sichtbare Balbi-Berg, der genau westlich von der Einfahrt liegt, eine vorzügliche Marke. Den noch nicht benannten Hafen habe ich Busch-Hafen genannt.

Südlich von Bagovegove liegt eine weitere Niederlassung an der Mündung des obengenannten Baches, Sapiu genannt, und einige Meilen weiter ein drittes sehr volkreiches Dorf, genannt Peperöi.

Die Korallenriffe erstrecken sich hier weit vom Strande ab in's Meer und bilden eine flache Lagune, zu der ich jedoch keine passirbare Passage auffinden konnte. Das Strandland ist hier andauernd niedrig und an Stellen sumpfig; wasserreiche kleine Flüsse und Bäche durchströmen die Niederung; einige sind so tief, dass ich mit einem kleinen Boot weit in dieselben hinauffahren konnte.

Die Eingeborenen waren hier sehr scheu und zurückhaltend. Erst am folgenden Tage wagten sie sich in unsere Nähe. Unsererseits hielten wir scharfe Wache, denn vor wenigen Jahren war hier der Kapitän eines vorsprechenden Schiffes ermordet und der Versuch gemacht worden, das Schiff zu nehmen. Die den Eingeborenen später ertheilte Züchtigung war wohl noch in zu gutem Gedächtniss. Auf der ganzen Küste ist jedoch nichts, das einen Händler verlocken könnte, sich hier anzusiedeln, selbst wenn die Eingeborenen weniger wild und ungastlich wären. Kokosnusspalmen sind am Strande nur in geringer Menge vorhanden; im Innern scheinen zwar grössere Pflanzungen namentlich in und um den Dörfern zu sein, aber der Ertrag dient den Bewohnern zur Nahrung; auch wäre es ihnen unmöglich, in Folge der immerwährenden Fehde mit den Bewohnern in der Strandniederung, die Produkte an den Strand zu schaffen. Ein wenig Schildkrötenschale wurde hie und da zum Kauf angeboten, jedoch ganz enorme Preise dafür verlangt.

Vom Busch-Hafen aus bis Kap Le Cras (Mabirri der Eingeborenen) erstreckt sich das Riff mehrere Meilen weit in's Meer, und es sind nirgendwo gute Landungsplätze. Das Riff setzt sich südlich von Mabirri weiter fort in eine tiefe Bucht hinein, vor welcher eine Anzahl kleinere von Riffen umgebene Inseln liegen. Den inneren Theil dieser Bucht musste ich unbesucht lassen; der Regen goss dermassen vom Himmel, dass wir kaum eine Schiffslänge vorwärts sehen konnten. Gegen Nachmittag ankerten wir in einer Bucht, dicht am Lande, westlich von einer der auf der Karte als Martin-Inseln bezeichneten Gruppe. Die auf der Karte verzeichnete westliche Insel ist jedoch nur eine Halbinsel, Bidiia genannt. Die Bucht zwischen den Halbinseln Bidiia im Osten und Uluava im Westen habe ich die Herbert-Bucht genannt. In der inneren südwestlichen Einbuchtung fand ich am folgenden Morgen auf einer Bootfahrt gute Ankerplätze.

Die Berge der Kronprinz-Kette treten hier unmittelbar bis an's Meer heran; die Halbinseln Uluava und Bidiia sind hohe Ausläufer desselben Gebirges. Die Bergspitzen sind eigenthümlich geformte Kuppen, zum Theil senkrecht abfallend und von basaltischer Formation, und hatten die Gestalt und Form gewaltiger Termitennester. Auf den Bergabhängen bemerkte ich zahlreiche Hütten und ausgedehnte Pflanzungen. In Bidiia lagen die Hütten treppenförmig übereinander auf der steilen Hügelseite; die Vorderseiten der Gebäude ruhten auf hohen Pfosten, die Rückseite auf dem Boden, und von den höher gelegenen Hütten stiegen die Einwohner auf die Dächer der tiefer gelegenen, um bei unserer Einfahrt uns besser sehen zu können. Die Hütten waren hier weit kleiner als in Bouka, mit 3—4 Fuss hohen Seitenwänden, schrägen Dächern und geraden Giebelenden.

In der Bucht bemerkte ich eine Anzahl sehr sinnreicher Vorrichtungen zum Fischfang. Wo seichtes Wasser war, hatte man grosse Gerüste aufgebaut, in der Regel vier. In dem Raum zwischen den Gerüsten war ein grosses quadratisches Netz versenkt, das in den Winkeln an starken Tauen befestigt war. Die Fischer sassen auf dem Gerüst und wenn Fische über dem Netz standen, wurden die Taue angezogen, die Ränder des Netzes hoben sich über Wasser und der Fang war gesichert.

Nördlich von Bidiia-Halbinsel liegt die kleine Insel Arrove, und weiter östlich die grosse Insel Batamma, die kleinere Insel Sausina und noch ein kleines Inselchen ohne Namen; diese drei Inseln sind faktisch die Martin-Inseln der Seekarten. Circa 10 geogr. Meilen weiter östlich erstreckt sich ein breites, bei Ebbe theilweise trockenes Korallenriff parallel mit der Küste von Bougainville in mittlere SSO-Richtung; dasselbe erstreckt sich so weit ich sehen konnte, ununterbrochen etwa 30 geogr. Meilen südlich und endet etwa 7 geogr. Meilen östlich von der Landspitze, die ich zu Ehren eines guten Freundes Kap Honrath benannt habe. Wir liessen das Riff jedoch weit im Osten, dampften durch die Strasse zwischen der Bidiia-Halbinsel und der Insel Batamma bis zu der Niederlassung Toboröi, der kleinen Insel Govu gegenüber. Ein alter wohlbeleibter Häuptling, der insofern bereits Spuren der Civilisation an sich trug, als er mit einem alten Filzhut, und einem, vor langer, langer Zeit weiss gewesenem Nachthemd angethan war, stellte sich uns vor und erhielt die üblichen Geschenke, worauf wir weiter dampften. Es ist überall zwischen Aussenriff und Strand Wasser genug, selbst für die grössten Schiffe, und man kann ohne Gefahr bis dicht an den Strand segeln. Das Kronprinz-Gebirge tritt hier vom Strand zurück und eine bewaldete, mehrere Meilen breite Niederung zieht sich am Fuss des Gebirges entlang. Einige recht wasserreiche Flüsse münden hier aus. Von Niederlassungen am Strande ist südlich von Toboröi keine Spur; das innere der Insel ist indessen bewohnt.

Es gelang uns nirgends einen Ankerplatz zu finden und wir mussten deshalb unter der Insel Asie in dem Shortland-Archipel dicht am Strande vor Anker gehen.

Regnerisches Wetter und dicke Luft verhinderten mich am folgenden Morgen die Südküste von Bougainville westlich von Kap Freundschaft näher zu beobachten. Das Fahrwasser ist voll von Riffen und wir mussten mit der grössten Vorsicht unsern Weg suchen. Die Küste ist jedoch, soweit ich bemerken konnte, niedrig und steigt dann allmählich zum Kronprinz-Gebirge an. Das Wetter heiterte sich auf, und von dem südlichsten Punkte Bougainvilles, den ich Kap Esmarch benannt habe, konnten wir wieder dicht an der Küste entlang laufen. Mehrere Meilen von der Küste ab liegen gefährliche Riffe, es ist aber innerhalb derselben Wasser genug, und es ist immerhin anzurathen, sich in einer Entfernung von 1½ bis 2 Meilen von der Küste zu halten; man ist dann vollkommen sicher den Aussenriffen aus dem Wege zu gehen.

Die niedrige Küste ist dicht bewohnt, wenn auch nur hie und da am Strande vereinzelte Hütten und Kanoeschuppen sichtbar sind; die Hauptniederlassungen sind ½ bis 1 Meile vom Strande. Wir ankerten gegen Abend in dem Gazelle-Hafen, am südlichen Ende der Kaiserin Augusta-Bucht. Die Einwohner waren hier sehr ungastlich und begannen in der Nacht, uns vom Strande aus mit Pfeilen zu beschiessen; auch wurde ich am folgenden Morgen auf einer Bootfahrt nach dem nördlichen Theil der Bucht, überall wo ich zu landen versuchte, mit Speeren und Pfeilen begrüsst. Lohnend war jedoch der Anblick, der sich uns morgens bei Sonnenaufgang bot. Die gewaltigen Berge waren so klar und deutlich sichtbar, als ob sie nur wenige Kilometer entfernt seien. Der gewaltige Balbi-Berg mit seinen drei Spitzen und steilen bewaldeten Abhängen ragte majestätisch über das Kaiser-Gebirge empor. Weiter südlich verrieth uns die weissgelbe Rauchsäule, die senkrecht in die Luft stieg, die Anwesenheit des noch thätigen Vulkans; der obere Gipfel des Berges ist aller Vegetation baar und besteht anscheinend aus lose aufgethürmtem Auswurfsgestein. Im Osten von uns zeigte das Kronprinz-Gebirge seine eigenthümlich zerklüfteten Kuppen, und über alles ergoss die aufgehende Sonne einen warmen, purpurnen Schimmer, der dem grossartigen Landschaftsbild einen eigenthümlichen Reiz verlieh.

Die fortwährende feindliche Begrüssung von Seiten der Eingeborenen verleidete mir den Aufenthalt, und gegen 9 Uhr hatten wir wieder Dampf auf und gingen südlich, um noch vor Abend die Shortland-Inseln zu erreichen. Unterwegs versuchte ich in der Niederlassung Siua zu landen; als das Boot jedoch dicht am Strande war, knallte es aus den Büschen und einige Flintenkugel schlugen neben uns ins Wasser; gleichzeitig erschienen fünf oder sechs schwarze Kerle am Strande, die wie besessen herumtanzten, ihre Speere und Aexte schwangen und uns wahrscheinlich einluden, näher zu treten. Ich hielt es nicht der Mühe werth, ihre Gastfreundschaft auf die Probe zu stellen.

Am Abend ankerten wir vor der Niederlassung Dioai, dem Sitz des Königs der Shortland-Inseln.

Aus dem Vorstehenden wird der Leser bereits zu der Ueberzeugung gekommen sein, dass Bouka und namentlich Bougainville nicht Gegenden sind, die man einen Touristen als Erholungsort vorschlagen kann. Auch nicht einmal den Händlern, die auf Kopra, Perlmutterschale u. s. w. ihr Augenmerk gerichtet und die eine gute Portion an Entbehrungen und Gefahren mit in den Kauf nehmen, würde ich es anrathen, diese Insel mit ihrer Gegenwart zu beehren.

Die Ausbeute ist der damit verbundenen Lebensgefahr nicht werth. Es ist unzweifelhaft, dass das Kronprinz-Gebirge Metalle birgt, aber ob dieselben in lohnenswerther Quantität vorhanden, ist eine andere Frage. Dem Naturforscher würde namentlich Bougainville ein sehr interessantes Feld bieten. Für einen Missionär, möge er nun protestantisch oder katholisch sein, müsste das Land unstreitig besondere Anziehungskraft haben; hier ist der harmlose Sohn der Wildniss noch in seinem Urzustand, nicht bereits von bösen und sündhaften Weissen beeinflusst worden; hier wird der Bekehrer voraussichtlich noch lange im unbestrittenen Besitz des erworbenen Feldes sein und hier kann er seinen civilisatorischen Experimenten freien Lauf lassen. Freilich wird er seine Mühen und Gefahren haben, aber was will das sagen. Ist der Bekehrer ein Katholik, dann winkt ihm als Lohn die Heiligsprechung des Papstes, und ist er ein Wesleyaner, nun, dann nimmt er einfach ein Patent für das beste Verfahren zur Bekehrung der Heiden und macht daraus Geld; in jedem Falle ist das eigentliche Ziel erreicht.

Die Bouka-Leute stehen meiner Ansicht nach auf einer höheren Stufe als ihre südlichen Stammesbrüder, und wenn wirklich ein ernster Versuch gemacht würde, diese Inseln zu civilisiren, so muss derselbe meiner Ansicht nach von Bouka ausgehen, und mit Hülfe der Bouka-Leute muss Bougainville für die Civilisation erobert werden. Es liegen auf der letzteren Insel grosse Strecken, die für tropische Agrikultur von hoher Bedeutung gemacht werden könnten, namentlich da die hohen Berge eine stete und regelmässige Wasserzufuhr beschaffen. Das Klima will ich nicht allzu hoch preisen; es herrscht wenigstens in den Küstendistrikten viel Fieber, das sogar den Eingeborenen lästig wird. Regen ist zu allen Zeiten des Jahres häufig, so dass die Eingeborenen der Küste, die hier und dort ein wenig Kopra machen, um es an etwa vorsprechende Händler zu verkaufen, genöthigt sind, den Kokosnuss-Kern durch Rauch in ihren Hütten zu trocknen, wodurch die Qualität bedeutend einbüsst.

## 2.

## Die Shortland-Inseln*).

Diese zu der Salomo-Gruppe gehörenden Inseln liegen südlich von Bougainville, von dem sie durch eine mehrere geogr. Meilen breite Strasse getrennt sind. Die kleine Gruppe besteht aus 2 grösseren Inseln, Shortland und Fauro, und aus vielen kleinen Inseln und Inselchen, deren einige kaum gross genug sind, um darauf eine Hütte zu bauen. Im Osten trennt die Bougainville-Strasse die Gruppe von der Insel Choiseul.

*) Vergl. Britische Admiralitätskarte No. 329.

Bis vor wenigen Jahren waren diese Inseln kaum auf den Karten angedeutet; erst die Vermessung des englischen Vermessungsschiffes Lark hat in dem Gewirr von Inseln Ordnung gebracht. Für Segelschiffe ist das Befahren der Gruppe mit Schwierigkeiten verbunden, nicht nur der vielen Riffe halber, sondern auch der ungenügenden und schwer aufzufindenden Ankerplätze wegen.

Die westlichen Inseln sind flach und sumpfig und zum Theil mit ausgedehnten Mangrovewäldern bestanden; die östlichen Inseln dagegen sind hoch und felsig und machen den Eindruck, als wären sie die Gipfel gesunkener Berge; das Wasser ringsum ist sehr tief, und wenige Bootlängen vom Strande findet man mit einer 100 m langen Leine keinen Grund.

Die Einwohner gehören demselben Stamme an, wie die Bewohner Boukas und Bougainvilles. Wie die Bouka-Leute das Nordende von Bougainville brandschatzen, so thun es die Shortland-Insulaner mit dem Südende, und der Häuptling Goröi hat eine Art von Oberherrschaft über die Südostküste hergestellt, macht von Zeit zu Zeit Streifzüge mit seinen grossen Kriegskanoes so weit nördlich wie Kap Le Cras und lässt sich von den Häuptlingen der Stranddörfer Tribut zahlen in Gestalt von Schildkrötenschale, Trepang, Perlmutterschale und Kopra, mit denen er einen einträglichen Handel treibt.

Die Insulaner sind seit Jahren mit Weissen im Verkehr. In früheren Zeiten waren es die Walfischfänger, mit denen sie Bekanntschaft machten; ihnen folgten die Händler und Arbeiteranwerber, und ein Weisser ist daher hier kein angestauntes Wunderthier. Der Häuptling Goröi, sowie ein grosser Theil der Insulaner, sprechen recht geläufig englisch und haben im Verkehr mit Weissen allmählich viele Bedürfnisse der Weissen adoptirt, obgleich ich nach dem, was ich während meines kurzen Aufenthalts beobachtete, der Meinung bin, dass sie im Grunde ihres Herzens auf die Weissen herabblicken und sich selber für weit besser und gescheuter halten.

Als der Dampfer in der engen Strasse westlich von der kleinen Insel Boborang vor Anker ging, kam sofort ein Kanoe ab, das eine Einladung des Häuptlings brachte, ihn in seiner Niederlassung Dioai, zu besuchen; der hohe Herr fand es jedenfalls unter seiner Würde, uns zuerst zu besuchen. Am Strande wurde ich von einem grossen Schwarm Eingeborener begrüsst, und ein Jüngling, der gut englisch sprach und sich als Sohn des Häuptlings präsentirte, geleitete mich zu dem Hause des Vaters. Dieser ist ein Mann mit bereits ergrautem Haar, einer hohen Stirn, klugen braunen Augen und, was in den Salomo-Inseln nicht häufig ist, einem dichten Vollbart. In dem grossen geräumigen Hause, das mehrere Abtheilungen hatte, wurde mir ein Stuhl angeboten und bald war die Unterhaltung in vollem Gange, umsomehr, als hier der Dolmetscher nicht nöthig war. Goröi ist ein Freund der Weissen; er ist bereits als Knabe an Bord von Walfischfängern gekommen und hat mit diesen mehrere Touren gemacht; dann als nach dem Tode seines Vaters die Gewalt in seine Hände kam, hat er mit Händlern freundschaftliche Verbindungen angeknüpft; dieselben haben an ihm stets einen zuverlässigen Freund gefunden, der bereit war, für sie nicht nur zu handeln, sondern auch zu kämpfen, oder wenn es darauf ankam, gegen Uebergriffe weniger civilisirter Nachbaren zu beschützen. Die zwischen den Salomo-Inseln kreuzenden Kriegsschiffe haben daher nie Gelegenheit gehabt, gegen Goröi einzuschreiten und standen im Gegentheil immer mit ihm auf sehr freundschaftlichem Fusse. Dies bezeugen unter andern die vielen Geschenke an Waffen, Uniformstücke u. s. w., die man in Goröi's Haus antrifft und die von verschiedenen Kriegsschiff Kapitänen herrühren. Auf ein Bildniss der Königin von England hinweisend, erklärte Goröi: »Dies ist die Königin von England, ich bin der König von Shortland. Wir sind gute Freunde!« Im Laufe des Gesprächs sagte er mir auch: »Ich kenne nur englische Kriegsschiffe, wenn deutsche Kriegsschiffe hierher kommen, werde ich denselben sagen, sie möchten wieder fortgehen!« Offenbar war der alte Herr der Meinung, dass in seinem Reich sein Wille unumstössliches Gesetz sei, dem sich auch Weisse fügen müssen.

Das Dorf Dioai besteht aus ca. 300 Hütten, die eine unregelmässige Strasse am Strande entlang bilden. Die Hütten sind viereckig, von 8—12 m Länge und 5—6 m Breite, mit 1½—2 m hohen Seitenwänden, geraden Giebelenden und schrägen Dächern. Das Haus des Häuptlings ist bedeutend höher. Die Bevölkerung dieses Dorfes allein beträgt ca. 1500 Seelen, und auf den langen Zügen nach Bougainville kann Goröi 500 Krieger expediren, während eine grössere Zahl daheim bleibt, um Haus und Herd zu beschützen. Am Strande entlang liegen in langen Schuppen die grossen, sorgfältig gebauten Kriegskanoes, von denen einige 15—16 m lang sind. Diese Kanoes sind wie die Bouka-Kanoes aus mehreren Stücken gebaut und haben einen hohen Schnabel und Stern, bemalt und geschnitzt und mit bunten Federn, Perlen u. s. w. geschmückt. Zum gewöhnlichen Gebrauch dienen kleine Kanoes derselben Konstruktion, die von 3—6 m lang sind. Neben dieser Art von Kanoes ohne Ausleger bedient man sich auch des aus einem ausgehöhlten Baumstamm bestehenden Kanoes mit einseitigem Ausleger. Die Bewaffnung der Shortland-Insulaner besteht aus Bogen und Pfeilen, Kriegsäxten, Speeren und Feuerwaffen der verschiedensten Konstruktion. Die Speere sind sehr sorgfältig und zierlich gearbeitet, haben eine lange mit Widerhaken versehene Spitze und sind bunt bemalt.

Auch das kleine Königreich Shortland hat seine politischen Wirren. Goröi ist de facto König der ganzen Gruppe, aber neuerdings hat einer seiner Söhne, Namens Kupanne, sich von seinem Vater getrennt und eine selbstständige Niederlassung auf der Insel Alu gegründet. Ihm haben sich eine grosse Anzahl Eingeborene zugesellt, die ihn als ihren Häuptling huldigen und die mit ihm Kriegszüge nach Bougainville und Choiseul unternehmen, ohne Rath und Erlaubniss des alten Goröi. Die Partei des Sohnes scheint mir eine Art von Reaktionspartei zu sein. Kupanne und seine Anhänger sind keine allzu grossen Freunde der Weissen; in der Niederlassung auf Alu geht es manchmal toll her, aber der alte Goröi scheint nicht einschreiten zu wollen, obgleich seine Partei noch die stärkere ist. Ich fürchte jedoch sehr, dass nach seinem Tode die Freundschaft zwischen Weissen und Eingeborenen vorbei sein wird. Zwar hat Goröi noch ausser Kupanne eine grosse Anzahl von Söhnen, aber die Frage ist, ob einer derselben fähig ist, der Nachfolger des Vaters zu werden und den Bruder mit seiner unbedingt sehr starken Partei zu vertreiben.

Die Shortland-Insulaner haben den Kannibalismus abgelegt. Goröi zeigte mir einen Platz, wo in seinen Knabenjahren die getödteten Feinde zertheilt wurden. Nachdem er die Gewalt in Händen hat, wird Kannibalismus nicht geduldet; in den Kriegszügen lässt man die erschlagenen Feinde liegen. Die eigenen Todten werden verbrannt oder in's Meer versenkt. Polygamie ist hier wie überall in der Salomo-Gruppe gebräuchlich und die Familien fand ich hier zahlreicher, als irgendwo anders. Dies mag wohl zum grossen Theil davon herrühren, dass die Insulaner einen grossen Theil ihrer Frauen auf ihren zahlreichen Zügen nach anderen Inseln durch Tausch oder Raub erwerben und so immerfort durch neues Blut den Stamm regeneriren.

Nach einem mehrtägigen Aufenthalt vor Dioai und Alu verliessen wir unsern Ankerplatz und wanden unsern Weg zwischen den verschiedenen Inseln und Korallenriffen hindurch bis südlich an die Insel Fauro vorüber. Obgleich die Admiralitätskarte die Lage der verschiedenen Inseln genau angiebt, so bleibt doch noch viel zu wünschen übrig in Bezug auf gesunkene Korallenriffe. Diese sind an Stellen so zahlreich, dass ein fortwährend scharfer Ausguck nöthig ist, um sie zu vermeiden; namentlich ist dies im Westen und Süden von Fauro der Fall, wo die Fahrstrasse zeitweilig beängstigend schmal und gewunden wird.

Die Insel Fauro ist äusserst malerisch. Sie steigt steil aus dem Meere empor und ist bis zu den höchsten Gipfeln bewaldet. Viele kleine Einbuchtungen mit dunkelgrauem Mangrovegestrüpp bis zum Strande, oder mit einem dichten Saum von Kokospalmen und mit steilen zerrissenen Vorsprüngen, gegen die das Meer brandet und seine Wellen zu Schaumkaskaden peitscht. öffnen sich überall dem Vorbeifahrenden. In einer solchen kleinen Bucht südlich von der Landzunge, die das hohe und felsige Ost-Kap bildet, befindet sich die einzige weisse Niederlassung der nördlichen Salomo-Gruppe. Hier haben sich die Gebrüder McDonald mit Familie vor circa einem Jahr angesiedelt, nachdem sie in den südlichen Salomo-Inseln wegen der stetig wachsenden Ungastlichkeit der Insulaner und der stetig wachsenden Lebensgefahr eine wohleingerichtete kleine Pflanzung und ein jahrelanges Heim im Stiche gelassen hatten. Sie lobten die Eingeborenen von Fauro, unterhielten uns jedoch stundenlang mit Erzählungen von der Verschlagenheit und Falschheit der Einwohner Choiseul's und der Isabel-Insel. Auf diesen Inseln ist in der That seit mehreren Jahren die Ungastlichkeit der Bewohner dermassen gestiegen, dass letztere nicht nur alle Landungen Weisser mit Gewalt verhindern, sondern häufig kleinere Handelsschiffe anfallen und leider mehrmals mit Erfolg. Sie sind womöglich noch bösartiger als die Bougainville-Einwohner auf der Westseite der Insel.

Es war anfangs nicht meine Absicht die Insel Choiseul zu besuchen, aber um mich davon zu überzeugen, dass die Einwohner wirklich so bösartig seien, ging ich am folgenden Morgen durch die Bougainville-Strasse, hielt mich fortwährend dicht an der Küste, passirte das Nordkap und die östlich davon gelegene kleine Insel Kangopassa, bis ich eine grössere Niederlassung etwa 4 geogr. Meilen weiter südlich am Strande gewahrte. Hier liess ich das Boot bemannen, Waffen unter den Sitzen verbergen und ging ans Land. Der Dampfer lag in Büchsenschussweite vom Strande, so dass ich mit ziemlicher Gemüthsruhe einen etwaigen Ueberfall entgegensehen konnte. Am Strande waren viele Eingeborene, jedoch alle bewaffnet und in Gruppen von 20 – 30 unter den Bäumen gelagert. Man liess uns ungehindert landen, und ein Eingeborener, der einigermassen englisch sprach, kam mir entgegen und erkundigte sich, ob der Dampfer ein Kriegsschiff sei; dies verneinend wurde ich gefragt, ob ich Menschen (Arbeiter) kaufen wolle; als ich auch dies verneinte, wollte er wissen, ob ich Kopra, Schildpatt u. s. w. kaufen wolle; auch auf diese Frage abgewiesen, brach er in ein auserlesenes

Englisch aus, das auf jeden Fall bezeugte, dass er seine Sprachkenntniss nicht bei den englischen Missionären erworben haben könne. Mittlerweile hatte sich eine Anzahl von Insulanern in der Nähe des Bootes versammelt, sich jedoch, nachdem die Mündungen der Gewehre über den Rand des Bootes sichtbar wurden, nicht sonderlich beeilt näher zu rücken. Die Schaar wuchs jedoch immer mehr und da die üblichen Freundschaftsbezeugungen unterblieben und statt dessen ein geheimnissvolles Flüstern von einem zum andern lief, so hielt ich es für gerathen den guten Kannibalen Lebewohl zu wünschen. Ich erfuhr später, dass derselbe Stamm vor wenigen Jahren einen australischen Schoner überfiel, die gesammte Bemannung ermordete und das Fahrzeug verbrannte.

Der Leser wird hier wahrscheinlich fragen, woher diese feindliche Gesinnung der Eingeborenen gegen die Weissen stammt. Diese Frage ist nicht so leicht zu beantworten. Unstreitig ist in früheren Jahren von Seiten der Weissen viel gegen die Insulaner gesündigt worden. Die Walfischfänger, die Sandelholzhändler und die Arbeiteranwerber haben unstreitig die böse Saat gesäet, die jetzt üppige Frucht trägt. Menschenraub galt hier als kein Verbrechen und durch das Uebergewicht, das die Weissen durch den Besitz von Feuerwaffen besassen, war es ihnen leicht aus den häufigen Scharmützeln als Sieger hervorzugehen. Allmählich hat sich dies jedoch geändert; der Nimbus der früher den Weissen umgab, ist nach und nach geschwunden, und die Eingeborenen haben einsehen gelernt, dass der ursprünglich so sehr gefürchtete Feind im Grunde genug leicht zu überwältigen ist, namentlich wenn man ihm nur anfangs ein freundliches Gesicht macht und ihn sorglos zu machen weiss. Gerade solche Weisse, die in dem Glauben standen, mit den Eingeborenen auf freundschaftlichem Fusse zu stehen, und in ihrer Sorglosigkeit die allergewöhnlichsten Vorsichtsmassregeln unterliessen, sind häufig der List und der Verschlagenheit der Insulaner zum Opfer geworden. Ich könnte dies durch zahlreiche Beispiele illustriren. Häufig genug sind sie in ihrer Sorglosigkeit durch das Bewusstsein eingewiegt, dass sie den Eingeborenen nichts Böses zufügen und mit ihnen handeln und verkehren, wie mit ihren eigenen Landsleuten, und in Folge dessen auch auf Freundschaft von deren Seite rechnen können. Leider hat mancher wirklich humane und wohlgesinnte Mann diesen Irrthum in den letzten Jahren mit dem Leben eingebüsst und ist das Opfer der Rache Eingeborener geworden, gegen die ein weniger human oder wohlgesinnter Vorgänger gesündigt hatte. In Bouka, das früher zu den verrufensten Inseln der Salomo-Gruppe gehörte, erzählte mir ein alter Häuptling, dass er sich dessen erinnere, dass grosse Schiffe in den Carolahafen angekommen, die Eingeborenen mit Gewalt entführt und viele getödtet hätten. Von den Entführten sei nie wieder jemand zurückgekehrt. Dies sind wahrscheinlich Walfischfänger oder Sandelholz-Jäger gewesen, und wer mag es den Eingeborenen verdenken, wenn bei solcher Behandlung ein unauslöschlicher Hass gegen alle Weissen entstand, und dass sie in dem Blassgesicht ein Wesen sahen, das man sich auf jede Weise vom Halse schaffen müsste. Was in Bouka geschehen, ist überall wiederholt worden, und wenn wir uns heute wundern, dass wir feindlich empfangen werden, wo wir in der freundlichsten Absicht zu landen wünschen, so vergessen wir, dass der Hass und die Feindschaft gegen Weisse der jetzigen Generation schon von ihren Vätern eingeflösst wurde, und dass leider bis in jüngster Zeit die Söhne keine Veranlasssung sahen, die ihnen beigebrachte Meinung zu ändern. Die Walfisch- und Sandelholz-Jäger sind von der Bühne seit Jahren verschwunden, ihnen folgten die Arbeiteranwerber. Das Arbeiteranwerben für die Pflanzungen in Australien, Fiji, Samoa u. s. w. ist ein reiner Menschenhandel, denn keiner der Arbeiter geht freiwillig, er muss von seinen Verwandten oder Häuptlingen gekauft werden und verlässt häufig ganz gegen seinen Willen die Heimath. Aber das lässt sich entschuldigen, namentlich da ihm in der Regel an Bord der Schiffe und auch auf den Pflanzungen eine gute und humane Behandlung zu Theil wird, und ein dreijähriger Aufenthalt auf einer Pflanzung unter solchen Umständen einen, wenn auch nur geringen, civilisirenden Einfluss auf ihn ausübt. Nichtsdestoweniger bleibt den Arbeiteranwerbern und Pflanzungsaufsehern mancherlei anhaften, und wer die alljährlich wiederkehrenden Klagen über gewaltsam fortgeschleppte Arbeiter und über inhumane Behandlung in den Pflanzungen verfolgt, der muss sagen, dass die Feindschaft, die den Weissen allenthalben gezeigt wird, nur zu häufig begründet ist. Seitdem die verschiedenen Regierungen das Arbeiteranwerben geregelt, hat sich freilich manches zum Vortheil geändert, aber der einmal festgewurzelte Hass lässt sich in wenigen Jahren nicht bannen, und wenn der Eingeborene ein Schiff sieht und dessen Böte den Strand berühren, so wittert er immer noch einen Feind und behandelt ihn als solchen.

Dies ist ein Grund oder richtiger, dies sind mehrere Gründe für den Hass der Eingeborenen gegen Weisse. Es giebt deren jedoch noch mehr, auf die hier auch noch kurz hingewiesen werden soll.

Wenn in früheren Zeiten ein Weisser von den Eingeborenen ermordet wurde, sei es nun verschuldet oder unverschuldet, so nahmen in der Regel die Freunde des Ermordeten oder irgend welche später an Ort und Stelle eintreffenden Schiffe blutige Rache. Dies machte den Zustand nicht besser, denn nur zu häufig traf die Rache den Unschuldigen. Die englische Regierung that zuerst Schritte, um Weisse gegen Eingeborene und umgekehrt, zu beschützen, und es wurde den englischen Schiffen streng verboten, sich auf solche Rächerfahrten einzulassen. Das Strafamt wurde dem »Highcommissioner« für die Südsee, dem Gouverneur von Fiji übergeben, der das Recht hatte, Uebergriffe von Seiten der Weissen sowohl wie von Seiten der Eingeborenen, mit Hülfe der in der Südsee stationirten englischen Kriegsschiffe zu bestrafen. Englische Kriegsschiffe überwachten hinfort die Arbeiteranwerbung, und etwaige Unregelmässigkeiten wurden streng bestraft. Dies war vollständig in der Ordnung; aber eine eigenthümliche falsche Humanität schien stets da geübt zu werden, wo die Eingeborenen die wirklich Schuldigen waren. Es können Fälle konstatirt werden, wo die Ermordung harmloser Händler aus reiner Mord- und Raublust der Eingeborenen keine weitere Strafe nach sich zog, als dass der zur Untersuchung abgesandte Kriegsschiff-Kapitän ein Sühnopfer, bestehend aus Taro, Yams und Schweinen, verlangte und dass er, nachdem ihm dies bereitwilligst an Bord gebracht, die Missethäter mit Taback beschenkte und im höflichsten Ton bat, hinfort keine Weisse zu erschlagen. Durch solches Vorgehen ist selbstverständlich auf vielen Inseln bei den Eingeborenen die Meinung entstanden, dass sie ungestraft einen Weissen tödten dürfen; lässt sich das Kriegsschiff doch, wenn es überhaupt kommt, mit einer leicht zu beschaffenden Busse abfertigen, oder wenn der Kapitän wirklich auf ernste Rache sinnt, so hat man immer noch den dichten tropischen Wald als Zuflucht, und dahin geht kein englischer Kriegsschiff-Kapitän. Die falschen Humanitäts-Trompeter Englands, mögen sie der »Gesellschaft zum Schutz wilder Völker« oder der frömmelnden Exeter Hall-Partei angehören, haben ebenso viel unschuldig vergossenes Blut auf dem Gewissen, wie die alten Walfischfänger und Sandelholz-Händler.

Glücklicher Weise ist unsere Reichsregierung nicht von solcher krankhaften Sentimentalität beseelt; wo deutsche Unterthanen von Eingeborenen hinterlistig ermordet worden sind, da ist ihnen auch die gebührende und gerechte Strafe zuertheilt worden, und auf solche Art und Weise allein darf man hoffen, mit der Zeit diese von der Natur so reich gesegneten Insel für die Civilisation zu erobern. Die Furcht ist vor der Hand das einzige Mittel, das alle feindlichen Gesinnungen im Zaume halten muss; dann wird es den Eingeborenen nach und nach auch klar werden, dass das alte blutige Rechnungsconto abgeschlossen und eine Zeit des Rechts und der Gerechtigkeit erstanden ist, die den Weissen wie den Dunkelfarbigen mit gleichem Masse misst.

## 4.
## Carteret-Inseln.

Diese kleine Gruppe, aus sechs Inseln bestehend, ist ein fast kreisrundes Korallenriff, das eine Lagune von etwa 12 geogr. Meilen im Durchmesser umschliesst. Im Süden führen zwei Passagen durch das Riff in die Lagune; von diesen ist die östlichste die für Schiffahrt praktikabelste. Es sind innerhalb der Lagune gute Ankerplätze, aber man muss mit grosser Vorsicht segeln und stets scharfen Ausguck halten, um die zahlreichen verborgenen Riffe und Bänke zu vermeiden.

Die Einwohner sind emigrirte Bouka-Leute und stehen seit undenklicher Zeit mit ihrer Heimathinsel in Verbindung. Bouka-Leute trifft man fast fortwährend in Carteret; dieselben kommen mit ihren grossen Kanoes die etwa 50 geogr. Meilen weite Strecke über See und verweilen manchmal Monate lang als Gäste. Umgekehrt thun die Carteret-Leute dasselbe in Bouka. Die Inseln selber sind niedrige Koralleninseln, jedoch gut bewaldet; tragende Kokospalmen sind nicht in grosser Anzahl vorhanden, die Insulaner scheinen erst neuerdings das Anpflanzen dieses nützlichen Baumes systematisch zu betreiben und man gewahrt am Strande entlang allenthalben Gruppen von jungen Kokosnusspalmen. Das ausgedehnte Riff lieferte jedoch früher einen guten Ertrag an Trepang und auch heute noch wird dieser chinesische Leckerbissen dort in einer geringen Quantität von den Eingeborenen gesammelt und zubereitet.

Es mag vielen meiner Leser unklar sein, was eigentlich Trepang oder, im zubereiteten Zustande, Beche de mer ist. Der Trepang ist eine Seewalze oder Holothurie, zu den Strahlthieren gehörend und überall auf den Riffen des Stillen Oceans lebend. Das Thier wird 25—30 cm lang und 5—8 cm im Durchmesser. Die Insulaner tauchen in mehreren Faden Wasser und lesen die Thiere vom Korallenriff ab. Daheim wird die Unterseite der Länge nach aufgeschnitten, die Eingeweide entfernt und die Thiere in einen Topf mit kochendem Wasser geworfen. Nachdem sier hier eine kurze Zeit verweilt, entfernt man sie und breitet sie auf offene Gerüste aus, unter welche ein stark rauchendes Feuer gelegt wird; dadurch werden sie vollends ausgetrocknet und sind dann wie ein Stück des zähesten Sohlenleders, das beim Kauen einen salzig-rauchigen Geschmack hat. Nichtsdestoweniger bereiten die chinesischen Köche daraus eine vorzügliche Suppe und wie hoch dies Produkt im himmlischen Reiche gewürdigt wird, lässt sich daraus ermessen, dass eine Tonne je nach der Qualität 600—1500 ℳ. Werth hat. Das Thier scheint eine lange Zeit zu gebrauchen, ehe es voll ausgewachsen ist, und Korallenriffe, die früher eine reiche Ausbeute lieferten, sind jetzt völlig werthlos, weil der Nachwuchs nur wenige cm lang und folglich unbrauchbar ist.

Die Einwohner der Carteret-Inseln sind freundlich und intelligent und viele sprechen recht gut englisch. Ich traf auch hier viele meiner früheren Arbeiter und fand zu meiner grossen Freude, dass sie meiner noch freundlich gedachten, was nach der vielen Unfreundlichkeit und der mir gezeigten Feindseligkeit von Seiten der Bougainville-Leute ein wirklich wohlthuendes Gefühl war.

Die Insulaner beziehen aus Bouka ihren Bedarf an Pfeilen und an gebrannten irdenen Kochtöpfen; auch die grossen Kanoes werden von dort bezogen. Für den gewöhnlichen Gebrauch innerhalb der Lagune und für den Fischfang bedient man sich einfacher Kanoes aus einem Baumstamm ausgehöhlt und mit einem einseitigen Ausleger. In sonstigen Sitten und Gebräuchen sind die Insulaner wohl kaum wesentlich von den Bouka-Insulanern abweichend.

Auf der Insel Yecela traf ich einen alten Mann, der grosse Aufregung zeigte, als er einen der hellfarbigen Lord Howe-Insulaner, den ich von dort mitgebracht, gewahrte. Nach einigen Kreuz- und Querfragen gelang es mir, die Veranlassung zu erfahren. Der Alte erzählte, vor vielen Jahren sei er mit mehreren anderen durch starke Winde weit östlich verschlagen worden, als sie von Bouka kommend, ihre Insel zu erreichen gesucht hätten. Nachdem sie viele Tage lang kein Land gesehen, tauchten die Wipfel von Kokospalmen an dem Horizont empor und dorthin steuerten sie ihr Kanoe. Aber hellfarbige Insulaner, ganz wie der Lord Howe-Insulaner, empfingen sie feindlich und tödteten mehrere; trotz der Ermattung, in Folge der langen Fahrt, gingen die Uebrigen wieder in See. Nachts landeten sie wieder auf einer entfernt liegenden Insel, verbargen hier ihr Kanoe, stärkten sich mehrere Tage lang durch Schlaf und durch die auf der Insel zahlreich vorgefundenen Kokosnüsse und überfielen dann in der Nacht die Insulaner, die ihnen eine so unfreundliche Aufnahme bereitet hatten, tödteten mehrere, verbrannten viele Hütten und entkamen schliesslich nach vollendetem Rachewerk. Nach 4 Tagen erreichten sie wieder Bouka.

Ueber die Lage der Insel befragt, beschrieb er mir genau die relative Lage der Mortlock-Inseln und es ist kein Zweifel, dass sie dorthin gerathen waren. Dies mag wohl vor ca. 30 Jahren, wo die Bevölkerung der Gruppe unstreitig weit zahlreicher war, als heutzutage, gewesen sein; heute würden 5 Bouka-Leute es getrost mit der gesammten Bevölkerung aufnehmen.

5.

## Sir Charles Hardy-Inseln und Green (Grüne) Inseln.

Etwa 32 geogr. Meilen nordwestlich von dem Nordkap Boukas liegen zwei kleine Gruppen obigen Namens. Sie sind die nördlichsten der von dunkelfarbigen Melanesiern bewohnten Inseln, deren Einwohner im Aussehen, in Sitten und in Gebräuchen nicht wesentlich von den Bouka-Leuten abweichen, mit denen sie in ziemlich regelmässiger Verbindung stehen. Eine Vermischung mit den braunen Melanesiern ist jedoch hier bemerkbar und lässt sich daraus erklären, dass die Insulaner mit den Einwohnern der etwa 30 geogr. Meilen weiter nordwestlich gelegenen St. John-Inseln in freundschaftlichem Verkehr stehen. Bogen und Pfeile sind hier neben Speeren und Keulen im Gebrauch und die Pfeile werden auf dem Wege des Tauschhandels von Bouka eingeführt. Die Kanoes sind aus einem Baumstamm ausgehöhlt und sehr eng; die obere Oeffnung ist so schmal, dass man ein Bein vor dem andern setzen muss, um darin Platz zu finden. Auch haben diese Kanoes Ausleger nach beiden Seiten; diese Ausleger bestehen einfach aus zwei etwa 5 m langen Stäben, die quer über das Kanoe gelegt sind und an ihren Enden durch 2 Längsstäbe, die also parallel mit den Seiten des Kanoes laufen, verbunden sind. Dies giebt dem schwankenden Fahrzeuge hinreichende Stabilität und grosse Leichtigkeit. Die Eingeborenen verstehen es, mit grosser Schnelligkeit das leichte Fahrzeug über die glatte Fläche der Lagune zu fahren; in bewegter See sind diese Kanoes jedoch nicht von sonderlichem Werth, weil sie leicht voll Wasser geschlagen werden. Für Seefahrten bedienen sich die Insulaner sowohl ausgehöhlter Kanoes mit einseitigem Ausleger, wie der Bouka-Kanoes, die man hier selber anfertigt. Hier fand ich bereits viele Schmucksachen, die ihren Ursprung weiter westlich und nordwestlich gehabt und auf dem Wege des Tauschhandels über St. John hierher gelangt sind.

Die Sir Charles Hardy-Inseln sind gehobene Koralleninseln und umschliessen eine Lagune, worin guter Ankergrund zu finden ist. Die Hauptinsel Nessan erstreckt sich in einen weiten Bogen nach Osten und bildet etwa 3/4 des Umfangs der Gruppe; auf dem übrigen Viertel des Kreises liegen nach Westen die beiden Inseln Borahun und Cerot.

*) Vergl. Friederichsen's Karte des westlichen Theiles der Südsee im Jahrgang 1884 dieser Mittheilungen.

Zwischen Borahun und der südwestlichsten Spitze von Nessan ist eine auch für grössere Schiffe praktikabele gute Passage, und gleich innerhalb der Passage ist ein guter Ankerplatz. Von hier übersieht man die weite kreisförmige Lagune, in der mehrere kleine Inseln liegen, deren grösste, Lehon, wie ein grosses schwimmendes Gebüsch auf der stillen Oberfläche der Lagune zu ruhen scheint.

Zwischen Borahun und Cerot ist ebenfalls eine recht gute Passage; auch zwischen Cerot und der Nordwestspitze von Nessan fuhrt eine Strasse in die Lagune hinein, jedoch der vielen Korallenbänke halber nur für Böte passirbar. Alle Inseln sind gut bewaldet und enthalten eine recht ansehnliche Menge von Kokospalmen. Auf Nessan sind zahlreiche und grosse Dörfer, die fast ohne Ausnahme landeinwärts liegen.

Etwa 2 geogr. Meilen nordwestlich liegt die aus zwei kleinen Inseln bestehende, auf den Karten Green-Inseln genannte Gruppe. Sie ist von demselben Stamm bewohnt, wie die Hardy Inseln. Die Insulaner nennen die grössere Insel Pinnepiil die kleinere Esaw. Zwischen Esaw und dem Nordende von Pinnepiil führt eine Passage in die kleine Lagune.

## 6.

## Die Inseln nördlich und nordöstlich von Neu-Mecklenburg und einige Mittheilungen über die Nord- und Nordostküste Neu-Mecklenburgs.

Der Leser darf hier nicht eine ausführliche Beschreibung dieser interessanten Gegenden erwarten; um eine solche zu geben, dazu gehört vor allen Dingen Zeit und diese war nach dem Aufenthalt in den Salomo-Inseln und in den anderen vorher genannten kleineren Gruppen schliesslich sehr karg bemessen. Von Green-Insel kommend, gewahrt man schon von Weitem die nordwestlich davon gelegenen St. John-Inseln. Diese zwei Inseln sind durch eine enge Strasse getrennt, durch welche eine starke Strömung läuft. Schiffen von grösserem Tiefgang ist eine Durchfahrt nicht anzurathen. Die Einwohner gehören demselben Stamme an, wie die Neu-Mecklenburger und Neu-Pommeraner. Sie sind dunkelkupferbraun, gehen völlig nackt und reiben das Kopfhaar mit gebranntem Kalk ein, wodurch dasselbe gelblich braun gebeizt wird. Die krausen Kopfhaare werden zu einzelnen dünnen Löckchen zusammengedreht und hängen in der Regel über Stirn, Ohren und Nacken herab.

Die Inseln sind sehr gebirgig, zerklüftet und mit dichtem Wald vom Strande hinauf bis zum höchsten Gipfel bedeckt. Dazwischen strecken schlanke Kokospalmen hie und da ihre Wipfel über den übrigen Laubwald empor und kennzeichnen den Ort, wo Ansiedlungen der Eingeborenen vorhanden sind.

Wir umfuhren die südlichere der beiden St. John-Inseln und passirten die enge Strasse, die durch viele Korallenbänke und -Riffe recht gefährlich ist, fanden aber mit Ausnahme der Strasse nirgends guten Ankergrund. Eingeborene in einfach ausgehöhlten Kanoes mit Auslegern, sowie in roh gezimmerten Kanoes nach Bouka-Modell kamen hie und da vom Strande ab, und boten Taro, Yams und Bananen zum Kauf an. Sie schienen harmlos zu sein und hatten nicht einmal Waffen in ihren Fahrzeugen. Der auf der Nordinsel stationirte Händler beschrieb die Insulaner ebenfalls als friedfertig und war auf seinen Wanderungen überall freundlich empfangen worden. Es ist jedoch unzweifelhaft, dass sie Kannibalen sind, wie überhaupt alle Einwohner Neu-Mecklenburgs und der später zu erwähnenden Insel. Der Kannibalismus erstreckt sich hier auf alle im Krieg erschlagenen Feinde; die in der eigenen engeren Dorfschaft getödteten werden in der Regel bestattet, der Leichnahm dann und wann auch wohl an Nachbarstämme verkauft, aber nie von den eigenen engeren Stammesangehörigen verzehrt.

Von St. John aus gewahrt man bereits die hohen Berge der südlichen Kette Neu-Mecklenburgs, und in ziemlich gerader westlichen Richtung liegt die Ostspitze dieser langen schmalen Insel, das Vorgebirge Santa Maria. Diese Seite Neu-Mecklenburgs trägt einen völlig anderen Charakter als die Westseite der Insel. Die hohen Berge, die fast senkrecht ohne Vorland auf der Westseite aus dem Meere emporsteigen und das grandiose Rossel-Gebirge bilden, fallen hier nach Osten und Nordosten allmählich ab und bilden sanft ansteigende weite Flächen, die einige geogr. Meilen vom Strande zu herrlichen Ebenen sich ausbilden, durch welche die von dem Hochgebirge niederfliessenden Bäche hie und da ihr Bett gebahnt haben. Von Kap Santa Maria ungefähr 20 geogr. Meilen nördlich und von da an weiter 60 geogr. Meilen nordwestlich liegen viele Tausende von Hektaren des vorzüglichsten Bodens, unzweifelhaft zu dem besten Neu-Mecklenburgs gehörend. Die Bearbeitung würde keine grosse Schwierigkeiten machen, da grosse Flächen nur mit Gras überwachsen sind. Der Boden war dort, wo ich zu landen Gelegenheit hatte, von einer dunklen, chokoladenbraunen Farbe und an Stellen, so z. B. wo die Steilseiten eines Flussbettes eine Beobachtung erlaubten, von grosser Mächtigkeit. Die Strandregion scheint nicht so stark bevölkert zu sein wie das Innere. Pfade sieht man nach allen Richtungen vom Strande über die Grasebenen sich winden, und namentlich nach dem inneren, höher gelegenen Lande, ein Zeichen, dass ein starker

Verkehr zwischen Berg- und Strandbewohnern stattfindet. Ungefähr 40 geogr. Meilen nordwestlich von Kap Santa Maria erstreckt sich eine lange Halbinsel östlich ins Meer, und auf der Nordseite ist ein kleiner sicherer Ankerplatz, der in Zukunft von Bedeutung werden möchte, da er der einzige völlig sichere und geschützte Ankerplatz auf dieser Küste Neu-Mecklenburgs ist, und für den Fall, dass diese fruchtbare Küste für tropische Agrikultur ausgenutzt werden sollte, eine Basis bildet, von wo aus weiter gebaut werden kann, umsomehr, als die vorerwähnte Halbinsel eine schöne grasbestandene Ebene, für Anfangsanlangen von genügender Ausdehnung ist. Nach der Beschaffenheit des Bodens zu urtheilen, müsste hier namenlich Taback gut gedeihen. Die Einwohner längs dieser Küste scheinen friedlich gesonnen zu sein. Sie brachten überall grosse Quantitäten von Taro und Yams zum Verkauf ab; die Yams namentlich waren von bedeutender Grösse, einige wogen bis 15 Kilo und verriethen dadurch schon die Fruchtbarkeit des Bodens. Am Strande entlang liegen die kleineren und grösseren Ansiedelungen der Eingeborenen. Die Häuser sind grösstentheils grasbedeckte Hütten, an deren Längswänden Schlafgerüste aus Bambusrohr für die Insassen errichtet sind. Neben den Wohnhütten sieht man hier auch viele kleine Hütten auf Pfählen errichtet, die hauptsächlich zum Aufbewahren der Feldfrüchte und Nahrungsmittel dienen.

In dem Dorfe Riboroi, etwa 20 geogr. Meilen nordwestlich von der vorher genannten Halbinsel, hatte ich einen längeren Aufenthalt und machte einen kleinen Ausflug landeinwärts, um mich über die Beschaffenheit des Bodens näher zu informiren. Auch hier waren die Einwohner freundlich, und ein dort stationirter Händler unserer Firma gab ihnen dasselbe Zeugniss, beklagte sich jedoch stark über die Fertigkeit, mit der sie selbst die kleinsten Dinge verschwinden liessen. Darüber blieb ich nicht lange in Zweifel, denn kaum hatte ich einen Gegenstand aus der Hand gelegt, so verschwand er auch spurlos, und es war scherzhaft zu sehen, wie die als Köder hingelegten Stückchen Taback fortgezaubert wurden und die Diebe dann mit der grössten Gewissensruhe ihre Unschuld betheuerten, wobei sie den gestohlenen Gegenstand in der geschlossenen Hand hielten, fürchtend denselben fallen zu lassen und dann der Beute verlustig zu gehen.

Die Insel Neu-Mecklenburg ist hier sehr schmal und man kann bequem in zwei Stunden von einer Seite zur andern gehen. Die Eingeborenen beider Küsten stehen in gegenseitiger Verbindung und haben zeitweilig auch mit den Einwohnern von Neu-Lauenburg

Verkehr. Es liesse sich hier ohne grosse Kosten und Schwierigkeiten leicht ein Weg über die Insel legen, der etwaige spätere Ansiedler der Ostseite Neu-Mecklenburgs befähigen würde, durch Böte mit Neu-Lauenburg oder Neu-Pommern in Verbindung zu treten, ohne erst die weite Reise um Kap St. Georg oder um das Nordende der Insel zu unternehmen.

Ueberall in den Dorfschaften wurden mir aus Kreide geschnittene und bunt bemalte Figuren, menschliche Gestalten darstellend, zum Kauf angeboten. Sie stellten sowohl männliche wie weibliche Gestalten dar und waren von verschiedener Grösse, einige nur 3 dcm, andere nahezu einen Meter hoch, alle ohne Ausnahme im höchsten Grade unanständig und durchaus nicht für die Schaufenster unserer deutschen Kaufläden berechnet. Auch treten hier bereits geschnitzte Holzmasken auf, jedoch nicht so reich verziert und künstlich geschnitzt, wie weiter nördlich oder wie in den Gardner- und Fischer-Inseln. Speere, Keulen und Aexte waren hier die gewöhnliche Waffe; auch Schleuder und Schleudersteine wie in Neu-Pommern bemerkte ich bei einigen Männern.

Da der Ankerplatz vor Riboroi nicht gut ist, so dampften wir am Nachmittag nach dem in NNW liegenden Gerrit Denys hinüber und gingen gegen Abend auf der Ostseite der Insel in dem kleinen Louisen Hafen vor Anker. Dieser Ankerplatz ist nicht von Bedeutung; er ist nicht geschützt, und das Wasser viel zu tief; wir ankerten in 25 Faden Wasser dicht am Ufer, so dicht, dass der Dampfer kaum Raum zum Schwingen hatte. Das Meer ist hier ringsherum, in kleinem Abstand vom Lande, von grosser Tiefe, und zeigt bei 600 Faden noch keinen Grund. Die Insel ist hoch und gebirgig und von tiefen Schluchten durchfurcht, aber bis zum Gipfel bewaldet. Denselben Charakter haben die vier kleineren, nördlich davon gelegenen Inseln St. Antonio, St. Bruno, St. Joseph und St. Francisco.

Mit den Eingeborenen kamen wir in keinem Verkehr; dieselben waren in kleinen Gruppen am Strande versammelt, kamen jedoch trotz aller Zurufe nicht an Bord.

Am Morgen bei Sonnenaufgang bemerkten wir zu unserem Schrecken, dass unser Dampfer während der Nacht wie ein Chamäleon die Farbe gewechselt hatte und über und über bläulich metallisch angelaufen war. Diese Farbenveränderung rührte von den starken Schwefelwasserstoffgas-Ausdünstungen her, die von der Insel fortwährend aufsteigen, und die während der Nacht sich durch ihren nicht angenehmen Duft angemeldet hatten.

Zwischen St. Bruno und Gerrit Denys hindurch dampfend, steuerten wir am Morgen westlich den Gardner-Inseln zu, deren blaue Berggipfel deutlich sichtbar waren. Die Küste Neu-Mecklenburgs ist auf dieser ganzen Strecke völlig falsch auf der Karte niedergelegt; auch sind die Gardner-Inseln weiter nördlich gelegen, woraus sich denn leicht erklären lässt, dass die Entfernung der südlichen Spitze der Inseln von der gegenüberliegenden Küste Neu-Mecklenburgs nicht 5 geogr. Meilen, wie auf der Karte angegeben, sondern ungefähr 20 geogr. Meilen ist. Uebrigens besteht die Gardner-Insel aus zwei separaten Hauptinseln, die durch eine schiffbare Strasse von einander getrennt sind. Die Strasse ist gekrümmt und erlaubt keinen freien Durchblick, weshalb sie auch wohl bisher den Beobachtern entgangen sein mag. Sie beginnt auf der Westseite, dort, wo auf der Karte eine tiefe Bucht angegeben ist, und verläuft von da aus in mittlerer ONO-Richtung. Auf der Westseite der nördlichen Gardner-Insel erstreckt sich ein Riff in einiger Entfernung vom Lande, und eine Passage nahe dem Nordwestende der Insel, die hier eine recht ansehnliche Landzunge nach Westen auslaufend bildet, führt in einen kleinen Hafen hinter dem Korallenriff.

Von den beiden Inseln ist die südlichste die höchste; beide sind jedoch sehr gebirgig und zerklüftet, aber trotzdem sehr stark bevölkert.

Dasselbe gilt von der etwas weiter nördlich gelegenen Fischer-(Vischer-) Insel, die durch eine ca. 3 geogr. Meilen breite Strasse von den Gardner-Inseln getrennt ist. Häfen sind auf dieser Insel nicht vorhanden; ein Strandriff umsäumt das Ufer und am äusseren Rande senkt sich der Meeresboden so steil ab, dass nur an höchst einzelnen Stellen Ankergrund zu finden ist. Ein solcher Ankerplatz befindet sich etwa 2 geogr. Meilen südlich von der auf der Nordwestseite von Fischer-Insel gelegenen kleinen Felseninsel, aber auch hier ist es nur zur Zeit der SO-Winde möglich, zu ankern.

Die Fischer-Insulaner sind sehr zahlreich und wohnen sowohl am Strande, wie landeinwärts in grossen Dorfschaften. Ich landete hier und besuchte mehrere Dorfschaften, wobei der auf der Insel stationirte Händler unserer Firma mich begleitete. Er ist der erste Weisse, der sich auf dieser Insel niedergelassen und hatte bisher keine Gelegenheit, sich über die Insulaner zu beklagen, wenn man ausnimmt, dass auch sie unverbesserliche Diebe sind, gegen welche man alles unter doppelten Schlössern halten muss.

Die Einwohner der Fischer-Insel und Gardner-Inseln sind unstreitig ein höchst interessantes Völkchen und können mit Recht die Bildschnitzer der Südsee genannt werden. Geschnitzte Idole, sowohl in

Relief, wie in durchbrochener Arbeit und bunt bemalt, findet man in allen Dörfern aufgestellt in eigens für diesen Zweck errichteten Hütten. Groteske Holzmasken, die bei gewissen Tänzen auf den Kopf gestülpt werden und den Tänzern ein höchst eigenthümliches Aussehen geben, findet man in grosser Anzahl in den Häusern; manchmal stellen sie groteske Gesichter mit riesigen Ohren und gewaltigen Kopffrisuren, manchmal Eulen- und andere Vogelköpfe dar. Die Giebelenden der Häuser sind mit geschnitzten Brettern verkleidet, die manchmal Laubwerk darstellen, manchmal Fische, Schildkröten, menschliche Figuren, Schlangen, Eidechsen oder Vögel, künstlich verschlungen und durcheinander gewunden. Wie es den Insulanern möglich ist, mit ihren unvollkommenen Instrumenten solche elaborate Schnitzereien herzustellen, ist mir unbegreiflich. Die Männer tragen hier fast alle einen sehr zierlich gearbeiteten Brustschmuck; derselbe besteht aus einer flachen, dünn geschliffenen, kreisrunden Scheibe von Tridacna-Schale, manchmal bis 15 cm im Durchmesser; darauf ist eine kleinere dünne Scheibe aus Schildkrötenschale gelegt und dieselbe zierlich und fein durchbrochen, so fein, dass sie aus einem zierlichen Gewebe feiner Fasern zu bestehen scheint.

Die Häuser sind geräumig, haben etwa 2 m hohe Seitenwände und ein hohes etwas gewölbtes Dach; an beiden Längsseiten laufen überdachte Veranden entlang, und von der einen Giebelwand aus erstreckt sich ein ähnlicher, aber breiterer Vorbau. Die Giebelenden sind theilweise mit den obenerwähnten geschnitzten Brettern verkleidet. Der Einfluss europäischer Muster war an mehreren Stellen insofern bemerkbar, als der Künstler die Etiquette einer Bierflasche täuschend nachgeahmt hatte; sogar die Buchstaben des Originaldrucks waren so sorgfältig nachgeahmt, dass ich ohne Schwierigkeit den Namen der Firma erkennen konnte.

Zwei eigenthümliche Häuser fielen mir auf, die für manche Museen daheim eine werthvolle und interessante Erwerbung gewesen sein würden, weil sie an und für sich eine Ausstellung von Schnitzwerken enthielten. Diese Hütten waren einfache Schutzdächer auf hohen Pfählen; die Vorderseite war jedoch der ganzen Länge nach mit Schnitzwerken, Idolen, Masken u. s. w. behängt oder richtiger verkleidet. In dem einen Falle war das Häuschen, wie mir gesagt wurde, zum Andenken an einen Verstorbenen errichtet, von einem Bambuszaun umgeben, und der Platz mit buntblättrigen Sträuchern bepflanzt. Im andern Fall schien das Haus ein Aufbewahrungsort oder Dépôt von Tanzmasken zu sein; die Holzschnitzer und Maler waren in einem dahinterliegenden Schuppen eifrig mit der Anfertigung neuer Masken und Schnitzwerke beschäftigt.

Auf der gegenüberliegenden Küste von Neu-Mecklenburg findet man in allen Dorfschaften ähnliche Schnitzereien; jedoch will es mir scheinen, als ob die Erzeugnisse von Fischer- und Gardner-Inseln eine höhere Kunstfertigkeit bezeugen.

Es ist eine Frage, ob diese Industrie mit der allmählich fortschreitenden Kultur zu Grunde gehen oder in neue Bahnen gelenkt, einen höheren Aufschwung nehmen wird? Leider ist das erstere am wahrscheinlichsten. Mit den alten Sitten und Gebräuchen stirbt leider auch die alte Kunstfertigkeit ab und geht zu Grunde; christliche Missionäre untersagen die Anfertigung von Idolen, verbieten die einheimischen Tänze, richten zu Grunde, was damit verbunden war und machen mit der Zeit aus den »wilden Kannibalen«, die einen hohen Grad von Kunstfertigkeit besassen, »civilisirte Christen«, die ein wenig lesen und schreiben können, aber im Grunde ihres Herzens nicht um ein Quentchen bessere Menschen geworden sind, als sie früher waren. Lobenswerth wäre es dagegen sicherlich, wenn man darauf bedacht wäre, durch bessere Handwerkszeuge und durch gute Muster die hier herrschende Kunstfertigkeit in solche Bahnen zu leiten, dass sie auch der Industrie nützlich würde. Wäre es z. B. nicht recht originell, wenn man die Kannibalen Neu-Mecklenburgs Heiligenbilder zu schnitzen lehrte und dieselben den rechtgläubigen Katholiken Europas zum Kauf anbieten könnte?! Die Schnitzereien und Idole auf Fischer-Insel haben einen bedeutend höheren Kunstwerth, als unzählige Mutter Gottesbilder in katholischen Ländern Europas.

Abgesehen von dieser sehr lobenswerthen Fertigkeit sind die Insulaner, ganz wie ihre Nachbarn in Neu-Mecklenburg, arge Kannibalen, denen ich nicht allzu grosses Vertrauen schenke. Die Männer sind hoch und schlank gebaut, mit gut ausgebildetem Oberkörper, wenn auch nur mit verhältnissmässig schwachem Untergestell. Auch die Weiber sind wohlgebaut und haben grösstentheils recht angenehme, sanfte Gesichtszüge. In Folge der grossen Quantität von Taro und Yams, die in gut kultivirten Pflanzungen gezogen werden, sind beide Geschlechter wohlgenährt und haben ein gesundes und frisches Aussehen. Eine erstaunliche Menge von Kindern machte alle Wege und Stege unsicher und war bereits soweit civilisirt, dass sie unverfroren Tribut in Gestalt von Taback, Glasperlen, Angelhaken u. s. w. auflegte, und in der Regel mit gutem Erfolg, da der schreiende, tobende Knäuel doch nach und nach lästig wurde und man des lieben Friedens halber gern ein kleines Opfer brachte.

Von Fischer-Insel ging der Dampfer nach der gegenüberliegenden Küste Neu-Mecklenburgs. Die Schleinitz-Kette, die sich hier in mittlere OSO-Richtung als ein Rückgrat durch die Länge der Insel zieht, fällt hier vielfach zerklüftet bis zum Meere ab. Ebenen, wie am Kap Santa Maria sind hier nicht vorhanden; kleinere Grasflächen sind wohl hier und dort, aber bei Weitem der grösste Theil des Landes ist dicht bewaldet. Die Bevölkerung ist sehr zahlreich, grosse Dörfer liegen nicht nur am Strande, sondern auch landeinwärts. Ich landete an mehreren Stellen und fand, dass die Bevölkerung nicht von den Fischer-Insulanern wesentlich verschieden ist, mir kamen sie nur wilder und uncivilisirter als dort vor. Die Weiber waren von belästigender Zudringlichkeit, und die Männer mit unfreundlichen Gesichtern lungerten in Gruppen umher und näherten sich höchstens, um zu betteln. Der Kannibalismus ist in diesem Theil Neu-Mecklenburgs weit gebräuchlicher als irgendwo anders. Augenzeugen berichten von Auftritten, die zu scheusslich sind, um näher beschrieben zu werden. Der jahrelange Verkehr mit Weissen hat nicht vermocht, hierin eine Aenderung hervorzubringen.

Die Küste Neu-Mecklenburgs ist hier auf den Karten völlig falsch angegeben; eine spätere genaue Aufnahme der Insel wird ihr eine wesentlich andere Gestalt geben. Das Nordwestende Neu-Mecklenburgs ist eine ziemlich ausgeprägte Ebene mit grossen Grasfeldern und anscheinend in den Stranddistrikten sehr stark bevölkert. Kokospalmen umzäunen, namenlich von Kapsu an etwa 20 Meilen östlich vom Nordkap, den Strand auf weite Strecken und zahlreiche Hütten lugen dazwischen hervor. Dieser niedrige Theil Neu-Mecklenburgs ist stark vom Fieber heimgesucht und für weisse Ansiedler durchaus kein geeigneter Niederlassungsort.

Auf der Insel Nusa, westlich vom Nordkap ist eine Handelsniederlassung der Firma Hernsheim & Co., die seit ungefähr 7 Jahren besteht. Hier ist ein guter Hafen, wie überhaupt denn westlich von Neu-Mecklenburg zwischen den vielen kleinen dort befindlichen Inseln gute Ankerplätze, auch für grössere Schiffe, sich befinden, wenngleich es unbedingt nothwendig ist, scharf auf verborgene Korallenbänke zu achten, die häufig genug Gefahr drohen. Auch in dieser Gegend ist der jahrelange Verkehr mit Weissen anscheinend nicht viel den Eingeborenen zum Nutzen geworden. Leben und Eigenthum scheinen noch immer sehr unsicher zu sein, wenigstens sprach dafür die Art und Weise, wie die Händler sich mit Flinten, Revolvern und anderen Vertheidigungsmitteln versehen hielten. Noch vor 3 Jahren wurde die Station der Firma Hernsheim & Co. auf Nusa von den Eingeborenen zerstört und ausgeraubt; die dort sich aufhaltenden Händler entgingen mit genauer Noth den Händen der Feinde.

Die kleinen Inseln zwischen Neu-Mecklenburg und Neu-Hannover sind zwar sehr malerische und typische Bilder tropischer Insel-Vegetation, aber trotz aller äusseren Reize lauert das verderbliche Fieber in den Mangrovesümpfen, was stets ein Hinderniss bleiben wird für ausgedehnte Ansiedelungen Weisser, so verlockend auch das Land erscheinen mag.

Die von den Schiffen gewöhnlich benutzte Passage, ist die Steffen-Strasse zwischen Kap Jeschke und der Mausoleum-Insel. Neuerdings jedoch hat der Kreuzer Albatros südlich von der Insel Máne einen Kanal gefunden, der auch für Schiffe mittlerer Grösse passirbar ist; durch denselben dampften wir jetzt von Nusa kommend. Die Insel muss hier bedeutend schmaler sein, als auf den Karten angegeben ist, denn die Durchfahrt dauerte nicht lange; wir waren faktisch noch immer im Zweifel, ob wir uns wirklich im Pinegam-Kanal befanden oder nicht, als plötzlich bei einer scharfen Drehung das Meer wieder sichtbar wurde und wir aus dem Kanal hinaus waren, ehe wir vermeinten, in demselben zu sein.

# Unter den Australnegern am Herbert River in Nord-Queensland

von

**Carl Lumholtz**
(Christiania).

(Vortrag, gehalten in der Geographischen Gesellschaft in Hamburg am 3. November 1887.)

---

Mit Unterstützung der Universität zu Christiania unternahm ich im Jahre 1880 eine Reise nach Australien, die bis 1884 dauerte. Während meines dortigen Aufenthaltes machte ich zwei grössere Entdeckungsreisen, die eine nach dem westlichen Queensland bis nach Diamantine hinüber, die andere, und zwar die bedeutendere und interessantere, nach den anmuthigen tropischen Gefilden des nördlichen Queensland. Mein Hauptquartier war hier am Herbert River, unter dem 18. Grad südl. Breite.

Wie bekannt, erstreckt sich die ganze Ostküste Australiens entlang die grosse Wasserscheide, the great dividing range, Australiens Cordilleras, die den Regen befördert und Flüsse entsendet, weshalb auch der östliche Theil Australiens weit fruchtbarer als der westliche ist. Der südliche Theil dieses Randgebirges heisst seiner Höhe wegen Australische Alpen. Weiter nördlich verflacht es sich bis zu niedrigen Hügeln. In Nord-Queensland dagegen trifft man Berge von weit über 1000 m, der sog. Bellenden Car erhebt sich sogar bis 1813 m. Die jährliche Regenmenge am Herbert River beträgt gegen 200 cm. Daher sind die Gebirge dort vom Fuss bis zum Gipfel mit ausserordentlich üppigem, schwer durchdringlichem »jungle crat« bedeckt. In der reichen Vegetation macht sich das australische Schilfrohr, calamus australis, sehr bemerkbar, das, hunderte von Fuss lang, sich an den Bäumen durch den Wald windet, bisweilen auch in kolossalen Büscheln sich aufbäumt, die jedes Vordringen daselbst unmöglich machen. Diese Palmenart wird von den Colonisten »Procurator-« oder »lawyer-palm« benannt, weil ihre spitzen Dornen sich an die Kleider hängen und die Haut blutig fetzen. Nicht minder unangenehm macht sich auch eine grosse Nesselart, Laportea moroides, bemerkbar, deren schöne herzförmigen Blätter sehr unangenehme Stiche verursachen.

Auch trifft man eine Menge sehr wohlthätiger und anmuthiger Pflanzen, wie die durch ganz Australien verbreitete Fächerpalme und die Banane. In höheren Bergregionen wachsen in vollster Pracht die riesigen Baumfarne, ihre kolossalen Wedel über das durchsichtig klare Wasser der dahinrieselnden Bäche breitend.

Der Wasserreichthum dieser Gebirgsgegenden sticht sehr bedeutend gegen die Dürre des australischen Innern ab. Eine Anzahl von Bächen bilden bald die anmuthigsten Wasserfälle, bald vereinen sie sich zu recht ansehnlichen Flüssen. Letztere haben allerdings einen kurzen Lauf, führen aber um so bedeutendere Wassermengen mit sich. Auch sind sie von dichtem Jungle-Gestrüpp umwuchert, das ihrem Laufe bis an die Mündung folgt. Der Boden ist hier überall von unvergleichlicher Fruchtbarkeit, und wenn dies Gestrüpp durch die Hand des weissen Ansiedlers, oder richtiger des von ihm unterjochten Kanaken, ausgerodet ist, gedeiht das Zuckerrohr vortrefflich. Auch Tabak und Kaffee finden gutes Fortkommen.

* * *

Die weissen Ansiedler bleiben jedoch in den Niederungen und kommen niemals in das Dickicht der Gebirge, wo in unberührtem Naturzustande die schwarzen Eingeborenen hausen und wo das Vordringen nur Mühseligkeiten bietet. Es hatte mich jedoch von jeher immer sehr danach verlangt, die Australneger, die niedrigste aller Menschenrassen, einmal in ihrer Heimath aufzusuchen. Deshalb schlug ich bald nach meiner Ankunft im September 1882 mein Hauptquartier auf einer verlassenen Viehstation, Herbert Vale, auf, in deren Nähe Schwarze wohnten. Dieselben waren allerdings in den letzten Jahren nach und nach etwas von der europäischen Kultur berührt worden, d. h. sie hatten sich gründlich an den Genuss von Tabak, weniger an das Tragen von Kleidern gewöhnt. Letztere gelten bei ihnen noch erst als Zierathe, doch hatten sie ihre ursprüngliche Furcht vor den Weissen abgelegt. Ich folgte ihnen auf ihren Jagdzügen, war bei ihren Gefechten, ihren Tänzen und Lustbarkeiten und begann mit ihrer Sprache und ihren Gewohnheiten mich vertraut zu machen. Bereits über 1½ Monate lebte ich unter ihnen; da erzählten sie mir, dass in den benachbarten Gebirgsgegenden sich verschiedene Thiere befänden, die anderswo nicht lebten und deren Beschreibung mich vermuthen liess, dass es sich um wissenschaftlich noch unbekannte Arten handle. Ich entschloss mich, der Sache nachzuforschen und machte mich ohne jede Begleitung auf den Weg, suchte aber bei jeder Gelegenheit mit den Eingeborenen mich auf freundschaftlichen Fuss zu stellen. So machte ich von meinem neuen Hauptquartier in dem Gebirgsdickicht eine Reihe von Streifzügen und lebte monatelang unter Eingeborenen, die bisher nie mit Weissen in Berührung gekommen waren.

Nur mit Mühe liessen sich die von Natur faulen Schwarzen zur Theilnahme an meinen Expeditionen bewegen. Erst in letzter Zeit gewann ich einen leidlich treuen Diener, der, wenn auch nicht durchaus zuverlässig, mir doch überallhin folgte und mir mehrfach von grossem Nutzen wurde. Besonders half er mir für meine Expeditionen Eingeborene als Träger ausfindig machen.

Meinen Proviant bildeten 14 bis 15 Stück getrocknetes und gepökeltes Ochsenfleisch nebst einer kleinen Menge Weizenmehl, aus welchem in heisser Asche Brot gebacken wurde, sowie etwas Zucker. War dieser Proviant erschöpft, so lebte ich wie die Eingeborenen von Schlangen, Eidechsen, Larven und ähnlichen Dingen. — Zu meiner Ausrüstung gehörte ferner eine grosse weisse Wolldecke, die ein steter Gegenstand der Bewunderung und des Neides von Seiten der Schwarzen war. Sobald ich dieselbe nur aufrollte, so schnalzten sie wohlgefällig mit der Zunge und riefen: Tamin, Tamin, d. i. »fett, fett«, die Bezeichnung für alles in ihren Augen Werthvolle. Am höchsten galt ihnen aber der Rauchtabak, für den sie selbst ihre Weiber verkaufen. Am meissten Respekt flösste ihnen, die nicht einmal Pfeil und Bogen kennen, mein Revolver ein. Vor jedem Nachtlager erinnerte ich durch Abschiessen desselben meine Begleiter an die Zauberkraft dieser Waffe. Während meines Aufenthaltes bei den Eingeborenen war ich so glücklich, manche für die Wissenschaft neue Thiere, allein 4 neue Säugethiere, darunter den Dendrolagus, zu entdecken.

Was die Eingeborenen selber betrifft, so fand ich dieselben im Innern von ziemlicher Grösse, bis 7 engl. Fuss in einzelnen Fällen, an der Küste aber bedeutend kleiner. Allerdings sind sie nicht so muskulös wie die Europäer; ihre Körperkräfte sind entschieden geringer, doch besitzen sie alle eine ungemeine Herrschaft über ihren Körper und bewegen sich mit grosser Würde und Leichtigkeit; ihr Körper ist fein gebaut; am Gesicht fällt am meisten die niedrige, nach hinten geneigte Stirn und der stark hervortretende Theil über den Augen auf. Letztere sind immer dunkel, das Weisse darin schmutzfarbig und das Blutsystem desselben sehr hervortretend, was den Augen einen wilden Ausdruck verleiht. Die Nase ist platt und dreieckig, sowie an der Wurzel sehr schmal, so dass die Augen sehr nahe beisammen liegen. Der fleischige Theil der Nasenscheidewand ist auffallend stark entwickelt. Die Eingeborenen pflegen sie oft zu durchlöchern und als Zierath einen kleinen Pflock, bisweilen auch ihre Thonpfeifen hineinzustecken. In Nord-Queensland fanden sich viele Männer mit grossen Nasen, was auf eine Mischung mit Papuas schliessen lässt. Die Backenknochen treten stark hervor. Der Mund ist gross, offen und meistentheils nichts weniger als schön. Die Lippen sind röthlich-blau, die Zähne weiss und ganz prächtig, das Kinn ziemlich kurz. Haar und Bart sind pechschwarz. Das Haar ist nicht so wollig wie bei den afrikanischen Negern, sondern schwach gewellt. Mitunter ist es ganz glatt, was aber am Herbert River eine seltene Ausnahme ist. Wenn ihnen das Haar durch seine Länge lästig zu werden beginnt, so sengen sie es mit einem brennenden Spahne ab oder stutzen es mit Glasscherben zu. Männer und Frauen tragen das Haar gleich lang.

Man nennt die Australier Schwarze (blacks); sie sind aber eigentlich chocoladenfarbig. Diese ihre Farbe tritt am deutlichsten hervor, wenn sie ins Wasser gehen. Im Sommer pflegen sie jeden Wassertümpel, den sie auf ihrem Wege antreffen, zu benutzen, doch nicht zwecks Reinlichkeit, sondern zur Abkühlung; im kalten Winter baden sie nie.

Die Kinder sind gleich nach der Geburt hellgelbbraun und werden erst allmählich dunkler; nach 3 bis 4 Jahren sind sie bereits so dunkel wie die Eltern.

Die Stimme der Australneger ist ziemlich wohllautend und deutet auf musikalische Begabung. Sie ist bei Frauen wie Männern sehr hoch; eine Bassstimme ist selten.

Die Weiber altern sehr frühzeitig und ihre Glieder sind dann mager, Muskeln scheinen sie gar nicht mehr zu besitzen, der Bauch ist gross, die Haut runzlig, das Haar grau und dünn, das Gesicht ungemein hässlich.

Die Sinne der Eingeborenen sind wohlentwickelt, besonders ist ihr Gesicht ungemein scharf. Sie entdecken in 20 und mehr Meter Höhe das Einfliegen der australischen Biene, die kleiner als unsere Stubenfliege ist, in ihren Baumschacht. Will der Australneger ein Thier aus der Erde graben, so genügt es ihm, eine Handvoll Erde an die Nase zu halten, um sich zu überzeugen, dass der gesuchte Bewohner des Erdhaufens darin ist. Geht er durch den Wald, so greift er wohl im Vorübergehen einen Stein oder ein Blatt auf, um sich durch den Geruch zu überzeugen, ob ein Thier darüber gegangen ist.

Die Eingeborenen Australiens werden von Krankheiten nicht sehr heimgesucht; erst da, wo sie »civilisirt« worden sind und Kleider angezogen haben, stellen sich Krankheiten bei ihnen ein. Der Australneger am Herbert River, von Haus aus ganz unbekleidet, ist auf den

Besitz von Kleidern sehr stolz, doch betrachtet er sie nur als Zierath, und zieht sie oft aus, wenn er ihrer am meisten bedürfte. Daher die vielen Erkältungen und Brustleiden, die ihnen wie auch die Klimafieber im Naturzustande fremd sind. Die Kinder leiden bisweilen an Ausschlägen, vielleicht eine Folge der rein vegetabilischen, vielfach giftigen Nahrung, auf die sie angewiesen sind; letztere verursacht bei den Frauen einen vorstehenden Bauch und trockene Haut. Zahnschmerzen lindert man, indem man an der schmerzenden Wange durch eine andere Person sich das Blut aussaugen, oder, wenn es ein Vorderzahn ist, denselben durch einen zugespitzten Pflock ausschlagen lässt. Uebrigens sind die Eingeborenen sehr empfindlich gegen Schmerz und halten sich bei geringster Verletzung zu Hause im Lager.

Es ist erstaunlich, wie schnell frische Wunden, auch schwerer Art, bei ihnen heilen. Man behandelt dieselben dabei höchstens mit Asche, die man hineinstreut.

Nach meinen Beobachtungen erreichen die Männer ein Alter von meist etwas über 50 Jahren, während die Frauen, der härteren Lebensweise wegen, diese Zahl selten erreichen.

Wie alle Naturvölker sind die Australneger sehr geneigt ihren Leib zu schmücken und zu verzieren. Bisweilen beschmieren sie sich den ganzen Körper mit einer rothen oder gelben Erdfarbe oder mit einem Gemisch von Kohlenpulver und Fett.

Tättowirungen und Fleischnarben sind bei ihnen, allerdings in der rohesten Form, Sitte. Sie benutzen hierzu einen scharfen Stein oder eine Muschelschale. Damit ritzen sie den Leib in parallelen Linien. Um das schnelle Zuheilen der Wunden zu verhindern, reiben sie dieselben mit Kohle ein oder lassen Ameisen die Wunden besuchen, und veranlassen so ein Anschwellen der Wundstreifen. Die Linien lassen immer eine gewisse Rangordnung erkennen, wobei das Alter den Ausschlag giebt. Wenn der Knabe zum Jüngling heranwächst, erhält er Querstriche über Brust, Bauch und Schultern, die mit der Zeit vermehrt werden und als Zeichen der Männerwürde gelten. Andere Linien, die mehr als Zierath dienen, verlaufen gruppenweise quer über den Arm. Die Frauen tragen nur einige kunstlose Striche auf Brust und Armen. — Das Tättowiren durch Punktiren der Haut mit einem spitzen Gegenstand ist bei den Australnegern nicht im Gebrauch. —

Sprachen giebt es bei den Australnegern so viel wie die Stämme, in die sie zerfallen. Sie besitzen keine Aehnlichkeit mit anderen Sprachen. Von einer schriftlichen Festlegung ist keine Rede, wenn man nicht die sogenannten Message sticks, womit sie sich unter einander verständlich machen, hierher rechnen will. Dass sie den S-Laut nicht aussprechen können, wie behauptet ist, beruht auf Irrthum. Am Herbert River hat z. B. die Bezeichnung für Tabak, suttongo, sowie auch diejenige für Syphilis, sinchem, einen S-Laut. Die Sprachen der Australier sind polysyllabisch, und der Ton ruht gewöhnlich auf der vor- oder auch der drittletzten Silbe. Ein Reichthum an Vokalen giebt den Worten einen angenehmen Klang. Im Sprechen macht sich vielfach eine imperative Kürze bemerkbar; oft wird mit einem Worte ein ganzer Satz ausgedrückt.

Bei Herbert Vale zählen die Eingeborenen bis 3; 1 = jongul, 2 = jakkan, 3 = karbo. Die Vierzahl ist ihnen »tagin« d. i. viel. Südlichere Stämme dagegen haben Benennungen bis 5.

Den niedrigen Kulturstand des Australnegers verrathen auch seine Waffen und Geräthe. Wurfwaffen und Schwert sind von Holz. Am Herbert River in den grossen Dickichten streift der Eingeborene meist mit leerer, unbewaffneter Hand umher. Wird er eines Thieres ansichtig, so bricht er schnell einen Stock ab und versucht es todt zu werfen, was ihm auch oft gelingt. Hat er ein Thier erlegt und will es nun zurichten, so öffnet er ihm mit dem ersten besten Stein oder einem harten Stück Holz den Bauch.

Flintsteinwaffen giebt es allerdings auch in Australien, doch am Herbert River sah ich niemals eine solche.

Sobald die Australneger »civilisirt« werden, wissen sie besonders die Axt des weissen Mannes ausserordentlich hochzuschätzen.

Die L e b e n s m i t t e l der Eingeborenen am Herbert River sind vorwiegend vegetabilischer Art, bedürfen aber, da im rohen Zustande meist giftig, einer weitläufigen Zubereitung durch Braten, Klopfen und Entwässern. Sonst verzehren sie auch sehr vielerlei Gethier, wie Heuschrecken, Ameisenpuppen, Käferlarven und Eidechsen. Aber nichts geniessen sie roh; alles wird zubereitet — nicht durch Kochen im Wasser, sondern durch Rösten in Holzgluth, Asche oder durch Lagerung zwischen heissen Steinen und grünen Blättern in Erdhügeln. Letztere Zubereitungsart findet bei den grossen Schlangen, bei Menschen- und Ochsenfleisch statt. Ein besonderer Leckerbissen sind die Eier des Tallagallahuhnes, die in heisser Asche gekocht werden.

Was die sozialen Verhältnisse der Eingeborenen betrifft, so halten sie unter sich, im eigenen Stamme, wohl Freundschaft, doch nach aussen besteht Feindschaft auf Leben und Tod. Der gefangene Gegner wird verspeist. Der Krieg herrscht hier in seiner ursprünglichsten Gestalt tückischen Einzelmordes und feiger Ueberlistung aus dem Hinterhalt. Nie wird im Gebiet des Herbert River ein Stamm den andern durch offenen Kampf zu bekriegen wagen. Diesen Stämmen fehlt es auch an Häuptlingen. In wichtigen Angelegenheiten werden die Aeltesten des Stammes befragt.

Die Stellung der Frau ist die einer Sclavin, die der Herr nach Willkür misshandeln oder tödten darf. Je mehr Frauen ein Mann hat, desto reicher ist er, denn die Frauen thun und besorgen alles. Doch hat ein Australier selten mehr als zwei oder drei Frauen. In den Besitz gelangt er entweder durch Erbschaft oder durch gewaltsame Entführung, die oft erst nach heissem Kampfe mit Nebenbuhlern möglich ist.

Von einer Kindererziehung ist keine Rede. Die Kleinen werden sich selbst überlassen und man lässt sie in allem gewähren. Sobald sie laufen können, spielen sie mit dem Bumerang; dann kommt das Tabakrauchen an die Reihe und der Knabe unterscheidet sich nur wenig vom Manne, wie denn die Schwarzen überhaupt nur grosse Kinder sind in allem, was sie denken und thun.

Religiöse Vorstellungen sind bei den Eingeborenen kaum zu finden; höchstens zeigen sie Scheu vor einem bösen Wesen, das ihnen schaden möchte und das sich ihnen wohl in dem unheimlichen Geschrei eines Nachtvogels offenbart. Von einem jenseitigen Leben haben sie keine Vorstellung. Die Spender des oft unwillkommenen Regens sind »andere Schwarze«, die nach ihrer Meinung auch die Lichter des Himmels erschaffen haben.

»Wenn civilisirte Nationen mit barbarischen zusammenkommen, so ist der Kampf zwischen beiden nur kurz, ausgenommen wo ein mörderisches Klima den letzteren zu Hilfe kommt«. Dieser Ausspruch Darwins bewahrheitet sich bei den Australnegern. Ihre Zahl mindert sich von Tag zu Tag in dem Maasse, wie die Civilisation vorschreitet. Branntwein und Opium tragen das Ihrige dazu bei.

# Zur Orientierung über die Nullmeridianfrage.

Von

**Wilh. Precht.**

---

Unter der grossen Zahl von Nullmeridianen, welche im Gebrauch gewesen oder vorgeschlagen worden sind, — es werden gegen hundert sein — hat ein Theil zunächst landestopographischen, astronomischen oder nautischen Zwecken dienen sollen. Unter Umständen sind sie dann auch zu Längenbestimmungen auf der ganzen Erde benutzt. Ihr nächster Zweck aber erforderte genaueste Festlegung des Nullpunktes und damit Lage in dem Lande, in welchem nach ihnen gerechnet werden sollte. Diesen nationalen Nullmeridianen stehen die geographischen gegenüber, welche, für die ganze Erde bestimmt, auch von vornherein aus diesem Gesichtspunkt gewählt wurden.

I. Die Bestimmung der Lage der Örter eines Landes geschieht naturgemäss am besten nach dem Meridian des bekanntesten Ortes dieses Landes, der Hauptstadt, und so finden wir unter den nationalen Nullmeridianen zuerst eine Reihe von hauptstädtischen: fast alle europäische, mehrere orientalische Hauptstädte und Washington sind vertreten.

Zum Theil sind dies zugleich die Meridiane der Beobachtungsorte astronomischer Erscheinungen: Sternwarten-Nullmeridiane, deren es ebenfalls eine grosse Zahl giebt.

Zu nautischen Zwecken nahm man als Anfang der Zählung manchmal die Meridiane wichtiger Seehäfen. Zu den Seehafen-Nullmeridianen gehört wieder London-Greenwich, ferner Rouen, Lissabon u. a.

Nach dem Ende ihres Landes rechneten die Engländer, wenn sie den Nullmeridian über Kap Lizard legten.

Nach den Kolonien verlegten sie den Nullmeridian über Jamaica, die Spanier über Trinidad, speciell Punta Gallera.

II. Einen geographischen Nullmeridian glaubte man eine Zeit lang nach der Gestalt der Erde bestimmen zu können, indem man bei der

Annahme, dass diese ein dreiachsiges Ellipsoid sei, den Nullmeridian über den Endpunkt der grössten bezw. der kleinsten Äquatorialachse legte.

Ebenfalls einem Irrthum verdankt den Vorzug der Nullmeridian der azorischen Insel Corvo, welchen man für einen Meridian ohne magnetische Missweisung hielt.

Wichtiger sind diejenigen Nullmeridiane, welche nach der Vertheilung von Land und Wasser auf der Erde gewählt sind.

1. Es ist natürlich, dass man vor der Zeit der grossen Entdeckungen die Zählung an einem Ende der Welt begann, und dass man dabei blieb, als man jenseit desselben noch eine neue Welt entdeckte. So finden wir am Westende der alten Welt eine Reihe von End-Nullmeridianen, die von Thule, den Säulen des Hercules, dem Westrand Afrikas, von allen westafrikanischen Inselgruppen und den von den Arabern als Meridian des absoluten Westens bezeichneten Meridian 80° westlich von Bagdad.

Das Ostende der alten Welt, unbestimmter in der Vorstellung, war weniger zum Anfang der Zählung geeignet. Behaim nahm hier als Nullmeridian einen östlich von Japan gelegenen Meridian an, und in deutschen Tabellen geographischer Ortsbestimmungen aus dem Mittelalter findet sich ein Nullmeridian 90° östlich von Jerusalem, welcher mitten durch das Paradies gehen sollte.

2. Mehr Vorschlägen der neueren Zeit gehören die Mittel-Nullmeridiane an.

Die Mitte der Welt sollte der Meridian von Azin, 10° östl. von Bagdad, auf dem Äquator 90° von jedem Weltende gelegen, bezeichnen.

Der Meridian der Cheopspyramide und der von Jerusalem, für die mittelalterlichen Geographen die Mitte der Welt, liegen da, wo die drei Erdtheile der alten Welt zusammenstossen. Beide durchschneiden diese drei Erdtheile, ersterer wohl von allen Meridianen am meisten bewohntes Land.

Politisch halbiert wurde einst die Welt durch den 360 leguas westlich von den Capverdischen Inseln gelegten Meridian, welcher die Welt unter die Spanier und Portugiesen vertheilte und zugleich als Anfang der Längenzählung gelten sollte.

Endlich haben eine geographische Bedeutung auch die uns als nationale, als hauptstädtische, Sternwarten-Meridiane und bezw. Seehafenmeridiane schon bekannten Nullmeridiane von Paris und von Greenwich. Im Kanal ist der Mittelpunkt der Halbkugeloberfläche der grössten Landmasse zu suchen, und, je nachdem die Karten nach

Paris-Ferro oder nach Greenwich rechnen, wird der Meridian dieses nicht genau zu bezeichnenden Punktes über Paris oder Greenwich gelegt.

Durch die Mitte der Oberfläche der Wasserhalbkugel geht natürlich der 180° v. Gr. vorgeschlagene Nullmeridian, ebenso ungefähr der von Kamtschatka und der des Beringsmeeres, welcher die alte und die neue Welt scheidet.

III. Rein astronomisch bestimmt ist von Laplace der Nullmeridian 185° 30′ neuer Eintheilung ö. v. Paris (169° 6′ 27″ ö. v. Gr.), wo 1250 v. Ch. die grosse Achse der Sonnenbahn normal auf der Verbindungslinie der Tag- und Nachtgleichenpunkte stand. Dieser würde auch das Ostende der alten Welt bezeichnen.

Die durch diese Klassifikation aufgezeigten Gründe für einen Nullmeridian vereinigen sich fast sämmtlich bei denen von Greenwich und von Paris. Wenn nun für eine allgemeine Einführung ausser diesen in der Jetztzeit auch noch die Meridiane 180° v. Gr. und von Jerusalem in Frage kommen, so dürfte zur Orientierung noch folgende Eintheilung dienen.

In jedem Nullmeridiansystem muss einem durch einen bestimmten Punkt der Erde gehenden Meridian eine bestimmte Zahl zugelegt werden. Dieser Festmeridian kann zugleich der Nullmeridian sein. In sechs Fällen ist er ein anderer, nämlich: für den durch den Westrand der kanarischen Inseln gelegten Nullmeridian diente als Festmeridian der von Alexandrien mit einer zu 60° angenommenen Differenz; der paradiesische Nullmeridian wurde 90° ö. vom Festmeridian Jerusalem gelegt, der von Azin 10° ö. v. Bagdad, der des absoluten Westens 80° w. v. demselben Festmeridian, der Ferromeridian 20° w. v. Paris, und endlich wird ein Nullmeridian 180° von Gr. vorgeschlagen. Solche Zählnullmeridiane gehen nicht über einen genau bestimmten Punkt auf der Erde. Die Messungen gehen vom Festmeridian aus und werden dann nach dem Nullmeridian umgerechnet. Wählt man nun den Jerusalemer Meridian zum Nullmeridian, so wird man entweder keinen bestimmten Punkt angeben, über welchen er gehen soll, und sich damit begnügen, ihm seine Stelle so und so weit von Paris oder Greenwich anzuweisen: dann würde der dem System wirklich zu Grunde liegende Meridian der Festmeridian sein, und die Absicht, einen nationalen Nullmeridian auszuschliessen, wäre nur scheinbar erreicht. Oder man würde einen bestimmten Punkt angeben. Dann würde sicher des öfteren eine Veränderung in der Bestimmung der Länge von den wichtigsten Sternwarten und eine Umrechnung der von letzteren herausgegebenen nautischen und astronomischen Tabellen erforderlich sein. Das würde nur zu vermeiden

**sein, wenn man für diese Zwecke einen andern Nullmeridian wählte als für die der Geographie und so auf vollständige Einheit verzichtete.**

**Den 180° v. Gr. würde man wohl von vornherein nur als Zählnullmeridian aufstellen, und da hier die Umrechnung eine leichte ist, würde das Uebel geringer sein. Immerhin wäre es natürlicher, den Meridian von Greenwich zum Fest- und Nullmeridian zugleich zu wählen.**

# Sitzungsberichte. *)

## 124. Sitzung. 6. Januar 1887.

Vorsitzender: Herr Bürgermeister Dr. Kirchenpauer.

Das Protokoll der vorigen Sitzung wird verlesen und genehmigt.

Als Gäste und Redner des Abends sind anwesend die Herren Premierlieutenant Kund aus Berlin und Dr. van Rijckevorsel aus Rotterdam.

Letzterer hält seinen angekündigten Vortrag über »Sumatra« (siehe Mittheilungen der Geogr. Ges. in Hamburg 1887—88 Seite 24—40) Im Anschluss an denselben hebt Herr Geheimrath Neumayer das Verdienst hervor, das Herr Dr. van Rijckevorsel sich dadurch erworben, dass er den Indischen Archipel mit einem Netze magnetischer Beobachtungen überzogen habe, wie denn auch die Ergebnisse seiner Forschungen seitens der Niederländischen Akademie der Wissenschaften durch Veröffentlichung in deren Schriften Anerkennung gefunden hätten.

Herr Premierlieutenant R. Kund spricht »Ueber seine Forschungsreisen im südlichen Kongobecken«.

Unter Führung des Lieutenant Schulze ging eine Expedition von 5 Mann, zu denen Redner gehörte, in 1884 nach Westafrika, um im Auftrage der Deutschen Afrikanischen Gesellschaft die Westhälfte des südlichen Kongobeckens zu erforschen. Die Beschaffung von Trägern machte grosse Schwierigkeiten und doch waren sie für den Transport der Tauschwaaren und des Gepäcks nicht zu entbehren. Von den 120 Angeworbenen entlief auch ein Theil in den ersten Tagen. Die Führung der Expedition ging nach dem, gleich zu Anfang erfolgten, Tode des Lieutenant Schulze auf den Redner über. Von Ango-Ango am untern Kongo zog die Karawane in 20 Tagen flussaufwärts zum Stanley-Pool durch ein bergiges, schluchtenreiches Gebiet, das, meist mit mannshohem, hartem Grase bewachsen, nur an den Flussläufen etwas Wald hat. Die plötzlich einsetzenden, mit elementarer Gewalt auftretenden, tropischen Regen finden an dem Berglande keinen Halt und schwemmen höchstens den fruchtbaren Boden zum Meere hinab. Weiter im Innern ist das Land flacher, der Waldbestand reicher und die Kultivierung des Bodens leichter möglich. Stanley-Pool ist 15 km breit und 30 km lang und das Eingangsthor zu Central-Afrika; 1500 km weit aufwärts ist der Kongo fahrbar und schiffbare Nebenflüsse hat er rechts und links. Nur vom Stanley-Pool abwärts ist er 350 km weit unfahrbar und deshalb eine Eisenbahn an ihm entlang geplant. Ob dieselbe den Werth des Innern für Europa steigern wird, ist für die nächste Zukunft sehr fraglich, weil es an willigen Arbeitskräften mangelt. An Ertragsfähigkeit fehlt es dem Boden gewiss nicht, deshalb muss der Neger zunächst zur Arbeit gewöhnt werden, und der Wunsch nach Besitz europäischer Waaren dürfte ihn am ehesten zur Arbeit anspornen. Demnach muss die Kolonialpolitik dem Handel Vorschub leisten. Vom Stanley-Pool aus brach die Expedition nach langem Sträuben der Schwarzen, die die im Innern wohnenden Völker fürchten, nach S zum Koango auf, betrat bald ganz unbekanntes

*) Anschliessend an die in den Mittheilungen 1885—86 gegebenen Berichte.

Land und kreuzte der Reihe nach folgende Zuflüsse des Kongo: den Koango, den Wambu, den Inzia, den Kwilu, den Sankullu (Kassai Wissmann's) und kam zum Lukenje, der wie die erstgenannten, mit dem Sankullu vereinigt, zum Kongo geht. Die Eingeborenen widersetzten sich mehrfach dem Vordringen und die Selbsterhaltung zwang die Expedition gelegentlich zu Gewaltmassregeln und Wiedervergeltung. Je weiter man nach O vordrang, desto tropischer wurde die Landschaft, man betrat die Herrschaft der Palmen und Elefanten. Die Bewohner, obwohl Kannibalen, sind hier friedlich und liessen die Reisenden gewähren. Die Bewässerung der Landschaft nimmt nach O zu, an manchen Tagen waren 10 Flüsse zu passiren von mindestens 6 m Breite; die Laubbäume, deren Formen den deutschen ähneln, sind aber Riesen gegen Eichen und Buchen. Dichtes Unterholz hemmt den Weg, wurde aber trotz der Schmerzen mit Gleichmuth von den Trägern überwunden. Nach Ankunft in einem Dorf erquickte sie der Palmwein, Ziegen und Hühner wurden gebraten und Maniokwurzeln mit wild wachsendem Pfeffer zubereitet. Oestlich vom Kwilu wurden die Eingeborenen frecher, die Expedition hatte oft Hunger zu leiden, wurde auch wohl angegriffen. Am Lukenje wurde hierdurch dem Vordringen ein Ziel gesetzt, und viele Wochen lang wanderte oder irrte man diesseit des Lukenje im Urwalde umher und musste ausser den Terrainschwierigkeiten die Angriffe der Bewohner abwehren. Bei einem solchen der Expedition aufgedrungenen Kampfe wurde Redner, von mehreren Pfeilen durchbohrt, auf's schwerste verwundet und musste die Führung seinem Kollegen Lieutenant Tappenbeck übergeben, während er selber von den ermatteten aber treuen Schwarzen weitergetragen wurde. Dabei erschwerte ein ununterbrochener Regen die Mühen des Zuges. Da es angezeigt schien, so schnell wie möglich umzukehren, wurden Canoes gebaut und auf dem Lukenje die Rückreise angetreten. Nach Ankunft an der Küste wurde die Expedition aufgelöst, Redner fand endlich ärztliche Hilfe zur Heilung der Wunden und die überlebenden Mitglieder kehrten heim.

## 125. Sitzung. 3. Februar 1887.

Vorsitzender Herr Bürgermeister Dr. Kirchenpauer.

Das Protokoll der vorigen Sitzung wird verlesen und genehmigt.

Aufgenommen werden 4 neue Mitglieder.

An Stelle des verhinderten Herrn Woermann legt der Sekretair Herr Friederichsen die von den Revisoren für richtig befundene Kassa-Bilanz für 1886 vor; (siehe Mittheilungen der Geogr. Ges. in Hamburg 1885—86 Seite 344—45).

Die Mitgliederzahl betrug Ende 1885: 498; dazu traten in 1886: 14; es traten aus oder starben in 1886: 26; Bestand Ende 1886: 486.

Ein Portrait des 1822 in Hamburg geborenen und 1852 zu Maduari am Tjadsee in Afrika verstorbenen Adolf Overweg, geschenkt vom Obergerichtsrath Herrn Dr. Gustav Hertz, wird der Bibliothek der Gesellschaft einverleibt.

Herr Dr. Eduard Brückner hält den angekündigten Vortrag über »die Eiszeit in den Alpen« (siehe Mittheilungen der Geogr. Ges. in Hamburg 1887—88 Seite 10—23).

Dann spricht Herr Dr. Michow von hier über »die Wiederkehr des Jahres (14)92«. Redner giebt auf Grund der neuesten Litteratur, die aus Veranlassung der säcularen Wiederkehr der Entdeckung Amerikas erschienen ist, eine Uebersicht über den jetzigen Stand der Columbus-Forschung. Als Hauptquelle für das Leben des Columbus galt bisher die von seinem natürlichen Sohne Fernando Colon verfasste Vita, die dadurch verdächtig ist, dass man sie nur in einer italienischen Uebersetzung von 1571 kennt, auch viele ihrer biogaphischen Notizen sich mit anderen Dokumenten nicht in Einklang bringen lassen. Durch die inzwischen aufgefundene »Geschichte Indiens« von dem Bischof und Zeitgenossen des Columbus, Las Casas, ist die Echtheit jener Vita erwiesen, sie hat aber allerlei zur Verherrlichung des grossen Entdeckers herbeigezogen, was nach Ausweis anderer Dokumente vielmehr einer andern Columbus-Familie zuzuschreiben ist. Während von einer Seite dem Columbus überschwengliche Lobeserhebungen gespendet werden, wie von dem Franzosen Roselly de Lorgues, der sich für die Heiligsprechung des Entdeckers bemüht, werden von einigen spanischen Gelehrten in partikularistischem Patriotismus die Schattenseiten in seinem Leben stark hervorgehoben. Der Stein des Anstosses in moralischer Beziehung ist besonders sein illegitimes Verhältniss zur Mutter jenes Fernando, wie auch sein Verhalten gegen die Eingeborenen Westindiens. Während einige ihm die göttliche Eingebung seiner Entdeckung vindiziren, verweisen andere hierfür auf den Brief des italienischen Astronomen Toscanelli, der die Ostküste Asiens irrthümlich auf etwa 130° westlich von Europa verlegt und demgemäss an Columbus schreibt: »Ich habe Dir schon einmal geschrieben von einem Seeweg nach den Gewürzländern, der viel kürzer ist als der der Portugiesen. Man wird ihn finden, indem man immer nach Westen fährt.« Betreffs seiner astronomischen Kenntnisse wird ihm Unwissenheit vorgeworfen, doch trifft dieser Vorwurf ihn nicht mehr als seine spanischen Kollegen; ja er wusste sogar aus der Variation der magnetischen Deklination für seine erste Rückreise Nutzen zu ziehen. Undankbarkeit gegen den Entdecker wird den Spaniern vorgeworfen, aber seine Grausamkeit und seine Unfähigkeit zum Regieren konnten ihm die Sympathie der Spanier nicht erwerben. Nach seinem Tode wurde er bald vergessen und bei der Entartung seiner Nachkommen erforderte es das spanische Staatsinteresse, die Neue Welt für die spanische Krone zu erhalten. Im Prozesse von 1535 wurde dem Columbus deshalb der Entdeckerruhm abgesprochen und dem Pinzon die intellectuelle Urheberschaft der Entdeckung zugesprochen, und zwar ebenso gegen die öffentliche Meinung, wie gegen alle geschichtliche Wahrscheinlichkeit. Trotzdem werden von spanischen Gelehrten wie Fernandez Duro jetzt die Protokolle jenes Prozesses gegen Columbus ins Treffen geführt; für uns bleibt letzterer der Mann der That. — Im Anschluss an den Vortrag legt Redner die ältesten Landkarten vor, die uns von der Neuen Welt erhalten sind und die auch gelegentlich zur Entscheidung von Streitfragen herbeigezogen werden. Es sind dies 1, vom Jahre 1500 die Weltkarte des Juan de la Cosa; 2, von 1502 die Karte des Italieners Cantino zu seinem Bericht über die Expedition der Gebrüder Corte-Real nach Neufundland und Labrador; 3, eine Weltkarte aus einem Ptolemäus von 1513, die als eine Copie einer älteren aber verlorenen Karte des Waldseemüller von 1507 angesehen wird. Redner demonstrirt die mangelhafte

Konstruktion dieser sogenannten Plattkarten, welche als einfache Erweiterung der mittelalterlichen Kompasskarten, ebensowenig wie letztere, auf die Missweisung der Magnetnadel Rücksicht nahmen und daher die nach Kompassstrichen eingetragenen Inseln Westindiens weit nach Norden verschoben. Redner gab dann noch eine Uebersicht über die weitere Entwicklung der Seekarten-Konstruktion bis zur vollständigen Lösung des Problems, brauchbare Seekarten mit geradlinigen Längen- und Breitenkreisen herzustellen, durch Gerh. Kremer (Mercator) im Jahre 1569.

## 126. Sitzung. 3. März 1887.

Vorsitzender Herr Bürgermeister Dr. Kirchenpauer.

Das Protokoll der vorigen Sitzung wird verlesen und genehmigt.

Aufgenommen werden 2 neue Mitglieder.

In einem Schreiben des Banquier G. A. Fischer in Düsseldorf dankt derselbe für die nachträgliche Verleihung der goldenen Kirchenpauer-Medaille an seinen verstorbenen Sohn, den Dr. med. G. A. Fischer, und zeigt den Empfang der Medaille an.

Ein Cirkular der Verwaltung des Elizabeth Thompson Science Fund in Boston fordert auf zur Bewerbung um die auch in diesem Jahre verfügbaren Zinsen des Stamm-Kapitales von 25 000 Dollars als Beihilfe für wissenschaftliche Forschungen, die in erster Linie die Förderung des menschlichen Wissens oder das Wohl der Menschheit im allgemeinen bezwecken. Der Vorsitzende bemerkt dazu, dass im vergangenen Jahre der höchste von der Stiftung ertheilte Preis nach Deutschland an Prof. Rosenthal in Erlangen gefallen sei, für seine Forschungen über thierische Wärme im gesunden und kranken Körper.

Ein Cirkular der Royal Society of New South Wales fordert ebenfalls auf zur Bewerbung um die von ihr auf 1887 für naturwissenschaftliche Forschungen und Abhandlungen angesetzten 11 Preise von je £ 25.

Die Geographische Gesellschaft in Bern zeigt den Tod ihres General-Sekretairs, des Herrn Reymond Le Brun, an.

Der Vorsitzende zeigt an, dass sich in Australien eine Australazian Association for the Advancement of Science gebildet habe, welche gleich der Deutschen Naturforscher-Versammlung jährlich Wanderversammlungen abzuhalten gedenke und die erste nach Sydney für 1888 ausgeschrieben habe.

Nachdem der Sekretair Herr Friederichsen einen Bericht über die Thätigkeit des Vorstandes während der mit dem heutigen Tage ablaufenden zweijährigen Amtsperiode gegeben hat, wird zu der statutenmässigen Neuwahl des Vorstandes, der Revisoren und des Beirathes geschritten. Auf Vorschlag des Herrn Dr. Michow wählt die Versammlung, um zugleich dem Vorstande ihren schuldigen Dank für die bisherige Mühwaltung Ausdruck zu geben, sowohl den Präsidenten wie den übrigen Vorstand per Akklamation wieder. Es sind dies der Herr Bürgermeister Dr. Kirchenpauer als Präsident und die Herren Generalarzt Dr. Cammerer, L. Friederichsen, Direktor Prof. Dr. Friedländer, Geheimrath Prof. Dr. Neumayer, Direktor Rümker und A. Woermann.

Auch die bisherigen Revisoren, die Herren E. Güssefeld und J. Witt, werden wiedergewählt.

In den Beirath werden auf Vorschlag des Vorsitzenden berufen die Herren E. Güssefeld, F. J. H. Hansing, Direktor Hess, Kapt. C. Koldewey, Dr. O. Matsen, Dr. H. Michow, Direktor Prof. Dr. Pagenstecher, W. Westendarp, Direktor Dr. F. Wibel und J. Witt.

Herr Ernst Hartert, Mitglied der Flegel'schen Niger Expedition von 1885, hält darauf seinen Vortrag über »das Niger-Benuë-Gebiet, insbesondere die Haussa-Fulbe-Staaten und deren Bevölkerung«. Redner schildert die ungesunden, urwaldbedeckten Tiefebenen an der Küste als Eingangspforte zum Nigergebiet und dann seine in Gemeinschaft mit Dr. Staudinger ausgeführte, etwa neunmonatliche Reise von Loko am Benuë über Kano, Sokoto, und Gando bis nahe an den Südrand der grossen Wüste. Europäer vermöchten wohl als Kaufleute, nicht als Ackerbauer in diesem weiten Gebiete bei vernünftiger Lebensweise zeitweilig thätig zu sein, auch könnte dem Handel mit diesem Gebiete eine grosse Zukunft prophezeit werden, wenn sich derselbe des Niger und des Benuë als natürlicher Verkehrsstrassen bedienen und durch schnelle Dampfer von dort aus Anschluss nach Europa finden werde. Vorläufig gelange noch ein grosser Theil der Landesprodukte, besonders Elfenbein, auf dem beschwerlichen Landwege über Kuka und die Wüste nach Norden. Für die ursprünglichen Bewohner des Landes hält Redner die in unzugänglichen Wald- und Gebirgspartieen hausenden, heidnischen Stämme der Korro, Yesko und Kadarra, die intelligenteren, handeltreibenden Haussa aber für spätere Einwanderer. Erst im Anfange unseres Jahrhunderts erfolgte dann die grosse Invasion der mohammedanischen Fellata oder Fulbe, die das Land unterjochten und grossentheils zum Islam bekehrten. Die Fulbe als Herren des Landes sind noch heute meist nomadisirende Hirten, während der bedeutende Handel in Händen der Haussa ruht. Lebhaft schildert Redner die grossartigen Marktverhältnisse in Kano, das seit H. Barth's Zeiten kein Europäer gesehen hatte. Arabische Händler haben hier ihren am weitesten nach SW vorgeschobenen Posten. Von Kano ging die Expedition durch nie von Europäern betretene Gebiete nach Sokoto, der Residenz des über die gesammten Fellatastaaten herrschenden Sultans. Briefe und reiche Geschenke des deutschen Kaisers bereiteten der Expedition hierselbst eine sehr freundliche Aufnahme. Unter vielen Gefahren und Schwierigkeiten, einer Folge der Unzuverlässigkeit und Lügenhaftigkeit der Haussa, wurde die Rückreise nach S angetreten durch verwüstete kriegerfüllte Gegenden. Bei allen dem Herrscher von Sokoto untergebenen Sultanen erhielten die Deutschen Zusicherung der vollsten Handelsfreiheit für ihre Landsleute.

Herr Geheimrath Neumayer theilt mit, dass der 7. Deutsche Geographentag am 14. April in Karlsruhe zusammentreten und zusammen mit der Deutschen Meteorologischen Gesellschaft den ersten Tag der Antarktischen Frage widmen werde.

Zum Schluss demonstrirt der Sekretair Herr Friederichsen die vor Kurzem erschienene von Haardt'sche Uebersichtskarte der ethnographischen Verhältnisse von Asien.

**127. Sitzung.** 31. März 1887.

Die Sitzung findet in der Aula des Schul- und Museumgebäudes vor dem Steinthor statt. Die Aula ist mit lebenden Pflanzen geschmückt, aus deren Mitte ein vom Bildhauer Herrn Peiffer angefertigtes Relief-Medaillon des verstorbenen Präsidenten Dr. Kirchenpauer hervorleuchtet.

Vorsitzender Herr Geheimrath Prof. Dr. Neumayer.

Der Vorsitzende eröffnet die Sitzung mit einer Gedächtnissrede auf den verstorbenen hochverdienten Präsidenten (siehe Mittheilungen der Geogr. Ges. in Hamburg 1887—88 Seite 1—9). Am Schluss derselben ehrt die Versammlung das Andenken des Hingeschiedenen durch Erheben von den Sitzen.

Das Protokoll der vorigen Sitzung wird verlesen und genehmigt.

Zu der alsdann erfolgenden Wahl eines Präsidenten für die nächsten 2 Jahre erbittet das neben dem Sekretair älteste Vorstandsmitglied, Herr Direktor Rümker, im Auftrage des Vorstandes das Wort zu nachstehender Mittheilung: »Der Vorstand ist der einstimmigen Ansicht, dass es im Interesse der ihm obliegenden Aufgaben, namentlich derjenigen, welche die Förderung der geographischen Forschungen betreffen, im höchsten Grade wünschenswerth sein würde, wenn seitens der Gesellschaft zum Nachfolger unseres dahingeschiedenen, so hochverdienten Präsidenten, ein hervorragender Geograph von Fach erwählt würde. Wir sind in der glücklichen Lage, in der Person unseres langjährigen zweiten Vorsitzenden, des Herrn Geheimraths Prof. Dr. Neumayer, einen Gelehrten in unserer Mitte zu haben, der nach der einstimmigen Ansicht des Vorstandes, sowohl durch seine Autorität in der wissenschaftlichen Welt, wie durch seine eminenten Verdienste um die Geographie und seine reichen Erfahrungen auf diesem Gebiete, ganz besonders geeignet sein würde, das schwierige Amt eines Präsidenten der Gesellschaft zu übernehmen und dasselbe im Geiste des Verstorbenen weiterzuführen. Meine Herren! Wenngleich der Vorstand selbstverständlich auch nicht im Entferntesten daran denken kann, Sie durch diese Mittheilung in der Freiheit Ihrer Wahl beeinflussen zu wollen, so hält er es trotzdem angesichts der eigenthümlichen Lage, in der er sich befindet, für seine Pflicht, Ihnen diese seine persönliche Auffassung nicht vorzuenthalten, und freut es mich ganz besonders noch hinzufügen zu können, dass Herr Geheimrath Neumayer auf ein seitens des Vorstandes an ihn gerichtetes Ersuchen, sich bereit erklärt hat, das Präsidium, falls Ihre Wahl auf ihn fallen sollte, zu übernehmen.«

Darauf erklärt Herr Herm. Repsold, dass, wenn er auch dem Herrn Vorredner hinsichtlich der Verdienste, die Herr Geheimrath Neumayer sich um die Wissenschaft und um die Geographische Gesellschaft in Hamburg erworben, im vollsten Maasse beipflichten müsse, er doch die Frage in Anregung bringen möchte, ob es nicht wünschenswerth sei, wiederum ein Mitglied des Senates zum Präsidenten zu wählen. Herr Geheimrath Neumayer habe in seiner Gedächtnissrede auf den verstorbenen Präsidenten besonders betont, dass Herr Bürgermeister Kirchenpauer als Senatsmitglied der Wissenschaft im Allgemeinen und der Hamburger Geographischen Gesellschaft im Speziellen sehr erspriessliche Dienste habe leisten können. Dieser Gesichtspunkt veranlasse ihn, die Aufmerksamkeit der Versammlung auf Herrn Senator Adolph Hertz zu lenken, der sich auf eine an ihn ergangene Anfrage zur Uebernahme des Präsidiums eventuell bereit erklärt habe.

Da sonst Niemand zu diesem Gegenstand der Tagesordnung das Wort erbittet, so wird nunmehr zur Wahl durch Stimmzettel geschritten. Dieselbe ergiebt 75 Stimmen für Herrn Senator Adolph Hertz und 58 für Herrn Geheimrath Neumayer. Herr Senator Adolph Hertz ist demnach für die 2 nächsten Jahre zum Präsidenten gewählt. Derselbe ergreift das Wort und sagt, es sei dem Menschen eigen, wenn ihm etwas Unerwartetes begegne, für seine Empfindungen nur schwer den gewünschten Ausdruck zu finden. In dieser Lage befinde er sich; denn, wenn er auch einmal die gesprächsweise an ihn gerichtete Frage, ob er das Präsidium eventuell annehmen würde, bejaht habe, so habe er die Wahl doch keineswegs erwartet. Nur von dem Gesichtspunkte aus nehme er die Wahl an, dass die grosse Ehre nicht ihm, sondern dem Senate gelte, und ferner in der festen Zuversicht, dass sein langjähriger Freund Herr Geheimrath Neumayer wie die übrigen Herren des Vorstandes ihm mit Rath und That zur Seite stehen und es ihm dadurch ermöglichen würden, der ihm bevorstehenden schweren Aufgabe gerecht zu werden. Indem er zugleich auf die freundliche Nachsicht der Gesellschaft rechne, danke er derselben herzlich für den Beweis ihres Vertrauens.

Aufgenommen werden 2 neue Mitglieder.

Der Vorsitzende theilt mit, dass auf die seitens des Vorstandes erlassene Anzeige von dem Tode des Präsidenten der Gesellschaft bisher 28 Kondolenzschreiben eingegangen seien, von denen dasjenige des Herrn Prof. Baron von Richthofen-Berlin, weil besonders warm empfunden, vorgelesen zu werden verdiene. Der Sekretair Herr Friederichsen verliest dasselbe sowie ein Dankschreiben der Frau Bürgermeister Kirchenpauer für die Zeichen der Liebe und Verehrung, die die Gesellschaft beim Tode des Präsidenten zu erkennen gegeben habe.

Das ausführliche Programm des am 14. April nach Karlsruhe berufenen 7. Deutschen Geographentages wird zur Kenntniss gebracht.

Alsdann erhält das Wort der als Gast anwesende Herr Prof. Dr. E. Naumann aus München zu seinem angekündigten Vortrag: »Reiseskizzen aus Japan«. Redner schildert einen grossartigen Vulkanausbruch, den er 1877 auf der am Eingange zum Golfe von Tokio gelegenen Insel Oshima aus nächster Nähe beobachtet habe. Nur wenige hundert Fuss von der Feuerfontaine entfernt, sah er die Lava im Krater auf und niederkochen und in kurzen Zwischenräumen mit betäubendem Donner explodiren. Allmählich verfinsterte sich die Atmosphäre, ein Sturm erhob sich und peitschte Schwefeldampf und glühende Asche sowie kalte Hagelkörner durcheinander und dem Zuschauer ins Gesicht, während die verschiedensten Geräusche, Pfeifen, Zischen, Donnern und Brausen sich zu überbieten schienen, sodass die Zuschauer den Rückweg zum Meere antreten mussten. Hier drohten neue Gefahren, ein heftiger Sturm bemächtigte sich ihres Schiffes, das nur mit Noth dem Verderben entging. Trotz der grossen Anzahl Vulkane auf den japanischen Inseln ist ein so heftiger Ausbruch daselbst selten. Die Inseln erscheinen wie ein grosses ins Meer getauchtes Gebirge von sehr hohem Alter, dessen Vulkangipfel die landschaftlichen Schönheiten des Landes erhöhen. Einer der merkwürdigsten Vulkane ist der im Norden gelegene Chokai. Die

Reise des Redners von Tokio nach jenem Berge giebt Gelegenheit zur Schilderung landschaftlicher Szenerieen, belebt durch Skizzen aus dem Volksleben. Die über den Häusern schwebenden vom Winde aufgebläheten Papierkarpfen, als Zeichen, dass im betreffenden Hause im abgelaufenen Jahre ein Knäblein geboren, geben die Veranlassung zu Betrachtungen über das Kinderleben in der japanischen Familie. Die Reise führt den Zuhörer durch romantische Bergpartieen. Unterwegs begegnen wir einem Hochzeitszug, wir schliessen uns ihm an und erleben die Hochzeitsfeier mit; wir erfahren, dass der Japaner durchschnittlich ein glückliches Familienleben führt, obwohl die Heirathen nicht aus Neigung geschlossen, sondern durch Gebot der Eltern bestimmt werden. Schliesslich langen wir auf dem Gipfel des Chokai an und geniessen den Anblick einer wildzerrissenen Schneelandschaft. Auf dem Rückwege sind wir noch Zeugen eines Leichenbegängnisses, welches den Redner zur Beleuchtung der einheimischen Religion führt. Diese ist der Schintoismus, eine Art Ahnenkultus, der sich seit dem 6. Jahrhundert mit dem damals einwandernden Buddhismus vielfach verschmolzen hat. —

## 128. Sitzung. 5. Mai 1887.

Vorsitzender Herr Senator Adolph Hertz.

Das Protokoll der vorigen Sitzung wird verlesen und genehmigt.

Aufgenommen werden 7 neue Mitglieder.

Der Vorsitzende beantragt im Namen des Vorstandes, für das geplante Kirchenpauer-Denkmal ℳ 500 aus der Gesellschaftskasse beizutragen. Der Antrag wird genehmigt.

Der Vorsitzende theilt mit, dass der hiesige Generalkonsul der Argentinischen Republik, Herr Belgrano, der Geographischen Gesellschaft 6 werthvolle, die Argentina betreffende Werke zum Geschenk gemacht habe, und legt dieselben vor. Zugleich spricht er dem Geber den Dank der Gesellschaft aus.

Der Vorsitzende theilt den Inhalt einer dem Vorstande vom Verfasser zugesandten Schrift mit, betitelt: »Captain Glazier's Claim to the Discovery of the Source of the Mississippi River.« Capt. Glazier hat nämlich neuerdings verbreitet, er habe in dem nach ihm benannten Glazier Lake 1881 endlich die wahren Quellen des Mississippi entdeckt. Die genannte Schrift weist dem entgegen nach, dass jener See schon seit 1804 unter dem Namen Elk Lake bekannt und von dem Vermessungscorps der Vereinigten Staaten 1875 auch vermessen sei.

Der Sekretair Herr Friederichsen legt darauf eine von ihm gezeichnete Karte der Venezolanischen Cordillere vor. Dieselbe beruht auf den Forschungen des Dr. W. Sievers, welche derselbe mit Unterstützung der Gesellschaft in Venezuela angestellt hat, und wird mit dessen Berichten in den Mittheilungen der Gesellschaft veröffentlicht werden.

Herr C. W. Lüders von hier hält darauf einen Vortrag über seine »Reise-Erlebnisse in Chile«. Redner meint, der Staat Chile habe freilich in den 20 Jahren, seit er, Redner, von dort geschieden sei, erhebliche Fortschritte gemacht und Aenderungen erlebt, doch das Land sei natürlich dasselbe geblieben, besonders auch in den abgelegeneren Theilen, im Norden und Süden, in Bezug auf die Schwierigkeiten des Reisens, wovon Redner viel Interessantes mitzutheilen wusste. Daran schloss sich eine Schilderung des Klimas. Das Land lasse sich in 3 klimatische Zonen theilen. Das nördlichste Drittel bis Coquimbo sei die regenlose Zone mit ihren grossen Salpeter- und Boraxlägern in den Pampas von Tamaringa und ihren reichen Kupferminen in der Wüste Atacama. Weiter südlich bis zum Flusse Bibio könne man die gut bewässerte, gemässigte Zone rechnen, wo üppige Kornfelder mit trefflichen Weideplätzen abwechselten und Gartenbau sehr lohnend sei. Die dritte, die Regenzone, beginne bei Concepcion mit dem Südufer des Bibio, des grössten Flusses in Chile. Von hier an sei das Land mit dichten Waldmassen bedeckt, die sich auch auf Chiloë und den südlicheren Inseln fortsetzten. — Redner schilderte dann Valparaiso, das geschäftliche Centrum des Landes mit seinen Naturschönheiten und führte die Zuhörer in Gedanken nach San Jago und von dort weiter ins Gebirge, dessen herrliches Panorama selbst die Schweiz in Schatten stelle. Die Reiseskizzen wurden durch eine grosse Zahl Photographieen veranschaulicht. —

## 129. Sitzung. 6. Juni 1887.

Vorsitzender Herr Senator Adolph Hertz.

Zu dieser Sitzung waren der interessanten Tagesordnung wegen die Damen der Mitglieder eingeladen worden und auch zahlreich erschienen.

Verlesen wird ein überaus herzliches Kondolenzschreiben des Botanikers Sir Ferd. von Müller in Melbourne-Australien, in welchem derselbe den Verlust Dr. Kirchenpauers beklagt.

Herr Dr. med. E. Arning sprach über »das Inselreich Hawaii nach eigner Anschauung.« Der Vortrag lässt sich etwa folgendermassen kurz skizzieren: Das Inselreich Hawaii mit seinen kühnen vulkanischen Formationen, unter denen die zwei grössten thätigen Krater der Erde, mit seinem gleichförmigen Klima und seiner tropischen Pflanzenwelt, mit einer Bevölkerung altpolynesischen Stammes, die dem Aussterben entgegengeht, bietet manches Interessante, ist aber relativ wenig bekannt. Am meisten interessiren sich noch Amerikaner und Engländer für das Land; letztere beabsichtigen ein Kabel von dort nach den Fidschi-Inseln zu legen; amerikanische Dampfer fahren bereits von San Francisco über Honolulu nach Australien. Das Inselreich ist isoliert wie kein anderes; San Francisco, als nächste Station, liegt in 2100 Seemeilen Entfernung, Sydney ist 3810, Hongkong 4800, Tahiti 2400 Seemeilen entfernt; daher der einzige Hafen Honolulu eine sehr wichtige Station für Kohlen und Proviant ist. Nach geographischer Länge liegt es diametral Berlin gegenüber. Das Areal des Inselreiches ist gleich dem Württembergs, gegen 20 000 qkm. Kanäle mit starker Strömung trennen die Inseln von einander, deren Küstenwände bis 800 m Höhe steil emporsteigen, während die Berge im Innern die Höhe unserer Alpenriesen erreichen und oben im Winter beschneit sind. So fallen auch die Küsten zu kolossalen Tiefen ab, bis zu 6000 m in Entfernung weniger Meilen von der Westküste. Das Gestein ist alles vulkanisch oder Korallenfels, letzterer liefert Mörtel. Von grösseren Thieren sind einheimisch Hunde, Schweine, Ratten, Mäuse. Rindvieh ist eingeführt, sowie Ziegen und Pferde; die Zucht der letzteren wird besonders gepflegt und feiert in Pferderennen ihre

Triumphe. Kulturpflanzen sind vielfach eingeführt, wie Getreide und Kartoffeln in den Bergen, einheimisch sind Akazien, Lobelien, mehrere Palmen; besonders reich, mit 150 Arten, ist die Farnflora. Den Hauptertrag liefern Reis und Zucker; von ersterem wird wenig, von letzterem desto mehr, im Jahre 1886 allein für 140 Millionen Mark, exportirt. Hauptnahrungsmittel sind ein aus der Taropflanze bereiteter Brei, den man mit rohen Fischen geniesst, und die berauschende Kawa. Das Klima ist ein ewiger Sommer. Thermometer und Barometer schwanken wenig, ersteres zeigt meist 21° R. Der Passatwind weht 3/4 des Jahres befeuchtend für die Wetterseite, trocken für die Leeseite.

Seit Cook, der die Inseln schwerlich zuerst gesehen, wurden sie nicht wieder vergessen, 1790 wurden sie der Civilisation durch Vancouver gewonnen, 1812 erschienen die ersten Missionare; vor 30 Jahren konnten bereits alle Eingeborene lesen, schreiben und rechnen und auch in andern Schulkenntnissen sind sie weit vorgeschritten. Die Regierung ist nach europäischem Muster eingerichtet, eine constitutionelle Monarchie. Unter den 14 Mitgliedern des Oberhauses sind 2 Deutsche; verhandelt wird in englischer und hawaiischer Sprache und stenographische Berichte halten das Publikum von den Vorgängen im Parlament unterrichtet. Das Land verdiene wohl, schliesst der Redner, eine eingehendere Bekanntwerdung in Deutschland. —

An zweiter Stelle sprach Herr Hugo Zöller, Redakteur der Kölnischen Zeitung, nach eigner Anschauung »über die deutschen Kolonieen Togo und Kamerun.« Togo sei bis 1880, wo die erste Faktorei daselbst in Bagcida angelegt wurde, fast unbekannt gewesen; es sei auch die kleinste deutsche Kolonie, aber immerhin etwa von der Grösse Württembergs oder des Inselreichs Hawaii; man könne Togo als hamburgisch-bremische Kolonie bezeichnen, da beide Hansestädte dort Niederlassungen besässen. Das Reisen sei anfangs der sumpfigen Küsten und der mangelnden Transportmittel wegen sehr schwierig; nach Ueberwindung der Küstenpartieen finde man liebliche Berglandschaften mit Baum- und Graswuchs. Der Ewestamm, wozu die Bewohner von Togoland gehören, stände auf verhältnissmässig hoher Kulturstufe; die Dörfer seien sorgfältig gebaut mit reinlichen Häusern und festgestampften Strassen. Leider blühe im Lande der Sklavenhandel wie im dahinter gelegenen Dahome die Menschenfresserei, obgleich auch hier eine intelligente Bevölkerung wohne. Die Religion mit ihrem Thierkultus habe Aehnlichkeit mit der altegyptischen. Kamerun sei etwa von der Grösse Deutschlands, und betreffs sowohl der Bodengestaltung wie der Bewohner viel mannigfaltiger als Togoland. Wasserreiche Partieen, die an Holland erinnerten, wechselten mit hohem Gebirgsland ab, der Kamerunberg sei 4200m hoch, die Temperaturbeobachtung habe am Fusse 35° C., auf dem Gipfel 5° C. ergeben; bisweilen sehe man letzteren mit Schnee bedeckt. Auch hier erschwerten allerlei Umstände das Eindringen ins Innere, wie im übrigen Afrika seien die Flussläufe nahe der Küste von Stromschnellen unterbrochen, und erst weiter landeinwärts fahrbar; jedenfalls sei der grössere Theil des den Deutschen zufallenden Gebietes noch erst zu entdecken.

## 130. Sitzung. 6. Oktober 1887.

In Behinderung der beiden Präsidenten Vorsitzender Herr Friederichsen.

Die Sitzung findet in der Aula der Gelehrtenschule unter zahlreicher Betheiligung von Damen statt.

Aufgenommen werden 3 neue Mitglieder.

Der Vorstand des hiesigen Naturwissenschaftlichen Vereines theilt mit, dass er den 50. Jahrestag seiner Stiftung am 18. November, Morgens 10 Uhr, durch einen Festaktus in der Aula des Johanneums feiern werde. Der Vorsitzende bemerkt dazu, dass der Vorstand berathen werde, womit er an jenem Tage der Schwestergesellschaft die gebührende Ehre erweisen könne und das Ergebniss seiner Berathungen der Versammlung in nächster Sitzung vorlegen werde.

In einem Circular zeigt der Präsident der Italienischen Geographischen Gesellschaft an, dass der für einen 4. Internationalen Geographen-Kongress eingesetzte Executiv-Ausschuss, weil keine Stadt zur Aufnahme des Kongresses sich habe bereit finden lassen, sein Mandat niederzulegen beabsichtige, vorher aber noch als letzten Versuch für den Herbst d. J. Abgeordnete sämmtlicher geographischen Vereine nach Genf einlade, zu dem Zwecke, die der Lösung der Kongressfrage entgegenstehenden Schwierigkeiten zu ergründen, ev. zu beseitigen. — Darauf hat der Vorstand bereits geantwortet, dass er weitere Schritte zur Anbahnung eines neuen Geographenkongresses wegen mangelnden Interesses für nicht angezeigt erachte und demgemäss von einer Abordnung nach Genf Abstand nehme.

Der Vorsitende zeigt an, dass die seinerzeit für die Dr. Fischer'sche Expedition zur Aufsuchung Dr. Junkers bewilligten und zurückgelegten *M.* 1500 nunmehr dem Vater des Verstorbenen auf dessen Ansuchen ausgezahlt seien.

Der Vorsitzende macht Mittheilung von dem Ableben des langjährigen Sekretairs der Berliner Geogr. Gesellschaft, Geheimraths Prof. Koner, und dass der Vorstand im Namen der Gesellschaft sein Beileid durch Uebersenden eines Kranzes bezeigt habe.

Der Vorsitzende verliest einen Brief des Afrika-Reisenden O. C. Krause aus Ketá an der Goldküste. Danach habe kaum Jemand mit so geringen Mitteln und doch so grossem Erfolge eine Reise unternommen und durchgeführt wie der Schreiber des Briefes. Die Reise habe dem Hinterlande der Togoküste gegolten und habe Schreiber dieselbe von Akra aus mit einem Baarvorrath von etwa *M.* 100 angetreten, nachdem er sich um eine Unterstützung in Deutschland vergeblich bemüht habe. Unter grossen Strapazen sei der Reisende bis in die Nähe der Wüste bei Timbuktu vorgedrungen, habe unterwegs wichtige Studien gemacht und reiche Sammlungen angelegt. Aller Mittel baar, hoffe er mit Unterstützung des Gouverneurs der Goldküste heimkehren zu können.

Herr Direktor Prof. Dr. Friedlaender theilt mit, dass am 22. Oktober in der Aula des Johanneums der 300 jährige Geburtstag des Hamburgers Dr. Joachim Jungius durch einen Festakt gefeiert werden solle. Jungius habe in der vordersten Reihe derer gestanden, die in dem Bestreben den Scholastizismus zu verdrängen und die wissenschaftlichen Bestrebungen in gesundere Bahnen zu lenken, auch der geographischen Wissenschaft wesentliche Dienste geleistet hätten. Es sei daher zu hoffen, dass an dem bezeichneten Feste auch unsere Gesellschaft sich zahlreich betheiligen werde.

Sodann erhält Herr Paul Reichard aus Berlin das Wort zu einem Vortrage »über seine Reisen in Afrika.« Dieselben gingen aus von Bagamoyo nach Westen, wo zwischen Tabora und dem Tanganikasee Stationen errichtet werden sollten. Die erste wurde in Kakoma bezogen. Hier wurden die Mitglieder der Expedition in unangenehmer Weise in die Thronstreitigkeiten eines benachbarten Stammes verwickelt, die damit endeten, dass die von den Deutschen unterstützte Bewerberin, die Wittwe des früheren Häuptlings, auf den Thron kam, ohne jedoch die den Deutschen für ihre Bemühungen gemachten Versprechungen, wie Anlage einer Station u. A., zu erfüllen. Die Deutschen zogen daher weiter nach Westen, aber nur Reichard mit seinen Schwarzen erreichte den Tanganikasee, von seinen deutschen Begleitern war Dr. Böhm getödtet worden und Kaiser starb am Klimafieber. Der Ueberlebende traf in Katanga einen sehr ungnädigen Häuptling, aus dessen Händen er nur durch Zufall gerettet wurde. Auf dem Weiterzuge nach SW in das Quellgebiet des Kongo hatte die Expedition besonders mit dem Hunger zu kämpfen, dem sie mehrmals beinahe erlegen wäre. Nach einer kurzen Rast in der belgischen Station am Tanganikasee wurde der Rückweg angetreten. Auch auf diesem musste der Durchzug durch verschiedene Stämme erst theuer erkauft oder erkämpft werden, bis man in Usagora vernahm, dass man sich auf deutschem Gebiet befinde. — Betreffs der Flora und Fauna wurden die Erwartungen des Reisenden nicht erfüllt. Mit Ausnahme Sansibars und weniger anderer Punkte ist Afrikas Vegetation in den vom Redner betretenen Gebieten einförmig, wie die Thierwelt spärlich. Tafelförmige Sandsteinbildungen mit Savannenbildung aus kurzem dichten Grase sind am meisten vertreten, die am Tanganikasee zu Berglandschaften sich erheben, wo dann die Abhänge mit lichtem Walde bestanden sind. — Eine an Körperbau und Sitten eigenthümliche Negerrace sind die am SW-Ufer des Tanganikasees wohnenden Marungu. Gedrängter kurzer Körperbau, wulstige Lippen, hervorragende Backenknochen, knotig hervortretende Tättowirung im Gesicht sind ihre Merkmale. Ihr Haar tragen sie auf dem Kopfe oben in Büscheln zusammengepackt, am Rande glatt rasirt. Ihr Gang ist eine Art hüpfenden Hahnentritts. Als Aufbewahrungsort unterwegs dient ihnen die Achselhöhle, besonders auch für einen kleinen Beutel mit Lebensmitteln, den sie gern bei sich tragen, weil das Erbetteln von Speise den Bittenden zum Sklaven macht. Das Klima des Landes ist sehr rauh, die Lufttemperatur fällt oft bis $+ 5^0$ C.; deshalb werden fortwährend Feuer unterhalten und das Brennholz in dem baumarmen Hochlande ist ein kostbarer Artikel; Geselligkeit kennen die Bewohner nicht und Ungastlichkeit ist Nationalcharakter. Vielweiberei ist verbreitet, weil die Weiber als Sklavinnen gelten, doch sind deren Kinder sämmtlich legitim. Die Leiche eines Verstorbenen bleibt in seiner Hütte liegen, bis sie verwest ist. Folge dieser Sitte sind zahlreiche Epidemieen, besonders die Blattern. Die grössten Gefahren aber bereitet immer das für Europäer mörderische Klima. Auch zeigt sich der Boden nur stellenweise anbaufähig und ist jedenfalls ohne grosse materielle Opfer nicht zu kultiviren.

Auf eine Anfrage, welche der Vorsitzende, nach Schluss des Vortrages, bezüglich der Anstellung Tippu-Tip's als Beamten des Kongostaates, an den

Redner richtet, giebt derselbe folgenden Bescheid. Er kenne Tippu-Tip nicht persönlich, könne aber gleichwohl sich ein Urtheil über denselben erlauben, da er überall in Afrika den Spuren seines Einflusses begegnet sei. Der Kongostaat habe klug daran gehandelt das Wohlwollen des gewaltigen Mannes für sich zu gewinnen, der übrigens nicht Sklaven- sondern nur Elfenbeinhändler sei. Bei letztrem Geschäft sei freilich das Halten und Erwerben von Sklaven nicht zu umgehen, doch überlasse er dies seinen Untergebenen. Soweit das Interesse Tippu-Tip's nicht geschädigt werde, sei derselbe sogar ein zuverlässiger Freund und könne als Gentleman gelten.

## 131. Sitzung. 3. November 1887.

Vorsitzender Herr Senator Adolph Hertz.

Nach einer Mittheilung des Präsidenten der Geogr. Gesellschaft in Rom sind die in der vorigen Sitzung bekanntgegebenen Bemühungen desselben für einen 4. Internationalen Geographen-Kongress erfolglos gewesen, indem von den zur Beschickung einer Konferenz nach Genf aufgeforderten 86 Vereinen nur 6 zugestimmt, 74 garnicht geantwortet und die übrigen 6 die Abhaltung eines Kongresses für zur Zeit inopportun erklärt haben; demgemäss habe der 1881 eingesetzte Exekutiv-Ausschuss sein Mandat niedergelegt.

Im Namen des Vorstandes beantragt der Vorsitzende die Summe von ℳ 300 für eine künstlerisch auszuführende Glückwunsch-Adresse zu bewilligen, welche dem hiesigen Naturwissenschaftlichen Verein zu seiner 50 jährigen Jubelfeier am 18. November d. J. bei dem von besagtem Verein in der Aula des Johanneums in Aussicht genommenen Festaktus überreicht werden solle. Der Antrag wird genehmigt.

Der Vorsitzende theilt mit, dass ihm der Tod des rühmlichst bekannten Sekretairs der Smithonian-Institution in Washington, Spencer Fullerton Baird, angezeigt sei.

Der Vorsitzende theilt ferner mit, dass am heutigen Abend im Verein für Kunst und Wissenschaft 2 Pastellbilder, den Halemaumau-Lavasee des Kilauca-Kraters auf Hawaii darstellend, ausgestellt seien, die von unserm Mitgliede, Herrn Valentin Ruths, nach Photographieen und Angaben des Herrn Dr. med. Arning angefertigt, ein selten schönes, naturgetreues und wirkungsvolles Bild eines thätigen Vulkanes darböten.

Alsdann erhält das Wort Herr Dr. Carl Lumholtz zu einem Vortrage »über seinen Aufenthalt bei den Australnegern in Nordqueensland« (siehe Mittheilungen der Geogr. Ges. in Hamburg 1887—88 Seite 284—290).

Zum Schluss demonstriert Herr Dr. H. Michow von hier das im Saale aufgehängte, vom Hauptmann Ferd. Lingg in München gezeichnete und bei Piloty & Löhle in München herausgegebene Erdprofil der Zone von 31° bis 65° n. Br. im Maassstabe 1 : 1 000 000.

## 132. Sitzung. 1. Dezember 1887.

Vorsitzender Herr Senator Adolph Hertz.

Das Protokoll der vorigen Sitzung wird genehmigt.

Der Vorsitzende berichtet über die Theilnahme des Vorstandes an der am 18. November veranstalteten 50 jährigen Jubelfeier des hiesigen

Naturwissenschaftlichen Vereins und bemerkt, dass die von der Geogr. Gesellschaft überreichte Glückwunsch - Adresse im Gewerbemuseum ausgestellt sei.

Herr Friedcrichsen legt ein Prachtexemplar des in II. Auflage vollendeten Andrée'schen Handatlas vor, welches der Herr Verfasser, Ehrenmitglied unserer Gesellschaft, derselben zum Geschenk gemacht habe.

Darauf erhält das Wort Herr Dr. Kükenthal aus Jena zu einem Vortrag über »Norwegens arktische Fang-Expeditionen« auf Grund eigner an Bord eines Walfängers in 1886 gemachten Erfahrungen. Die besagte Expedition ging von Tromsö aus und erreichte Spitzbergen. Diese Inselgruppe, 1596 von Holländern entdeckt, war ihres Reichthums an Walen wegen lange Zeit das Ziel hamburgischer sowie dänischer, französischer und holländischer Walfänger, so dass man des Friedens wegen die Küsten unter die betheiligten Nationen vergab. Seit Anfang dieses Jahrhunderts wurden dort nur noch Weisswale, Robben und Walrosse von Russen und Norwegern gejagt. Ein norwegischer Walfänger wird geführt von einem sogenannten »Schipper«, der nicht nur ein genauer Kenner der Eisverhältnisse, sondern auch ein guter Walschütze sein muss. Die Mannschaft des Schiffes besteht aus einem Harpunier und 10 bis 18 Fangleuten. Das wichtigste Jagdthier war der Bottlenos, der ausser Thran auch Spermazet liefert; 18 Stück wurden erbeutet. Die Thiere werden zunächst aus 20 m Entfernung mit einer Walkanone angeschossen, dann, während sie zu fliehen suchen, vom Boote aus mit einer Handharpune geentert und vom Kapitän durch einen Lanzenstich ins Rückgrat getödtet. Von Robben giebts dort 5 brauchbare Arten. Deren Fang erfordert grosse Vorsicht. Man naht sich ihnen auf einem weiss gestrichenen Boote und erlegt sie von demselben aus mit der Büchse. Den nöthigen Proviant verschaffte man sich an Land durch Jagd auf Rennthiere. Das Schiff ankerte nämlich im Eisfjord an der Westseite Spitzbergens, wo bei einer Temperatur von 3 bis 4° C. im Juli sich eine Art Frühling entwickelte. Auch die Eier von Alken und Eidergänsen, sowie die Daunen der letztgenannten, wurden gesammelt. Harmlos sind die Eisbären, die stets auf dem festliegenden Küsteneis angetroffen werden; sie werden ins Wasser getrieben und dann geschossen. Ein verwundetes Walross hingegen bringt Gefahr, da es das Boot angreift. Auf dem Rückwege wurde die Ladung durch Dorschfang vervollständigt.

Zur Veranschaulichung des Vortrages dienten zahlreiche vom Redner angefertigte Aquarelle. Als Ergänzung gab Herr William Robertson einige Mittheilungen über den von ihm unter der Firma »Aktiengesellschaft Oceana« auf dem 65. Parallel mit 5 Schiffen unter norwegischer Flagge betriebenen Bottlenos-Fang. In 1886 seien 1311 dieser Wale eingebracht, von seinen Schiffen allein 486. Es scheine demnach der Fang hier bedeutender zu sein als weiter nördlich bei Spitzbergen, aber doch wohl erst seit wenig Jahren. Der Preis des Thranes sei abhängig von dem des Rüböles; derselbe werde ausschliesslich von englischen Raffineuren verarbeitet, die ihm den widerlichen Geruch zu nehmen verständen.

Herr Friederichsen macht dann einige Mittheilungen über die neuesten Nordostfahrten nach Sibirien. Seit 1880 sei es heuer zum ersten Male einem Schiffe gelungen die Mündung des Jenissei zu erreichen, nämlich dem vom Kapt. Wiggins befehligten und von Leith aus befrachteten Dampfer

»Phoenix«; er habe Ende August Vardö verlassen und sei Mitte Oktober am Jenissei eingetroffen. Auch der russische Grosskaufmann Sibiriakoff habe im August dieses Jahres mit seinem Dampfer »Nordenskjöld« einen gleichen Versuch machen lassen, aber ohne Erfolg, da die Karische See wegen grosser Treibeismassen und starken Nebels nicht passirbar gewesen sei. Derselbe Dampfer habe dann die Petschoramündung aufgesucht und dort reiche Ladung an Weizen, Mammutknochen, Fellen, Schmalz u. a. vorgefunden, die von Tomsk her auf Rennthierschlitten über den Ural geschafft worden sei.

## 133. Sitzung. 5. Januar 1888.

Vorsitzender Herr Senator Adolph Hertz.

Das Protokoll der vorigen Sitzung wird genehmigt.

Aufgenommen werden 3 Mitglieder.

Der hiesige Naturwissenschaftliche Verein spricht durch ein Schreiben seines Vorstandes der Geogr. Gesellschaft seinen Dank aus für die zur Feier seines 50jährigen Bestehens ihm gewidmete Glückwunschadresse.

Der Vorsitzende theilt mit, dass der Vorstand beschlossen habe, das 15jährige Bestehen der Gesellschaft am 3. März durch Festsitzung und Festessen zu feiern.

Alsdann hält Herr Direktor Hess aus Altona den angekündigten Vortrag über »Die Deutsche Bewegung im Auslande«.

Redner überträgt die in der Geologie gebräuchlichen Ausdrücke »Hebungs- und Senkungsgebiete« auf die im Aussenverkehr einer Nation sich zeigenden Schwankungen. Als Senkungsgebiete für das Deutschthum seien Oesterreich-Ungarn, Russland, Niederländisch Indien und Belgien zu bezeichnen; im erstgenannten Reiche besonders Ungarn und Böhmen. Für die genannten Gebiete werden Belege gegeben. Für die Weststaaten des tropischen Südamerika erwartet Redner einen Aufschwung der deutschen Bestrebungen mit der Besserung der politischen Verhältnisse und der Vervollkommnung der Verkehrswege. In den Vereinigten Staaten zeige sich eine Hebung der deutschen Interessen; der deutsche Handel nehme dort die zweite Stelle ein. Ansässig seien in der Union 7 Millionen Deutsche, und zahlreiche Einwanderer vergrösserten diese Zahl, doch gehe das deutsche Element meist nach wenigen Generationen in dem angloamerikanischen auf. In Canada nähmen die 1/4 Million Deutschen eine vermittelnde Stellung zwischen dem englischen und dem französischen Elemente ein. In Europa breite sich besonders der deutsche Handel nach Skandinavien hin aus. Als die wichtigsten Hebungsgebiete aber bezeichnet Redner das gemässigtere Südamerika, Südafrika, die Südsee-Inseln, Centralamerika, die Mittelmeerländer und Ostasien. In Süd-Brasilien wirkten die deutschen Kolonisationsgesellschaften, und die Regierung begünstige das Einwandern von Deutschen. In Argentinien und Uruguay mache besonders die italienische Einwanderung der deutschen Konkurrenz. Günstiger ständen die Verhältnisse in Paraguay und Chile. Nach Venezuela sei der deutsche Handel im Steigen, wie er auch in Mexico sich zu behaupten wisse. Für Afrika legt Redner die Bedeutung der deutschen Schutzgebiete dar. In der Südsee habe sich der deutsche Handel eine herrschende Stellung zu erwerben gewusst; auch nach Australien sei die Ausfuhr Deutschlands gestiegen, doch sei das deutsche Element daselbst ohne politischen Einfluss. In Ostasien beherrschten die Deutschen die Küstenschiffahrt, besonders im südöstlichen Reisgebiet; in Japan finde das deutsche Element seitens der Regierung Anerkennung in Anstellung deutscher Gelehrten, Architekten und Offiziere. Besonders würde das Deutschthum im Auslande durch unsere energische Kolonialpolitik gefördert werden, sowie schon bisher durch deutsches Schulwesen, das der Deutsche Schulverein sich zu seinem Wirkungsfeld ausersehen habe.

## 134. Sitzung. 4. Februar 1888.

Vorsitzender Herr Senator Adolph Hertz.

Die Sitzung findet in der Aula des Realgymnasiums statt.

Aufgenommen werden 10 neue Mitglieder.

Der Vorsitzende legt die von den Revisoren geprüfte und für richtig befundene Kassa-Bilanz für 1887 vor. Dieselbe gestaltet sich wie folgt:

### Kassa-Bilanz für 1887.

| | | | | |
|---|---|---|---|---|
| | Einnahme: | | | |
| I. | Saldo von 1886 | | ℳ. 4343.18 | |
| II. | Beiträge | | » 5824.85 | |
| III. | Zinsen | | » 113.13 | |
| | | | | ℳ. 10281.16 |
| | Ausgabe: | | | |
| I. | Mittheilungen der Geographischen Gesellschaft | | ℳ. 3504.57 | |
| II. | Monatliche Sitzungen (Honorare, Reisespesen etc.) | | » 2555.79 | |
| III. | Bibliothek incl. Versicherung ℳ. 40.50 | | » 109.25 | |
| IV. | Verwaltung | | » 1315.00 | |
| V. | Lokalmiethe (für die Aula des Johanneums) | | » 55.00 | |
| VI. | Extraordinaria: | | | |
| | Beitrag zum Kirchenpauer-Denkmal | ℳ. 500.00 | | |
| | 1 Kirchenpauer-Medaille in Gold | » 392.00 | | |
| | Glückwunsch-Adresse an den Naturwiss. Verein in Hamburg-Altona | » 307.00 | | |
| | Jahres-Beitrag zum D. Geographentag | » 30.00 | | |
| | Porti und Diversa | » 542.33 | | |
| | | | ℳ. 1771.33 | |
| | Saldo ult. Dezember 1887 | | » 970.22 | |
| | | | | ℳ. 10281.16 |

Die Mitgliederzahl betrug Ende 1886: 486; dazu traten in 1887: 20; es traten aus oder starben: 40; Bestand Ende 1887: 466.

Der Vorsitzende theilt mit, dass das 15 jährige Stiftungsfest der Gesellschaft am 1. März im Hamburger Hof solle gefeiert werden. In der Sitzung, womit das Fest zu eröffnen sei, solle ein Bericht über die Fortschritte der geographischen Forschung und Wissenschaft während des abgelaufenen Lustrums gegeben werden; ein Festmahl werde sich anschliessen, zu dem die Einführung von Damen gewünscht werde. Zur Bestreitung der damit verknüpften Ausgaben beantrage er im Namen des Vorstandes die Bewilligung einer Summe bis zu ℳ. 1000. Dieselbe wird bewilligt.

Der Vorsitzende ertheilt sodann dem Herrn Missionsinspektor Büttner aus Berlin das Wort. Derselbe gab folgende Mittheilungen über seine »Erlebnisse in Südwestafrika«. Redner gründete im Damara-Lande ein Seminar zur Ausbildung von Eingeborenen als Lehrer für die deutsche Mission. Dabei machten die sprachlichen Verhältnisse Schwierigkeiten. Zwischen Weissen und Eingeborenen war das Holländische die Verkehrssprache. Andererseits sprach die Nähe der britischen Herrschaft für die Pflege des Englischen. Doch entschloss sich Redner im Seminar den Unterricht vornehmlich deutsch zu gestalten, Englisch und Holländisch nebenher zu betreiben, da es für den Verkehr mit dem Caplande nicht zu entbehren war. Es gelang auch, den Eingeborenen die Elemente des Wissens beizubringen, da sie viel Lust zum Lernen zeigten. Der Unterricht im Deutschen stützte sich auf Luthers Bibelübersetzung, auch Kirchenlieder wurden gesungen, überhaupt viel musicirt, sodass in der Kirche nur vierstimmig gesungen wurde. Die Schüler traten mit 12 Jahren und darüber ein und blieben 3 Jahre im Seminar. Schwierig war die Gewöhnung derselben an regelmässige geistige Arbeit. Ausser dieser wurden aber auch Handwerke erlernt und Ackerbau getrieben, Reisen und Jagdzüge unternommen. Von gutem Einfluss war das Zusammenwohnen der Eingeborenen mit den Weissen in einem Hause. Doch die Verpflegung und Beköstigung so vieler Menschen (20—25) erforderte Arbeit und dazu fehlten die nöthigen Kräfte, denn brauchbare freie Arbeiter giebts nicht; wer frei herumläuft, ist von seinen Angehörigen verstossen, sonst hält er sich an seine Familie oder seinen Häuptling und dient denselben mit seiner Arbeitskraft, die dort nicht zu entbehren ist. Die Frau und Mutter des Redners, die die Küche führten, mussten sich meist mit 7 jährigen Kindern als Helfern begnügen. Auch störten die communistischen Begriffe der umwohnenden Eingeborenen oft die Station, indem diese von den Kleidern oder gar der Speise der Pfleglinge zu rauben suchten. Doch war die Mühe der Erziehung nicht ganz vergeblich. Die Häuptlinge erkannten bald, dass die Zöglinge der Anstalt ihnen die brauchbarsten Helfer in allen Unternehmungen waren und besonders im Kampf mit dem Feinde sich durch Unerschrockenheit auszeichneten. So dienten sie ihnen auch als Vermittler und Dolmetscher bei dem Abschluss und der Unterzeichnung der deutschen Kolonialverträge. Neben der Arbeit an den Eingeborenen musste Redner selber deren Sprache erlernen und jene waren eifrig bestrebt, ihm dabei zu helfen. Für die nächste Zeit ist dem Redner das deutsche Ostafrika als Arbeitsfeld seiner Missionsthätigkeit überwiesen worden. Die Suaheli sind den südafrikanischen Herero in Volkstypus und Sprache verwandt und der Vortragende hofft deshalb, dass es ihm nicht so schwer sein werde, mit Hilfe seiner Kollegen auch dort Einfluss auf die Eingeborenen zu gewinnen.

Da Herr Dr. Gottsche wegen plötzlicher Erkrankung verhindert war den an zweiter Stelle angekündigten Vortrag »Ueber das neue Flussbett des Hoangho« zu halten, so hatte Herr Ingenieur Johannes Sieveking sich erboten, die Ueberschwemmung des Hoangho vom September 1887 vom technischen Standpunkt aus zu beleuchten. Redner demonstriert zunächst die Situation des fraglichen Gebietes und legt dar, wie der Fluss seit

2000 v. Chr. von Kaifung an, wo die letzte Katastrophe sich zutrug, in verschiedenster Weise seinen Lauf geändert, und den jedesmaligen Deichbrüchen die entsetzlichsten Katastrophen gefolgt seien. Aus den chinesischen Annalen weiss man beispielsweise, dass der Hoangho im 7. und 8. Jahrhundert n. Chr. seine Fluthen von Kaifung direkt nach N wälzte und sich unweit des heutigen Peking mit dem Peiho vereinigte; vom 13. Jahrhundert bis 1853 floss er von Kaifung aus ziemlich östlich in's Gelbe Meer und wandte dann seinen Lauf plötzlich nach NO zum Golf von Petschili; diese Abweichung auf den Rhein übertragen, würde an letzterem Fluss etwa bedeuten, dass er bei Mainz sein jetziges Bett verliesse und statt in die Nordsee, nun bei Travemünde in die Ostsee flösse. Noch grösser sei die letzte Aenderung seines Laufes, die die Hoangho-Fluthen seit September 1887 dem Jantsekiang östlich von Nanking zuführe. Als 1853 die vorletzte Katastrophe erfolgte, währte es über 5 Jahre, ehe man in Europa eine dunkle Kunde von dem Ereigniss erhielt; es sei als enormer Fortschritt in unsern Beziehungen zu China zu bezeichnen, dass wir jetzt nach 4 Monaten bereits Kunde vom letzten Durchbruch des Flusses hätten. Es würde die Aufgabe der Ingenieurkunst sein, der Wiederkehr dieser Katastrophen vorzubeugen, die stets bei Kaifung, wo der Fluss aus Gebirgsterrain in die Ebene tritt, statthaben. Dazu bedürfe es der genauen Feststellung der Wassermenge des Flusses, der Senkstoffmenge und des Gefälles. Dazu sei ein genaues statistisches Material nöthig, das bisher nicht vorliege. Die Wassermenge dürfte durchschnittlich die vierfache von der des Rheines sein, doch zeige sie grössere Schwankungen je nach der Jahreszeit. Der Hoangho führe unglaubliche Mengen gelben Schlammes mit sich, ein Segen und ein Fluch zugleich für das Land. Die Fruchtbarkeit desselben verbiete jede Düngung des Landes, aber die Senkstoffe erhöhten auch schnell das Flussbett, so dass die Sohle des Flusses im bisherigen Lauf ca. 5 m über dem Gelände lag, während der mittlere Wasserstand bis zu 16, der hohe bis zu 19 m über dem Gelände gemessen wurde. Dazu kommt ein starkes Gefälle, so dass man bei Kaifung schon längst doppelte Deiche, die durch Querdeiche unter sich verbunden, aufgeführt habe, deren einzelne Kronen so breit seien, dass 4 Eisenbahngeleise bequem auf denselben entlang geführt werden könnten. Solche Anlagen könnten natürlich nur von einer starken Autorität an der Spitze des Staates erhalten werden. Jedenfalls seien weite Kulturländereien völlig zerstört und die Grösse der Verluste an Menschenleben lasse sich kaum ahnen. In einem Riesenstaat wie das Chinesische Reich sei, mit seinen 400 Millionen Einwohnern, verlören sich freilich die Nachwehen solcher Katastrophen leicht, und die Energie der Chinesen würde bald für das Verlorene Ersatz finden.

## 135. Sitzung

und 15jähriges Siftungsfest der Geographischen Gesellschaft,

am 1. März 1888.

Die feierliche Sitzung findet im Hamburger Hof statt, dessen sämmtliche Erdgeschossräume festlich dekorirt sind. Es nehmen 275 Personen, Herren und Damen, Theil.

Der Präsident der Gesellschaft, Herr Senator Adolph Hertz, eröffnet die Sitzung mit folgender Ansprache:

»Es ist eine gute Geflissenheit, dass man an gewissen Tagen, die gleichsam Marksteine des zurückgelegten Weges bilden, innehält, um zu rasten und rückwärts zu schauen, ehe man den Weg in die umschleierte Zukunft fortsetzt. Je länger der Zeitraum zwischen solchen Tagen, desto bedeutungsvoller wird sich der Rückblick gestalten. Heute hat die Geographische Gesellschaft ihr 15. Lebensjahr vollendet und zweimal in Zwischenräumen von 5 Jahren ein Fest ähnlich dem heutigen gefeiert. Indem ich Ihnen, geehrte Anwesende, für Ihr Erscheinen danke, muss ich es aussprechen, dass der Vorstand als eine besondere Gunst die Betheiligung der Damen betrachtet.

Bevor ich dem Sekretair, Herrn Friederichsen, das Wort zu einem Rückblick auf die Ereignisse in unserem Verein und die Fortschritte der Geographischen Wissenschaft in den letzten 5 Jahren ertheile, drängt es mich, des hochverdienten Stifters der Gesellschaft, des Bürgermeisters Kirchenpauer zu gedenken, und dem bittern Schmerz über sein Dahinscheiden erneuten Ausdruck zu geben. Auf's Tiefste bedauern wir es Alle, dass er heute nicht an dieser Stelle stehen kann. Am 3. März des verflossenen Jahres hatte er einer Sitzung unserer Gesellschaft noch präsidirt; als er nach Hause gekommen war und um Mitternacht sein Arbeitszimmer noch nicht verlassen hatte, fanden ihn die Seinigen im Sessel vor dem Schreibtisch dem irdischen Leben bereits entrückt. Das geistvolle Auge war geschlossen, die Feder, die er so trefflich zu brauchen wusste, der Hand entfallen und der beredte Mund auf ewig verstummt. So haben wir ihn verloren, aber nicht vergessen, denn der Lebenslauf eines vorzüglichen Mannes gleicht nicht der von einem Schiffe gezogenen Furche, die in der nächsten Welle wieder verschwindet, sondern sein Andenken bleibt auf immer eingegraben in unseren dankbaren Herzen.«

Herr Friederichsen hält alsdann seinen Vortrag: »Ueber die Fortschritte der geographischen Forschung während der Jahre 1883 bis 1888«. (Siehe Mittheilungen der Geogr. Ges. in Hamburg 1887—88 Seite 41—52).

Nach Beendigung desselben spricht der Vorsitzende dem Redner den Dank der Versammlung aus: Mit Sachkenntniss und Sicherheit seien die Zuhörer weit über Länder und Meere geführt worden. Nach so langer Reise sei aber eine Erfrischung dringend wünschenswerth; deshalb fordere er die Anwesenden auf, den 2. Theil des Festes im frohen Beisammensein an der Tafel zu begehen.

Als sich nun die Thüren zu dem strahlend erleuchteten Festsaal öffneten, bot sich den überraschten Blicken ein eigenartiges Bild. Unter dem goldglänzenden Standbild des Kaisers war im frischen Grün eine Büste des ersten Präsidenten der Gesellschaft, des Bürgermeisters Kirchenpauer, aufgestellt, welche die wohlbekannten Züge in milder Ruhe verkörperte. Ein kolossaler Globus, als Sinnbild der Gesellschaft, stand zu Füssen der beiden Bildwerke, und um ihn gruppirte sich eine bunte Schaar von Völkertypen aus allen fremden Welttheilen: der grimmige Indianer, der bunte, wunderlich geschmückte Südseeinsulaner, der Chinese, der Neger, der Hottentotte, der burleske Australier, der Eskimo und wie sie alle heissen, die im phantastischen selbstgeschaffenen Schmuck sich wohl fühlen. Nach und nach, bei der langen Dauer des Aufmarsches der Gäste kam hier und da Bewegung in die Gruppe; man sah, dass nicht künstlich hergestellte Wachsfiguren, sondern lebende Menschen, ausgestattet mit nur echten Kleidungs- und Schmuckgegenständen, das Material der Völkerbilder geliefert hatten. Als sich dann plötzlich der Riesenglobus öffnete und einen in seinem Innern verborgenen reichen Blumenflor in Form des Namenzugs Kirchenpauers enthüllte, brach hallender Jubel los. Jede Dame empfing aus der Hand der wilden Krieger, deren Sprache doch so heimisch zart aus Knabenmunde klang, ein Bouquet und stattete dem jugendlichen Ueberreicher den Dank auch für seine Leistung mit dem an den Vorstand für das reizende Arrangement ab.

Beim trefflichen Mahl ergriff zunächst der Vorsitzende, Herr Senator Adolph Hertz das Wort zu einem Trinkspruch auf den Kaiser, vereint mit dem aus jedem deutschen Herzen immer wieder tönenden Wunsch für die Genesung des theuren Kronprinzen. Stehend vernahm die Versammlung die ernsten zu Herzen gehenden Worte, und in das brausende Hoch mischte sich so manche stille Bitte für das erhabene Herrscherhaus.

Herr Direktor Dr. Friedlaender sprach in längerer Rede die Wünsche für das gedeihliche Fortwirken der Geographischen Gesellschaft aus; Herr Generalarzt Dr. Cammerer toastete auf die Stadt Hamburg, in der die geographische Wissenschaft so treffliche Pflege finde, Herr Refardt dankte dem Vorstand und vor Allem dem nie rastenden Sekretair, dem Begründer der Gesellschaft, Herrn Friederichsen, für die unendlich vielen Leistungen, die allein die Gesellschaft auf ihre heutige Höhe gebracht hätten und auch für die schönen Veranstaltungen des heutigen Abends. Herr Dr. Rud. Krause widmete dann der von Herr Duyffcke mit bekannter Meisterschaft hergestellten Tischkarte, die sechs fremde zum Theil noch recht im Anfang der Kultur stehende Nationen bei festlichen Gelagen zeigte, eine humoristische Besprechung und toastete auf die Damen, die das Fest verherrlichten.

## 136. Sitzung. 5. April 1888.

Vorsitzender Herr Senator Adolph Hertz.

Die Protokolle der beiden vorigen Sitzungen werden verlesen und genehmigt. Aufgenommen werden 10 neue Mitglieder.

Mit dem k. k. Militair-Geographischen Institut in Wien, sowie mit der in Newcastle on Tyne unlängst gebildeten Tyneside Geographical Society ist auf deren Wunsch Schriftentausch eingeleitet worden.

Der Vorsitzende theilt mit, dass infolge Ablebens Sr. Maj. Kaiser Wilhelms der für die Osterwoche nach Berlin berufene 8. Deutsche Geographentag auf das Jahr 1889 vertagt worden sei. Dahingegen solle in Berlin der 7. Amerikanisten-Kongress in den ersten Tagen des Oktober d. J. abgehalten werden, und ist seitens des Organisations-Ausschusses dem Vorstand eine Einladung zur Betheiligung an dem Kongresse zugegangen. Der Amerikanisten-Kongress habe sich die Aufgabe gestellt, alle die Zweige des Wissens, welche uns über den Zustand Amerikas und seiner Bevölkerung vor und zur Zeit der Entdeckung durch Columbus Kunde gäben, zu pflegen und dadurch eine wissenschaftlich würdige Feier des nahenden 4. Centenariums jener Entdeckung anzubahnen.

Der Vorsitzende begrüsst sodann die beiden Redner des Abends, Herrn Dr. W. Haacke aus Jena und Herrn Dr. med. E. Lindemann aus Helgoland und ertheilt ersterem das Wort zu seinem Vortrage: »Eine Fahrt auf dem Fly- und Strickland-Fluss in Neu-Guinea«, worin derselbe seine während eines 4jährigen Aufenthaltes auf jener Insel gesammelten Erfahrungen zu einer anschaulichen Schilderung der Insel zusammenfasst.

Die Insel ist, führt Redner aus, gleich interessant für den Geologen, wie für den Kolonialpolitiker und bietet, weil noch wenig bekannt, ein erspriessliches Arbeitsfeld für den Forscher. Der hafenlosen Küsten und der misstrauischen Bewohner wegen ist es schwierig, in's Innere einzudringen. Eine genaue Darstellung der Konfiguration des Landes muss der Zukunft vorbehalten werden. Bedeutsam ist seine Urgeschichte. Es war in alter Zeit ein Jura-Ausläufer der europäisch-asiatischen Halbinsel; auf ihm fanden sich von Säugethieren nur die jetzt für Australien charakteristischen Känguru- und Schnabelthier-Arten. Als die Insel von Asien losgetrennt wurde, bedeckte sie sich unter tropisch-feuchtem Klima mit üppiger Vegetation, und durch die von den reichlichen Regengüssen herabgeschlemmten Erdmassen verschlammte die Torresstrasse. Ein besonders prächtiges Panorama bieten die Uferlandschaften der grossen Flüsse, wie des Fly-Flusses. Hochwurzlige Mangrovewaldungen mit riesenblättrigen Sumpfpalmen, überragt von den Federkronen der Kokospalmen, durchkreuzt von armdicken Schling- und Kletterpflanzen bilden eine undurchdringliche Mauer, landeinwärts wechseln Pandanusbäune mit Bambusen, Brotbäumen und Baumfarnen ab. So arm die Säugethierfauna mit ihren Igeln, Ratten und Ameisenbären, so reich ist die Vogelwelt, besonders rbenprächtig die Paradiesvögel, und ebenso reich di e den Vögeln zur Na ng dienende Insektenwelt. Redner schildert dann die menschlichen Bew hner der Insel, die Papuas. Die Begegnungen mit denselben waren selten, aber meist aufregender Art. Entweder flohen die Eingeborenen beim Anblick der unbekannten Fremden oder suchten dieselben durch Drohungen zur Umkehr zu bewegen. Die Anknüpfung von Tauschhandel mit ihnen wollte nicht gelingen; durch das geringste unvorhergesehene Geräusch oder eine andere Zufälligkeit wurden sie verscheucht, in der Annahme von Geschenken waren sie sehr vorsichtig; ein dauernder Verkehr mit ihnen war unmöglich. Als Kolonialbesitz eignet das Land sich vortrefflich zum Plantagenbau so gut wie Ceylon und Java, mit denen es im Klima gleicht. Nur die Arbeiterfrage bietet Schwierigkeiten und es wird ein Weg gesucht werden müssen, wie man die Eingeborenen für die Arbeit gewinnen kann.

Darauf erhält das Wort Herr Dr. med. E. Lindemann zu seinem Vortrage über »Helgoland in topographischer, hygienischer und klimatischer Beziehung.« (siehe Mittheilungen der Geogr. Ges. in Hamburg 1887—88 Seite 76—84).

## 137. Sitzung. 28. April 1888.

Vorsitzender Herr L. Friederichsen.

Die Sitzung findet in der Aula der Gelehrtenschule unter zahlreicher Betheiligung von Damen statt.

Der Vorsitzende theilt mit, dass der Präsident der Gesellschaft, Herr Senator Adolph Hertz zu seinem lebhaften Bedauern, weil ans Bett gefesselt, nicht in der Lage sei, heute den Vorsitz zu führen und ihn, den Redner, mit dem Vorsitz betraut habe.

Derselbe heisst alsdann den Redner des Abends Herrn Dr. Wilhelm Junker herzlich willkommen. Er betrachtet es als eine besondere Auszeichnung für die Gesellschaft, dass der berühmte Reisende in ihrer Mitte erscheine, um persönlich über seine im Herzen Afrikas gemachten Erfahrungen und Erlebnisse zu berichten. Die Gesellschaft heisse ihn als guten Bekannten willkommen, da sie, soweit dies möglich, seinen Forschungen und Reisen in Gedanken stets gefolgt sei und besonders ihren eignen Reisenden Dr. G. A. Fischer mit den besten Hoffnungen begleitet habe, als es gegolten habe den verschollenen Dr. Junker aufzusuchen. Fischer sei erfolglos zurückgekehrt und wenige Tage, nachdem er hier über seine vergeblichen Versuche nach Wadelai vorzudringen berichtet, den klimatischen Einflüssen seiner Reise erlegen. Der vergeblich Gesuchte sei trotzdem wohlbehalten nach Europa zurückgekehrt und weile zu unsrer grössten Freude in unsrer Mitte.

Der Vorsitzende ertheilt sodann Herrn Dr. Junker das Wort zu dem Vortrag »Ueber seine Reisen und seinen langjährigen Aufenthalt im Egyptischen Sudan«, veranschaulicht durch eine sorgfältigst ausgeführte Skizze des Uëlle-Stromgebietes. Dieser Fluss wurde 1870 von Dr. Schweinfurth im Gebiete der Njam-Njam entdeckt und blieb in seinem weitern Verlauf ein Räthsel, bis er vor Kurzem als Oberlauf des Mobangi erkannt wurde, der $\frac{1}{2}^{0}$ s. Br. u. $17\frac{1}{2}^{0}$ ö. Gr. in den Kongo mündet. Das Gebiet des Uëlle suchte Redner auf, als er 1879 von Suakim aus zum zweiten Male den Sudan betrat und widmete der Erforschung desselben $2\frac{1}{2}$ Jahre. Im Gebiet der Njam-Njam oder A-Sandeh gründete er unter $5^{0}$ n. Br. u. $27\frac{1}{2}^{0}$ ö. Gr. zunächst eine feste Station in der Residenz Ndoruma, liess hier seinen Begleiter, den Sammler Bohndorff, einen Deutschen, zurück, der später vor dem Aufstand der Mahdisten sich, aber nicht seine Sammlungen, noch rechtzeitig nach N retten konnte, ging dann selber weiter nach S, schloss mit einem Mangbattu-Fürsten jenseit des Uëlle Blutsbrüderschaft und besuchte später das Gebiet der weiter abwärts am Uëlle wohnenden A-Barambo. In 1882 machte er einen zweiten Vorstoss nach SO, durch das Gebiet der obengenannten Mangbattu, den Uëlle kreuzend bis zur Residenz Tsanga's, des Fürsten der Mabode, am Nepoko gelegen, dem Oberlauf des nach W zum Kongo gehenden Aruwimi. Nachdem er hier längere Zeit freundschaftlich festgehalten war, kehrte er zur Station zurück und machte eine dritte Rundreise nach SW zum Mittellauf des Uëlle, wo er im Gebiet der Bandschia auf $4^{0}$ n. Br. u. $23\frac{1}{2}^{0}$ ö. Gr. seinen westlichsten Punkt erreichte.

Die wunderbarsten Menschen in dem bereisten Gebiet waren die im Gebiet der Mabode auf der 2. Reise angetroffenen Akka oder Tikki-Tikki. Zwerghaft von Gestalt, affenähnlich und scheu, treiben sie Jagd mit Pfeil und Bogen, die einzigen Nomaden jenes weiten Gebietes. Die A-Sandeh und die Mangbattu sind Kannibalen, und mehrfach wurde auch dem Reisenden der Genuss von Menschenfleisch zugemuthet. Bisweilen gab es schwere Zeiten wegen Mangels an Proviant, Wäsche und Seife. Die einheimische Kost bestand aus Mehlbrei und weissen Ameisen. Auf seiner eignen

Station, erst Ndoruma, später Semio weiter westlich, beide im Gebiet der A-Sandeh, fand er stets wieder Erholung von den Strapazen, ein Bett zum Ausruhen und europäische Gemüse eigner Pflanzung. Die kindlichen Wünsche der Schwarzen befriedigte er durch Spielsachen, Bilderbücher, Spiegel, Messer, Scheren, Kattun und Glasperlen. Als Tauschartikel benutzte er die werthvolleren Kochtöpfe, Kupfer, Messing, arabische Schuhe, Anzüge, Gewehre u. a. Seine geringe Begleitung, aus einigen Jungen und Mädchen bestehend, erstere als Dolmetscher, letztere als Köche, flösste überall Zutrauen ein. Die Rückkehr nach N, wo inzwischen die Mahdisten rebellirt hatten, war unmöglich geworden. Redner zog deshalb zu Ende 1883 nach Ladó am Nil, unter 5° n. Br., wo er Dr. Schnitzer (Emin Bey) traf. Beide wurden von den Mahdisten, die bis in ihre Nähe vorgedrungen waren, aufgefordert sich zu ergeben. Dr. Schnitzer fand Zeit sich genügend zu befestigen und errang sogar Vortheile im offnen Kampfe über die Feinde, verlegte dann aber der grössern Sicherheit wegen seine Residenz nach Wadelai am Nil unter $2^3/4^0$ n. Br. Von hier aus trat Redner mit den Missionaren in Uganda am Ukerewe-See in Verbindung, zog schliesslich selber durch Unjoro nach Uganda, welch' beide Länder mit einander im Kriege lagen. Er wusste das Misstrauen der Bewohner von Uganda zu zerstreuen, versorgte von ihrer Hauptstadt Rubaga aus Dr. Schnitzer mit Bekleidungsstoffen für dessen Truppen und trat selber den Rückweg nach Sansibar an. Auch auf diesem Wege waren Gefahren zu bestehen; der Hamburger Gieseke, der sich ihm unterwegs anschloss, wurde ermordet. In Kairo traf Redner mit Stanley zusammen, der von ihm für seine spätere Emin-Entsatz-Expedition Erkundigungen einzog. Dieselbe ist von Westen kommend, den Aruwimi-Nepoko hinaufgezogen, habe der Stromschnellen wegen den Fluss freilich kurz oberhalb seiner Mündung verlassen müssen, dürfte ihn aber weiter oberhalb wieder benutzt haben und zwar bis zu der vom Redner besuchten Residenz Ssanga's im Gebiet der Mabode. Von hier aus hätten Stanley 2 Wege offengestanden: erstens gerade aus nach O den Nepoko aufwärts zum Südende des Albert-See's, zweitens von Ssanga's Residenz nach ONO in der Richtung auf Wadelai zu. Auf ersterem Wege würde ihm nur die Verpflegung Schwierigkeiten bereiten, die für eine grosse Expedition in einem wenig ergiebigen Lande, wie es der Oberlauf des Nepoko durchfliesse, oft gewaltsam requiriert werden müsste. Der dadurch natürlich erregte Unwille der Bevölkerung würde die Absendung der sehnlichst erwarteten Boten unmöglich gemacht haben. Die zweite in Frage kommende Route kenne Redner aus eigner Erfahrung; sie führe durch höher gelegene Landschaften, wo reichlich Getreidebau und Rindviehzucht getrieben werde und die breiten von Viehherden ausgetretenen Wege das Vorrücken einer grossen Karawane begünstigten. Redner hofft, dass Stanley inzwischen sein Ziel erreicht habe und demnächst Nachrichten über ihn in Sansibar eintreffen würden.

**138. Sitzung.** 7. Juni 1888.

Vorsitzender Herr Senator Adolph Hertz.

Die Protokolle der beiden vorigen Sitzungen werden verlesen und genehmigt.

Aufgenommen werden 5 neue Mitglieder.

Zwei Dankschreiben werden verlesen, welche die Gesellschaft der Erdkunde in Berlin und der Verein für Erdkunde in Dresden in Erwiderung der von der Hamburger Geogr. Gesellschaft zu ihren Jubiläen übersandten Glückwunsch-Schreiben dem Vorstande übermittelt haben.

Als erster Gegenstand der Tagesordnung kommt ein auf den Konvokationskarten mitgetheilter Antrag des Vorstandes zur Berathung, den § 4 der Statuten, der von der Aufnahme neuer Mitglieder handelt, und in der Praxis für zu lax befunden worden ist, abzuändern und in der auf den Konvokationskarten mitgetheilten Fassung zu genehmigen.

Der betreffende § 4 lautete bisher: »Die Aufnahme neuer Mitglieder geschieht, auf vorhergegangene Anmeldung bei einem der Beamten der Gesellschaft, in einer ordentlichen Versammlung durch Ballotage der anwesenden Mitglieder, nachdem mindestens 8 Tage vorher der Name der Aufzunehmenden den Mitgliedern in angemessener Weise bekannt gemacht worden ist. Einfache Majorität der abgegebenen Stimmen entscheidet für die Aufnahme.«

Die vom Vorstande beantragte, veränderte Fassung des § 4 lautet: »Zur Aufnahme ist der Vorschlag durch 2 Mitglieder der Gesellschaft erforderlich, welche dem Vorstande Namen, Stand und Wohnung des Aufzunehmenden anzugeben haben. Die Namen der Vorgeschlagenen, sowie der dieselben vorschlagenden Mitglieder werden in dem Programm zur nächsten Sitzung mitgetheilt. Jedes Mitglied hat das Recht, gegen eine Aufnahme beim Vorstande Einsprache zu erheben unter Angabe von Gründen. Erfolgt innerhalb 14 Tagen nach dieser Sitzung kein Widerspruch gegen die Aufnahme beim Vorstande, so wird diese in der darauf folgenden Sitzung der Gesellschaft bekannt gegeben. Ueber Einsprache gegen die Aufnahme entscheidet der Vorstand unter Zuziehung des Beiraths. Erklären sich zwei Drittheile der Anwesenden für dieselbe, so erfolgt die Aufnahme, anderenfalls wird dieselbe abgelehnt.«

Nachdem der Vorsitzende den gestellten Antrag kurz empfohlen, wird derselbe einstimmig angenommen und zugleich die Herren Dir. Friedlaender, Kapt. Koldewey, Dr. med. Oehrens und Dir. Hess-Altona zu einer Kommission berufen, die nach § 17 der Statuten vor der definitiven Beschlussfassung in der nächsten Versammlung, den vorgeschlagenen Paragraphen redaktionell zu prüfen und in der von ihr gewählten Fassung vorzulegen hat.

Der Vorsitzende stellt ferner im Namen des Vorstandes den der bevorstehenden Ferien wegen als dringlich bezeichneten Antrag, Herrn Dr. Wilhelm Junker in St. Petersburg zum Ehrenmitgliede der Geographischen Gesellschaft zu ernennen. Da kein Widerspruch gegen die sofortige Abstimmung, die nach § 7 der Statuten sonst erst in der nächsten Sitzung erfolgen dürfte, erhoben wird, so wird die Abstimmung sofort vorgenommen und Herr Dr. Junker einstimmig zum Ehrenmitgliede proklamirt. Ebenfalls auf Vorschlag des Vorstandes wird Herr Dr. A. Ernst in Carácas, Direktor des dortigen Nationalmuseums, zum korrespondierenden Mitgliede der Gesellschaft erwählt.

Herr Friederichsen referiert sodann über eine von der Lissaboner Geographischen Gesellschaft eingegange Aufforderung zur Beschickung eines Kongresses, dem die Erzielung eines einheitlichen internationalen Betonnungs- und Bakensystems zur Aufgabe gestellt werden solle. Nach Darstellung der Sachlage und historischem Rückblick auf dies von allen seefahrenden Nationen bisher als schwer durchführbar erkannte Verlangen von Seiten des Referenten, wird auf dessen Antrag eine Betheiligung an jenem Kongresse seitens der Gesellschaft abgelehnt.

Unter den eingegangenen neuen Schriften hebt der Vorsitzende namentlich hervor das von dem Mitgliede der Gesellschaft, Herrn Dr. W. Sievers in Würzburg, jüngst herausgegebene Werk: »die Cordillere von Mérida«, da die in demselben niedergelegten Resultate auf den Forschungen beruhten, die der Verfasser mit Unterstützung unsrer Gesellschaft habe anstellen können.

Zum Schluss erhält Herr Dr. C. Gottsche von hier das Wort zu einem Vortrage über »die Bonin-Inseln.«

Die genannte Inselgruppe besteht, wie Redner ausführt, aus 10 Inseln und über 70 unbewohnten Felsen und Klippen, mit einem Gesammtareal von 68 qkm, wovon auf die beiden grössten, Hahasima d. i. Vaterinsel 23 qkm, und auf Chichisima d. i. Mutterinsel 22 qkm kommen, mit dem einzigen, auf letzterer gelegenen, Hafen Ogiura oder Port Lloyd. Steile Felsküsten sind draussen, tropischer Urwald drinnen. Die Inseln sind sämmtlich gebirgig, doch erheben sich dieselben nur bis 510 m auf Hahasima und bis 360 m auf Chichisima. Das Gestein ist vulkanisch, Erdbeben häufig, einzelne Vulkane noch thätig. Pendelbeobachtungen, die in 1827 von einer russischen Expedition unter Graf Lütke angestellt wurden, ergaben für die Inseln eine Depression von 1400 m unter normalem Meeresniveau; eine japanische Expedition in 1884 berechnete eine Depression von 1700 m für die Bonin-Inseln und von 3100 m für Yokohama. Letztere übergrosse Zahl lässt die ganzen Berechnungen etwas zweifelhaft erscheinen. Fauna und Flora der Inselgruppe wurden durch Gray und Hooker, die Naturforscher der Blossom-Expedition und durch die der russischen Expedition, von Kittlitz und Mertens, erforscht. Diese ersten Forschungen sollten ergeben haben, dass die Bonin-Inseln eine biogeographische Provinz (»Schöpfungscentrum«) bildeten, doch ist dies nach des Redners Untersuchung unrichtig. Das einzige einheimische Säugethier, ein Pteropus, ist identisch mit der auf den Liu-kiu-Inseln vorhandenen Art; von 22 dort angetroffenen Vögeln sind 4 eigenthümlich, 9 Zugvögel, nur 11 brüten dort; die wenigen niederen Land-Thiere, 1 Eidechse, 2 Schnecken, 1 Heuschrecke, 2 Fliegen, 3 Schmetterlinge, scheinen identisch zu sein mit solchen in Japan und auf den Liu-kiu-Inseln; von Krustaceen finden sich nur Seethiere. Küchenschaben sind zu Schiff dorthin übergesiedelt, eine Ziegenart und eine Hirschart sind von Shanghai, resp. Japan dort eingeführt worden. Die Flora weist 85 Arten auf, von denen 28 auf andern Südsee-Inseln, 17 auf den Liu-kiu-Inseln, 27 in Japan, 29 in China vorkommen und nur 5 Arten einheimisch scheinen. Die meisten Bäume, besonders solche mit harten Fruchtkapseln, sind von W hergekommen, was durch die Richtung der Kuro-Siwo-Strömung und des SW-Monsuns seine Erklärung findet. Diese Strömungen führten auch die erste Entdeckung herbei; ein japanischer Edelmann Ogasawara, 1593 dahin verschlagen, nahm für Japan die Inseln in Besitz; dass sie damals menschenleer waren und blieben, zeigt der von jener Zeit stammende japanische Name Muninto d. i. unbewohntes Land, woraus der heutige Name »Bonin« verstümmelt ist. Erst 1830 aber siedelten sich weisse Abenteurer daselbst an, 2 Amerikaner, 2 Engländer, 1 Däne mit 15 farbigen Begleitern. In 1861 machte Japan den ersten Kolonisationsversuch und ergriff offiziell von den Inseln Besitz. Von den jetzigen 355 Bewohnern, einschliesslich 112 Frauen, sind 290 Japaner, 5 Weisse, 60 Mischlinge und 327 wohnen allein auf Chichisima. Hauptexportartikel sind lebende Schildkröten, sonst Citronen, Ananas, Eisenholz. Vom japanischen Vermessungsbureau ist in 1881—83 eine Aufnahme der Inseln im Maasstabe 1 : 10 000 gemacht worden. Eine vom Redner danach verkleinerte Karte (1 : 50 000) sowie eine grosse Zahl Originalphotographieen und Landschaftsskizzen veranschaulichten das Gesagte auf's Beste.

## 139. Sitzung. 1. November 1888.

Vorsitzender Herr Senator Adolph Hertz.

Die Sitzung findet in der Aula der Gelehrten-Schule des Johanneums statt.

Einziger Gegenstand der Tagesordnung ist ein Vortrag des Premier-Lieutenant Herrn Wissmann »über die Araberfrage«.

Herr Wissmann nimmt, mit anerkennenden Worten des Vorsitzenden und lebhaftem Beifall der Versammlung begrüsst, das Wort.

Redner will, um ein klares Bild von den Verhältnissen Ost-Afrika's zu geben, vor allem die Machtverhältnisse der Araber daselbst schildern und wie sich dieselben im Lauf der Zeiten entwickelt haben. Vom Sambesi bis Kap Guardafui finden sich an allen bedeutenden Küstenplätzen Ruinen von Citadellen, die seiner Zeit von Portugiesen angelegt wurden. Der Handel mit Gold, Elfenbein, Sklaven war damals dort noch sehr primitiv, aber auch gewinnbringend für dieselben und gestattete die Anlage kostbarer Schutzbauten. Als die Küstengegenden ausgebeutet waren, wurde der Handel schwieriger und kostspieliger und die Schutzbauten verfielen. Da traten von Maskat aus die Araber als Wettbewerber im Handel auf und jenes wurde bald der Mittelpunkt für den afrikanischen Handel. Die Araber, weil widerstandsfähiger gegen das Klima und bessere Kenner der Neger und rücksichtsloser in ihrem Auftreten, gewannen bald die Oberhand in Ostafrika, die Europäer verschwanden, es entstand in Sansibar ein arabischer Staat, zu Maskat gehörig, und durch Erbtheilung sind neuerdings zwei getrennte Staaten, Sansibar und Maskat, daraus geworden. Sansibar's Bereich beschränkte sich auf die Inseln und einen schmalen Küstenstrich, Araber drangen nur als Händler ins Innere vor, um sich möglichst bald zu bereichern. Wem dies nicht gelang, der wurde Soldat oder blieb Abenteurer; die schwarzen Söhne aus den Harems der Araber vermehrten die Zahl dieses voll- und halbblutigen Araberthums, von dem heute kaum 1000 rein weiss, die meisten dunkelhäutige Bastarde sind. Die Händler drangen allmählich nach W vor bis ans Seeen-Gebiet, gründeten zur Sicherung der Handelsstrassen Stationen, so Tabora auf dem halben Wege zum Tanganika-See, Udschidschi am See selber; im Innern fanden sie gute Träger und Soldaten. Ein Zusammenwirken der arabischen Interessen ist nie erstrebt worden; die Araber bilden verschiedene Unternehmungsgruppen, von denen die jetzt mächtigste die des bekannten Tippu-Tip ist. Ins Kongogebiet kamen die Araber schon 5 Jahre vor Livingstone und gründeten daselbst die Station Niangwe, Tippu-Tip selber erreichte sogar das Quellgebiet des Kongo. Unterwegs wurden die Negerstämme unterdrückt und ausgebeutet; die Feuerwaffen machen den Araber dem Neger überlegen, und die Streitigkeiten der Negerstämme unter einander wissen die Araber bestens auszunutzen. Durch ihr Auftreten wissen sie den Schwarzen auch zu imponiren; meist folgen diese ihnen willig als Soldaten oder Träger, die Frauen in die Harems; besonders das Soldatenleben gefällt jenen; mit dem Gewehr in der Hand und einem Federbusch auf dem Kopf sehen die Neger verächtlich auf ihre »wilden« Landsleute herab; sie bilden die Hauptstütze der Araber. Die Mittel zu den Handelszügen leihen die Hindus, die an der Küste sich niedergelassen haben. Kehrt ein Zug zur Küste zurück, so kaufen jene das Elfenbein und die Sklaven auf und ziehen dabei Kapital und Wucherzinsen ein. Daher werden sie gehasst von den Arabern und flohen, als jüngst der Aufstand ausbrach, auf die Inseln von Sansibar. Das Verbot des Sklavenhandels machte die Araber stutzig, aber die Skavenjagden bestehen in allen Greueln nach wie vor, weite Landschaften werden dabei verwüstet, die festen Sklaven werden als Werthobjekte von ihren Herren gut behandelt. Das Verhältniss zwischen Arabern und Europäern war bis dahin ein gutes, weil ein religiöser Hass nie existirt hat. Stanley war der erste Weisse, der in die Machtsphäre der Araber eindrang und zwar in Gesellschaft Tippu-Tip's, der später, als Stanley den Kongo weiter nach W fuhr, sich von diesem trennte und in seinem Rücken das Gebiet des obern Kongo in der rücksichtslosesten Weise ausbeutete. Er beherrscht das weite Land zwischen Aruwimi und Tanganika-See, überall wird ihm dort Tribut entrichtet; wo kein Elfenbein mehr ist, in Kaffee, Reis und Sklaven. Als ich in 1882 zuerst mit Arabern in Berührung kam, imponirten sie mir ebenfalls durch ihr Auftreten, mit manchen schloss ich Freundschaft, weil ich sie dessen werth hielt. Als sie anfingen unsern Einfluss zu spüren, waren sie wie umgewandelt und suchten alle Vortheile gegen uns auszunutzen, und jeder neue Erfolg macht sie nur muthiger und rücksichtsloser. Greuel wurden verübt gegen englische Stationen und Missionare, eine Station des Kongostaates wurde überfallen und zerstört, der Kommandant eines britischen Kriegsschiffes ermordet, ich selber wurde von einem Sohne Tippu-Tip's, mit dem ich früher Freundschaft geschlossen, 1885 in Niangwe gefangen gehalten und verspottet. In Europa hielt man die Sache nicht für so schlimm, zu Gewaltmassregeln konnte man sich nicht entschliessen und scheuete die Kosten. Und doch ist die einzige Möglichkeit, wie Afrika der Kultur gerettet werden kann, die Vernichtung des arabischen Raubhandels, der sich auf Kosten der Neger mästet. Die geographische Lage des Gebietes begünstigt ein gewaltsames Vorgehen; ist einmal ein Erfolg erzielt, dann sinkt das Ansehen der Araber und die geknechteten Schwarzen werden sich von ihnen abwenden. Zu Wasser kann man bis zur Nordspitze des Nyassa-Sees gelangen, in 12 Tagereisen von dort zum Tanganika-See, der sich zwischen den östlichen und den westlichen Zweig des Araberthums einkeilt. Aehnlich ist Wadelai mit Emin Pascha die feste Scheidewand zwischen den Arabern des Sudans und denen im Süden des Aequators, daher eine Expedition zur Unterstützung Emin Pascha's von grösster Wichtigkeit. Zunächst muss aber die Sansibar-Küste unter europäischen Einfluss gebracht werden; dann kann von dort aus auch der Weg zu Emin Pascha gesäubert werden. Die dort interessirten Staaten, England, Portugal, Kongostaat und Deutschland, sollten sich zur Vernichtung des Araberthums in Afrika vereinigen. Dazu gehören ausser Kapital vor allem passende Leute, d. h. Eingeborene unter Führung von Europäern. Der Plan des Kardinals Lavigerie ist hervorgegangen aus der Erfahrung vieler

Missionare, die das Land und die Verhältnisse genau kennen, und nicht zu bespötteln. Ist der Neger erst sicher in seiner Existenz und frei, so wird es nöthig sein, ihn zur Arbeit zu erziehen. Dann wird der Handel, der jetzt im Einzelnen geschädigt werden wird, viel grösseren Umfang gewinnen.

## 140. Sitzung. 6. Dezember 1888.

Vorsitzender Herr L. Friederichsen.

Im Interesse der reichen Tagesordnung werden die Protokolle der beiden letzten Sitzungen ungelesen genehmigt.

Die in der Juni-Sitzung zu Ehren- resp. Korrespondirenden Mitgliedern ernannten Herren Dr. W. Junker in St. Petersburg und Dr. Ernst in Carácas haben der Gesellschaft ihren Dank schriftlich ausgesprochen.

Bewilligt wird ein Beitrag von ℳ 30 für ein dem verstorbenen Afrika-Reisenden Karl Mauch in seiner Heimath Schwäbisch-Gmünd zu errichtendes Denkmal.

Die in der Juni-Sitzung zur Prüfung des abgeänderten § 4 der Statuten eingesetzte Kommission schlägt folgende Fassung des fraglichen Paragraphen vor:

»Zur Aufnahme ist der Vorschlag durch 2 Mitglieder der Geographischen Gesellschaft erforderlich, welche dem Vorstande Namen, Stand und Wohnung des Aufzunehmenden angeben. Die Namen der Vorgeschlagenen sowie der dieselben Vorschlagenden werden in der Einladung zur nächsten Sitzung mitgetheilt. Jedes Mitglied hat das Recht, unter Angabe von Gründen gegen die Aufnahme eines Vorgeschlagenen Einspruch zu erheben. Erfolgt innerhalb 14 Tagen nach der nächsten Sitzung kein Widerspruch gegen die Aufnahme, so wird diese in der darauf folgenden Sitzung der Gesellschaft bekannt gegeben. Erfolgt eine Einsprache, so entscheidet der Vorstand unter der Zuziehung des Beirathes. Die Aufnahme ist abgelehnt, falls sich nicht mindestens $^2/_3$ der Anwesenden für dieselbe erklären.«

In dieser Fassung wird der Paragraph einstimmig genehmigt.

Aufgenommen werden 2 neue Mitglieder.

Vor Eintritt in die Tagesordnung glaubt der Vorsitzende 2 für die Geographie wichtige Ereignisse letzter Zeit erwähnen zu sollen. Das eine ist die Durchquerung Grönlands seitens Dr. Nansen's, das andere der im November in der Nähe des Thian-Schan erfolgte Tod des grossen Russischen Asia-Reisenden von Przewalsky.

Darauf erhält Herr Dr. A. Fischer von hier das Wort zu seinem Vortrage »Das Norwegische Hochgebirge auf Grund eigner Anschauung«.

Redner schildert die Küstenbildungen und Fjorde, die steil aus den Meeren emporragenden Felswände mit alten, jetzt viele Meter über dem Meere liegenden Strandlinien, die grossen Wälder im Innern und die fast bis zu den Fjorden hinabreichenden Gletscher mit ihren Moränen, die tageshell erleuchteten Nächte, die eigenthümliche Beförderung der Reisenden und ihre Verpflegung, die Bauart und innere Einrichtung der Bauernhäuser im Thal und der Sennhütten auf der Höhe, eine Wanderung theils zu Fuss theils zu Pferde nach Jötunheim mit seinen der Schweiz nicht nachstehenden Scenerieen, die Thier- und Pflanzenwelt des Hochgebirges, die Sitten und Trachten der Bewohner. Zum Schluss bespricht Redner die verschiedenen Theorieen, die man zur Erklärung der wunderbaren Fjordbildung aufgestellt hat, den klimatischen Gegensatz zwischen Ost und West, die Wirkungen der Gletscher und die Veränderung der letzteren, sowie die muthmassliche geologische Vergangenheit des Landes.

Der Vorsitzende knüpft an diesen Vortrag die Bemerkung, dass in Hamburg sich ein Nordlandsverein gebildet habe, mit dem Zweck, die Kenntniss Norwegens im Publikum zu fördern und dadurch bei den Touristen und Vergnügungsreisenden eine Vorliebe für das Land zu wecken.

Der zweite Redner, Herr Dr. Georg Pfeffer von hier konnte von seinem angekündigten Vortrage: »Ueber die Geographische Richtung der modernen Zoologie und die Stellung der zoologischen Museen dazu« wegen der vorgerückten Zeit nur einen Theil erledigen.

Redner geht von den Beobachtungen aus, die von den Naturforschern der letzten Polarexpeditionen betreffs der polaren Thierwelt gemacht sind. Da habe sich zunächst eine grosse innere Verwandtschaft der sehr alten Thierformen in den arktischen mit denen der antarktischen Regionen gezeigt, während der weite Zwischenraum zwischen N und S von ganz anderen meist jüngeren Formen belebt schien. Seitdem man aber die Tiefen des Meeres in den Bereich der Forschung gezogen, zeige sich das interessante Resultat, dass die Tiefsee die Vermittelung zwischen N und S bilde, indem sie dieselben Thierformen enthalte wie die Meere an den Polarkreisen. Auch die Thierwelt des Süsswassers habe man bisher für sehr jung gehalten und gemeint, ihre Formen hätten sich allmählich erst dem Süsswasser angepasst. Nach den neuesten Forschungen hätte gerade das Süsswasser der Flüsse uralte Thiertypen aufzuweisen, die für die Zoologen für die weitere Ableitung von Stammbäumen besonders wichtig seien. Demnach schienen die ältesten Thierformen sich im Süsswasser, wie an den Polen und in der Tiefsee zu finden.

## Kassa-Bilanz für 1888.

| | | | | |
|---|---|---|---|---|
| | **Einnahme:** | | | |
| I. | Saldo von 1887 | | M. 970.22 | |
| II. | Beiträge von Mitgliedern | | » 5794.55 | |
| III. | Zinsen | | » 17.42 | |
| | | | | M. 6782.19 |
| | **Ausgabe:** | | | |
| I. | für die Mittheilungen der Geogr. Gesellschaft | | M. 1103.37 | |
| II. | » die monatlichen Sitzungen, Reisespesen und Honorare etc. | | » 373.87 | |
| III. | » die Bibliothek, Abonnements auf Journale | | » 66.10 | |
| IV. | » die Verwaltung | | » 1390.00 | |
| V. | » Lokalmiethe (Aula des Realgymnasiums) | | » 78.00 | |
| VI. | » Extraordinaria: | | | |
| | Feier des 15jähr. Stiftungsfestes | M. 856.40 | | |
| | Beitrag zur Gedenktafel für Karl Mauch | » 30.00 | | |
| | Porti und Diversa | » 370.55 | | |
| | | | » 1256.95 | |
| | Saldo auf 1889 | | » 2513.90 | |
| | | | | M. 6782.19 |

**Mitglieder-Anzahl:**

| | | |
|---|---|---|
| I. Ehrenmitglieder | | 17 |
| II. Korrespondirende Mitglieder | | 10 |
| III. Ordentliche Mitglieder: | | |
| Bestand Ende 1887 | 466 | |
| Eingetreten in 1888 | 32 | |
| | 498 | |
| Ausgeschieden in 1888 | 27 | |
| Bestand Ende 1888 | | 471 |
| | Gesammtzahl: | 498 |

# Mitglieder-Verzeichniss Ende 1888.

## Vorstand.

Präsident: Senator **Adolph Hertz.**
Vice-Präsident: Geheimer Admiralitätsrath und Direktor der Deutschen Seewarte, Professor Dr. **G. Neumayer.**
Erster Sekretair: **L. Friederichsen,** Kartograph.
Zweiter Sekretair: Direktor Prof. Dr. **K. Friedlaender.**
Kassirer: **A. Woermann.**
Generalarzt Dr. **R. Cammerer.**
Direktor der Sternwarte **G. Rümker.**
Revisoren: **E. Güssefeld** und **J. Witt.**

## Beirath.

**E. Güssefeld.**
**F. J. H. Hansing.**
**G. Hess,** Gymnasial-Direktor in Altona.
**C. Koldewey,** Kapitain, Abtheilungsvorstand der Deutschen Seewarte.
Dr. **O. Matsen.**
Dr. **H. Michow.**
Direktor Prof. Dr. **Pagenstecher.**
**W. Westendarp.**
Direktor Dr. **F. Wibel.**
**J. Witt.**

## I. Ehrenmitglieder.

| | | | |
|---|---|---|---|
| 1. | **Andree, Richard,** Dr., Leipzig | Seit 1. Mai | 1886. |
| 2. | **Bastian, A.,** Geheimer Regierungsrath, Prof. Dr. Berlin | » 7. » | 1874. |
| 3. | **Becker, M. A.,** Ritter von, Hofrath. Wien | » 4. März | 1875. |
| 4. | **Berghaus, Herm.,** Prof. Dr. Gotha | » 4. » | 1875. |
| 5. | **Junker, Wilhelm,** Dr. St. Petersburg | » 7. Juni | 1888. |
| 6. | **Lange, Henry,** Prof. Dr. Berlin | » 1. Mai | 1886. |
| 7. | **Kiepert, Heinrich,** Prof. Dr. Berlin | » 4. März | 1875. |
| 8. | **Negri, Cristoforo,** Prof. Dr., Ehrenpräsident der Italienischen Geogr. Gesellschaft. Turin | » 7. Mai | 1874. |
| 9. | **Neumayer, G.,** Geheimer Admiralitätsrath und Direktor der Deutschen Seewarte, Prof. Dr. Hamburg | » 3. Juni | 1875. |
| 10. | **Nordenskjöld,** Freiherr **Erik von,** Prof. Stockholm | » 5. Febr. | 1880. |
| 11. | **Palander, L.,** Marine-Lieutenant. Stockholm | » 5. » | 1880. |
| 12. | **Payer, Julius,** Dr. Frankfurt a. M. | » 4. März | 1875. |
| 13. | **Richthofen,** Freiherr **Ferdinand von,** Prof. Berlin | » 7. Mai | 1874. |
| 14. | **Rohlfs, Gerhard,** Hofrath, Dr. Weimar | » 4. März | 1875. |

15. **Schweinfurth, G.**, Dr. Kairo ........................... Seit 4. Febr. 1875.
16. **Stanley, Henry M.** ........................... » 7. » 1878.
17. **Wilczek**, Graf **Hans von**, Excellenz, K. K. wirklicher Geheimrath. Wien ........................... » 4. März 1875.

## II. Korrespondirende Mitglieder.

1. **Burmeister, H.**, Prof. Dr. Buenos Aires ........................... Seit 7. Oct. 1875.
2. **Cohen, Emil**, Prof. Dr. Greifswalde ........................... » 9. Sept. 1875.
3. **Debes, E.**, Kartograph. Leipzig ........................... » 1. Mai 1886.
4. **Ernst, A.**, Dr., Direktor des National-Museums. Carácas ... » 8. Juni 1888.
5. **Hesse-Wartegg, Ernst von.** Tribschen-Luzern ........................... » 4. Dez. 1879.
6. **Holten, Hermann von.** Cochabamba ........................... » 5. Jan. 1882.
7. **Keller, Richard**, Kaiserlich Deutscher Konsul. Rufisque am Senegal ........................... » 6. Nov. 1884.
8. **Kubary, Johann.** Constantin-Hafen, Neu-Guinea ........................... » 9. Sept. 1875.
9. **Léonce, Richard.** Bordeaux ........................... » 9. » 1875.
10. **Shillinglaw, John J.** Melbourne ........................... » 1. April 1880.

## III. Ordentliche Mitglieder.

1. Ahlers, Jacob.
2. Ahlsberg, A., Dr., Oberarzt.
3. Albers-Schoenberg, A. H.
4. Aly, Paul, Dr. med.
5. Amsinck, J., Dr med.
6. Amsinck, L. E.
7. Amsinck, M. G.
8. Amsinck, Wilhelm.
9. Andersen, Emil.
10. Antoine-Feill, Dr. jur. sen.
11. Arning, E., Dr. med.
12. des Arts, Henry.
13. Ballin, Albert.
14. von Bargen, Chr.
15. Bartels, F. W.
16. Bauch, Heinr. sen.
17. Behn, Theodor, Dr. jur.
18. Beith, M.
19. von Berckem, Oberst.
20. Bergner, Philipp.
21. Berkefeld, W.
22. von Bernuth, J., Prof.
23. Bieber, Franz, Voguell.
24. Bieber, G. R.
25. Bieling, Adolf.
26. Binder, Hermann.
27. von Bippen, Arnold.
28. Bleckwedel, C. H., Lehrer.
29. Blumenthal, Aug.
30. Bock, Theodor.
31. Böhl, Ludwig.
32. Bötzow, G., Dr.
33. Bohlen. Ed.
34. Boldemann, Hermann.
35. Booth, Arthur.
36. Booth, Oskar.
37. Booth, Stanley.
38. Borstelmann, J.
39. Brach, Rudolf.
40. Brackenhoeft, E., Dr. jur.
41. Brauss, Hermann.
42. Brieger, Carl.
43. Brock, Gustav.
44. Brohm, Walter.
45. Bromberg, A., Dr. jur.
46. Brückmann, Albert.
47. Bülau, G., Dr. med.
48. Büsch, Oskar.
49. Buhrow, P. G.
50. Burchard, O. J.
51. Burchard, Th.
52. Burchard, Wilhelm, jr.
53. Burmeister, H.
54. Calais, P., Dr. med.

55. Cammerer, Rud., Dr., Generalarzt.
56. de la Camp, Caesar.
57. von Cassini, Graf Arthur, Exc., Wirkl. Staatsrath u. Gen.-Konsul.
58. Caulier, B., Ingenieur.
59. Chaplin, Edward.
60. Clauss, Friedrich.
61. Clauss, Wilhelm.
62. Cohen, B., Dr. med.
63. Cohn, Carl.
64. Colpe, Hermann.
65. Cordes, Albert.
66. Cordes, August C.
67. Cords, Julius.
68. Crasemann, Max, Dr. jur.
69. Crasemann, Rudolf.
70. Creutzburg, Ernst.
71. Dantès Fortunat, General. Port au Prince.
72. Dehn, Max, Dr. med.
73. Dellschaft, Hermann.
74. von Dewitz, Hauptmann,
75. Dieckmann, E. W.
76. Dieckmann, J. A. C.
77. Dieckmann, H. W. jr.
78. Diestel, G. L. F.
79. Dinklage, Kapt., Abtheilungs-Vorstand der Seewarte.
80. Dollmann, Carl J.
81. Dollmann, Carl Paul.
82. Donner, K. Th., Dr. jur.
83. Drews, Hauptmann.
84. Dunker, Arthur, Direktor.
85. Eckardt, Moritz.
86. Eggert, Carl.
87. Eichenberg, Paul.
88. Eisenlohr, C., Dr. med.
89. Elkan, W., Konsul.
90. Embden, G. H., Dr. jur.
91. Enet, G. R.
92. Engel, Felix, Ingenieur.
93. Engel, Julius, Landgerichtsdirektor.
94. Ernst, Gottfried.
95. Falck, Martin.
96. Fischer, A., Dr. ph.
97. Fischer, G. W.
98. Fritzler, Johannes, Dr.
99. Fixen, J. H.
100. Föhring, H., Dr., Landgerichtsdirektor.
101. Fölsch, August.
102. Forst, W. H.
103. Förster, August.
104. Friederichsen, Ludwig, Kartograph.
105. Friedlaender, Karl, Direktor Prof. Dr.
106. Fritz, Rudolf.
107. Gadewoltz, P.
108. Gaiser, G. L.
109. Gilbert, Hugo, Dr. ph.
110. Godeffroy, A.
111. Godeffroy, C. jr.
112. Goedelt, C. M., Generalkonsul.
113. Goepel, Wilhelm, Direktor.
114. Goldenberg, Wilhelm, jr.
115. Goldschmidt, Martin.
116. Gossler, H., Dr. jur.
117. von Berenberg-Gossler, John.
118. Gossler, Oskar, Dr. jr.
119. Gottsche, Carl, Dr. ph.
120. Gottsche, C. M., Dr. med. Altona.
121. Goverts, Wilhelm.
122. Graetz, August.
123. Grallert, Emil, Konsul.
124. Greibe, Carl.
125. Groenewold, E. B.
126. Gross, G., Dr. ph., Direktor. Bergedorf.
127. Grote, Hermann.
128. Grünewald, A.
129. Grund, Emil.
130. Günter, G. H.
131. Güssefeld, Emil.
132. Güssefeld, Otto, Dr. ph.
133. Gütschow, Anton.
134. Gütschow, C. T., Dr. jur., Secretair der Handelskammer.
135. Gütschow, Otto Julius.
136. Haas, Heinrich.
137. Hagen, Staatsanwalt. Altona.
138. Hager, Eduard.
139. Hahn, Ernesto.
140. Hahn, Louis.
141. Hallier, E., Architekt.
142. Hamann, Ad. G. W.
143. von Hane, Alfred.
144. Hane, A.
145. Hansing, F. J. H.
146. Harcke, L. F. C., Dr. jur.
147. Hartmeyer, E., Dr. jur.

148. Hartogh, M. H.
149. Hastedt, H. D., Architekt.
150. Haupt, Woldemar.
151. Hausenfelder, Schulinspektor.
152. Haustedt, F. D. A.
153. Hegemann, F., Kapitain.
154. Heinichen, A. Dr., Landgerichtsdirektor.
155. Heitmann, Thomas.
156. Helms, Hermann.
157. Hennings, Paul, Dr. med. Reinbeck.
158. Herbst, L. F., Prof. Dr. ph.
159. Hermsen, Diedr.
160. Hermsen Theodor.
161. Hernsheim, Franz, Konsul.
162. Herrmann, M. A., Konsul.
163. Hertz, Adolph, Senator.
164. Hertz, G., Dr. jur., Senator.
165. Hertz, John E.
166. Hertz, Paul. Stade.
167. Hess, Direktor. Altona.
168. Heuer, John H. A.
169. von Heydebreck, Hauptmann.
170. Heye, F. C. Th., Geheimer Kommerzienrath.
171. Heyne, Fritz.
172. Hinrichsen, M. W.
173. Hinrichsen, Siegmund.
174. Hinsch, J. D.
175. Hirsch, Ph., Dr.
176. Hirsche, K. G., Dr. th., Hauptpastor, Senior Ministerii.
177. Hoche, R., Prof. Dr., Oberbeamter der Oberschulbehörde.
178. Hoepffner, Dr. med., Generalarzt a. D.
179. von Holten, A.
180. Holtzapfel, Eduard.
181. Homann, D. A.
182. Hooge, Carl.
183. Hübbe, O. J.
184. Huepeden, Johannes.
185. Hüttner, H. O.
186. Jacobsen, W. Direktor.
187. Jannsen, Heinrich, Lehrer. Blankenese.
188. Jantzen, C. F. W.
189. Jencquel, G. A.
190. Imray, James Frederick. London.
191. Joachim, C., Dr. ph.
192. Jordan, Julius.
913. Jorre, Hugo.
194. Israël, John, Dr. jur.
195. Jürgens, A. C., Dr. jur., Sekretair d. Handelskammer.
196. Karuht, Carl.
197. Kayser, Alfred.
198. Kein, Woldemar, cand. phil.
199. Kellinghusen, A. H., Dr. jur.
200. Kelting, Theodor.
201. Kersten, C. F. W., Dr. ph., Schulrath.
202. Knauer, G.
203. Knauer, W., Senator. Altona.
204. Koch, G., Dr. ph., Vorstand des Stat. Bureaus.
205. Koldewey, Carl, Kapt., Abtheilungs-Vorstand der D. Seewarte.
206. Kraft, Ernst.
207. Kraft, Philipp, Lehrer.
208. Kramer, Otto.
209. Krauss, C. Th., Dr. med., Medizinalrath.
210. Krause, Rudolf, Dr. med.
211. Krebs, W., cand. phil.
212. Krieg, E., Dr. med.
213. Krieger, Geh. Oberfinanzrath. Altona.
214. Kroeplin, Franz, jr.
215. Krogmann, H.
216. Krogmann, J. F.
217. Krütli, G. R. A. F.
218. Krumbein, G.
219. Kühl, Geh. Rath, Oberpostdirektor.
220. Kugelmann, Ferdinand.
221. Kuhn, Gustav.
222. von Kusserow, Exc. Kön. Preuss. Gesandter.
223. Lachmann, Julius.
224. Laeisz, C. Ferdinand.
225. Laeisz, C.
226. Lange, Caesar.
227. Lantzius, Otto.
228. Lau, H. F. W.
229. Lavy, Charles, jr.
230. Leo, Carl, Dr. jur, Syndikus.
231. Levinsohn, Martin.
232. Lion, Eugen.
233. Lipschütz, G.
234. Lipschütz, L.
235. Loesener, F.
236. Lomnitz, F., Dr. med.

237. Lubcke, A.
238. Lüders, C. W. Vorsteher des Museums für Völkerkunde.
239. Luis, Vincent.
240. Lund, J. G., Kön. Norw. Konsul. Altona.
241. Lyon, Alfred.
242. Maass, Ernst, Verlagsbuchhändler.
243. Magnus, S., Bergedorf.
244. Mahraun, Seminardirektor.
245. Marburg, Caesar.
246. Marcus, Hermann.
247. Marquardt, L., Dr. ph.
248. Martens, G. H.
249. Martin, Rud., Dr. jur., Oberlandesgerichtsrath.
250. Matsen, Otto, Dr. jur.
251. Matthiessen, F. E., Direktor.
252. Meinardus, Otto W.
253. Meinnolff, August.
254. Melchior, M.
255. von Melle, Emil, Senator.
256. Merck, Kön. Bayer. Oberzollrath.
257. Mertens, R., Dr. jur.
258. Mestern, Robert J., Handelskammer-Präsident.
259. Metz, Ad., lic. th., Prof.
260. Meyer, Adolf August.
261. Meyer, H. A., Dr. ph.
262. Meyer, H. C. Eduard.
263. Meyer, J. Arthur F.
264. Meyer, T. E. J.
265. Meyersberg, M.
266. Michaelsen, Wilhelm.
267. Michow, Heinrich, Dr. ph.
268. Micolci, A., Dr. ph.
269. Miehe, Otto.
270. Mohrmann, J., Dr. jur.
271. Mönckeberg, R., Dr. jur.
272. Molinari, Ottomar.
273. Möring, C. P. F., Senator.
274. Moll, Eduard L.
275. Müller, Clemens.
276. Müller, Ernst.
277. Müller, H. A.
278. Müller-Beeck T. G., Tokio.
279. Münchmeyer, A. jr.
280. Münchmeyer, H., Konsul.
281. von Mutzenbecher, Freiherr, Johannes.
282. Neumayer, G., Geh. Rath, Prof. Dr., Direktor der D. Seewarte.
283. Niebour, Th., Dir. d. Navigationsschule.
284. Niemeyer, E.
285. Nölting, Emile, Gen.-Konsul.
286. Noodt, Valentin, Dr. ph., Direktor.
287. Nordheim, Louis.
288. Oehrens, W., Dr. med.
289. von Ohlendorff, Freiherr, Albertus.
290. Ollerich, H.
291. Oppenheim, Albert.
292. Oppenheim-Gérard, Georg.
293. Osenbrüg, A. Trittau i. Holstein.
294. von der Osten, gen. Sacken, Freiherr, Hauptmann.
295. O'Swald, A. P., Generalkonsul.
296. O'Swald, Fritz.
297. O'Swald, William, Senator.
298. Ottens, F.
299. Otto, M., Dr. ph.
300. Pagenstecher, Prof. Dr., Direktor.
301. de Paraguassú, Vicomte, Exc. Gen.-Konsul.
302. Paul, Johannes.
303. Pauli, O., Prof. Dr. ph., Direktor.
304. Pauly, C. August.
305. Pechner, Robert.
306. Petersen, C., Dr. jur., Bürgermeister.
307. Petersen, G., Dr. jur.
308. Philipp, F., Dr. med.
309. Philippi, Hermann, Architekt.
310. Philippi, W. A.
311. Pickenpack, Paul, General-Konsul.
312. Pickenpack, Vincent.
313. Pieper, Oskar, Dr. ph.
314. Piglhein, Ludwig.
315. Pinckernelle, A. E.
316. Plass, H., Dr. med.
317. Pollacsek, J. A., Dr., Direktor.
318. Pontoppidan, E.
319. Pontoppidan, H., General-Konsul.
320. Precht, W., Lehrer.
321. Probst, W., Direktor.
322. Prochownick, L., Dr. med.
323. Raeder, Ole Munch, Gen.-Konsul.
324. Rautenberg, Prof. Dr. ph., Direktor.
325. Redlich, C., Dr. ph., Direktor.
326. Refardt, J. F. C.
327. Reichwagen, L.

328. Reinstorff, E., Prof. Dr. ph.
329. Repsold, Hermann.
330. Repsold, J. A., Dr. ph.
331. Repsold, J. Geog. Rio de Janeiro.
332. Repsold, Oskar.
333. Richers, W.
334. Robertson, H.
335. Robertson, R. J.
336. Robertson, William.
337. Robinow, Carl.
338. Robinow, Hermann.
339. Robinow, J. A.
340. Roepe, H., Dr., Hauptpastor.
341. von Roesing, Freiherr, Oberst. Altona.
342. Rohde, Diedrich, Prof., Dr. ph., Cuxhaven.
343. Rohlsen, Gustav.
344. Roosen, B. C., Pastor.
345. Roosen, B. Otto.
346. Rosatzin, Franz, Direktor.
347. Roscher, H., Senator.
348. Rosenfeld, Louis.
349. Ross, D.
350. Rossin, Julius.
351. Rümker, G., Direktor.
352. Ruperti, J.
353. Ruperti, Oskar.
354. Ruths, Valentin.
355. Sauber, Hermann.
356. Schaernack, Edmund, Dr. med., Oberstabsarzt.
357. Schemmann, Gustav.
358. Scheven, Dr. med., Oberstabsarzt.
359. Schiffmann, Ludwig, Gen.-Konsul.
360. Schiller, Gustav. Frankfurt a. M.
361. Schittny, R., Oberzollinspektor. Wandsbeck.
362. Schläger, G.
363. Schlubach, Heinrich Adolf.
364. Schlüter, Franz C.
365. Schlüter, Julius D.
366. von Schmeling, C. Blecken, General-Major. Altona.
367. Schmid, E., Direktor.
368. Schmid, Henry.
369. Schmidekam, Dr. med. Blankenese.
370. Schmidt, F. G.
371. Schön, C. A. W., General-Konsul.
372. Schrader, Joh. Hartwig.
373. Schramm, Max, Dr.
374. Schröder, Johannes, jr.
375. Schröder, Julius.
376. Schroeter. Franz, Dr. med.
377. Schück, A., Kapitain.
378. Schultess, Karl, Dr. ph,
379. Schultz, Theodor.
380. Schultz, Wilhelm.
381. Schulze, Emil, Konsul.
382. Seebohm, J., Dr. jur.
383. Seligmann, Emil.
384. Seligson, Hermann.
385. Sieben, F. C.
386. Sieveking, W., Dr. med.
387. Sievers, Louis.
388. Sievers, W., Dr. ph. Würzburg.
389. Sieverts, R. C.
390. Sloman, Robert M.
391. von Sluytermann-Langeweyde, Baurath. Altona.
392. Söhle, Martin, D r.
393. Söllner, Adolf.
394. Sohst, Heinrich.
395. Sommer, Major. Ottensen.
396. Spihlmann, A.
397. Sprick, H.
398. Stade, C. Theodor.
399. Stahmer, J. F. T., Senator.
400. Stammann, O., Dr. jur., Senator.
401. Steinhaus, C. F., Ingenieur.
402. Stenzel, Major. Altona.
403. Stephan, E., Lehrer.
404. Stohlmann, Paul Franz.
405. Stoltz, Hermann.
406. Strack, Adolf, jr.
407. Stürcken, Otto, Dr. jur.
408. Sudeck, J. L.
409. Suhl, J. F. M.
410. Tetens, A. F., Wasserschout.
411. Thien, J., Oberlehrer.
412. Thormählen, J.
413. Tietgens, Gustav W.
414. Tietgens, H. A.
415. Timm, A., Ingenieur.
416. Traun, Heinrich, Dr. ph.
417. Traun, Otto.
418. Tüngel, Emil, Dr. med.
419. Ulex, G. F.
420. Ulex, H., Dr.

421. Ulrich, W., Dr. ph.
422. Versmann, E.
423. Versmann, J., Dr. jur., Bürgermeister.
424. Voller, August, Dr. ph., Direktor.
425. Vorwerk, Ad.
426. Wagner, Hermann, Dr. ph.
427. Wappäus, A. H.
428. Warburg, Ferdinand.
429. Warburg, Johannes R.,
430. Warburg, Pius. Altona.
431. Warburg, S. R.
432. Warburg, Siegmund.
433. Weber, Georg.
434. Weber, Justus.
435. Wedeles, Heinrich.
436. Weickhmann, H., Kapitain z. S.
437. Weissflog, Ad. Wilhelm.
438. Wellig, Th, Dr. ph.
439. Wencke, Fr.
440. Wentzel, A. E.
441. Westendarp, Georg, Ingenieur.
442. Westendarp, Wilhelm.
443. vonWestenholtz, Freiherr, Gen.-Konsul.
444. Westerich, C. A. Eduard.
445. Westphahl, C. W.
446. Westphahl, Otto, E.
447. Wibel, F., Dr. ph.. Direktor.
448. Wichmann, E. H.
449. Wichmann, N. D.
450. Wiedemann, H., Dr. med. Blankenese.
451. Wiengreen, Fritz.
452. Wiengreen, J.
453. von Willamowitz-Moellendorf, Major. Wandsbeck.
454. Wille, Th.
455. Winter, Ph.
456. Witt, J.
457. Witt, W.
458. Wöhler, Gustav.
459. Woermann, Adolf.
460. Wölber, Francis, Konsul.
461. Wohlwill, Th.
462. Wolf, R., Dr. med.
463. Wolff, Otto G.
464. Wolffson, J. sen., Dr. jur.
465. van Zeller, Francisco, General-Konsul.
466. Zickermann, Heinrich. Wandsbeck.
467. Ziegenbein, F. H. Ottensen.
468. Zimmermann, Th. G., Dr. ph.

Innerhalb des Zeitraumes vom 1. Januar 1887 bis Ende Dezember 1888 sind gestorben:

1. August Bolten.
2. Senator Dr. Braband.
3. Correnti Cesare, Rom, Ehrenmitglied.
4. Victor Firgau sen.
5. J. W. H. Hargreaves.
6. Oberlehrer Dr. C. H. Haring.
7. Senator M. Th. Hayn.
8. Gerhard von Hostrup.
9. Geh. Postrath Letz.
10. Ferdinand Meyer.
11. C. Ed. Nagel.
12. J. C. Plagemann.
13. Senator Th. Rapp.
14. J. Rech.
15. Dr. David Schlüter.
16. J. F. Schmilinsky.
17. Ad. Schramm.
18. Oberlehrer Theodor Seifer.
19. W. Udewald.

Druck von Ackermann & Wulff in Hamburg.

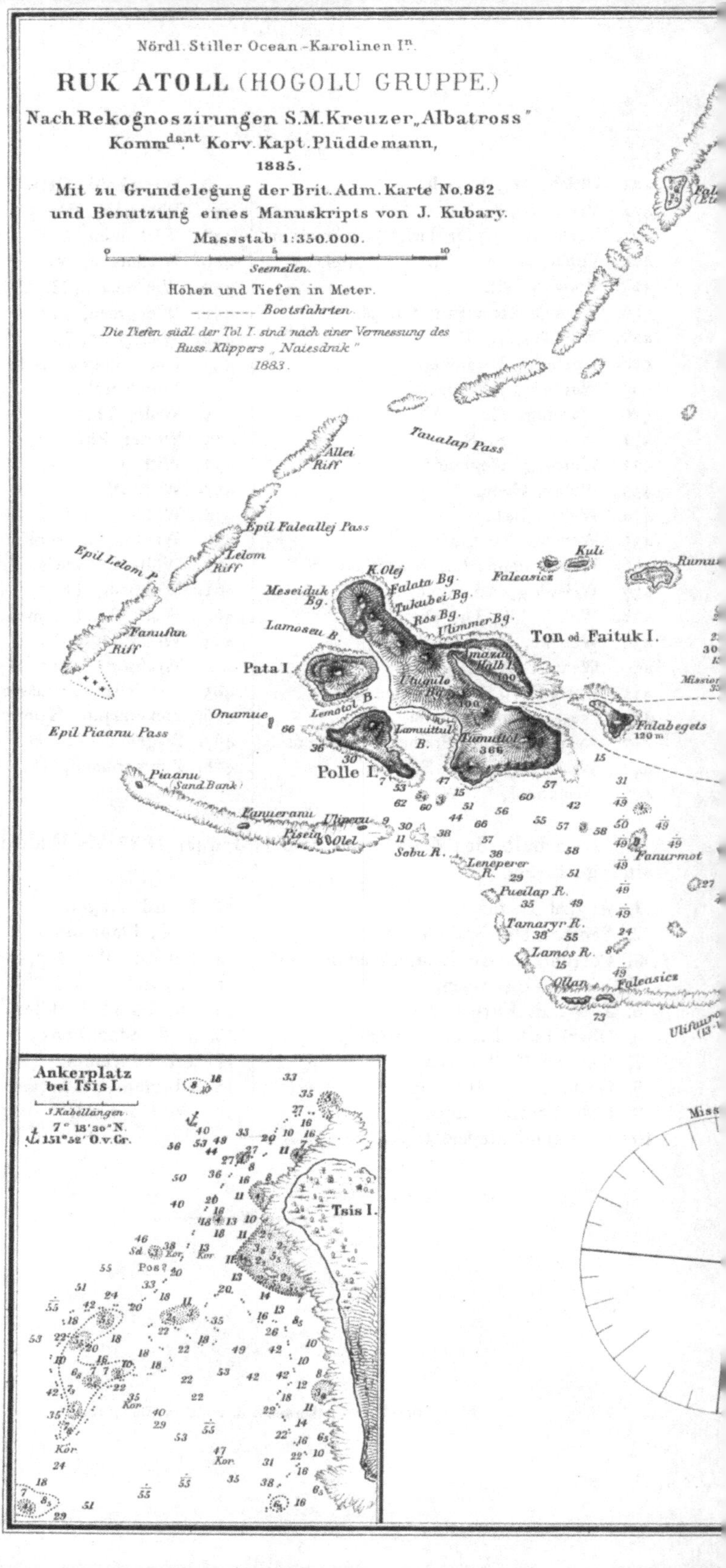
Nördl. Stiller Ocean - Karolinen In.
RUK ATOLL (HOGOLU GRUPPE.)
Nach Rekognoszirungen S.M. Kreuzer „Albatross"
Kommdant. Korv. Kapt. Plüddemann,
1885.
Mit zu Grundelegung der Brit. Adm. Karte No. 982
und Benutzung eines Manuskripts von J. Kubary.
Massstab 1:350.000.
Seemeilen.
Höhen und Tiefen in Meter.
Bootsfahrten.
Die Tiefen südl. der Tol. I. sind nach einer Vermessung des
Russ. Klippers „Naiesdnik"
1883.
Taualap Pass
Allei Riff
Epil Faleallej Pass
Lelom Riff
Epil Lelom P.
Fanuflan Riff
Kuli
Faleasicz
K. Olej
Falata Bg.
Meseiduk Bg.
Tukubei Bg.
Ros Bg.
Ulimmer Bg.
Lamoseu B.
Ton od. Faituk I.
Pata I.
Utugulo Bg.
Lemotol B.
Onamue
Epil Piaanu Pass
Lamuittul B.
Polle I.
Falabegets
120 m
366
Piaanu (Sand Bank)
Fanuerann
Ulipeiu
Piseia
Olel
Sobu R.
Leneperer R.
Pueilap R.
Tamaryr R.
Lamos R.
Panurmot
Ollan
Faleasicz
Ankerplatz bei Tsis I.
3 Kabellängen.
7° 18' 30" N.
151° 52' O. v. Gr.
Tsis I.

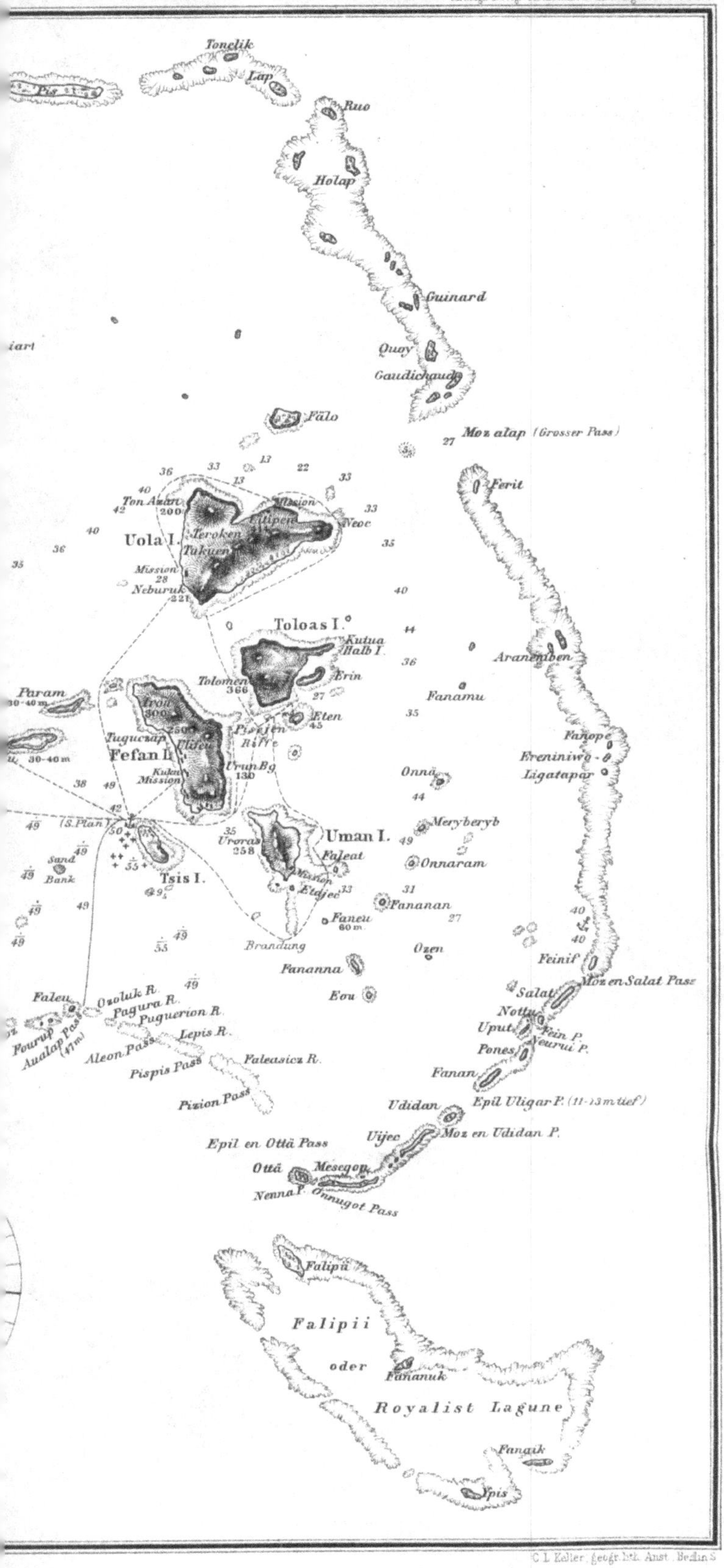
Tonelik
Lap
Pis
Ruo
Holap
Guinard
Quoy
Gaudichaud
Falo
Moz alap (Grosser Pass)
Ferit
Ton Azan
Mission
Ullpen
Neoc
Uola I.
Teroken
Tukuen
Mission
Neburuk
Toloas I.
Kutua
Halb I.
Aranenben
Param
Tolomen
Erin
Fanamu
Iron
Eten
Fanope
Tuguczap
Fefan I.
Ulifeu
Pisejen
Riffe
Ereniniwo
Ligatapar
Kukau
Mission
Urun Bg.
Onnä
Meryberyb
(S. Plan)
Uman I.
Sand
Bank
Uroras
Faleat
Onnaram
Tsis I.
Mission
Etdjec
Fananan
Faneu
Brandung
Ozen
Feinif
Fananna
Eou
Salat
Moz en Salat Pass
Faleu
Ozoluk R.
Pagura R.
Puguerion R.
Nottu
Uput
Fein P.
Neurui P.
Lepis R.
Fourup
Aualap Pass (47 m)
Aleon Pass
Pones
Pispis Pass
Faleasicz R.
Fanan
Pizion Pass
Epil Uligar P. (11-13 m tief)
Udidan
Moz en Udidan P.
Epil en Ottä Pass
Uijec
Ottä
Mesegon
Nenna P.
Onnugot Pass
Falipü
Falipii
oder
Fananuk
Royalist Lagune
Fangik
Ipis

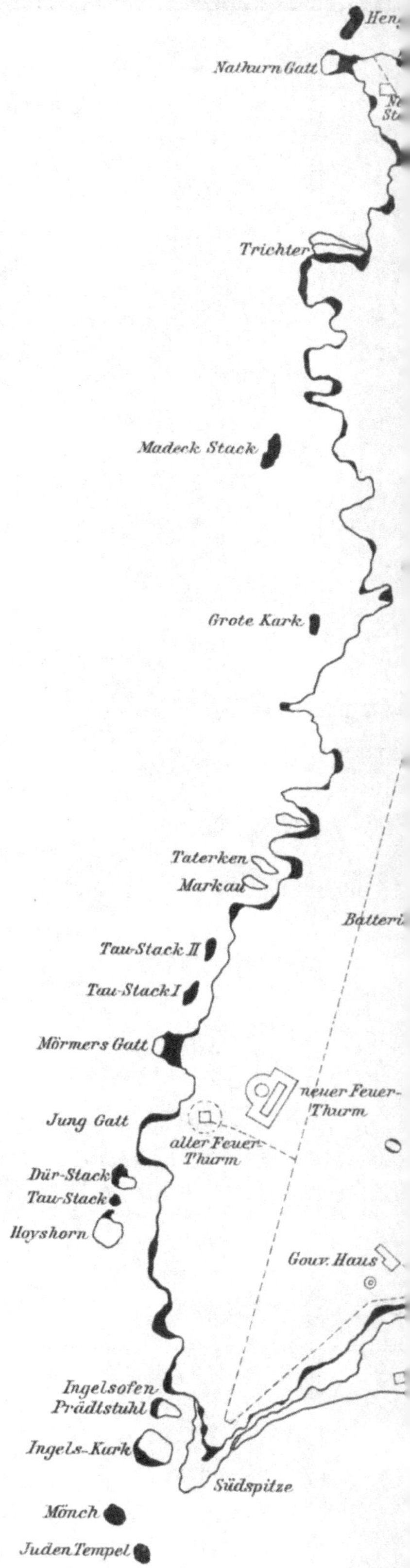
Nathurn Gatt
Trichter
Madeck Stack
Grote Kark
Taterken
Markau
Tau-Stack II
Tau-Stack I
Mörmers Gatt
neuer Feuer-Thurm
Jung Gatt
alter Feuer-Thurm
Dür-Stack
Tau-Stack
Hoyshorn
Gouv. Haus
Ingelsofen
Prädtstuhl
Ingels-Kark
Südspitze
Mönch
Juden Tempel

# Skizze von Helgoland

im Jahre 1845 und
„ „ 1887.

*Untergegangener Fels.*
*Noch vorhandener Fels.*
*Zuwachs des Unterlandes.*

Hamburg. L. Friederichsen & Co.

## Alter, welches von den Helg
## in den Jahren 1763-1

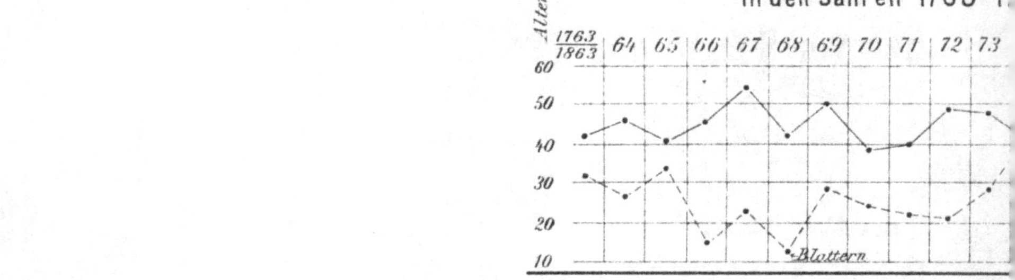


## Kurven der monatlichen Temperatur
## berechnet au

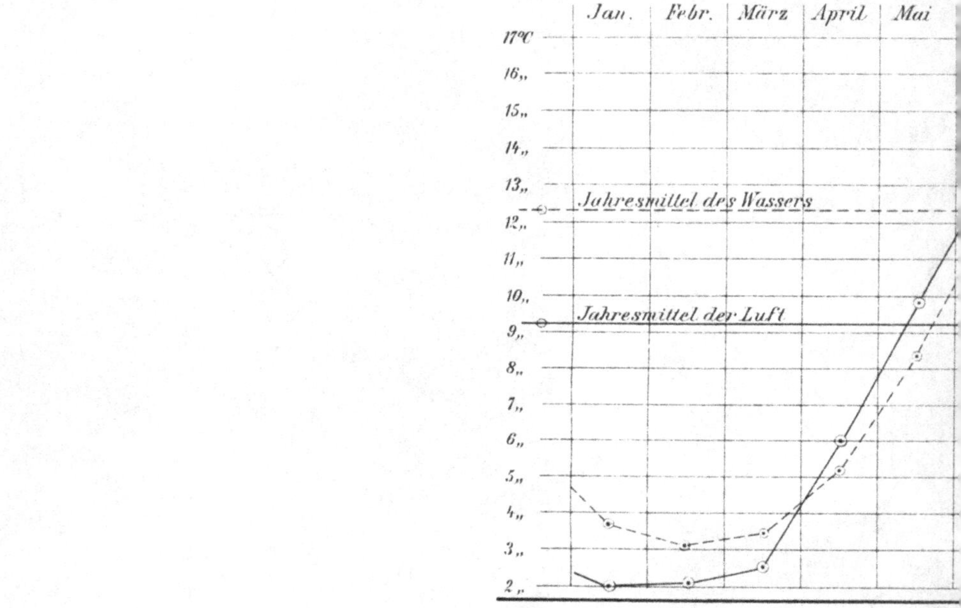


## Grösste Differenz der im Deceñ
## Orten constatirten Max

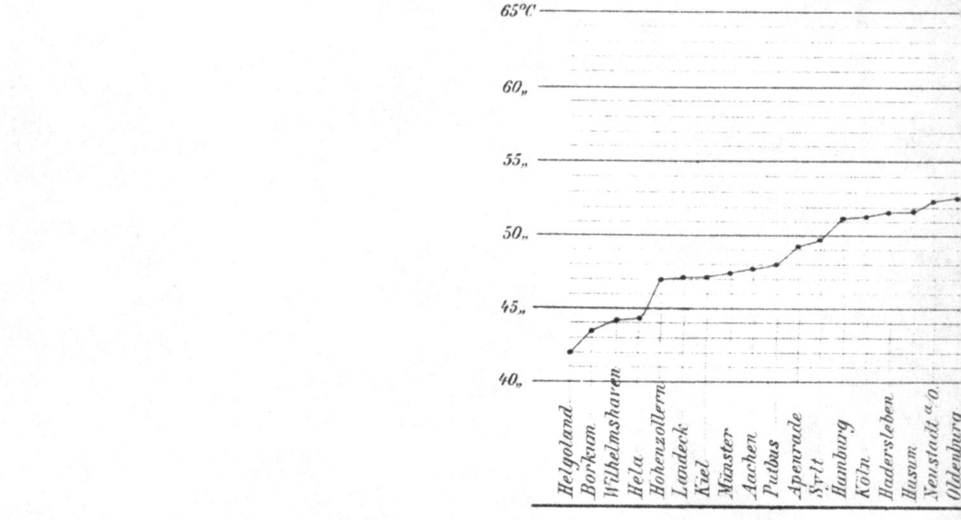

schnittlich erreicht wurde
1863–1887 (·—·—·)

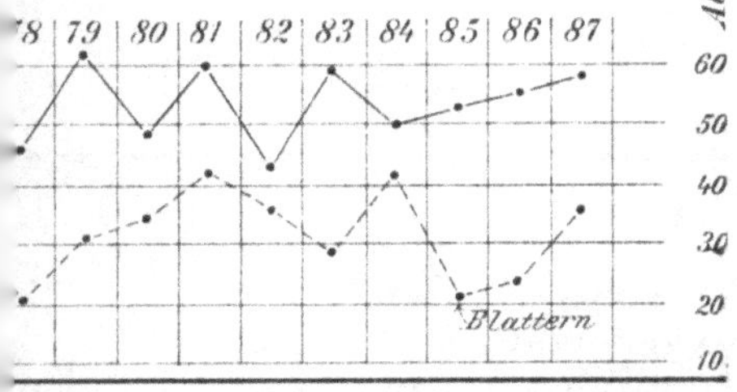


ft (—) u. Wasser (- - -) in Helgoland
m 1877–86.

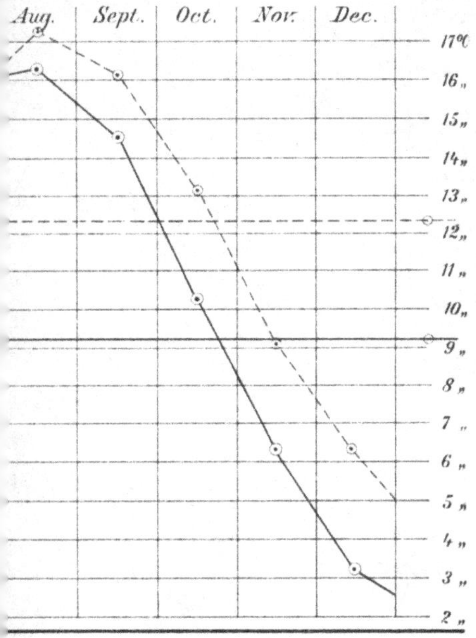


in folgenden 41 Beobachtungs-
linimum-Temperaturen.

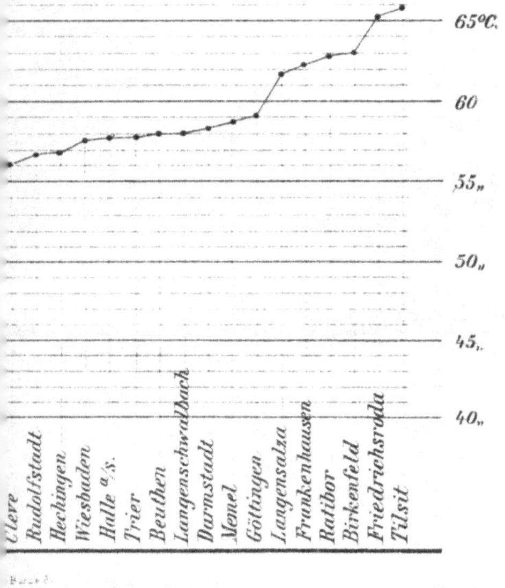

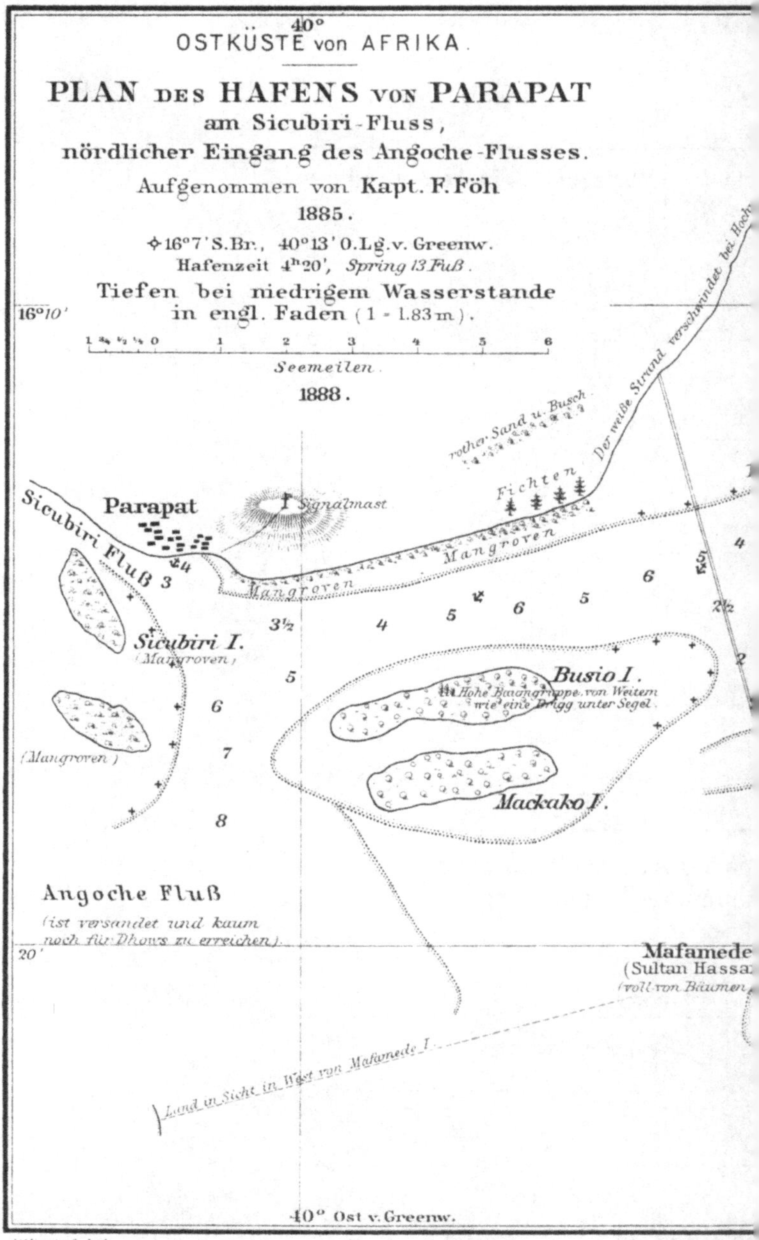


W. Kanisch lith.

Hamburg

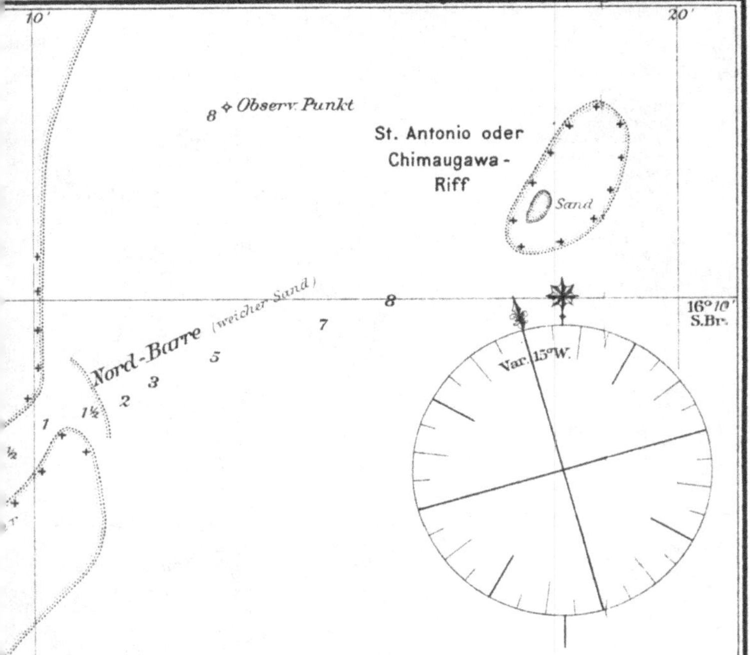


## Segelanweisung:

*Die Ansegelung von Parapat von Norden, als auch von Süden, kann nur bei Hochwasser ausgeführt werden.*

*Schiffe, welche über die* ***Nordbarre*** *gehen wollen, ankern in der Nähe von* ***St. Antonio Riff,*** *um die beste Gelegenheit* ***abzuwarten.*** *Von hier W z S segelnd, halte man die* ***Außenbrecher an der*** *Südseite hart an Backbord bis die Südbarre vorbeipassirt* ***ist.*** *Die südlichen Brecher sind bedeutend stärker als die nördlichen, bieten daher ein besseres Merkmal, weil sie auch bei Hochwasser vorhanden sind, was bei den nördlichen nicht immer der Fall ist; auch ist die Fahrrinne an der Südseite tiefer als an der* ***Nordseite.*** *Der Kurs auf der ganzen Strecke bis zum* ***Sicubiri-Fluß*** *ist mehr oder weniger W z S. Der Grund der Nordbarre ist* ***weicher*** *Sand.*

*Die* ***Südbarre*** *ist nicht so breit wie die Nordbarre, der Grund jedoch hart; die Tiefe ist verschieden: 1-2½ Faden. Will man die Südbarre benutzen, so ist der Ankerplatz bei* ***Mafamede Insel*** *zu empfehlen, von wo die Barre leicht zu erreichen ist.*

*Schiffe von gut 14' Tiefgang und weniger, werden die Parapat-Barren gut passiren können, wenn sie Hochwasser abwarten und ein guter Lootse zur Verfügung steht.*

*Bei Nord- und Nordwestwind wird es am besten sein* ***ausgehend*** *die Südbarre zu passiren.*

10' 20'

Lith. Inst. v. Ed. Ritter Hamburg

chsen & Co.

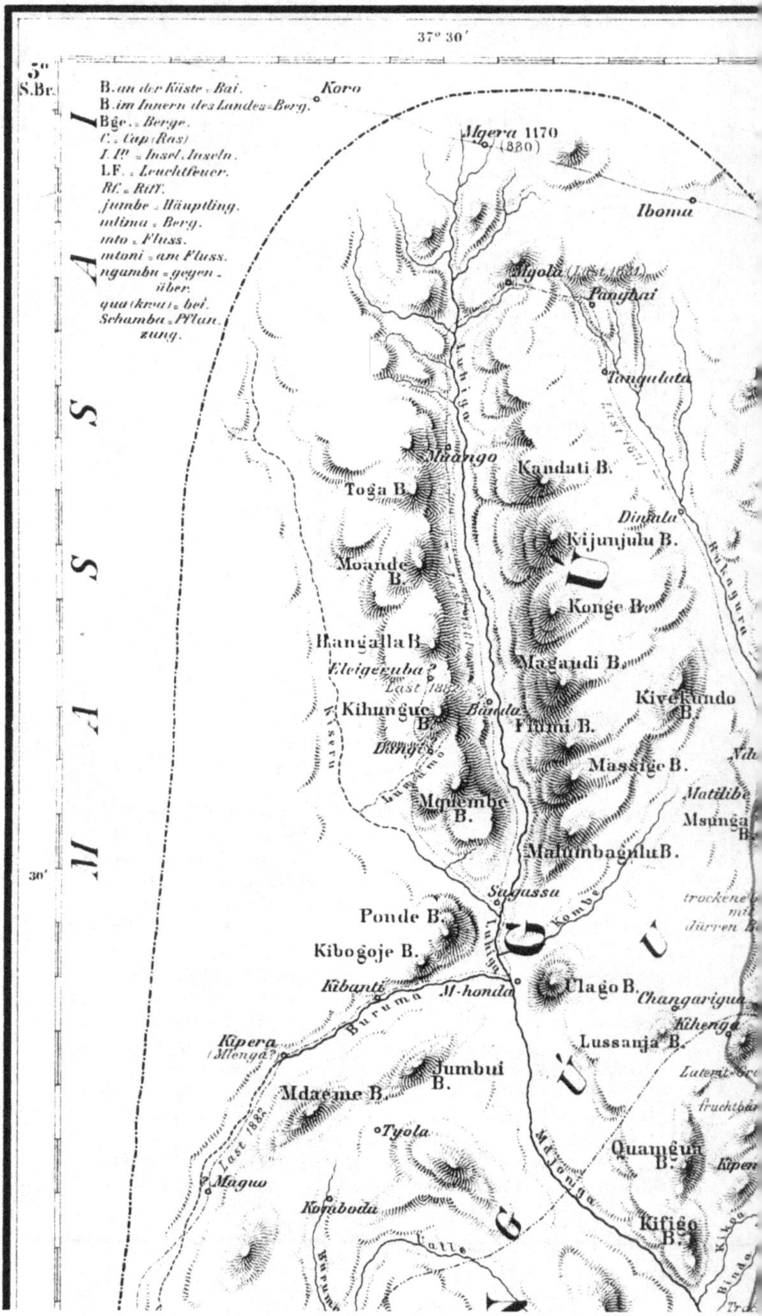

37° 30′
5°
S.Br.
B. an der Küste = Bai.
B. im Innern des Landes = Berg.
Bge. = Berge.
C. = Cap (Ras)
I. Iⁿ = Insel, Inseln.
LF. = Leuchtfeuer.
Rf. = Riff.
jumbe = Häuptling.
mlima = Berg.
mto = Fluss.
mtoni = am Fluss.
ngambu = gegenüber.
qua (kwa) = bei.
Schamba = Pflanzung.
MASSAI
Koro
Mgera 1170
(880)
Iboma
Mgola
Panghai
Tangulata
Luhigo
Mkango
Kandati B.
Toga B.
Dinjala
Kijunjulu B.
Moande B.
Konge B.
Bangalla B.
Eleigeruba?
Magandi B.
Kivekundo B.
Kihungue B.
Banda
Flumi B.
Kiseru
Dangi
Massige B.
Matilibe
Msunga B.
Mquembe B.
Malumbagulu B.
30′
Sagassu
Kombe
Ponde B.
Kibogoje B.
Kibanti
M-honda
Ulago B.
Changarigua
Buruma
Kihenga
Kipera
(Mlenga?)
Lussanja B.
Jumbui B.
Mdaeme B.
Tyola
Last 1882
Magwo
Quamgun B.
Komboda
Kifigo B.

Mafi
38°
Mkaramo
469
Mimosen Wald
Welliges Terrain mit dichter Vegetation
WASSEGUA
Mlenge B.?
570
S S A I
Mseni (Mssangeni)
448
Lutyomo
508
Ukunga B.
Haschoni
Grasebene
Mualeni
1887
Pangani
Pambire
Gresi
Beginn des Waldes
Muego
Stromschnellen
440
Jambi
Mlinde
Ndoe
trockenes Flussbett
Fischer 1883
533
WAKUAVI
Gorogessa
Langsam zum Ruvu abfallendes Hügelland, nicht unfruchtbar, aber doch wasserarm.
594
Gubuini
Candelaber-Euphorbien
Mimosen etc.
Haliboma
Maliangu qua Mlindi
Heluguembe
Stuhlmann 1888
Laterit- oder Sandboden mit hervortretendem Gneis u. Granit.
Dorf der Wakuavi
Quadigassa
40-50 Hütten, ca. 200 Einw. viele Ziegen.
555
Mkuti
Panguluk
sehr trocken
Durch Fischer
Msangasi
609
653
Kiambo
dicht bevölkert, gut bebaut
sehr fruchtbar, dicht bevölkert, Rinder.
Weg vom Massai-Lande nach Saadani in 7 Tagen.
734
Muanguo
Khiwa B.
sehr gut bebaut
sehr fruchtbar
Lugulu qua Sonjo?
Buzini B.
Mtiga)
602
Mtungula B.
Magombosi B.
(Makambazi)
dichter Busch
Mzinga B.
Machon u. Picarda 1884
Wellenförmiges Terrain
Bamira B.
Msala B.
649
Fundinguo
Pfeil 1887
Lubungo B.
W A S

W A S 30' A M B
U S A M
Taramunda
Makujuni
Salaka
Kongoni
Mkomasi
Wuguru
Quamtumbi
Simbili
Mangodo
Massange
WARUWU
Qua Mbogo
Usambeni Bge.
Muravo qua Sinda
Magira B.
Tolue Kette
Sangarawe B.
Ngambo
930
Makurli B.
Bulwa
Msasa
970
Kimbo
Kimbo B.
Garre B.
Sagama Berge
Saigarawe qua Mafuto
Mandu
Stuhlmann 1888
Stromschnellen
Makome
Mruasi
Assemlangua
Mairanga
Qua Mberua
Muhairo
Rombuera
Tongue B.
670
Kiranga
Pangani Ruvu
Qua Mbaru
Kisunga
Massimba
Karawanen-Strasse
Mhomoro
ins Meer fliessen
Nganga
Kiwanda 400
Machon u. Picarda 1884
Kofi B. 500
Bire B.
580
Genda Genda B. 700
A
U
E G U A

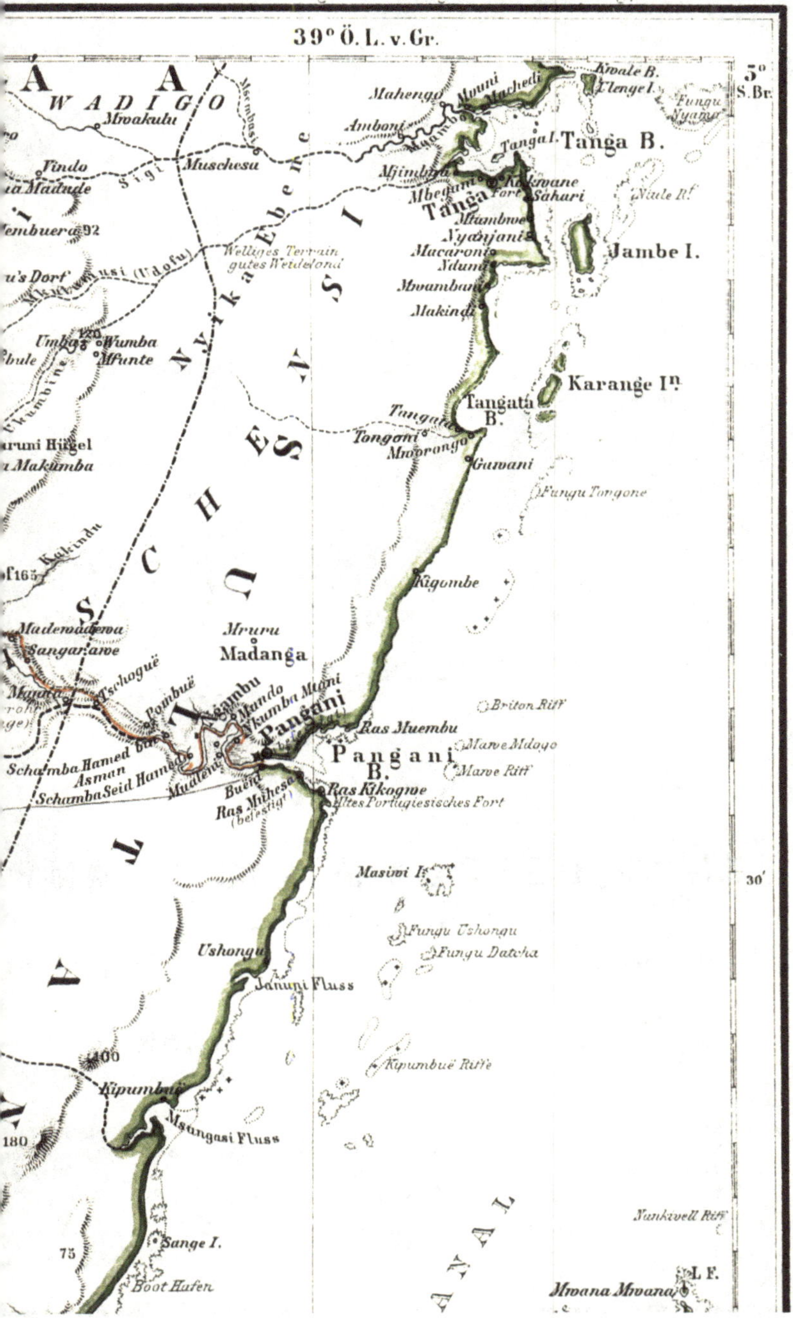
39° Ö. L. v. Gr.
5° S. Br.
30'
W A D I G O
Mwakulu
Msumbusi
Muschesu
Mahengo
Mwuni
Machedi
Kwale B.
Ulenge I.
Fungu Nyama
Amboni
Tanga I.
Tanga B.
Mjimbwa
Mbegani
Fort
Tanga
Sahari
Niule Rf.
Mtambwe
Nyanjani
Jambe I.
Macaroni
Ndumi
Mwambani
Makindi
Welliges Terrain gutes Weideland
Nyika Ebene
Karange In.
Tangata B.
Tongoni
Mworongo
Gawani
Fungu Tongone
Kigombe
Mruru
Madanga
Tschogue
Pombue
Mandemadewa
Sangarawe
Pangani
Ras Muembu
Pangani B.
Briton Riff
Mawe Mdogo
Mawe Riff
Schamba Hamed bin Asman
Schamba Seid Hamed
Mualeni
Bueni
Ras Kikogwe
Altes Portugiesisches Fort
Ras Mihesa (befestigt)
Masiwi I.
Fungu Ushongu
Fungu Datcha
Ushongu
Januni Fluss
Kipumbue Riffe
Kipumbue
Msungasi Fluss
Sange I.
Boot Hafen
Nunkwell Riff
Mwana Mwana
L. F.
100
180
75
120
165
Umba
Wumba
Mfunte
Yindo
Sigi
Kukindu
Muruni Hügel

Chaguwari
Gundia B.
Gomlero B.
Merondo
Kombora B.
Matomonda-qua-Sgunba
Kisiwa
Manjango
Mdo
Mgot
Hohes Schilf
Zuckerrohr
Manguatta
W A H U M B A
6°
Quatigwiji
Lussingisso Berg
Gussamboga B.
Hamanga B.
M-honda
Französ Mission
450
Quelisaka
Bagamoyo
Komafiri B.
Mdjonga
Fruchtbar
Strasse v. Mamboja nach Saadani
Mkindo
Mkungu 365
U S A G A R A
KARTE
VON
UNGÚ, USEGUA & SÜD-USAMB
(DEUTSCH-OST-AFRIKA)
zur Veranschaulichung der Reiseroute, Beobachtun
und Erkundigungen
Dr. FRANZ STUHLMANN'S
(16. August bis 6. October 1888).
Bearbeitet u. gezeichnet
von
L. FRIEDERICHSEN
1890.
Maasstab 1 : 500 000.
Dr. F. Stuhlmann's Route.
Route der Dr. H. Meyer'schen Exp.
Karawanen Strassen.
Gebietsgrenzen
Orte. Missionstati
Untiefen.
Höhen in Meter.
30'
37° 30'

Hamburg: L. Friederichsen & Co.

Mligasi
Palamakala
Pakureho
120
Mlembule
(zerstörtes Lager Bana Heri's)
Ndumi 94
25 Hütten
Makuru
253
Mkange
Pamagombe
Pearson
339
Baur 1882
90
Gamba
Wami
Machon & Picarda 1884
Baur?
Sangwere
Gallutscha
Kolwa
Tschamwanis
Kiboheiro Hügel
75
U D O Ë
Bomani
Makunja
Baur
Mandera
Französische Missions-station
Baur 1882
Mlonga?
Simba-mbili
Dilima Bge.
330
Wami
W A D O N Ë
Tschirutue
(3 Hütten)
Wasser salzig
Grasebene mit Bäumen
Viel Mais
Dorf
Kiwugu (9 Hütten)
Mammea
Dorf
Dorf
Sacurile
(12 Hütten)
Laterit
Dorndickicht
Laterit
trockene Grasebene Sandboden
Rosako
(60 Einw.)
trockene Grasebene Sandboden
Bikiro
Usigue
K U E R E
W A K U E R E
Kingeni
Mbiki
Moujuni
Sangati
Bloyet 1880
U S A R A M
W A S A R A M
30′

des Buna Heri
Alek Riff
Mkwaja Riffe
Bujuni Mdogo
Bujuni Riff
SANSIBAR K
Shearwater Riff
Tumbatu I
Langdon Rf
C.Usuawemba
Kokotoni
Muanda
Mungopani
Nuanjale
Fanatu
Englische Einfahrt
Französische Einf.
Wami Riffe
Dansi
Schanyo
Bawi Riff
Bawi
Schapani
Bububu
Bet-el-Ras
Mtoni
West Einfahrt
Schangani
SANSIBAR
(Unguja)
Fungu Mapape
Riff Mapape
Kiungani
Mbueni
Njange
C.Windi
Windi Riffe
Puakuu
Tschukuani
Buju
Fungu Miko
SANSIBAR I.
Süd Einfahrt
Schumbe
Tambare
Boribu
Ukombi Riff
Ariadne Bank
6°
Mbuakuni
Kingani (Ruvu)
C.Wunge
Französische Mission
Kebandahodi
Bagamoyo (befestigte deutsche Station)
Station
C.Luale
Mschingui
Kaule
Mbegani
Muangotini
(Mlangotini)
Waso
Kitapumbe Riffe
Bomani
Jungwera
Kitapumbe
Bueni Riff
Bueni (befestigt)
Malindi
WAKATOA
30'
39°

28°30'
Forst
Schwartow
Zahrensdorf
Tessin
Tessiner Forst
Dersenow
Bahnhof Boizenburg
zu Boizenburg
zu Schwartow
Ziegel B.
Bahlen
Gülze
Blücher
Radegast
36
Bandekow
Soltow
Teldau
Hinterhagen
Neu-Wendischthun
Bleckede
Alt Wendischthun
Stiepelse
Krusendorf
Sumte
Neu Garge
Alt Garge
Breetze
Nindorf
Goddingen
Vierle
Elbe
Konau
Bruchdorf
53°15
Forst

Banzin
Kloddram
Setzin
Vellahn
Dammereez
Schwechow
Pritzier
Goldenitz
Brahlstorf
Düssin
Melkhof
Bhf. Pritzier
Die Rense
Die Rense
Langenheide
Dahmser Holz
Quassel
Bandek
Garlitz
Sückau
Dellien
Forst Carrenzien
Garlitz
Forst Lübtheen
Lübtheen
Rosien
36
Neuhaus
Forst
Stapeler Gemeinde Wald
Stapel
Jessenitz
Volzrade
Rögnitz

Grammitz
Pätow
Steegen
Hagenower Heide
Strohkirchen
Strohkirchener Tannen
Forst
Kuhstorf
Warlitz
Eichhof
Bresegard
Redefin
Gösslow
Gr. Krams
Belsch
Lübbendorf
Alt-Krenzlin
Kreuzliner Hütte
Ramm
Forst Ramm
Loosen
Forst
Forst
Leussow
Leussow
Quast
Quast
Karelmoor
Jabel
Laupin
Menkendorf
Benz
Hohen-Woos
Grebs
Neu-Grebs
Vielank
Niendorf
Tews-Woos

# Karte
der
# Deichbrüche u. Strömungen
im
# Überschwemmungsgebiete
der
# ELBE
im Frühjahr 1888.

von

von Binzer.

HAMBURG

L. Friederichsen & Co

Land-u. Seekartenhandlung.

*Massstab 1/100000 der natürl. Länge.*

1000 500 0 1000 2000 3000 4000 5000 6000 7000 8000 Meter - 8 Kilometer.

1000 500 0 1000 2000 3000 4000 5000 6000 7000 8000 9000 10000 Schritte.

ANMERKUNG: *Dieser Karte liegen mit Erlaubniss der Kartographischen Abtheilung der Kgl. Preussischen Landes-Aufnahme die betreffenden Sectionen der Karte des Deutschen Reichs im Maasstabe von 1:100000 zu Grunde.*

53°15'

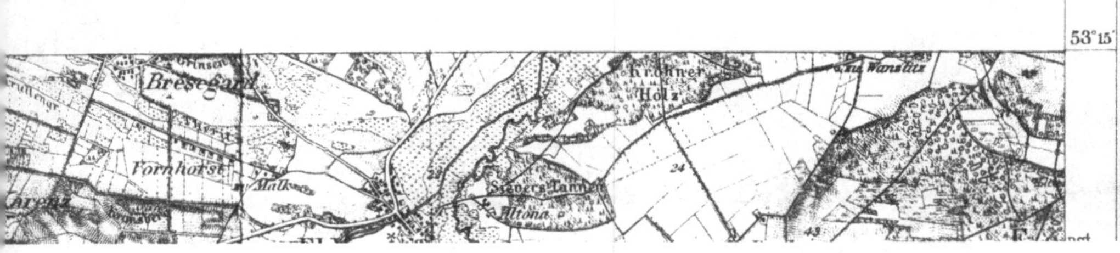

## Zeichen- und Farben-Erklärung.

*Hochwasserdeiche*

*Sommerdeiche*

*Hauptbruch*

*Kleiner Bruch*

*Deich mit Überlauf*

*Eisstopfung*

*Stromrichtung*

*Die Zahlen geben die Höhen über Normal-Null in Metern an.*

*Das Mittelwasser der Ostsee am Pegel zu Swinemünde liegt 0,02 Meter unter Normal-Null.*

28°30

Drethem
Barendorf
Witzetze
Caarssen
Pinnau
Herrenhof
Brandstade
Wilkenstorf
Meudelfitz
Dötzin
HITZACKER
Hagen
Govelin
Metzingen
Grabau
Wussegel
DANNENBERG
Thunpadel
Lenzen
Nausen
Carwitz
Lebbien
Prisser
Nienstedt
Schaafhausen
Gamehlen
Mützingen
Bellahn
Tramm
Breese
Jameln
Streetz
Tripkau
36

Jabel
M.Sch.
Probst-Woos
Schlesin
Bockup
Woosmer
Schloss-berge
Havekenburg
Forst
Raddenfort
Heiddorf
Heid
hof
Wehningen
Jasebeck
Landsatz
Neu Kaliss
Kaliss
Wischblenk
Wehningen
Bärnitz
Penkefitz
Dammatz
Dömitz
Kaltenhof
Gr. Schmölen
Kl. Schmölen
Seedorf
Gümse
Brandleben
Quickborn
Lacherin
Gaarz
Baarz
191
Besandten
Nebenstedt
Seybruch
Langendorf
Splietau
Grippel
Laase
Trabuhn
Kl. Heide
Gr. Heide
Siemen
Zadrau
Langenhorst
Heide
Lüchow

Berliner lithogr. Institut

FSC
www.fsc.org
MIX
Papier | Fördert
gute Waldnutzung
FSC® C083411

Kolibri 360 GmbH
Ferdinand-Jühlke-Straße 7
99095 Erfurt, Deutschland
produktsicherheit@kolibri360.de